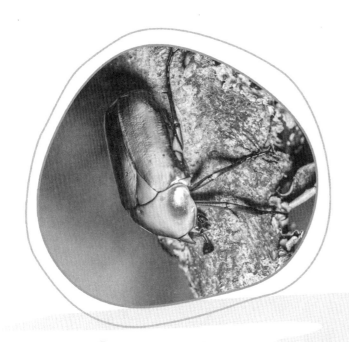

武夷山
金龟志

◎白 明 主编

中国农业科学技术出版社

图书在版编目（CIP）数据

武夷山金龟志／白明主编 . —北京：中国农业科学技术出版社，2020.12
ISBN 978-7-5116-5019-1

Ⅰ.①武… Ⅱ.①白… Ⅲ.①武夷山-金龟子总科-昆虫志 Ⅳ.①Q969.516.1

中国版本图书馆 CIP 数据核字（2020）第 177031 号

责任编辑　贺可香
责任校对　李向荣

出 版 者　中国农业科学技术出版社
　　　　　北京市中关村南大街 12 号　邮编：100081
电　　话　（010）82106638（编辑室）　（010）82109702（发行部）
　　　　　（010）82109709（读者服务部）
传　　真　（010）82106650
网　　址　http://www.castp.cn
经 销 者　各地新华书店
印 刷 者　北京地大天成文化发展有限公司
开　　本　880 mm×1 230 mm　　1/16
印　　张　15　彩插 16 面
字　　数　430 千字
版　　次　2020 年 12 月第 1 版　2020 年 12 月第 1 次印刷
定　　价　120.00 元

《武夷山金龟志》
编写领导小组

顾　问：林峃然（福建省科学技术厅）

　　　　杨星科（中国科学院动物研究所）

主　任：罗夏琦（福建省武夷山生物研究所）

成　员：徐　辉（福建省武夷山生物研究所）

　　　　吴焰玉（武夷山国家公园管理局）

《武夷山金龟志》
编 委 会

主 编：白 明（中国科学院动物研究所）

副 主 编：路园园（中国科学院动物研究所）

编写人员：

中国科学院动物研究所：

李 莎 张奕祥 邱腾飞

杜萍萍 陈炎栋 佟一杰

中国科学院地球环境研究所：

刘万岗

安徽大学：

万 霞

捷克查理大学（Charles University，Prague，Czech Republic）：

David Král

广东省科学院动物研究所：

高传部 杨海东

前　言

　　武夷山国家公园在生物地理上位于东洋区北部、古北区南缘，与我国台湾岛隔海相望，其地理位置独特，地形地貌复杂，气候条件优越，地带性植被保存良好，为各种野生动植物生存、繁衍提供了优良的生态环境，被中外生物学家誉为"东南植物宝库""蛇的王国""昆虫世界""鸟的天堂""世界生物模式标本的产地""研究亚洲两栖爬行动物的钥匙"，是开展生物研究的理想场所。保护区以"世界生物之窗"闻名于世，是中国东南部最负盛名的森林生态系统类型保护区。

　　为了进一步揭示武夷山生物多样性特点，以便更好地保护本地区的生物资源，自 2015 年起，福建省武夷山生物研究所、原福建武夷山国家级自然保护区管理局和中国科学院动物研究所鞘翅目形态与进化研究组共同承担了"武夷山金龟子研究"课题。本书是合作各方通力协作下完成的。

　　中国科学院动物研究所的专家、学者，自 20 世纪 60 年代以来，曾多次考察武夷山，采集到大量昆虫标本，也发表了大量新物种。中国科学院动物研究所的专家也曾与原福建武夷山国家级自然保护区合作完成了《武夷山保护区叶甲科昆虫志》（汪家社、杨星科等，1999）和《福建武夷山国家级自然保护区昆虫模式标本名录》（梁元瑞、孙端、李莎等，2016）两本专著。这些研究基础和标本积累，为本书的顺利完成奠定了坚实基础。2015—2018 年项目组进行了多次野外考察，采获了大量的金龟子标本，结合历史标本和新补充考察所得标本，经过翔实的文献调研和国内外专家的通力合作研究，最终形成本书。

　　本书共记录了在武夷山分布的金龟总科昆虫 5 科 105 属 262 种，各类群分工及作者信息如下（未标注单位的作者均来自中国科学院动物研究所）：

　　1. 锹甲科 13 属 38 种：万霞（安徽大学）

　　2. 黑蜣科 3 属 3 种：路园园，白明

　　3. 粪金龟科 5 属 8 种：David Král（捷克布拉格查理大学），路园园，白明

　　4. 绒毛金龟科 1 属 1 种：路园园，白明

　　5. 金龟科（83 属 212 种）：

　　（1）蜉金龟亚科 16 属 21 种：David Král，路园园，白明；

　　（2）蜣螂亚科 8 属 31 种：白明；

　　（3）臂金龟亚科 2 属 2 种：路园园，白明；

　　（4）花金龟亚科 19 属 29 种：李莎，路园园，白明；

　　（5）丽金龟亚科 12 属 59 种：路园园，白明；

　　（6）犀金龟亚科 4 属 4 种：路园园，白明；

　　（7）鳃金龟亚科（除绢金龟族外）15 属 32 种：

　　主要内容（11 属 17 种）：刘万岗（中国科学院地球环境研究所），白明

　　单爪鳃金龟族（2 属 9 种）：张奕祥，刘万岗，白明

齿爪鳃金龟属、脊鳃金龟属（2属6种）：高传部（广东省科学院动物研究所），刘万岗（中国科学院地球环境研究所），白明；

（8）鳃金龟亚科（绢金龟族）7属34种：刘万岗（中国科学院地球环境研究所），白明。

其他编者陈炎栋、杜萍萍、邱腾飞、佟一杰、杨海东参与了野外采集、生态照片拍摄、标本照拍摄、文献收集整理、文本编撰和校对等方面的工作。

本书在编撰过程中得到了如下机构和学者的鼎力帮助：

本书的前期野外采集工作及出版工作主要得到福建省科技厅资助的研究项目支持（项目名称：武夷山金龟子研究），此外还得到了国家自然科学基金委（项目编号：31672345、31900317、31961143002）、中国科学院"一带一路"科技合作行动专项、中国科学院PIFI（President's International Fellowship Initiative）项目（项目编号：2019VBC0012）、广东省科学院建设国内一流研究机构行动专项资金项目（2020GDASYL－20200102021，2020GDASYL－20200301003）等项目的支持。

本书的顺利完成获得了福建省科技厅林岿然副厅长、中国科学院动物研究所杨星科研究员、福建省武夷山生物研究所罗夏琦副所长和原副所长徐辉的关心和指导，在具体实施过程中，也获得了吴焰玉等《武夷山金龟志》编写领导小组成员的配合。在编写过程中，我们还得到了中国科学院动物研究所领导的鼓励和支持，乔格侠副所长在编写和出版过程中均给予了具体的帮助并提出了宝贵意见，国家动物标本资源库提供了标本存放和管理方面的支持。同时在编写中得到了动物进化与系统学院重点实验室的领导、同仁及鞘翅组全体成员的关心、支持和帮助。在此，我们真诚地向大家表示衷心的感谢。

本书编纂中涉及多个标本保存地，除粪金龟科和蜉金龟亚科两个章节单独标注外（两章节统一标注于粪金龟科的介绍之后），统一标注在此，由于本书标本主要保存于中国科学院动物研究所（IZAS），因此文中不再标明，其他保存地名称如下：

ANPC：A. Naplov's personal collection, Riga, Latvia.

BMNH：The Natural History Museum, London, UK.

BPBM：Bernice Pauahi Bishop Museum, Honolulu, USA.

CZPC：Carsten Zorn's personal collection, Gnoien, Germany.

DAPC：Dirk Ahrens's personal collection, Bonn, Germany.

HBUM：Museum of Hebei University, Baoding, Hebei, China（河北大学博物馆）.

IZGAS：Institute of Zoology, Guangdong Academy of Sciences, Guangzhou, Guangdong, China.（广东省科学院动物研究所，原广东省昆虫研究所）.

MHNG：Muséum d'Histoire Naturelle de Genève, Geneva, Switzerland.

MNHN：Muséum National d'Histoire Naturelle, Paris, France.

MZUF：Zoological Museum "La Specola", University of Florence, Florence, Italy.

NHMB：Naturhistorisches Museum（Museum Frey, Tutzing）, Basel, Switzerland.

NMPC：National Museum（Natural History）, Prague, Czech Republic.

NWAFU：Northwest A&F（Agriculture and Forestry）University, Yangling, Shaanxi, China（西北农林科技大学昆虫博物馆）.

SMTD：Staatliches Museum für Tierkunde, Dresden, Germany.

ZFMK：Zoologisches Forschungsmuseum "Alexander Koenig", Bonn, Germany.

ZIN：Russian Academy of Sciences, Zoological Institute（Musée de Zoologie de l'Académie des Sciences de Saint-Pétersbourg）, Saint Petersburg, Russia.

ZMHB：Museum für Naturkunde der Humboldt-Universität，Berlin，Germany.

ZSM：Zoologische Staatssammlung des Bayerischen Staates，München，Germany.

文中其他缩写：

TL：Type locality［模式标本产地］

ICZN：International Code of Zoological Nomenclature［国际动物命名法规］

［HN］：Homonyms

NNE：North North East

IOZ（E）+数字：中国科学院动物研究所标本编号

观察标本中涉及的相关地名

Fukien = Fujian（福建省）

Nanping：南平（原南平县，现南平市）

Yenping = Yanping

Yanping = nowadays Nanping

Guangze：光泽（光泽县）

Kwangtseh = nowadays Guangze

Yunjin = Yunji 云济村（隶属于南平市光泽县）

Shaowu：邵武（现邵武市）

Chong'an：崇安（原崇安县，现武夷山市）

Xing Cun：星村（星村镇，隶属于武夷山市）

Xingcun = Xing Cun

San'gang：三港（现隶属于武夷山市星村镇桐木村）

Sangang = San'gang

Guadun：挂墩（现隶属于武夷山市星村镇桐木村）

Kuatun = nowadays Guadun

Kwatun = nowadays Guadun

　　本书涉及编者较多，各部分研究基础差异较大，因此格式不完全相同，本着对作者的尊重，保留了各自的格式，还请读者理解和体谅。特别在此说明：粪金龟科、蜉金龟亚科两部分，检索表及备注部分采用了中英双语，种类引证部分列举的是曾经提到该种为武夷山产地的文献。由于我们专业水平有限和时间局限，个别存疑种也收录在了文中（文中均有说明），希望能在未来的研究中予以修正。本书中不当之处难免，敬请读者不吝指正。

《武夷山金龟志》编委会

2020 年 9 月

绪　言

一、武夷山国家公园自然条件

（一）地理位置

武夷山国家公园位于我国福建省北部、武夷山脉北段，地处武夷山市、建阳区、光泽县和邵武市四市县区境内，地理坐标为东经117°27′13″~117°59′19″，北纬27°31′20″~27°55′49″，包括福建武夷山国家级自然保护区、武夷山国家级风景名胜区、九曲溪上游保护地带、光泽武夷山天池国家森林公园及周边公益林、邵武市国有林场龙湖场部分区域，总面积1 001.41km²。地势高峻、起伏大、多垭口。

（二）气候特点

武夷山国家公园属于中亚热带季风气候，具有气候垂直变化显著、温度湿润、四季分明、降水丰富等特点。春夏少雾多雨，冬季寒冷。年平均气温17~19℃，1月均温6~9℃，极端最低气温可达-9℃。7月均温28~29℃，极端高温41.4℃。年日照为1 062.7h，年平均降水量为1 684~1 780mm，是福建省降水量最多的地区。

（三）土壤特点

土壤类型多样，垂直分异，随海拔高度下降分别为山地草甸土带、黄壤带、黄红壤带、红壤带。

山地草甸土主要分布在海拔1 900m以上的中山顶部，地势较平缓，气温低，雨量多，相对湿度高，只生长中生禾草类为主要建群种的山地草甸及少量灌木和黄山松。成土母质为火山岩，物理风化作用强，化学风化作用弱，土层浅，底层多岩石碎屑，成土过程特点是有机质大量累积。

黄壤分布于海拔1 050~1 900m的中山坡地，植被以针阔叶混交林为主，间有针叶林，1 600~1 800m可见灌丛。成土母岩以火山岩为主，成土作用以黄壤化作用为特征。土壤表层深黑色、疏松，粒状结构，富含有机质。

黄红壤分布在海拔700~1 050m的中山、半山腰坡地，植被从常绿阔叶林、针阔叶混交林到常绿阔叶林，成土母质以粗晶花岗岩为主，土壤颜色为黄红过渡色。

红壤分布在海拔 700m 以下的丘陵坡地，植被以常绿阔叶林为主，土壤颜色为红色或者深红色。成土母质以粗晶黄花岩为主，成土过程以红壤化作用为特征。

二、生物资源现状

武夷山国家公园具有世界同纬度带现存最典型、面积最大、保存最完整的中亚热带原生性森林生态系统，随着海拔的递增，气温的递减和降水量的增多，依次分布有常绿阔叶林带、针阔叶混交林带、温性针叶林带、中山苔藓矮曲林带和中山草甸带 5 个垂直带谱，植被垂直带谱明显。国家公园内分布有 200 多平方千米的原生性森林植被未受到人为破坏，是我国亚热带东部地区森林植被保存最好的区域。

武夷山国家公园主要保护对象是中亚热带原生性的天然常绿阔叶林构成的森林生态系统、珍稀濒危野生动植物资源、世界生物模式标本产地、福建省最长的地质断裂带及丰富多样的地质地貌等自然景观、福建闽江和江西赣江重要的水源保护地，已知高等植物种类有 269 科 2 799 种，野生脊椎动物 5 纲 35 目 125 科 558 种，昆虫 31 目 6 849 种。

三、金龟总科昆虫研究历史

金龟子是金龟总科昆虫的统称，全世界有 3 万多种，我国约 3 000 种，是鞘翅目中行为及种类分化很强的一类甲虫，不乏大型观赏性昆虫，常见的有锹甲、犀金龟、臂金龟、花金龟、丽金龟、鳃金龟等。

武夷山自然保护区金龟子区系早期研究只有国外学者，其中德国人 Johann Friedrich Klapperich（1913—1987）于 1937 年来到福建省武夷山，收集了两年昆虫标本，多以 Kuatun（2 300m），Shaowu（500m）为产地。相关标本形成系列文章，其中涉及金龟总科的主要文章和专著包括：

捷克 Balthasar 博士（1942，1944，1953）基于该系列标本发表了三篇文章，涉及若干粪金龟科和蜉金龟亚科新种，且其 1963 年出版的《东洋区和古北区的蜣螂》专著中对产自武夷山的蜣螂进行了记述。Frey（1972）发表丽金龟和鳃金龟 27 新种。德国学者 Machatschke（1955，1971）发表两篇文章，共记述产自武夷山的丽金龟亚科昆虫 33 种，包括 6 新种。匈牙利昆虫学家 Endrödi（1952，1953）发表两篇相关文章，涉及福建省的鳃金龟和花金龟新种，1955 年发表相关产地黑蜣科 1 新种。捷克 Mikšić 博士（1976，1977）曾在其系列花金龟专著中，也涉及部分武夷山花金龟的种类。Bomans（1989）研究相关标本后，记录了产自武夷山的种类若干，包括 6 新种，新种标本产地均为武夷山挂墩（Kuatun）。

除以上专门发表的文章外，也有其他零星种类的发表。

我国对武夷山金龟的研究较晚，2002 年出版的《福建昆虫志》是本书主要的参考文献之一。在本文献中，中国科学院动物研究所章有为、马文珍，广东省昆虫研究所林平，福建农林大学罗肖南几位先生对福建省的金龟（包括很多武夷山产地的标本）进行了研究，其中丽金龟亚科包括产自武夷山的新种 4 种。此外，福建农林大学的罗珍泉及其团队曾研究过相关产地的锹甲、丽金龟等类群。

目　　录

金龟总科
Superfamily Scarabaeoidea Latreille，1802

  金龟总科又称鳃角类，种类繁多，食性复杂，栖境多样。金龟子头部通常较小，多为前口式，后部伸入前胸背板，口器发达。触角通常较短，8~11 节，鳃片部 3~8 节。前胸背板大，通常横阔，多数具小盾片，亦有不少种类缺如。前翅为鞘翅，后翅发达善飞，少数种类后翅退化，甚至股金龟亚科 Pachypodinae 雌性鞘翅、小盾片和后翅均退化。前足基节窝后方不开放。足开掘式，前足胫节外缘具齿，具端距 1 枚，少数种类前足胫节端距和/或跗节缺失；跗节 5-5-5，少数种类跗节 3 或 4 节。腹部可见 5~7 节，腹部气门位于背板腹板之间的联膜上，或腹板侧上端，或背板上；末背板形成臀板，水平或垂直；臀板被鞘翅覆盖或暴露。具 4 条马氏管。很多种类具性二型，雄虫头部、前胸背板具各式瘤突、脊或角突，或腹部肛节端部具凹，或足具齿，或触角鳃片部节数多于雌性等。幼虫 "C" 形，称为蛴螬，有胸足 3 对，无尾突，气门筛形，全发育过程 3 龄，少数种类多于 3 龄，土栖。

  本书主要依据 12 科金龟总科系统（Bouchard，2011）的分类系统，该系统听取了众多金龟子研究学者的意见，核对了几乎所有的涉及金龟总科高级阶元的原始文献，并对高级阶元的名称进行了厘定，是目前较为合理的分类系统。现生金龟世界已知 12 科约 2 500 属35 000 种，其中金龟科约占 77%，世界广布。毛金龟科 Pleocomidae 仅 1 属 35 种（分布于北美洲），粪金龟科 Geotrupidae 包括 3 亚科 68 属约 620 种，刺金龟科 Belohinidae 仅 1 种（分布于马达加斯加），黑蜣科 Passalidae 包括 2 亚科 61 属 680 种，皮金龟科 Trogidae 包括 2 亚科 3 属约 300 种，漠金龟科 Glaresidae 仅 1 属约 50 种，重口金龟科 Diphyllostomatidae 仅 1 属 3 种（分布于北美洲），锹甲科 Lucanidae 包括 4 亚科 95 属 1 250 种，红金龟科 Ochodaeidae 包括 2 亚科 10 属约 80 种，驼金龟科 Hybosoridae 包括 5 亚科 70 属约 550 种，绒毛金龟科 Glaphyridae 包括 2 亚科 8 属约 80 种，金龟科 Scarabaeidae 包括 14 亚科约 1 600 属27 000 种。中国分布 9 科，以下为适用于中国地区种类的金龟总科分科检索表。

金龟总科分科检索表（中国）（成虫）

1. 触角 11 节；鳃片部 3 节 ·· 粪金龟科 Geotrupidae
  触角少于 11 节 ·· 2
2. 身体弯曲，侧面观前胸背板与鞘翅近直角，中后足胫节明显扁平且扩展 ··
  ··································· 驼金龟科 Hybosoridae（球金龟亚科 Ceratocanthinae）
  身体伸展，不弯曲，中后足胫节不明显扁平且扩展 ··· 3
3. 中足胫节端距一侧栉齿状 ·· 红金龟科 Ochodaeidae
  中足胫节端距不为栉齿状 ·· 4
4. 触角鳃片部不紧密结合 ·· 5
  触角鳃片部紧密结合 ··· 6
5. 额端部具深凹，头部通常具中突 ·· 黑蜣科 Passalidae

颏简单，端部无明显深凹，头部无中突 ·· 锹甲科 Lucanidae

6. 触角鳃片部 3 节，第 1 节具凹坑，第 2 节位于凹坑内，从而第 1 节略微包裹第 2 节 ··

······················ 驼金龟科 Hybosoridae（球金龟亚科 Ceratocanthinae 以外亚科）

触角鳃片部 3~7 节，第 1 节简单，第 1 节不包裹第 2 节 ··· 7

7. 腹部可见 5 节，背面粗糙或具小瘤，不光亮 ·· 8

腹部可见腹板 6 节，背面不粗糙，光亮或不光亮 ··· 9

8. 复眼不被眼眦分开，唇基侧面向端部逐渐变窄，褐色，灰色或黑色，后足腿节和后足胫节不扩展，且不盖住腹部

·· 皮金龟科 Trogidae

复眼被眼眦分开，唇基两侧近平行，砖红色或浅红棕色，后足腿节和后足胫节扩展，盖住大多数腹部 ··········

··· 漠金龟科 Glaresidae

9. 鞘翅短且端部分离，臀板外露，第 8 腹板具气门 ············· 绒毛金龟科 Glaphyridae

鞘翅不短且端部不分离，臀板裸露或不裸露，第 8 腹板无气门 ·········· 金龟科 Scarabaeidae

1. 锹甲科 Lucanidae Latreille，1804

锹甲科昆虫以其雄性发达多变的上颚及差异显著的雌雄二型与雄性多型现象而成为金龟总科中备受关注的一支。成虫体形呈圆钝、狭长、扁平或隆凸，光滑或被毛。体长差异大，2.0~100mm。体色多呈褐、黑色或鲜艳并具金属光泽。头部形态多变，前缘、头顶、侧缘等位置出现特化结构，额、唇基、上唇通常没有明显分区。复眼多为圆形，向外突出或较平凹，复眼完整或被眼眦分开。触角 10 节，膝状，鳃片部 3~6 节。前胸背板多宽于或与头及鞘翅等宽，侧缘的形态变大。鞘翅略成铁锹状，多具短毛、刻点或纵脊。跗节 5 节，以第 5 节最长。

目前全球记载 4 亚科 100 多属 1 800 多种（含亚种），分布于各大动物地理界。我国记载了其中的 3 亚科近 30 属 300 多种（含亚种），其中 85% 以上分布于我国的东洋界，并以西南区物种多样性最高，华南区、华中区次之；而在我国的古北界仅有少数锹甲的分布报道。该科昆虫绝大多数种类的成、幼虫都以森林生态系统为栖息地。幼虫蛴螬形，但体节背面无皱纹，多生活在朽木或腐殖质中，肛门纵裂状并可与其他金龟子幼虫相区分。成虫一般都有较强的趋光性，白天多在流出的汁液或林中腐烂的水果上取食，并在林中飞舞求偶，交配后雌虫多会选择合适的朽木产卵。由于锹甲生长发育都离不开森林，且幼虫能够处理朽木从而降解木质素，因而锹甲在森林生态系统碳循环中占据独特的生态位，一些物种已经成为监测和评价森林生态系统健康状况的重要指示生物之一。

截至目前，整理多年采自福建武夷山的标本，共鉴定出锹甲 13 属 38 种。本部分图版中的"大"指大颚型个体，"中"指中颚型个体，"小"指小颚型个体。

分属检索表

1. 眼眦未将复眼均分为上下两部分；性二型现象显著；♂上颚有多型性 ·································· 2

眼眦将复眼均分为上下两部分；性二型现象不显著；♂上颚都短小，无多型性 ····· 颚锹甲属 Nigidionus

2. 眼眦较短，不长于眼直径的 1/2 ··· 3

眼眦较长，长于眼直径的 1/2 ··· 5

3. 体较粗壮、黯淡；腹面具浓密的毛丛；足粗壮，胫节锯齿状 ································· 4

体较纤细，闪亮，具有显著或非常强烈的金属光泽；腹面光滑少毛；足细长，胫节光滑少齿 ···············

··· 环锹甲属 Cyclommatus

4. 体腹面具浓密的毛丛；后头区显著隆凸或特化为各种形态的后头冠；前足胫节非常宽扁，具尖锐的大齿 ········

··· 锹甲属 Lucanus

体腹面较光滑少毛；♂后头区无明显的隆凸或特化；前足的胫节较圆钝，具有较为细小的齿 ……………………
………………………………………………………………………………… 柱锹甲属 *Primosognathus*

5. 前胸背板周缘较光滑无刻点线；侧缘弧状，端部呈尖锐的角突状 ……………………………………… **6**

前胸周缘有显著的刻点线，侧缘平直，端部平截不呈角突状 ……………………………………… **7**

6. ♂眼后缘具角突；下唇光滑无毛；雌性的眼眦缘片三角形 ……………………… 奥锹甲属 *Odontolabis*

♂眼后缘无角突；下唇具浓毛；雌性眼眦缘片平截或半圆形 ……………………… 新锹甲属 *Neolucanus*

7. 前胸背板及鞘翅相当隆凸，鞘翅较光滑，无纵线 ……………………………………………… **8**

前胸背板及鞘翅比较扁平，鞘翅有浓密的刻点或纵线 ……………………………… 盾锹甲属 *Aegus*

8. 体多黯淡或具较弱的金属光泽；♂上颚平直前伸或向内弯曲，前胸背板侧缘较平直或有凹陷，没有细密的小齿
………………………………………………………………………………………………… **9**

体具非常强烈的金属光泽；♂上颚向上明显拱起，前胸背板的侧缘有细密的小齿，使得侧缘呈锯齿状 …………
………………………………………………………………………………… 拟鹿锹甲属 *Pseudorhaetus*

9. ♂体较狭长而匀称；鞘翅光滑或仅有均匀稀疏的小刻点 ………………………………………… **10**

♂体较短宽而粗壮；鞘翅常有浓密的刻点或纵线或毛瘤 …………………………………… **11**

10. ♂体呈粗壮的长椭圆形，头、前胸背板都近长方形，头与前胸等宽，并至少不短于前胸背板；雌性体较圆，前胸、鞘翅有均匀分布的稀疏刻点 ……………………………………… 前锹甲属 *Prosocopoilus*

♂体较狭长，头近倒梯形，前胸背板因侧缘有凹陷而近乎六边形；头显著窄于、短于前胸背板；雌性体较纤长，前胸、鞘翅比较光滑 ……………………………………… 半刀锹甲属 *Hemisodorcus*

11. ♂体较隆凸；头、前胸较光滑；♂外生殖器的阳基侧突背面无特化 ……………………………… **12**

♂体较扁平；头、前胸呈强烈的皮革质感；♂外生殖器的阳基侧突背面特化呈齿状或具齿 ……………………
………………………………………………………………………………… 扁锹甲属 *Serrognathus*

12. 体粗壮或宽大；眼眦长，至少占眼直径的1/2 ……………………………… （大）刀锹甲属 *Dorcus*

体纤细或短小；眼眦短，不超过眼直径的1/2 ……………………………… 小刀锹甲属 *Falcicornis*

盾锹甲属 *Aegus* MacLeay，1819

主要特征：性二型现象显著。体小到中型，扁平或中等隆凸。多呈黑褐或红褐色，头、胸、腹多具较密的刻点；鞘翅相对体其他部分更闪亮，背面具6~12条明显的背纵线。头较平或稍有隆凸。上颚短小而简单，一般不超过头长的2倍，端部不分叉。上颚上齿的数量较少且比较简单，少有繁复的小齿，上颚中前部的齿常随♂个体的变小而变小（直至仅见齿痕或完全消失）并更靠近上缘基部，雌性中仅在上颚中部有1~2个很微小的齿。上唇多呈短宽的片状。眼微向外凸，眼眦较长，至少占眼直径的3/4或更长，但没有将眼完全分成上下2个部分。触角短，每节具稀疏的刚毛，鳃片部分3节。前胸背板前缘呈明显的波曲状，侧缘平直或弧形，微弱或强烈锯齿状，周缘具密而深的刻点，多数种类背板中央凹陷或明显凹陷，并在凹陷处具刻点。足短而粗壮，腿节侧缘上常具稀疏的黄色刚毛。前足胫节侧缘有多个尖锐的小齿，中、后足胫节则仅有1个或无。

分布：东洋界、澳洲界。福建武夷山鉴定出5种。

分种检索表（基于大颚型♂）

1. 前胸背板的前角端部明显凹陷，呈豁口状 …………………………………………………… **3**

前胸背板前端部平截，无凹陷 …………………………………………………………………… **2**

2. 上颚下缘的大齿不长于上颚上缘的齿 ……………………………… 亮颈盾锹 *Aegus laevicollis*

上颚下缘的大齿显著长于上颚上缘的齿 ……………………………… 二齿盾锹甲 *Aegus bidens*

3. 大颚型♂额区无直立的三角形突起 …………………………………………………………… **4**

大颚型♂额区有1对直立的三角形突起 …………………………… 粤盾锹甲 *Aegus kuangtungensis*

4. 体大而粗壮；上颚约与头部等长；上颚上、下缘的齿都位于基部，空间上近呈上下重叠 ··············
··· 丽缘盾锹甲 *Aegus callosilatus*
  体小而纤细；上颚明显长于头部；上颚上缘的齿位于中前部；下缘的齿位于基部，二者在空间不呈重叠状 ······
··· 闽盾锹甲 *Aegus fukiensis*

二齿盾锹甲 *Aegus bidens* Möllenkamp，1902（图版Ⅰ，1~3）
Aegus bidens Möllenkamp，1902：353.
Aegus cornutus Boileau，1899b：319. Synonymized by Didier & Sèguy，1953：155.
Aegus imitator Nagel，1941：58. Synonymized by Benesh，1960：100.
主要特征：♂：小至中型，红褐至黑褐，头和前胸背板较鞘翅暗淡，体表具刻点。头中央微凹，额区两侧各有1个尖锐的三角形突起。上颚向内弯曲，弯曲而粗壮，端部较尖，约是头长的2倍。上颚的上缘中部有1个向内侧翻伸的、宽大的三角形齿，下缘的基部有1个呈水平直伸的、粗壮三角形大齿；基部的齿明显比上缘中部的齿长而尖锐。前胸背板宽大于长，前缘波曲状，中部凸出；后缘较平直；侧缘平直，不呈锯齿状；前角钝，端部平截无凹陷，后角大而圆。在背板中央后半部，具纵向的、短宽的凹陷，凹陷处具有稀疏的小刻点。（随着个体变小，额区的三角形突起逐渐消失；上、下缘的齿也逐渐变小，小颚型个体中，上缘仅在基部具齿痕或完全消失，下缘基部仅见1个三角形小齿；前胸背板密覆刻点，侧缘微呈锯齿状）。小盾片近三角形。鞘翅背面可见明显的纵线9条，具短而稀疏的白色刚毛。前足胫节侧缘呈锯齿状，有4~5个锐齿，中足胫节侧缘具1个尖锐的小齿；后足胫节侧缘上具1个很小的齿。♀：虫体较♂更隆起，具更深密的大刻点；额区两侧无角状突起；上颚短而弯曲；前胸背板中央微凹，不如♂明显。鞘翅比♂更光亮，各纵线处的刻点比♂更深密。
观察标本：3♂♂，福建，武夷山，挂墩，2005-Ⅷ-10，崔俊芝、林美英、白明。
分布：我国福建、广西、广东、云南；越南北部。

丽缘盾锹甲 *Aegus callosilatus* Bomans，1989（图版Ⅰ，4）
Aegus callosilatus Bomans，1989：20.
主要特征：中型，体较宽，红褐至黑褐，头和前胸背板较鞘翅黯淡。头中央无明显凹陷，额区两侧光滑无突起；上颚向内弯曲，约是头长的1倍，端部较尖。上颚的上缘基部有1个三角形长齿，向内近水平伸展；下缘的基部也有1个尖锐的三角形齿，向内后方斜伸；上、下缘的2个齿在空间上有重叠。前胸背板宽大于长，背板中央的后半部具较深的纵向凹陷，凹陷处具深密的刻点；前缘波曲状，中部凸出；后缘较平直；侧缘不呈锯齿状；前角宽钝，端部向下凹陷形成豁口，后角大而圆。鞘翅背面可见明显纵条8条，具短而稀疏的白色刚毛；肩角尖。小盾片近心形，具细密的刻点。前足胫节侧缘呈强烈的锯齿状，有5~6个锐齿，中足胫节侧缘具2~3个尖锐的小齿；后足胫节侧缘上具1个锐齿及1个小齿。♀：与小颚型的♂较相似，但前胸背板更隆起，具更深的大刻点；额区两侧无角状突起；上颚短而弯曲，端部尖而无分叉；上缘无齿，下缘中部有1个三角形大齿；前胸背板中央向下凹陷；侧缘呈弧状，侧角尖而后角圆。鞘翅比♂更光亮。
观察标本：1♂，福建，武夷山，挂墩，2012-Ⅶ-24~28，曹玉言、张倩。
分布：我国福建、江西、四川。

闽盾锹甲 *Aegus fukiensis* Bomans，1989（图版Ⅰ，5~6）
Aegus fukiensis Bomans，1989：21.

主要特征：♂：小型，红褐至黑褐，头和前胸背板较鞘翅暗淡。头中央微凹，额区无直立的小三角形突起。上颚向内弯曲，长于头部的长，端部较尖；上颚的上缘近基部、约占上缘总长 1/3 处有 1 个三角形的小齿，向内近水平直伸；下缘的基部有 1 个粗壮的三角形大齿，向内下方斜伸；下缘的齿较上缘的齿大而尖锐。前胸背板宽大于长，较光滑，背板中央的后半部无明显凹陷，有稀疏的小刻点列；前缘波曲状，中部凸出；后缘中部平直，两端向内倾斜；侧缘较直，微呈锯齿状；前角宽钝，端部凹陷形成豁口，后角大而圆。（随着个体变小，上颚上、下缘的齿也逐渐变小，小颚型个体中，上颚上缘光滑无齿，下缘基部仅见 1 个三角形小齿；前胸背板侧缘微呈锯齿状）。鞘翅可见明显纵线 7 条，具短而稀疏的白色刚毛。小盾片心形，具稀疏的刻点。前足胫节侧缘呈强烈的锯齿状，有 4~5 个齿，中足胫节侧缘具 1 个尖锐的小齿；后足胫节侧缘上的 1 齿极小。♀：与小颚型♂较相似，但前胸背板比♂更隆起，体背具更深密的大刻点；上颚短而弯曲，端部尖而无分叉；上缘无齿，下缘近端部有 1 个三角形宽齿；前胸背板中后部显著向下凹陷；侧缘呈弧状，侧角尖而后角圆。鞘翅比♂更光亮。

观察标本：2♂♂2♀♀，Paratypes，Kuatun，Fukien，China：1946-Ⅵ-15，Leg. Tschung，Sen，ex. coll. J. Klapperich.（In Bartolozzi's collection，Florence，Italy）；2♂♂，福建，武夷山，黄坑，2005-Ⅷ-16，崔俊芝、白明、林美英。

分布：我国福建、浙江、广东。

粤盾锹甲 *Aegus kuangtungensis* Nagel，1925（图版 I，7~9）

Aegus kuantungensis Nagel，1925：170.

Aegus dispar Didier，1931：211. Synonymized by Cao *et al.*，2016：266.

Aegus angustus Bomans，1989：17. Synonymized by Huang & Chen，2017：264.

主要特征：♂：小至中型，红褐至黑褐色，头和前胸背板较鞘翅暗淡，体表具刻点。头中央微凹，额区两侧各有 1 个向上直立的小三角形突起。上颚向内弯曲，端部较尖，约是头的 1 倍长。上颚的上缘中部稍靠后的位置，具 1 个尖锐的三角形大齿，向内水平直伸；下缘的基部有 1 个三角形小齿，向内下方斜伸；下缘的齿较上颚的齿明显细小。前胸背板宽大于长，在背板中央后半部有纵向的、短宽的凹陷，凹陷处仅有非常稀疏而浅的小刻点；前缘波曲状，中部凸出；后缘中部平直，两端向内倾斜；侧缘呈微弱的锯齿状；前角宽钝，向下凹陷形成豁口，后角非常大而圆。（随着个体变小，额区的三角形突起逐渐消失；上、下缘的齿也逐渐变小，小颚型个体中，上缘仅在基部具齿痕或完全消失，下缘基部仅见 1 个三角形小齿；前胸背板密覆刻点，侧缘微呈锯齿状）。小盾片近三角形。鞘翅背面可见明显纵条 8 条，具短而稀疏的白色刚毛。前足胫节侧缘呈锯齿状，有 4~5 个锐齿，中足胫节侧缘具 2 个尖锐的小齿；后足胫节侧缘上具 1 个很小的齿。♀：与小颚型♂更相似，但虫体较♂更隆起，具更深密的大刻点；额区两侧无角状突起；上颚短而弯曲；前胸背板中央微凹，不如♂明显。鞘翅比♂更光亮，各纵线处的刻点比♂更深密。

观察标本：2♂♂，福建，武夷山，挂墩，2013-Ⅶ-22~28，曹玉言、张倩。

分布：我国福建、江西、湖南、广东、四川、陕西。

亮颈盾锹甲 *Aegus laevicollis laevicollis* Saunders，1854（图版 I，10~12）

Aegus laevicolle Saunders，1854：54.

Aegus punctiger Saunders，1854：55. Synonymized by Parry，1864：92.

Aegus formosae Bates，1866：347. Synonymized by Parry，1870：63.

Aegus laevicollis：Parry，1870：63. Correct subsequent spelling（ICZN，Chapter 7）.

Aegus laevicollis laevicollis：Mizunuma & Nagai，1994：288，pl. 127.

Aegus pichoni Didier，1931：210~211. Synonymized by Cao *et al.*，2016：262.

主要特征：♂：小至中型，红褐至黑褐，较闪亮。头中央微凹，额区两侧光滑无突起。上颚弯曲，端部较尖，约是头长的1倍。上颚的上缘中部稍靠后的位置，有1个三角形大齿，向内前方斜伸；下缘的基部具1个三角形大齿，向内后方微倾斜伸；上、下缘的2个齿近似大小，但下缘的更加尖锐。前胸背板宽大于长，背板中央后半部有狭长的纵向凹陷，凹陷处具深密的小刻点；前缘呈平缓的波曲状，中部凸出；后缘微呈波曲状；侧缘呈微弱的锯齿状；前角端部平截，无凹陷，后角圆。随着个体变小，上、下缘的齿也逐渐变小，至小颚型个体中，上缘仅在基部具齿痕或完全消失，下缘基部仅见1个三角形小齿；前胸背板密覆刻点，侧缘微呈锯齿状。小盾片心形，密布小刻点。鞘翅背面可见明显纵条8条，具短而稀疏的白色刚毛。前足胫节侧缘呈锯齿状，有5~6个锐齿，中足胫节侧缘具2个尖锐的小齿；后足胫节侧缘上具1个很小的齿。♀：与小颚型♂更相似，但虫体比♂更隆起，具更深密的大刻点。上颚短而弯曲，端部尖而无分叉；上缘无齿，下缘中部有1个宽钝的三角形大齿；前胸背板中央微向下凹陷，不如♂明显；侧缘呈弧状，侧角尖而后角圆。鞘翅比♂更光亮，鞘翅各纵线间隔处具深密的大刻点。

观察标本：4♂♂2♀♀，福建，武夷山，挂墩，2011-Ⅶ-22~28，曹玉言、张倩。

分布：我国福建、江西、安徽、湖南、四川。

刀锹甲属 *Dorcus* Macleay，1819

主要特征：性二型现象显著。体中至大型，多粗壮而宽钝，黑褐或红褐或灰褐色。头部宽而短，多近梯形或方形，有些种类的大型个体在额区的两侧各具1个前伸宽扁的三角形角突，但小型个体中则缺失。上颚上齿的数量较少，中至大型，上颚多粗壮而较向内强烈弯曲，一般不超过头长的2倍，中小型个体中，上颚一般不超过头长的1倍，雌性中仅在上颚中部有1个很微小的齿。上唇多宽扁，中央凹陷或者平直。复眼大而凸出，眼眦较长，但没有将眼分成上下两个部分。触角较短而粗壮，鳃片部分3节。前胸背板前缘呈明显的波曲状，侧缘平直或弧形，或微弱齿状，多数种类背板中央凹陷或明显凹陷。鞘翅光滑无毛，大型♂的鞘翅上无明显的纵线，随着体型变小，鞘翅纵线愈发明显；在小颚型♂及雌性个体中，鞘翅上具数条明显纵线。足较短细；前足胫节较宽扁，侧缘具5~10个不等的尖锐的小齿；中、后足胫节侧缘具1~2个微齿。

分布：东洋界、古北界、新北界。武夷山鉴定出其中2种。Huang & Chen（2013）记录了武夷山分布有扩胫大刀锹甲 *Dorcus katsurai* Ikada，2000，因未能检视到标本，本书暂不记述。

分种检索表（基于大颚型♂）

1. 前胸背板侧缘不直，有缺刻 ·· **2**
   前胸背板侧缘较直，无缺刻 ·· **3**
2. 体粗壮宽扁，额区、眼后缘具有角状凸；上颚中前部的齿呈尖锐的三角形，斜向前或水平内伸··············
   ··· 大刀锹甲 *Dorcus curvidens hopei*
   体较纤细，额区、眼后缘光滑无角状凸；上颚中前部呈长片状扩宽且在拓宽处的中间凹入，从而形成2个小齿
   ··· 凹齿刀锹甲 *Dorcus davidi*

大刀锹甲 *Dorcus curvidens hopei*（Sauders，1854）（图版Ⅱ，13~16）

Platyprosapus hopei Sauders，1854：50.

Dorcus striatopunctatus Saunders，1854：51. Synonymized by Parry，1864：89.

Dorcus striatus Saunders，1854：53. Synonymized by Parry，1864：89.

Dorcus hopei：Thomson，1862：398.

Dorcus binodulosus Waterhouse，1874：6. Synonymized by Lewis，1883：338.

Dorcus formosanus Miwa，1929a：351. Synonymized of *Dorcus antaeus* by Arrow，1943：138；Synonymized of *Dorcus curvidens* var. *hopei* by Didier & Séguy，1953：136；Synonymized of *Dorcus hopei* by Benesh，1960：91.

Dorcus curvidens hopei：Nomura，1960：42.

主要特征：♂：中到大型。黑色，较闪亮，头和前胸背板较鞘翅暗淡。头中央微凹，额区两侧各有1个宽大的、略向前斜伸的三角形突起。上颚向内强烈弯曲，基部宽，端部尖，约是头长的2倍；上颚中部有1个向上几乎直立的三角形大齿、齿端微微向前斜伸；紧邻上颚端部有1个突起的小齿。上唇宽大，长方形，端缘中部强烈向下凹陷。前胸背板宽大于长，前缘波曲状，背板中央微凹；后缘较平直，侧缘微呈锯齿状、较直；前角较钝，后角钝圆。(随着个体变小，中颚型个体的额区三角形突起逐渐变小；上颚中部的齿多向内侧、近水平直伸，上颚端部的小齿也更加细小。至小颚型个体中，上颚仅在靠近基部处有1个三角形小齿，端部的齿完全消失；前胸背板侧缘无明显的凹陷)。小盾片心形，端部较尖。鞘翅周缘有深密的刻点，从鞘翅中部至缘折处，有5~6条深密的大刻点形成的短纵线(随着个体变小，鞘翅越来越闪亮，其上的刻点及纵线也愈发浓密可见)。前足胫节侧缘微呈锯齿状，有5~7个较尖锐的小齿；中足胫节侧缘具1个尖锐的小齿；后足胫节侧缘上具1个很小的齿。♀：同小颚型♂很相似，有较强的金属光泽。体背的刻点、毛较♂的毛更浓密而长。头小，头顶中央有2个近圆形的小隆凸。上颚相当短小，端部尖锐，基部宽大并有1个倾斜的长方形隆起；中部具1个向前斜伸的三角形大齿及1个三角形微齿。前胸背板中央相当光滑而闪亮，比♂更隆凸；鞘翅上均匀地排列着10~11条纵线。

观察标本：2♂♂1♀，福建，武夷山，挂墩，2013-Ⅶ-22~28，曹玉言、张倩。

分布：我国福建、上海、江苏、江西、安徽、湖北、湖南、广东。

凹齿刀锹甲 *Dorcus davidi*（Séguy，1954）（图版Ⅰ，17~20）

Hemisodorcus davidi Séguy，1954：187.

Macrodorcus davidi：Benesh，1960：157.

Macrodorcas davidi：Maes，1992：83.

Dorcus davidi：Krajcik，2001：45.

Dorcus striatipennis continentalis Sakaino，1997：12. Synonymized by Schenk，2012：10.

Dorcus emikoae Ikeda，2001：31. Synonymized by Huang & Chen，2013：436.

主要特征：♂：小到中型，体呈黑色，头、前胸背板较光滑闪亮。头近梯形，头顶中前部向下凹陷。上颚基、中部较粗壮而直，端部尖而强烈向内弯曲，约是头长的2倍；在上颚的中前部、约占上颚总长1/2、3/4处的2个小齿之间的区域变宽呈刀片状，靠近上颚端部具1个三角形小齿。上唇宽大，长方形，端缘中央向外凸出。前胸背板宽大于长，前缘呈明显波曲状，中部尖锐凸出；后缘较平直；侧缘不平直，中部及后1/4处向外凸出。(随着个体变小，上颚中部至前部的齿逐渐变小，不呈明显的刀片状，上颚端部的小齿也更加细小。至小颚型个体中，上颚仅在中部有1个三角形小齿，端部的齿完全消失；头部不再光滑，而覆盖较浓密的刻点)。小盾片心形。鞘翅较光滑，布满均匀的小刻点。前足胫节侧缘锯齿状，具6~7个较明显的小齿；中足胫节有1个小锐齿；后足胫节无齿或1个极微小的齿。♀：体背更加粗糙。头部密布刻点，前缘两侧弧度更大。上颚比♂短小，但上颚端部较尖锐。前胸背板中央闪亮，比♂更隆凸；侧缘弧度更大。鞘翅表面具较浅的纵纹。

观察标本：1♂，福建，武夷山，挂墩，2009-Ⅷ-3~9，万霞。

分布：我国福建、浙江、江西、重庆、四川、陕西。

小刀锹甲属 *Falcicornis* Planet，1894

主要特征：性二型现象显著。体小到中型，有较强的金属光泽。触角较细长，鳃片部分 3 节。复眼大而突出，眼眦较短，约占直径的 1/3；紧靠复眼后侧无明显的突出物。♂：头多短宽；上颚多长而单薄，端部一般尖锐，少有分叉。前胸背板宽大于长，呈梯形、半圆形或方形不等；前缘多呈波曲状，中部向前凸出，后缘近直线状。足较粗壮，前足胫节较宽扁，端部宽大，侧缘具多个尖锐小齿；中、后足胫节侧缘具 1~2 个极细小的齿。鞘翅光滑，无毛或纵线。♀：与小颚型♂较相似，上颚短小而尖细，短于头长，中部具 1 个小齿；头、前胸背板及鞘翅上具比♂更深密的大刻点。

分布：古北界、东洋界。武夷山鉴定有 3 种。

分种检索表（基于大颚型♂）

1. 上颚约是头长的 2 倍；上颚基部腹面或颏区有浓密的黄毛 ·· **2**
　上颚仅约等长与头长；上颚基部腹面或颏区都无浓密的黄毛 ··········· 拟戟小刀锹甲 *Falcicornis taibaishanensis*
2. 上颚的基部腹面、颏、中胸腹面两侧都具浓密的黄色绒毛·················· 黄毛小刀锹甲 *Falcicornis mellianus*
　上颚的基部腹面、中胸腹面光滑无毛，仅颏上具浓密的黄色绒毛 ·············· 叉齿小刀锹甲 *Falcicornis seguyi*

黄毛小刀锹甲 *Falcicornis mellianus*（Kriesche，1921）（图版 I，21~24）

Hemisodorcus mellianus Kriesche，1921：98.

Macrodorcas mellianus：Benesh，1960：78.

Macrodorcus lasiodontus De Lisle，1964：44. Synonymized by Bomans，1989：7.

Hemisodorcus perroti Lacroix，1972：64. Synonymized by Bomans，1989：7.

Dorcus mellianus：Mizunuma & Nagai，1994：262.

Macrodorcas melliana：Bartolozzi & Sprecher，2006：73.

Falcicornis mellianus：Huang & Chen，2013：264.

主要特征：♂：小到中型，红褐至黑褐，较闪亮。体背、腹面均光滑少毛。头宽大而较扁平，前缘中部及额区呈 1 个近三角形的较深凹陷，眼周具细密的小刻点。上颚弯曲，约是头长的 2 倍，端部尖锐而向内强烈弯曲；上颚的基部有 1 个三角形小齿；上颚的中部前部、约占上颚总长的 2/3 处有 1 个宽大而尖锐的、向上直立的三角形大齿及 2 个紧邻该齿的小齿；在上颚的下缘、位于基齿与中前部大齿间分布有浓密的金黄色毛丛；颏、腹面两侧也具有浓密的金黄色毛丛。上唇宽大，长方形，端缘中部微有凹陷。（随着个体变小，上颚逐渐变短小，上颚中前部的大齿也逐渐变小变短，在小颚型♂中，上颚中前部的大齿不再出现，仅在中部有 3~4 小齿呈锯齿状排列）。前胸背板宽大于长，前缘呈明显波曲状，中部向外尖锐凸出，中央较平而光滑；后缘较平直；侧缘呈斜线状向后延伸，形成尖锐的前角及很钝的后角。背板较光滑，布满均匀的小刻点。小盾片心形，端部尖锐，布满小刻点。鞘翅具非常浅细的小刻点，鞘翅中央有 1 条隐约的纵带。前足胫节侧缘呈锯齿状，有 6~7 个较明显的锐齿；中足胫节侧缘具 1 个尖锐的小齿；后足胫节侧缘上具 1 个尖锐的小齿。♀：与小颚型♂更相似，但较♂闪亮，黑色。头部密布刻点，前缘两侧弧度更大上颚极短，端部尖，中部有 1 个三角形的小齿。上唇短。前胸背板比♂更隆凸，前缘两侧更尖锐。鞘翅呈黑色。

观察标本：1♀，福建，邵武，桐木，1979-Ⅶ-31，宋士美；1♂3♀♀，福建，武夷山，三港，1982-Ⅸ-16~20，廖素柏。

分布：我国福建、湖南、重庆、广东、广西、贵州；越南北部。

叉齿小刀锹甲 *Falcicornis seguyi*（**De Lisle，1955**）（图版 II，1~3）

Macrodorcus seguyi De Lisle，1955：6.

Macrodorcas seguyi Benesh，1960：157.

Dorcus seguyi：Mizunuma & Nagai，1994：261.

Falcicornis seguyi：Huang & Chen，2013：266.

主要特征：♂：小到中型，红褐至黑褐，较黯淡，体背较为粗糙，具细颗粒质感；头宽大而较扁平，额区中央凹陷，眼周缘有细密的小刻点，颏上覆盖金黄色的毛。上颚端部尖锐向内弯曲，约是头长的 2 倍；上颚的基部有 1 个三角形小齿；上颚的中前部、约占上颚总长的 2/3 处有 1 个宽大而尖锐的、向上直立的三角形大齿，齿的侧缘微呈锯齿状。上唇宽大，近长方形，端缘中部微有凹陷。（随着个体变小，上颚逐渐变短小，上颚中前部的大齿也逐渐变小变短，中颚型♂中呈 1 个尖锐的齿；小颚型♂中，上颚中前部的尖锐大齿不再出现，仅在中部有 1 个端部平钝、近方形的齿）。前胸背板宽大于长，前缘呈明显波曲状，中部向外尖锐凸出，中央较平而光滑；后缘较平直；侧缘呈斜线状向后延伸，形成尖锐的前角及很钝的后角。背板较光滑，布满均匀的小刻点。小盾片心形，端部尖锐，布满小刻点。鞘翅具非常浅细的小刻点，鞘翅中央有隐约的纵带。前足胫节侧缘呈锯齿状，有 4~6 个较明显的锐齿；中足胫节侧缘具 1 个尖锐的小齿；后足胫节侧缘上具 1 个尖锐的小齿。♀：与小颚型♂更相似，但较♂闪亮，黑色，体背更加粗糙。头部密布刻点，前胸背板前缘更尖锐、两侧弧度更大，颏上有稀疏的毛；上颚极短，端部尖，中部有 1 个三角形小齿。上唇短，近半圆形，前胸背板比♂更隆凸。

观察标本：1♂，福建，武夷山，挂墩，2009-VIII-3~9，万霞；2♂♂1♀，2013-VII-29，曹玉言。

分布：我国福建、浙江、广东、广西、贵州、海南、云南；越南北部。

拟戟小刀锹甲 *Falcicornis taibaishanensis*（**Schenk，2008**）（图版 II，4）

Macrodorcas taibaishanensis Schenk，2008：9.

Falcicornis taibaishanensis：Huang & Chen，2013：279.

主要特征：♂：小到中型，红褐至黑褐，较黯淡，体背、腹面均光滑少毛。头较宽大，眼周具浓密的刻点。上颚短小，约等于头长；端部尖锐而向内强烈弯曲；上颚近基部有 1 个小齿，中部有 1 个尖锐的大齿且向上挑伸，2 个齿之间相连且变宽，使其略呈戟状。上唇宽大，长方形，中央微有凹陷。前胸背板宽大于长，前缘呈明显波曲状，中部向外尖锐凸出，中央较平而光滑；后缘较平直；侧缘呈斜线状向后延伸，形成尖锐的前角及很钝的后角。背板较光滑，布满均匀的小刻点。（随着个体变小，上颚逐渐变短小，上颚中前部的大齿也逐渐变小变短，中颚型♂上颚的齿不再呈戟状，而是呈 1 个向内弯曲的尖齿；小颚型♂中，仅在中部有 1 个小齿）。小盾片心形，端部尖锐，布满小刻点。鞘翅表面具浅细的小刻点，鞘翅中央有隐约的纵带。前足胫节侧缘呈锯齿状，有 4~6 个小齿；中、后足胫节侧缘上无可见的小齿。♀：与小颚型♂更相似，但更闪亮，黑褐色。头、前胸、背部的刻点更密，前胸背板前缘、两侧缘的弧度更大；上颚极短，端部尖，中部有 1 个三角形的小齿。上唇短，近倒梯形，中部凹陷。前胸背板比♂更隆凸，前缘两侧更尖锐。

观察标本：1♂1♀，福建，武夷山，挂墩，2013-VII-22~28，曹玉言、张倩。

分布：我国福建、浙江、湖南、贵州、广东、广西。

半刀锹甲属 *Hemisodorcus* Thomson，1862

主要特征：性二型现象显著。体中至大型，多纤长而匀称，光滑少毛，黑褐或红褐，有较强的金属光泽。头部宽而长，前缘多宽于后缘呈梯形。上颚长而稍向内弯曲，端部相当尖锐，上颚上的齿多简单，鲜有繁复的小齿。大型个体超过头长的 2 倍，中小型个体中，上颚不超过头长的 2 倍。上唇多呈短宽的片状，中央微凹。眼眦短，不超过眼直径的 1/2；眼眦末端明显凸出眼外，紧靠复眼后侧无明显的突出物，眼眦缘片通常多呈长方形的薄片状。触角较细长，鳃片部分 3 节。前胸背板近长方形，前缘多呈波曲状，后缘近直线状，侧缘多有凹陷。鞘翅光滑，无毛或纵线，有较强的金属光泽。足细长；前足胫节较宽扁，侧缘具 5~10 个尖锐小齿；中、后足胫节侧缘具 1~2 个极细小的齿。

分布：东洋界、古北界。武夷山分布有 1 种。

锐齿半刀锹甲 *Hemisodorcus haitschunus*（Didier & Séguy，1952）（图版Ⅱ，5~6）

Eurytrachellelus haitschunus Didier & Séguy，1952：227.

Macrodorcas haitschunus：Benensh，1960：78.

Macrodorcus haitschunus：Bomans，1989：7.

Hemisodorcus haitschunus：Schenk，2000：80.

Dorcus haitschunus：Krajcik，2001：46.

主要特征：♂：中到大型，体较光滑闪亮；头及前胸黑色，鞘翅红褐色。体背、腹面均光滑少毛。头部近梯形，前缘宽于后缘，头顶中央有 1 近三角形的凹陷。上颚基、中部较粗壮而直，端部强烈弯曲，端部很尖，约是头长的 2 倍；在上颚的中前部、约 3/4 处有 1 个向内、向前斜伸的、尖锐而细长的大齿，在该齿与上颚的端部之间，有两个锐齿。上唇近长方形，中央向下凹陷，端缘中部微向外凸出。前胸背板前缘呈明显波曲状，中央微微凸出；后缘较平直；侧缘不平直，靠近前缘的 1/3 侧缘向内很深的凹陷（随着个体变小，上颚逐渐变短小，端部不再强烈向内弯曲，上颚中前部的大齿也逐渐变小变短，至小颚型♂中，上颚较直，约与头部等长，仅在中前部有 1 个小齿，在该齿与上颚端部间也仅有 1 个更小的齿）。小盾片呈尖锐的三角形。鞘翅闪亮，具较强的金属光泽。前足胫节侧缘锯齿状，具 4~5 个较明显的小齿；中足胫节有 1 个小锐齿；后足胫节无齿或 1 个微齿。♀：与♂较相似，头部前缘比♂更弯曲，密布小刻点；上颚比♂短小，中部具 1 个小钝齿，前胸背板周侧及鞘翅周侧上有密而深的大刻点。

观察标本：Holotype，♂，Fokien（MNHN）；1♀，福建，崇安，星村，挂墩，1 140m，1960-Ⅶ-2，蒲富基；1♂1♀，福建，武夷山观测站，2013-Ⅶ-28，曹玉言。

分布：我国福建、浙江、湖北、广东、广西。

扁锹甲属 *Serrognathus* Motschulsky，1861

主要特征：性二型现象显著。体中至大型，较平而宽扁，多较粗糙而黯淡。复眼小而凹陷，眼眦较长，末端嵌入眼内，没有将复眼分成上下两个部分。♂：头多呈方形而相当平坦；上颚多粗壮，平直或向内弯曲，至多具 1 个发达的齿，多有小齿呈锯齿状排列。前胸背板宽大于长，前缘多呈波曲状，后缘近直线状，侧缘多有凹陷。足较短细，前足胫节较宽扁，外侧缘具多个尖锐小齿；中、后足胫节外侧缘具 1~2 个细小的齿。鞘翅表面具细密的皮革质小突起。大型♂的鞘翅上无明显的纵线，随体型变小，鞘翅纵线增多，至小颚型♂及雌性个体中，鞘翅上具数条明显纵线。♀：与小颚型♂较相似，但通常较小颚型♂为大，有较强的金属光泽；上颚尖细且短于头长，中部多具 1 个小齿；头、前胸背板及鞘翅上具更深密的刻点。

分布：东洋界、古北界。武夷山分布有 3 种。

分种检索表（基于大颚型♂）

1. 上颚上具有繁复的小齿 ·· 2

上颚上不具有繁复的小齿 ··· 穗茎扁锹 *Serrognathus hirticornis*
2. 体型较为狭窄，上颚弯曲 ······································· 细颚前锹甲 *Serrognathus gracilis*
体型宽扁粗壮，上颚平直 ····································· 中华大扁 *Serrognathus titanus platymelus*

穗茎扁锹甲 *Serrognathus hirticornis*（Jakowleff，[1897]）（图版Ⅱ，7~8）

Eurytrachelus hirticornis Jakowleff，1896：457.

Eurytrachellelus hirticornis：Didier & Séguy，1953：138；1952，pl. XCIX.

Serrognathus hirticornis：Benesh，1960：83.

Dorcus reichei hirticornis：Mizunuma & Nagai，1994：268.

Dorcus hirticornis hirticornis：Huang & Chen，2013：487.

主要特征：♂：小到中型，扁平，黑褐色；鞘翅部分较其他部分闪亮，体背光滑少毛；体腹面具褐色短毛，中胸腹板上的毛长而浓密；各足基节中部具褐色的刚毛簇；前足腿节的中部及腹面上侧、中后足腿节腹面下侧具较密的褐色刚毛丛。上颚之间的区域呈光滑的斜坡状；头顶中央略有三角形凹陷。上颚发达，约是头长的2倍，基部至中前部相当宽阔，端部细而尖，稍向内弯曲；上颚基部光滑无齿；在上颚的中前部、约占上颚总长的2/3处有1个向上斜伸、凸出的矩形大齿，齿的端缘中部向内凹陷形成分叉（有些个体并不具一个向上斜伸、凸出的且端缘分叉的矩形大齿，而是在上颚的中部1/2处具1个尖锐的、向内水平伸展的三角形大齿，在前部3/4处具1个较钝的三角形小齿，且2齿间相连接处向下凹陷）；邻近上颚端部，有1个几乎垂于端部的三角形小齿。前胸背板宽大于长，背板中央形成椭圆形凹陷；前缘呈明显波曲状，中部尖锐凸出；后缘平缓；侧缘不平直，与前缘相接的2/3侧缘稍向内弯曲近弧形，并在占侧缘长的2/3处向内明显凹陷后向外突出形成尖角。（随着个体变小，上颚逐渐变短小，上颚中前部的大齿也逐渐变小变短，鞘翅不再光滑，其上的纵线、刻点逐渐多而明显；至小颚型♂中，上颚短于头长，仅在上颚基部有1个三角形的小齿）。小盾片近三角形。鞘翅表面较粗糙，布满细小的刻点，靠近肩角处的刻点大而密；鞘翅中部，有2条明显的刻点纵带。前足胫节侧缘锯齿状，有5~7个较尖锐的小齿。中、后足胫节各具1个微小的齿。♀：较♂闪亮。头、前胸背板周侧、鞘翅、体腹面具深密的大刻点；前胸背板中央相当光滑闪亮；头较平，靠近后头有2个圆形小突起。上颚稍短于头长，端部尖锐，上颚中部具1个小三角形小齿。上唇近梯形，端缘中部略有凹陷。其他特征似小颚型♂。

观察标本：1♂1♀，福建，武夷山，2011-Ⅷ-9，曹玉言。

分布：我国福建、浙江、江西、湖北、湖南、重庆、四川、贵州。

细颚扁锹甲 *Serrognathus gracilis*（Saunders，1854）（图版Ⅱ，9~12）

Cladognathus gracilis Saunders，1854：47.

Hemisodorcus gracilis：Van Roon，1910：32.

Prosopocoilus gracilis：Benesh，1950：16，17.

Epidorcus gracilis：Séguy，1954：192.

Serrognathus gracilis：Liu *et al*，2019：120

主要特征：♂：小到中型，体呈黑或红褐色，体背具粗糙的颗粒质感。头顶微隆起，前缘中部向下较深的凹陷，靠近眼内侧的头顶隆起处各有1个小的纵向凹陷。上颚细长，显著长于头及前胸的总长；上颚的基、中部较粗壮而直，端部较细，向内弯曲；基部光滑无齿；在中前部、约占上颚总长3/5的位置有1个微向倾斜的三角形长齿；紧邻该齿、向着上颚基部方向有4~8个细小的齿呈锯齿状均匀排列；在该齿与上颚端部间，有2~4个小齿较均匀的排列；靠近上颚端部，有1个大的三角形钝齿。前胸背板宽大于长；背板中央凸出，前缘呈明显波曲状，后缘较平直；侧缘微呈弧形，细密的锯齿状。随着个体变小，上颚逐渐变短小，上颚中前部的大齿也逐渐变小变短，且逐渐位于上颚的中部至更靠近基部的位置，位于大齿前后的小齿数量也逐渐减少；至小颚型♂中，上颚约等长于头及前胸的总长，仅在上颚基部有1个三角形的小齿或浅的齿痕。小盾片三角形。鞘翅表面黯淡，鞘翅基部、小盾片、肩角处具更密而深的小刻点。前足胫节侧缘呈强烈的锯齿状，具6~7个尖锐小齿；中足胫节有1个小锐齿及1个小齿；后足胫节无齿或1个极微小的齿。♀：较♂闪亮。头、前胸背板周侧、鞘翅、体腹面具深密的大刻点。头较平，后方稍稍隆起。上颚稍短于头长，端部尖锐，上颚中部具1个小三角形小齿。上唇近梯形，端缘中部略有凹陷。其他特征似♂。

观察标本：1♂，福建，崇安，三港，1979-Ⅶ-30，章士美；1♂，福建，武夷山，崇安，1986-Ⅶ-11，郑中孚；1♂1♀，福建，武夷山，三港，740m，1997-Ⅷ-5，姚建。

分布：我国福建、江苏、浙江、江西、安徽、湖北、广东、广西、四川。

中华大扁 *Serrognathus titanus platymelus*（Saunders，1854）（图版Ⅱ，13~16）

Platyprosapus platymelus Saunders，1854：50.

Dorcus obscurs Sanunders，1854：52. Synonymized by Parry，1864：87.

Dorcus marginalis Saunders，1854：53. Synonymized by Parry，1864：87.

Eurytrachelus platymelus：Parry，1864：87.

Eurytrachelus titanus platymelus：Kriesche，1921：117.

Eurytrachelus titanus hymir Kriesche，1935：173. Synonymized by Bartolozzi & Sprecher，2006：77.

Serrognathus titanus platymelus：Benesh，1960：87.

Dorcus titanus platymelus：Mizunuma & Nagai，1994：269.

主要特征：♂：中到大型，体较扁平，红褐至黑褐色，黯淡；体背粗糙，具颗粒质感。头宽大，长方形，上颚之间的区域呈斜坡状，额区有1个大的三角形凹陷。上颚较扁直而粗壮，等于或稍短于头及前胸的总长，基部至中部相当宽阔，端部较细而平截，端部稍内弯；靠近上颚基部有1个向内水平伸展的三角形大齿；紧邻上颚端部，有1个向内直伸、几乎与上颚端部垂直的三角形小齿；在基部大齿与端部小齿之间有6~9个小齿呈齿状均匀排列。上唇宽大，端缘中部裂开，呈2个几乎对称的三角形片。前胸背板中央较平；前缘呈明显波曲状，后缘呈平缓的波曲状；侧缘不平直，靠近前角、占侧缘总长1/3凹入，与后缘相接处有1个尖角。随着个体变小，体逐渐变得闪亮；上颚逐渐变短小，上颚中前部的大齿也逐渐变小，且逐渐位于上颚更靠近基部，小齿的数量也逐渐减少；至小颚型♂中，上颚仅约等长于头及前胸的总长，上颚基部有1个三角形的小齿，锯齿状小齿的仅留3~4个很浅的齿痕。小盾片近心形。鞘翅表面较光滑，具相当细小的刻点，鞘翅的中部更靠近鞘翅外缘，有1条较深而明显的纵带。前足胫节侧缘呈强烈的锯齿状，有5~7个较尖锐的小齿。中、后足胫节各有1个小齿。♀：小于♂，体较♂闪亮。头、前胸背板周缘、鞘翅周缘上的刻点具非常深密的大刻点，头顶中央，有2个近圆形的小隆凸。上颚短小，短于头长，基部宽大。上唇近五边形，具浓密的黄毛。前胸背板中央相当光滑，比♂更隆凸；鞘翅上具明显的细小刻点形成的线，但无规则的排列。其他特征似♂。

观察标本：1♂，福建，崇安，大竹岚，1973-Ⅵ-6，虞佩玉；1♀，福建，邵武，1979-Ⅶ-31，王林瑶；1♂，福建，崇安，三港，770~870m，1983-Ⅶ-21，周红章；福建，武夷山，七里桥，800m，2000-Ⅶ-31，张平飞、费正清。

分布：我国福建、浙江、江苏、安徽、江西、湖北、河南、陕西、湖南、四川、重庆、广东、广西。

前锹甲属 *Prosopocoilus* Hope & Westwood，1845

主要特征：具明显的性二型现象。体背、腹面均光滑少毛。多数种类大型♂的上颚相当发达，长于头、前胸背板及鞘翅长的总和，但呈现出强烈的♂多型性，上颚随着个体变小而逐渐变得细小，在小型个体中，甚至短于或仅等长于头长。♂：尺度多变，同一种类也呈小至大型。♂头多呈方形或倒梯形；头顶强烈隆起、平或凹陷；复眼大而突出，眼眦较短，没有将复眼分成2部分。触角长，每节具稀疏的纤毛，棒状部分3节。前胸背板前缘明显的波曲状，侧缘多平直或微呈外弧状向外凸出。足细长，前足胫节端部外侧2分叉，侧缘锯齿状或具尖锐的小齿。中、后足胫节端部外侧3分叉，形成3个小齿，侧缘具1~3个微齿。♀：体型明显小于♂（少数♂个体小于大的雌性）。头、前胸背板及鞘翅上常有密而深的刻点。头窄而小，较圆钝。上颚短于头长，多数种类上颚无明显的大齿，仅在上颚的中前部具1个小钝齿。鞘翅长于头、胸、上颚的总长。中、后足上一般都具1个以上小的锐齿。

分布：东洋界、古北界、热带界、澳洲界。武夷山分布有4种。

分种检索表（基于大颚型♂）

1. 体黑褐色；头顶无凸起 ·· **2**
   体呈黄色；头顶有1对三角形的凸起 ························· 黄褐前锹甲 *Prosopocoilus blanchardi*
2. 眼后缘向外明显凸出；左右上颚及其上的齿几乎对称 ·· **3**
   眼后缘没有向外明显凸出，左右上颚的齿形状明显不对称 ·········· 剪齿前锹甲 *Prosopocoilus forficula*
3. 上颚细长，约是头及前胸总长的1倍；眼后缘向外明显凸出呈半圆形；前胸背板的侧缘较平直 ·····················
   ·· 儒圣前锹甲 *Prosopocoilus confucius*
   上颚短粗，短于头及前胸总长；眼后缘向外尖锐凸出呈三角形；前胸背板侧缘弧状 ·····················
   ···································· 锐突前锹甲 *Prosopocoilus oweni melli*

黄褐前锹甲 *Prosopocoilus blanchardi*（Parry，1873）（图版Ⅱ，17~20）

Metopodontus blanchardi Parry，1873：337.

Metopodontus blanchardi var. *thibetanus* Planet，1899：385. Synonymized by Benesh，1960：64.

Prosopocoilus blanchardi：Benesh，1960：63.

Prosopocoilus astacoides blanchardi：Mizunuma & Nagai，1994：254.

主要特征：♂：中到大型，体呈较鲜艳的黄或黄褐色，头部的颜色较深；前胸背板两侧、靠近后缘处各有1个黑褐色的圆斑；头前缘两端、前胸背板的前、后缘及背板盘区中线、鞘翅周缘都为黑色。头宽大，近方形；额区深深凹陷，头顶中央具2个向上直立的、几乎对称的、间隔分开的、宽大的三角形片状凸起，凸起的端部黑色。上颚细长，约是头和前胸总长的1倍，向内弯曲；靠近上颚基部、约占上颚总长1/3处有1个粗壮的三角形大齿（有些个体也会位于上颚的中部）；靠近上颚的中前部、约占上颚总长的2/3处直至上颚端部，有3~4个向前斜伸、均匀分布的三角形锐齿；紧邻端部有1个小齿。前胸背板中央较平，侧缘前部微呈弧形，向后较平直的延伸。随着个体变小，额区凹陷逐渐变浅；头顶中央的三角形凸起也逐渐变小；上颚逐渐变短变直，上颚的大齿也逐渐变小，且更靠近基部，小齿的数量也渐少渐小；至小颚型♂中，额区仅微微凹陷；头顶中央仅余2个很小的点状凸起；上颚变得平直，仅稍长于头及前胸的总长，基部仅有1个三角形的小齿，锯齿状小齿的仅留3~4个齿痕。小盾片呈心形。鞘翅光滑闪亮。前足胫节外侧缘具3~4个较尖锐的小齿；中后足胫节外侧缘具1个小齿。♀：与小颚型♂较相似，黑褐至红褐，但上颚、眼眦缘片、各足上具深密的刻点。上颚稍短于头长。前足胫节较♂更宽扁，侧缘有5~6个较钝的小齿；

中、后足胫节无齿。

　　观察标本：1♂3♀♀，福建，武夷山，2011-Ⅷ-7，曹玉言。

　　分布：我国福建、北京、河北、江苏、河南、陕西、甘肃、湖北、湖南、四川、重庆、广西。

儒圣前锹甲 *Prosopocoilus confucius*（Hope，1842）（图版Ⅱ，21~23）

Lucanus confucius Hope，1842：60.

Cladognathus confucius：Didier & Séguy，1953：110.

Prosopocoilus confucius：Benesh，1960：66.

Cladognathus arrowi Gravely，1915（male）：416. Syn. of *Prosopocoilus giraffa* by Arrow，1937：243；syn. of *Prosopocoilus confucius* by Benesh，1960：66.

　　主要特征：♂：中到巨型，少数个体超过100mm，体黑褐色，较闪亮。头宽大，近方形；额区至头顶明显凹陷；头顶无任何凸起；眼后缘显著向外凸出。上颚粗壮而较平直，约是头及前胸的总长的1倍；端部尖锐，向内弯曲；在上颚的基部有1个向内下方微微斜伸的、粗壮的三角形大齿；上颚的中部有1个向内近水平直伸的三角形锐齿；沿着该锐齿向前至上颚端部，均匀排列着6~9个向前斜伸的小齿。前胸背板宽大于长，背板中央微隆凸；前缘波曲状，中部向前凸出；后缘较平直；侧缘较平直，在与前、后缘相接处形成了尖角。（随着个体变小，体背更加闪亮；眼后缘向外凸出更加明显；上颚逐渐变短变直，上颚的大齿也逐渐变小，中部的锐齿逐渐消失不在；小齿的数量也渐少渐小。至小颚型♂中，体非常闪亮，眼后缘向外呈片状明显凸出；上颚几乎平直，短于头及前胸的总长，基部仅有1个三角形的小齿，上颚前部的小齿仅留下很浅的齿痕）。小盾片近心形。鞘翅光滑闪亮；小盾片、肩角处具细小的刻点。前足胫节外侧缘锯齿状，有6~8个较明显的小锐齿；中足胫节具1个尖锐的小齿，后足胫节具1个很小的齿。♀：体具较强的金属光泽；头、前胸背板及鞘翅上有密而深的大刻点；头较平，头顶中后部微微隆起；眼后缘向外凸出呈小圆片状；上颚细小，短于头长，端部尖锐，中部具1个三角形小钝齿。前足胫节侧缘微呈锯齿状；前足胫节端部尖锐；中、后足胫节中后部有1个锐齿。

　　观察标本：1♂，福建，崇安，1988-Ⅶ-13，郑中孚；2♂♂1♀，福建，武夷山，观测站，2013-Ⅶ-26，曹玉言。

　　分布：我国福建、江西、江苏、浙江、广东、广西、海南；越南北部。

剪齿前锹甲 *Prosopocoilus forficula*（Thomson，1856）（图版Ⅱ，24；图版Ⅲ，1）

Dorcus forficula Thomson，1856：527.

Prosopocoilus forficula：Benesh，1960：68.

Prosopocoilus forficula forficula Mizunuma & Nagai，1994：26，251.

　　主要特征：♂：中到大型，体黑褐至红褐，较闪亮。头宽大，近方形；额区至额区前部深深凹陷呈半圆形，头顶中央无任何凸起。眼后缘微向外凸出。上颚较细长，约是头及前胸总长的1倍；端部尖锐，向内弯曲。上颚基部呈倾斜凹陷，位于基部的齿不对称：左侧上颚基部有1个较钝的三角形齿，紧邻该齿的前方有1个三角形大齿，向内侧前方斜伸；右侧上颚基部有1个很大的方形齿，紧邻该齿的前方有1个相当长而尖锐的三角形大齿，向内侧前方伸出，且远大于上颚所有的其他齿；在上颚的前部、约占上颚总长2/3处至上颚端部，均匀分布着3个三角形锐齿；紧邻上颚端部，有1个小齿。前胸背板宽大于长，背板中央隆凸；前缘波曲状，中部向前凸出，后缘微呈波曲状；侧缘较平直。（随着个体变小，体背更加闪亮；上颚逐渐变短变直，上颚的大齿也逐渐变小，中部的锐齿逐渐消失不在；小齿的数量也渐少渐小。至小颚型♂中，体非常闪亮，眼后缘向外明显凸出；上颚几乎平直，短于头及前胸的总长，基部仅有 2 个三角形的小齿，上颚前部仅留下浅的齿痕）。肩角尖。小盾片近心形。前足胫节外侧缘锯齿状，有 5~7 个尖锐的小齿；中足胫节具 1 个尖锐的小齿，后足胫节具 1 个很小的齿。♀：体相当闪亮，宽而钝圆；头、前胸背板及鞘翅上有密而深的刻点；头较平，头顶中后部微微隆起；眼后缘凸出呈半圆形；上颚细小，短于头长，端部尖锐，中部具 1 个三角形小钝齿。前足胫节侧缘微呈锯齿状；前足胫节端部分叉较♂更尖锐；中、后足胫节中后部有 1 个长锐齿。

观察标本：1♂1♀，福建，武夷山，2013-Ⅶ-24，曹玉言、张倩。

分布：我国福建、浙江、湖南、海南、广西；越南北部。

锐突前锹甲 *Prosopocoilus oweni melli* Kriesche，1922（图版Ⅲ，2~3）

Prosopocoilus ovatus var. *melli* Kriesche，1922：123.

Prosopocoilus oweni melli：Mizunuma & Nagai，1991：16.

主要特征：♂：小到中型，体黑褐色，较黯淡。上颚、头、前胸背板周缘、小盾片上密布小刻点。额区及上颚之间的区域强烈凹陷呈半圆形；眼后缘强烈向外侧扩展，呈宽大而尖锐的三角形片状凸出。上颚明显短于头及前胸的总长，端部向内稍弯曲；上颚的基部宽大且凹陷，使得上颚分成明显的上下缘：下缘的基部，有 1 个长方形的大齿且在齿的端缘裂开，形成 2 个大的钝齿；上缘的基部光滑无齿，在上颚的中部有 1 个较大三角形齿，紧靠该中齿直至上颚端部，有 5~7 个尖锐的小齿呈锯齿状排列。前胸背板宽大于长，背板中央显著隆凸；前缘呈明显波曲状，中部向前平缓凸出；后缘较平直；侧缘不平直，近圆弧状，向内弯曲，与前后缘圆滑相接，使得整个前胸背板近呈椭圆形。（随着个体变小，三角形的眼后缘片逐渐变小；上颚逐渐变短变直，上颚下缘基部的大齿也逐渐变小。至小颚型♂中，上颚不呈明显的上下缘，而是近平直，明显短于头长，仅在上颚内侧有 4~5 个小齿有呈锯齿状排列）。小盾片三角形。前足胫节外侧缘锯齿状，有 4~6 个尖锐的小齿；中、后足胫节中部具 1 个更小的齿。♀：体较♂更闪亮；头、前胸背板及鞘翅上有密而深的刻点；眼后缘具近三角形的、较宽扁的刺突；上颚明显短于头长，端部尖锐，中部具 1 个三角形小钝齿。上唇梯形，端缘微呈弧状。前足胫节侧缘锯齿状，3~4 个小齿，外侧缘端部平截，不似♂呈尖锐的分叉；中、后足胫节中后部有 1 个小锐齿。其他特征似♂。

观察标本：1♂，福建，武夷山，2009-Ⅷ-2，万霞；1♂1♀，地点同上，2013-Ⅶ-24，曹玉言、张倩。

分布：我国福建、浙江、湖南、广西、海南；越南。

拟鹿锹甲属 *Pseudorhaetus* Planet，1899

主要特征：性二型现象显著。体多相当隆凸且光滑闪亮，具不同程度的金属光泽。♂：上颚具较明显的♂多型，大、中型♂上颚相当发达而弯曲，具多个装饰性的小齿。头较小而平坦，近方形。触角较纤细，鳃片部分 3 节。眼眦较短，约占眼直径的 1/3，没有将复眼完全分开。眼后缘即眼的后侧方，有 1 尖锐的三角形角突。前胸背板向上微隆凸，前缘波曲状，后缘较平直；侧缘呈明显的锯齿状。鞘翅光滑，无刻点或纵线。足长而粗壮，光滑无毛，前足胫节外侧缘呈明显的锯齿状，具发达的小齿；中足胫节外侧缘多具 1 个尖锐的齿。

分布：东洋界。武夷山分布有 1 种。

中华拟鹿锹甲 *Pseudorhaetus sinicus*（Boileau，1899）（图版Ⅲ，4~6）

Rhaetulus sinicus Boileau，1899a：111.

Pseudorhaetus sinicus：Didier & Séguy，1953：88.

主要特征：♂：中至大型，黑色，具强烈的金属光泽；体背相当光滑闪亮，鞘翅比头和前胸背板更甚。额区、头顶中央向下凹陷；眼后缘片呈宽钝的三角形；上颚较细而向内强烈弯曲，稍长于头及前胸的总长；端部尖锐无分叉，向内弯曲；从上颚基部至上颚总长的2/3处，强烈的弯曲并向上拱起，使得上颚总长的1/3明显低于上颚的其他部分。上颚基部有1个向内、向上斜伸的三角形大齿；位于上颚中部稍靠前、约在上颚总长2/3处有1个非常长而尖锐的三角形大齿，向上、向前斜伸；紧邻上颚端部，有1个几乎垂直于上颚的小齿；沿着该中前齿向后至上颚基部方向，有8~14个小齿呈锯齿状均匀分布，而沿着该中前齿向前至端部间，有5~6个小齿呈锯齿状均匀分布。前胸背板宽大于长，前半部窄而后半部宽；背板中央强烈隆凸；前缘明显的波曲状，中部尖锐凸出，后缘较平直；侧缘呈锯齿状，靠近前缘的2/3侧缘呈斜线状向后延伸，在侧缘的后部、约占侧缘总长的1/3处向外凸出形成尖锐的角突，随后先后凹入与后缘相接，形成很尖的前角及很宽钝的后角。（随着个体变小，眼后缘片逐渐变小；上颚逐渐变短，隆起程度渐弱；前胸背板的侧缘呈强烈的锯齿状；上颚基部的大齿、中前部的大齿也逐渐变小。至小颚型♂中，上颚弯曲程度较弱，中部不再强烈隆起，仅稍长于头及前胸的总长，上颚上不再有明显的大齿，内侧有10~14个小齿呈锯齿状均匀分布）。小盾片近半圆形。各足腿节呈现出明显的亮红色，前足胫节侧缘有4~8个小齿，中足胫节侧缘具1个尖锐的小齿；后足胫节侧缘上无齿。♀：虫体较♂更隆起，虫体呈黑色，较亮；额区两侧具点状突起；上颚短而弯曲；前胸背板中央微凹，不如♂明显。鞘翅比♂更光亮，前足胫节侧缘呈锯齿状，有3~6个小齿，中足胫节侧缘具1个尖锐的小齿；后足胫节无小齿。

观察标本：Holotype，♂，Kuatun，Fokien（MNHN）；2♀♀，福建，武夷山，挂墩，2013-Ⅶ-22~28，曹玉言、张倩。

分布：我国福建、浙江、江西、广东、贵州。

颚锹甲属 *Nigidionus* Kriesche，1926

主要特征：性二型现象不显著。体背较凸出，光滑少毛，身体两侧几乎相互平行。头宽阔，前半部较平。眼眦将复眼完全分成上下两部分。上颚短小，向上弯翘。触角短粗，棒状部分3节。前胸背板向上隆起，宽大于长。足较短小，前足胫节外侧缘多呈锯齿状，具不少于3个的尖锐的小齿；中、后足胫节侧缘具1~2微小的齿。

分布：东洋界。此属世界仅知1种，广布中国。

筒颚锹甲 *Nigidionus parryi*（Bates，1866）（图版Ⅲ，7~8）

Nigidius parryi Bates，1866：347.

Nigidionus parryi：Kriesche，1926：385.

Nigidius parryi var. *gigas* Möllenkamp，1901：363. Synonymized by Boileau，1913：264.

主要特征：♂：小到中型，黑色。体背较光滑，头部近六边形，头顶中央微有凹陷，靠近额区两侧各有1个凸起。上颚短小，约与头部等长，端部向上弯翘，有3~4个很小的齿。触角短小，每节具稀疏的纤毛，第2~7各节几乎等长等粗，第8~10节显著膨大；前胸背板显著隆凸，长大于宽，中部较两边凹陷，在背板中央的后半部，具1个布满刻点的凹槽；前缘波曲状而后缘较小，靠近前缘的1/3侧缘向外拓宽呈长方形，中部1/3侧缘凹陷，靠近后缘的1/3侧缘向内倾斜与后缘平缓相接。小盾片长三角形。鞘翅背面具有6~8条均匀排列纵线，各纵线间填满了浓密的刻点。足较短小，具稀疏的短毛，前足胫节外侧缘有3~4个较尖锐的小齿，外侧缘端部具3个较尖锐小齿，后足胫节与中足相似。♀：与♂类似。体较♂粗壮而黯淡；前胸背板中后部的凹陷长而宽；第5腹节较♂略圆钝。

观察标本：1♀，福建，武夷山，挂墩，1979-Ⅶ-29，采集人不详；1♂，福建，武夷山，桐木，1979-Ⅶ-31，采集人不详。

分布：我国福建、安徽、福建、湖北、湖南、四川、贵州、云南、甘肃、台湾；越南北部。

环锹甲属 *Cyclommatus* Parry，1863

主要特征：性二型现象显著。体中至大型，多呈金褐、铜绿或灰褐色的金属光泽，体背腹面均光滑少毛，上颚相当发达。♂：中至大型。♂头多呈方形或倒梯形；复眼大而突出，眼眦约占眼直径的1/3，没有将复眼分成上下两部分。触角长，每节具稀疏的纤毛，鳃片部分3节。上颚短于头长，多数种类仅中前部具1个小钝齿。前胸背板前缘明显的波曲状。足细长，各足胫节均光滑无齿，具褐色或黄褐色的绒毛。♀：通常小于♂，不如♂闪亮，头、前胸背板及鞘翅上常具比♂更深密的刻点。头窄而小，较圆钝。中、后足胫节细长，侧缘上一般具1个细齿或无。

分布：东洋界。

分种检索表（基于大颚型♂）

1. 体有强烈的铜绿色光泽；头顶中央有1对小斑；前胸背板靠近两侧缘处各具1个窄的黑色纵带 ……………………
…………………………………………………………………… 米兹环锹甲 *Cyclommatus mniszechii*
 体有较黯淡的金属光泽，头顶中央无斑点；前胸背板靠近两侧缘处各具1个短的黑斑块 ……………………………
…………………………………………………………………… 碟环锹甲 *Cyclommatus scutellaris*

米兹环锹甲 *Cyclommatus mniszechii*（Thomson，1856）（图版Ⅲ，9~12）

Cyclophthalmus mniszechii Thomson，1856：526.

Megaloprepes mniszechii：Thomson，1862：397.

Cyclommatus mniszechii：Parry，1864：41，84.

Cyclommatus mniszechii var. *tonkinensis* Didier，1931：164. Synonymized by Benesh，1960：59.

主要特征：♂：体黄棕色，具金属光泽；上颚基部、额区、上唇、眼后缘、呈铜绿色；前胸背板周缘、鞘翅周缘、前、中、后足腿节侧缘、端部、胫节侧缘外部、跗节黑色。头宽大，倒梯形，头顶中央有1对小圆斑（有些个体在其后还有1对呈倒"八"字排列的长条斑）；头顶中央向后有1对明显向上隆起的、略呈弧状的细脊；上颚发达，约是头长的1倍，基半部粗壮、端半部纤细且向内强烈弯曲；向着上颚基部方向、约占上颚总长1/4处有1个较尖锐的三角形齿向内侧水平伸展（有些个体该齿则位于上颚中部、约占总长1/2的位置）；靠近端部、约占上颚总长3/4处也有更加尖锐的三角形齿，沿该齿向前直至上颚的端部，有3~4个小齿均匀排列。（随着个体变小，头逐渐变小，头顶中央向后侧的细脊状隆起逐渐变短变弱；上颚逐渐变短，弯曲度渐弱；中颚型♂中：头顶中央仅见短小的脊状隆起或完全不可见；紧靠上颚基部有1个钝齿且在齿端有分叉。至小颚型♂，头近规则的方形，无脊状隆凸；上颚较为平直，仅约等长或稍短于头长，上颚上不再有明显的大齿，内侧有7~8个小齿呈锯齿状均匀分布，靠近基部的小齿略大）。前胸背板近梯形，两侧各具1个黑色纵带。小盾片半圆形。鞘翅黄棕色，密布细小的刻点。足细长，前足胫节内缘密布黄毛，侧缘有1~2个极细小的齿；中、后足胫节外缘无小齿。♀：似小颚型♂，较为黯淡；头、前胸背板、鞘翅上具深密的大刻点；头窄小，头顶中央有1对黑色的圆斑。上颚短小而平直，短于头长，仅在上颚的中部有1个非常细小的齿。前胸背板周缘黑色，两侧各具1条黑色纵带。足较为粗壮，没有毛丛；前足胫节外侧缘有3~4个尖锐的小齿；中、后足胫节外侧缘也各有1个尖锐的小齿。

观察标本：1♂2♀♀，福建，武夷山，2013-Ⅶ-23，曹玉言。

分布：我国浙江、上海、福建、江西、广东、广西、台湾；越南北部。

碟环锹甲 *Cyclommatus scutellaris* Möllenkamp，1912（图版Ⅲ，13~15）

Cyclommatus scutellaris Möllenkamp，1912：7.

Cyclommatus multidentatus scutellaris：Kurosawa，1974：103.

Cyclommatus strigiceps scutellaris：Lacroix，1988：7.

主要特征：♂：体黄棕色，较黯淡，通常头、前胸较鞘翅色深且更黯淡。上颚基部，额区，上唇，眼后缘，前胸背板周缘，鞘翅周缘，前、中、后足腿节侧缘、端部，胫节侧缘外部和跗节黑色。头较宽大，倒梯形，头顶具明显的三角形凹陷，在三角形凹陷的两侧、眼后缘处有6~13条深深凹入的褶皱（有些个体纹路较浅）；上颚发达，约是头长的1倍；基半部较粗壮，端半部较纤细且向内显著弯曲；紧靠上颚基部有1个宽钝的三角形大齿，左侧上颚的该齿向内近水平伸展，右侧上颚的则微向前斜伸，两侧齿并不对称（有些个体左侧齿的端部平截，右侧齿的基部有突出，呈现更加明显的不对称）；在上颚中部则有1个细小的锐齿；紧邻上颚端部则有1个尖锐的三角形大齿。（随着个体变小，上颚逐渐变短，弯曲度渐弱；中颚型♂眼后缘处的皱纹逐渐变浅变短，但仍可辨；至小颚型♂，头近规则的方形，光滑无褶皱；上颚较为平直，仅稍长于头部，上颚上不再有明显的大齿，内侧有12~14个小齿呈锯齿状均匀分布，靠近基部的小齿略大）。前胸背板近梯形，两侧的中后部各具1个黑斑（有些个体中，前胸背板中央也有一个黑色的近菱形的条斑；或者两侧的黑板延伸至侧缘前后两端；或者黑斑较小而不显著）。小盾片半圆形，黑色。肩角处有黑色的大斑。足细长，前足胫节、约占全长的3/5处都具较浓密的黄毛，胫节外缘无明显小齿，中、后足侧缘光滑无齿。♀：似小颚型♂，但体背腹面具更深密的大刻点。头窄小，头顶中央具较浅的凹陷。上颚短小而平直，短于头长，仅在上颚的中部有1个非常细小的齿。前胸背板靠近两侧缘具显著的大黑斑。鞘翅表面无明显的长纵带，但肩角处的黑斑大而显著。前足胫节侧缘上有3~4个尖锐小齿；中、后足胫节则各具1个小齿。

观察标本：2♀♀，福建，三港，1982-Ⅸ-16~19，廖素柏；1♀，武夷山，挂墩，1979-Ⅵ-3~11，采集人不详；1♂，地点同上，860~1 230m，1983-Ⅷ-4，周红章；1♂1♀，地点同上，2003-Ⅶ-5~20，白明、任国栋；2♂♂3♀，武夷山，挂墩，2009-Ⅷ-6，万霞。

分布：我国福建、浙江、湖北、湖南、广东、广西、陕西、甘肃、重庆、四川、贵州、台湾。

锹甲属 *Lucanus* Scopoli，1763

主要特征：性二型现象显著。体中到大型，体背、腹面多呈磨砂状、具有刻点和排列整齐的黄褐色毛，腹面的毛通常长而密，中胸腹板上更甚。♂：头部大，前缘明显隆起，多在中部向前凸出或向后内凹，形成不同形状的额脊；部分种类则具向上直立的盾片。额与上唇分开或不明显分开或愈合，有些种类的上唇向前显著延伸并形成分叉。头顶强烈隆起，眼后缘向外侧拓宽并在端部形成形状各异的后头冠，在大颚型♂中，后头冠非常显著并呈现种的特异性；中小颚型♂随体型减小而减弱，甚至完全消失。复眼大而突出，眼眦将复眼分成两部分。上颚长而非常发达。触角长，每节具稀疏的纤毛，鳃片部分多为4节，也有些种类为5~6节。前胸背板前缘明显的波曲状，侧缘中部向外凸出。足细长，前足胫节侧缘锯齿状或有很少的齿。中、后足胫节侧缘具1个极细小的齿或无。♀：体型明显小于♂（少数♂个体小于大的雌性）。头、前胸背板及鞘翅上常有密而深的刻点。头窄而小，近方形，完全没有后头冠。上颚多短于头长，多具1个小钝齿。中、后足侧缘上一般都具数个尖锐的小齿。

分布：东洋界、古北界、新北界。武夷山分布有6种。

分种检索表（基于大颚型♂）

1. 上唇的端部呈三角形的片状，没有向外延伸 ···
   上唇的端部特化，向外延伸呈长笏板状且在端部分叉 ··············· 赫氏锹甲 *Lucanus hermani*

2. 上颚近基部光滑无齿或只有 1 个细小的齿；头、前胸背板光滑无毛 ···
   上颚近基部有 1 个三角形大齿；头、前胸背板上密布黄色的短毛 ··
   ··· 斑股锹甲 *Lucanus maculifemoratus dybowskyi*

3. 鞘翅全黑或红褐；上颚长于头及前胸背板的总长；上颚上具 1 或 2 个大齿及多个小齿 ··········· **4**
   鞘翅黑色具黄斑；上颚不长于头及前胸背板的总长；上颚的中前部仅具 3 个小齿 ····· 黄斑锹甲 *Lucanus parryi*

4. 后头冠宽大；额脊的中部向上显著突起；占上颚 2/3 处的中前部有 1 个向上挑伸的三角形大齿，沿该齿至颚基
   部有 6~8 个小齿 ··· **5**
   后头冠较小，额脊的中部向上微有突起；占上颚总长 2/3 处的中前部有 1 个向前斜伸的三角形大齿，沿该齿向
   着上颚基部有 2~3 个小齿 ·· 武夷锹甲 *Lucanus wuyishanensis*

5. 上颚基部至中前部大齿间的 6~8 个小齿呈稀疏均匀排列；中前部大齿至上颚端部尖有 2~3 个小齿较稀疏排列
   ·· 福运锹甲 *Lucanus fortunei*
   上颚基部至中前部大齿间的 6~8 个小齿紧密排列；中前部大齿至上颚端部尖有 1 个方形小齿··················
   ·· 卡拉锹甲 *Lucanus klapperichi*

斑股锹甲 *Lucanus dybowski* Parry，1873（图版Ⅲ，16~18）

Lucanus maculifemoratus dybowski Parry，1873：335.

Lucanus maculifemoratus jilinensis Li，1992：68. Synonymized by Huang & Chen，2010：113.

主要特征：♂：中到大型，上颚、头、前胸背板呈暗红褐色，鞘翅红褐色。前、中、后足基节、腿节基、端部黑色；前足腿节背、腹面下侧、中后足腿节的背、腹面中央具黄褐色纵斑带；胫节红褐色，内侧具黑色纵斑（前足上不明显）。体背、腹面多具黄色软毛，腹面的更长而浓密。上颚弯曲，长于头及前胸的总长；端部呈大的分叉；近上颚基部、约占上颚总长 1/4 处有 1 个长而尖锐的大齿，略向后斜伸，在上颚中部至上颚端部，有 3~4 个小齿。额脊较平直，中部无隆凸或盾片；眼后侧缘向两侧外拓宽至半椭圆形的片状，且端部向上翻翘（随着个体变小，上颚逐渐变得短小但仍不短于头及前胸的总长，后头冠逐渐变窄变小，不呈向上翻翘的片状，至小颚型♂，上颚上无显著的大齿，仅有稀疏分布的 4~5 个小齿）。上唇呈尖锐的三角形，端部外凸。前胸背板宽大于长，背板中央凸出，前、后缘呈明显波曲状；侧缘向后倾斜延伸后内凹，与前后缘形成尖的前角及钝的后角。鞘翅光滑少毛。小盾片心形。前、中、后足胫节侧缘各均匀分布有 3~5 个小齿，中足胫节上的小齿更加尖锐。♀：红褐至黑褐色，仅前足腿节腹侧中部、中后足腿节腹面中部具黄褐色长纵斑带；头、前胸背板有浓密的刻点。头窄小，近方形。上唇呈矛状凸出。上颚短于头长，宽而钝，仅在下缘中部具 1 个大的钝齿。前足胫节侧缘有 3~4 个宽扁的大齿；中足胫节有 3 个尖锐的细齿；后足胫节有 2~3 个小齿。

观察标本：2♂♂，福建，武夷山，挂墩，2013-Ⅶ-22~28，曹玉言、张倩。

分布：我国福建、吉林、辽宁、黑龙江、北京、河北、甘肃、陕西、河南、湖北；朝鲜半岛，俄罗斯远东地区。

福运锹甲 *Lucanus fortunei* Saunders，1854（图版Ⅲ，19~21）

Lucanus fortunei Saunders，1854：46.

Lucanus laevigatus Didier，1931：225. Synonymized by Arrow 1943：134.

主要特征：♂：小到中型，体背浅红至深红褐色，鞘翅边缘黑色。前、中、后足基节、腿节

基、端部黑色，胫节红褐色，内侧具黑色的长纵斑带（有时前足斑带不明显）；在前足腿节背、腹面下侧、中后足腿节的背、腹面中央具黄褐色长纵斑带。上颚粗壮，向内强烈弯曲，长于头及前胸的总长；端部呈宽大的分叉；近上颚基部无显著的大齿，仅在上颚的近前端、约占上颚总长的2/3处有1个向上斜伸的尖锐大齿；沿该大齿向着上颚基部，均匀分布有5~6个小齿；沿该大齿向着上颚端部的中间有3~4个密集排列的小齿。上唇三角形，端部尖锐且微向下倾斜。额脊微呈波曲状，中部向上隆凸呈盾片状。头后缘中央向下较深的凹陷；后头冠非常发达，眼后缘向两侧拓展呈宽大的半圆形，端部向上翻翘（随着个体变小，上颚逐渐变得纤细，不再向内强烈弯曲，但仍不短于头及前胸的总长；上颚前端大齿也逐渐变小并向后分布至上颚总长的1/2处。至小颚型♂，上颚上无显著的大齿，仅有稀疏分布的4~5个小齿；额脊中部不再隆凸呈短片状。后头冠逐渐变窄变小，不呈微翘的片状）。前胸背板宽大于长，背板中央较平，凸出不明显，前、后缘微呈波曲状。鞘翅光滑，仅在小盾片上、缘折处有非常稀疏的短毛。肩角尖。小盾片近三角形。前足胫节侧缘有2~3个锐齿；中足胫节有2个锐齿；后足胫节有2个小齿。♀：明显小于♂，红褐至黑褐，较♂光滑闪亮。头、前胸背板及鞘翅上有密而深的刻点。头窄小，近方形。上颚短于头长，宽钝，仅在下缘中部具1个大的钝齿。前足胫节侧缘有2个发达的齿；中足胫节有2个锐齿及1个小齿；后足胫节有2个锐齿。

观察标本：1♂，福建，崇安，星村，三港，740~910m，1960-Ⅶ-18，马成林；2♂♂2♀♀，福建，武夷山，挂墩，1960-Ⅷ-1，张毅然；1♀，地点同上，1 140m，1960-Ⅶ-2，蒲富基；6♂♂，地点同上，1979-Ⅶ-11~14，采集人不详；1♀，地点同上，1 200m，1997-Ⅶ-29，姚建；2♂♂1♀，地点同上，2003-Ⅴ-20，白明；2♂♂，地点同上，2003-Ⅶ-18，任国栋、白明。

分布：我国福建、浙江、江西、安徽、广东。

卡拉锹甲 *Lucanus klapperichi* Bomans，1989（图版Ⅲ，22~24）

Lucanus klapperichi Bomans，1989：9.

主要特征：♂：小到中型，体背暗红褐至黑色。前、中、后足基节、腿节基、端部黑色，胫节红褐色，内侧具黑色的长纵斑带（有时前足斑带不明显）；在前足腿节背、腹面下侧、中后足腿节的背、腹面中央具黄褐色长纵斑带。上颚向内弯曲，长于头及前胸的总长；端部呈宽大的分叉；近上颚基部无显著的大齿，仅在上颚的近前端、约占上颚总长的1/2处有1个向上斜伸的宽钝大齿；沿该大齿向着上颚基部，均匀分布有6~9个小齿；沿该大齿向着上颚端部的中间有2~3个密集排列的小齿。上唇三角形，端部尖锐且微向下倾斜。额脊微呈波曲状，中部向上隆凸呈盾片状。头后缘中央向下较深的凹陷；后头冠发达，眼后缘向外拓展呈宽大的长方形，端部向上微翘（随着个体变小，上颚不再向内强烈弯曲，但仍不短于头及前胸的总长；上颚前端大齿也逐渐变小并向后分布至上颚总长的1/2处。在小颚型♂，上颚上无显著的大齿，仅有稀疏分布的4~5个小齿；额脊中部不再隆凸呈短片状。后头冠逐渐变窄变小，端缘不呈微翘的片状）。前胸背板宽大于长，背板中央较平，凸出不明显，前、后缘微呈波曲状。鞘翅光滑，仅在小盾片上、缘折处有非常稀疏的短毛。肩角尖。小盾片近三角形。前足胫节侧缘有2~3个锐齿；中足胫节有2个锐齿；后足胫节有2个小齿。♀：明显小于♂，红褐至黑褐，较♂光滑闪亮。头、前胸背板及鞘翅上有密而深的刻点。头窄小，近方形。上颚短于头长，宽钝，仅在下缘中部具1个大的钝齿。前足胫节侧缘有2个发达的齿；中足胫节有2个锐齿及1个小齿；后足胫节有2个锐齿。

观察标本：1♂1♀，福建，武夷山，挂墩，2009-Ⅷ-5，万霞；2♂♂2♀♀，地点同上，2013-Ⅶ-22~28，曹玉言、张倩。

分布：我国福建、浙江、广东。

黄斑锹甲 *Lucanus parryi* **Boileau，1899**（图版Ⅳ，1~3）

Lucanus parryi Boileau，1899a：111.

Lucanus parryi var. *aterrimus* Didier，1928：95. Synonymized by Krajcik，2001：79.

Lucanus parryi var. *thoracicus* Dider，1928：96. Synonymized by Krajcik，2001：79.

主要特征：♂：小到中型，体背光滑，体腹具稀疏的短毛。体色黑褐至红褐，鞘翅周缘黑色，中央黄或黄褐色，肩角处及小盾片处的黑色区域呈三角形，使得鞘翅中央呈2个规则的长条形黄斑（有些个体则呈模糊的不规则黄斑，有些则无斑，鞘翅俱为黑色）。上颚稍向内弯曲，稍长于头及前胸的总长；端部较大分叉，基部无齿；上颚中部有1个三角形齿，水平直伸；紧靠中齿的内侧，有3~4个退化的齿痕；该齿与上端部分叉间距的中部，具2个明显的小齿。上唇三角形，端部尖锐。额脊较为平直，中部几无隆凸。头后缘中央向下微有凹陷；后头冠较不发达，眼后缘向外侧微微拓展，端部较平直，无翻翘，整个后头冠呈窄的长方形（随着个体变小，上颚逐渐变短，显著短于头及前胸的总长；上颚中齿也逐渐变为细小。至小颚型♂，上颚上已无显著的大齿，仅有上颚中部有2个紧邻的小齿。后头冠也更加窄小）。前胸背板宽大于长，背板中央较平，凸出不明显，前、后缘微呈波曲状；侧缘向后倾斜延伸后内凹。小盾片三角形。前足胫节侧缘有3个锐齿及2个小齿；中足胫节有2个锐齿及1个小齿；后足胫节有3个小齿。♀：体黑色，明显小于♂，体背较♂更光滑闪亮。头、前胸背板及鞘翅上有密而深的刻点。上颚宽而钝，短于头长，仅在下缘中部具1个大的钝齿。前足胫节侧缘有2个发达的齿；中足胫节有2个锐齿及1个小齿；后足胫节有2个锐齿。头窄而小，近方形。

观察标本：2♂♂1♀，福建，建阳，黄坑，大竹岚，先锋岭，900~1 170m，1960-Ⅵ-29~Ⅶ-6，左永；1♂，福建，崇安，星村，三港，740m，1960-Ⅵ-24，张毅然；2♀♀，福建，崇安，星村，挂墩，840~1 160m，1960-Ⅶ-14，张毅然；1♂，福建，武夷山，三港，1997-Ⅷ-1，700m，李文柱；1♂，福建，武夷山，2000-Ⅶ-29，张平飞、费正清；3♂♂，福建，武夷山，2003-Ⅴ-20，白明、任国栋。

分布：我国福建、安徽、浙江、江西。

赫氏锹甲 *Lucanus hermani* **De Lisle，1973**（图版Ⅳ，4~6）

Lucanus hermani De Lisle，1973：137.

主要特征：♂：大型，体背光滑，暗红褐色；体腹黑褐色，具短而稀疏的黄色软毛。前、中、后足基节、腿节基、端部黑色；前、中、后足腿节腹面中部、背面中央具宽的黄褐色斑带（前足背面中央的斑带有时不明显）；胫节、跗节黑褐色。上颚细长而向内弯曲，长约是头、胸总长的1倍；上颚端部强烈分叉；靠近基部有1个向后侧斜伸的三角形大齿；中前部没有大齿，约有9~10个小齿较均匀分布于上颚中部至端部分叉间，其中位于中部的2个齿稍大。额区大部向下强烈凹陷至扇形，额脊强烈弯曲，中部具1个向上直立的阔铲状盾片；头后缘较浅的凹陷长；后头冠窄而突出，眼后缘向外侧显著拓展，且在端部向上强烈翻翘，使后头冠形近"钺"状；上唇圆筒状，向前延伸，下倾后上翘，端缘中部呈较大的分叉（随着个体变小，上颚逐渐变短，但仍显著长于头及前胸的总长；上颚基齿也逐渐变为细小。至小颚型♂，上颚上已无显著的大齿，但上颚基部的齿仍明显较大。额区的凹陷逐渐变浅，额脊中部仅存很小的片状凸起，后头冠也更加窄小，端部几乎无翻翘）。前胸背板宽大于长，背板中央凸出，前、后缘呈明显波曲状；侧缘向后强烈倾斜延伸后内凹，与前后缘形成尖的前角及近直角的后角。鞘翅光滑，仅在小盾片上、缘折处有非常稀疏的短毛。小盾片三角形。前足胫节侧缘有4~6个锐齿；中足胫节有3个锐齿；后足胫节有3个微齿。

♀：体暗红褐至黑褐，明显小于♂，体背较♂更光滑闪亮。头、前胸背板及鞘翅上有深密的大刻点。头窄小，近方形。上唇呈五边形的凸出。上颚宽钝，短于头长，仅在下缘中部具1个大的钝齿，齿的端缘略有凹陷。前足胫节侧缘有3~4个发达的齿及2~3个退化的齿；中足胫节有2个锐齿及1个小齿；后足胫节有2个锐齿及1个小齿。

观察标本：1♂2♀♀，福建，武夷山，三港，2013-Ⅶ-22~28，曹玉言、张倩。

分布：我国福建、海南、广东、广西、四川。

武夷锹甲 *Lucanus wuyishanensis* Schenk，1999 （图版Ⅳ，7）

Lucanus wuyishanensis Schenk，1999：114.

主要特征：♂：小到中型，体背浅红至深红褐色，头、前胸背板上有短而贴伏的黄色短毛，体腹深褐色，有较长而密的黄毛；鞘翅边缘黑褐色。前、中、后足基节、腿节基、端部黑色，胫节红褐色，内侧具黑色的长纵斑带（有时前足斑带不明显）；在前足腿节背、腹面下侧、中后足腿节的背、腹面中央具黄褐色长纵斑带。上颚粗壮，向内显著弯曲，长于头及前胸的总长；端部呈宽大的分叉；近上颚基部无显著的大齿，仅在上颚中部有近水平伸展的尖锐大齿；沿该大齿向着上颚基部，间隔分布着2~3个小齿，其中紧邻该大齿的1个小齿钝而呈方形；沿该大齿向着上颚端部的中间有2个紧密排列的方形小钝齿。上唇三角形，端部尖锐且微向下倾斜。额脊微呈波曲状，中部向上微微隆凸。头后缘中央向下较浅的凹陷；后头冠较发达，眼后缘向外侧拓展呈较宽钝的半圆形，端部向上翻翘。前胸背板宽大于长，背板中央较平，凸出不明显，前、后缘微呈波曲状。鞘翅光滑，仅在小盾片上、缘折处有非常稀疏的短毛。小盾片近三角形。前足胫节侧缘有2~3个锐齿；中足胫节有2个锐齿；后足胫节有1个小齿。♀：明显小于♂，红褐至黑褐，较♂光滑闪亮。头、前胸背板及鞘翅上有深密的刻点。头窄小，近方形，有黄色短毛。上颚宽钝，短于头长，仅在下缘中部具1个大的钝齿。前足胫节侧缘有2个发达的齿；中足胫节有2个锐齿及1个小齿；后足胫节有2个小齿。

观察标本：Holotype，♂，China：Fujian, Mt. Wuyishan, 1 400m, 1998-Ⅵ-25（In Schenk's collection，Wehretal，Germany）. 根据 Huang &Chen（2010；2017），此种模式标本产自武夷山的信息有误，该产地可能是由于标本商给命名人提供了不详实的采集地信息。考虑到有些锹甲属的物种也会分布于华东、南的多个省区，本书暂将其列为武夷山有分布物种，并期待后续的研究中能做进一步的调研。

分布：我国福建、湖南、江西。

柱锹甲属 *Prismognathus* Motschulsky，1860

主要特征：性二型现象显著。体小到中型，多具金属光泽，体背光滑或具极短而稀疏的毛，腹面多具长而稀疏的黄褐色软毛，中胸腹板上的毛最长而浓密。♂：头宽大于长；复眼大而突出；眼眦非常短。上颚不长于头及前胸的总和，一般下缘明显宽于上缘，使上颚分成上下两层；下缘的小齿呈锯齿状排列。触角长，每节具稀疏的纤毛，鳃片4节组成。前胸背板宽于或等宽于鞘翅，前后缘呈不等程度的波曲状。鞘翅表面光滑，无明显的刻点或背纵线。足细长，前足胫节粗壮，侧缘具多个小齿。中、后足胫节细长，侧缘上具1~2个细小的齿或无齿。♀：体型多明显小于♂。头、前胸背板及鞘翅上较♂具更深密的刻点。头窄小，近方形；上颚短于头长；多数种仅在上缘中部具1个大齿、下缘中部或基部具1个小齿。

分布：东洋界、古北界。

卡拉柱锹甲 *Prismognathus klapperichi* Bomans，1989（图版Ⅳ，8-9）

Prismognathus klapperichi Bomans，1989：15。

主要特征：♂：小到中型。体光滑，红褐色。头长大于宽，前缘中部强烈凹陷，端部呈直线状向后倾斜，眼眦缘片呈尖锐的三角状。上颚微向内弯曲，下缘明显宽于上缘；上缘较光滑，在基部、中部各有1个平直的小齿，近端部有1个近直立的、向上弯曲的长齿；下缘有13~16个小齿，锯齿状排列，靠近下缘基部的2个齿明显粗壮（随着个体变小，上颚逐渐变短，上颚上、下缘的齿也逐渐变小而少，至小颚型♂，上颚上缘仅在端部有1个小齿，下缘6~8个小齿呈锯齿状排列）。前胸背板中央强烈凸出，前缘呈强波曲状，后缘较平直；侧缘较平直，几乎相互平行。鞘翅明显窄于前胸背板。小盾片近半圆形。前足胫节侧缘有5~6个锐齿；中足胫节有2个锐齿；后足胫节有1个小齿或无。♀：与雄虫较相似，上颚短于头长，内弯，端部尖而简单，无分叉；下缘中部有1个大而前伸的弯齿；上缘中部有1个几乎直立的、向上弯曲的长齿。但头的前缘中部略内凹，上唇近方形，中部略分叉。眼眦缘片呈短而狭小的半扇形。

观察标本：Holotype，♂，Chine，Fukien，Kuatun，1946-Ⅷ-15，Tschung-Sen leg.，ex.coll.J. Klapperich；allotype，♀，same data as holotype（BMNH）。1♂，福建，崇安，星村，三港，740m，1960-Ⅷ-7，张毅然。

分布：我国福建、浙江、广东、广西、重庆、四川、贵州。

奥锹甲属 *Odontolabis* Hope，1842

主要特征：性二型现象显著。体中至大型，光滑闪亮，具不同程度的金属光泽。头部宽而平，复眼大而突出，眼眦长，约占眼直径的4/5，眼眦缘片宽，形状各异；眼后缘处具1个刺状突起。♂上颚呈明显的多型性，大颚型♂上颚长而粗壮，具繁复的齿，一般都长于头及前胸的总长；中颚型♂的上颚粗壮，齿的数量与形状通常与大颚型♂差异显著，一般不长于头及前胸的总长；小颚型♂上颚，多具简单的锯齿状小齿，一般短于头长。雌性上颚短小，仅靠近端部有微小的齿。触角较长，鳃片部分3节。前胸背板宽大于长，前缘呈明显的波曲状，中部向前凸出，后缘较平直；侧缘多曲折，向后倾斜，也多具尖锐的刺状突起；侧缘多在与后缘相接处向内凹陷。鞘翅光滑，无明显的毛或纵线，有些种类具色斑。足较长而粗壮，前足胫节较宽扁，外侧缘具尖锐的小齿；中、后足胫节外侧缘光滑无齿；端部呈尖锐的3分叉。

分布：东洋界。

分种检索表（基于大颚型♂）

1. 体全部呈黑色 ··· **2**
   体黑色但鞘翅边缘红色 ·· 中华奥锹甲 *Odontolabis sinensis*
2. 体型较大而闪亮；眼后缘向外形成端部尖锐的角突；前胸背板侧缘较直，并在靠近后缘处深深凹陷，形成尖锐的角突 ··· 西奥锹甲 *Odontolabis siva*
   体型较小而黯淡，眼后缘向外形成端部宽扁的角突；前胸背板侧缘近弧形，并在靠近后缘处微微凹陷，无尖锐的角突 ·· 扁齿奥锹甲 *Odontolabis platynota*

扁齿奥锹甲 *Odontolabis platynota*（Hope & Westwood，1845）（图版Ⅳ，10~12）

Lucanus platynota Hope & Westwood，1845：5，18。

Anoplocnemus platynotus：Thomson，1862：394。

Odontolabis platynota：Parry，1864：77。

Calcodes platynota：Arrow，1950：201.

Odonotolabris emarginata Saunders，1854：49. Synonymized by Thomson，1862：394.

Odonotolabris evansii Westwood，1855：201. Synonymized by Parry，1864：77.

主要特征：♂：中到大型，黑褐色，较黯淡。额、上颚基部间的区域呈仅半圆形的凹陷。头顶较平，眼的前部各有1个明显的脊状隆凸。眼眦缘片较宽，近半圆形。眼后缘向外拓宽延展，形成宽钝的三角形角突且向下倾斜。上唇较小，三角形。上颚向内弯曲，约是头长的1倍；上颚基部有1个宽钝的大齿，且齿的端缘具2个微小的钝齿；上颚端部有3个呈尖锐的小齿均匀排列。（随着个体变小，上颚逐渐变短变直；中颚型♂中：上颚短于头及前胸背板的总长，上颚基部的钝齿上有3~4个微小的钝齿，近上颚端部具4~5个尖锐的小齿均匀排列；至小颚型♂，上颚平直，短于头长，从上颚基部至端部，有6~8个小钝齿呈锯齿状排列）。前胸背板中央隆凸，前缘波曲状，中部凸出，后缘呈较平缓的波曲状，侧缘近弧形，在约占侧缘总长的1/4、靠近后缘处向内微有凹陷。鞘翅光滑，小盾片黑色，心形。前足胫节端部宽扁，侧缘具4~6个尖锐的小齿，中、后足胫节无齿。♀：体型较小，似小颚型♂；头小而较扁平；眼眦缘片宽而呈较尖锐的三角形；眼后缘短而平直，无角突；上颚宽扁且短小，短于头长；上颚无显著的大齿，从基部至端部具4~6个小钝齿呈锯齿状排列；前足胫节相当宽扁，侧缘有6~7个较钝的小齿，中、后足胫节侧缘无小齿。

观察标本：1♂1♀，福建，武夷山，2013-Ⅶ-22~28，曹玉言、张倩。

分布：我国福建、江西、浙江、广东、广西、海南、四川、贵州。

中华奥锹甲 *Odontolabis sinensis*（Westwood，1848）（图版Ⅳ，13~16）

Lucanus（*Odontolabis*）*gazella* var. *sinensis* Westwood，1848：54.

Odontolabis sinensis：Leuthner，1885：450.

Calcodes sinensis：Arrow，1950：187.

Odontolabis cuvera sinensis：Mizunuma & Nagai，1994：227.

主要特征：♂：中到大型，鞘翅边缘红褐色，其他部分黑色。额、上颚基部之间区域呈半圆形凹陷，额脊向上明显隆凸。头宽大，头顶呈倒三角形凹陷。眼眦缘片较宽，近长方形。眼后缘向外拓宽延展，形成端部尖锐的三角形角突且向下倾斜。上唇较小，三角形。上颚粗壮而向内强烈弯曲，约是头长的1.5倍；靠近上颚基部、约占上颚总长的1/4处有1个三角形锐齿向前斜伸；在上颚的中前部、约占上颚总长2/3处有1个长而粗壮的大齿，且该齿的端缘又分叉呈1大齿和1小齿；紧邻上颚端部有1个三角形大齿，该齿与上颚端部之间有2~3个小齿。（随着个体变小，头逐渐变小，头顶的凹陷也逐渐变浅，额脊也逐渐变弱，上颚也逐渐变短：中颚型♂中，上颚约与头等长，靠近上颚基部有1个宽钝的三角形大齿，但左、右上颚的齿不对称分布：左上颚的中前部有1个三角形大齿向下倾斜，沿该齿至上颚端部有3~4个小齿呈均匀稀疏排列；而右上颚的中前部的1个三角形大齿几乎垂直于上颚，紧挨该齿有3~4个小齿紧密排列。至小颚型♂，头顶平，额脊几乎不可见；上颚较平直，短于头长，左上颚较细，从基部至端部有5~6个小齿呈锯齿状排列，靠近基部的3齿大而宽钝；右上颚明显更宽，基部的齿宽钝，靠近端部有2~4个小齿）。前胸背板中央隆凸，前缘波曲状，中部凸出，后缘波曲状；侧缘近弧形，在占侧缘总长的1/4、靠近后缘处向内较深的凹陷，在与后缘连接处形成1个尖锐刺状突起。小盾片大，半圆形。鞘翅光滑，鞘翅缘折处呈鲜亮的红褐色。前足胫节具3~4个较尖锐的小齿，中、后足胫节无齿。♀：似小颚型♂；头小，具浓密的刻点。眼眦缘片长而宽，几乎将眼完全分开。眼后缘短而平直，无角突。上颚相当短小，短于头长，近端部有3~4小钝齿。前足胫节相当宽扁，侧缘有6~7个很钝的小齿，中、后足胫节侧缘无小齿。

观察标本：2♀♀，福建，崇安，星村，三港，700m，1960-Ⅶ-12，张毅然；1♀，地点同上，700m，1960-Ⅶ-13，姜胜巧；2♀♀，武夷山，桐木关，2013-Ⅶ-24，曹玉言、张倩。

分布：我国福建、浙江、江西、安徽、湖北、广东、海南。

西奥锹甲 *Odontolabis siva*（Hope & Westwood，1845）（图版Ⅳ，17~20）

Lucanus siva Hope & Westwood，1845：5，16.

Odontolabis siva：Leuthner，1885：436.

Odontolabis bellicosus Reiche，1853：72. Synonymized by Didier & Séguy，1953：101.

Odontolabis carinata Parry，1864：76. Synonymized by Didier & Séguy，1953：101.

Calcodes siva：Arrow，1937：241.

Calcodes chinensis Arrow，1943：134. Synonymized by Benesh 1960：120.

Odontolabis siva siva：Mizunuma & Nagai，1994：227.

主要特征：♂：中到大型，体黑色，光滑而十分闪亮。额、上颚基部之间区域呈半圆形凹陷，额脊微微隆凸。头宽大，头顶呈倒三角形凹陷。眼眦缘片较宽，近长方形。眼后缘向外拓延，形成端部非常尖锐的三角形角突且向下倾斜。上唇较小，三角形。上颚粗壮而向内强烈弯曲，约是头长的1.5倍；上颚基部具1个宽钝的齿，齿的端部2分叉；紧邻上颚端部有1个尖锐的三角形大齿，该齿与上颚端部之间有1~2个小齿。（随着个体变小，头逐渐变小，头顶的凹陷也逐渐变浅，上颚也逐渐变短；中颚型♂中，上颚短而向内强烈弯曲，约与头等长，上颚基部有1个宽钝的三角形大齿，靠近上颚端部有3~4个尖锐的大齿均匀排列。至小颚型♂，上颚显著短于头长，从基部至端部，仅有6~7个小齿呈锯齿状排列，基部的1齿显著较大）。前胸背板宽大于长，背板中央较平；前缘波曲状，中部凸出，后缘呈较平缓的波曲状，侧缘相对较直，在占侧缘总长的1/4、靠近后缘处向内深深的凹陷，在凹陷处形成2个非常尖锐的突起。盾片呈宽大的心形。鞘翅光滑且相当闪亮。前足胫节端半部宽扁，外侧缘具4~6个尖锐的小齿；中、后足胫节则无齿。♀：与小颚型♂较相似；上颚、额、眼眦缘片、各足上具深密的刻点。上颚宽扁而短，短于头长，有3~4个小钝齿呈锯齿状排列。前足胫节较♂更宽扁，侧缘有4~6个的小齿；中、后足胫节侧缘无小齿。

观察标本：2♂♂，福建，崇安，三港，1965-Ⅵ-22，采集者不详；1♂，地点同上，1973-Ⅵ-6，虞佩玉；1♂，福建，建阳，挂墩，1965-Ⅵ-14，王良臣；1♂，地点同上，1973-Ⅴ-30，虞佩玉。

分布：我国福建、浙江、江西、广东、广西、海南、台湾。

新锹甲属 *Neolucanus* Thomson，1862

主要特征：性二型现象显著。体中至大型，较为隆凸，相当光滑闪亮。头宽大，额区多有凹陷。上颚♂呈明显的多型性，通常不长于头长，向内稍弯曲，下缘宽于上缘，基部有1个类似齿痕的突起。大颚型♂的上颚长而粗壮，有显著的大齿和数量众多的小齿；中、小颚型♂随着体型变小，上颚上的齿逐渐减小变少，至小颚型♂上颚仅有简单的小齿呈锯齿状排列。触角较长，鳃片部分3节。复眼大而突出，眼眦长，约占眼直径的4/5，但没将复眼分成上下两个部分；眼眦缘片相当宽，形状各异。上唇片状，颏上多覆盖黄褐色的毛。前胸背板宽大于长，前缘中部向前凸出，后缘较平直；侧缘多曲折，向后倾斜；侧缘多在与后缘相接处向内略微凹陷。鞘翅光滑闪亮，无明显的毛或纵线，有些种类具纵斑。足长而粗壮，前足胫节较宽扁，外侧缘具尖锐的小齿，端部呈尖锐的2分叉，内侧缘端部无分叉，具1个向下弯伸的发达的距；中、后足胫节外侧缘光滑无齿；端部呈较尖锐的3分叉；内侧缘端部1长1短、向外弯伸的发达的距。

分布：东洋界。

分种检索表（基于大颚型♂）

1. 上颚宽薄，长于头及前胸的总长，前胸背板后缘端部尖细 ·· 2
   上颚短厚，短于头及前胸的总长，前胸背板后缘端部圆钝 ·· 3
2. 上颚的上缘基部具 1 个向上直立的、粗壮的三角形大齿；上缘中前部有 1 个向上直立的、更长的三角形大齿···
   ······························· 刀颚新锹甲 *Neolucanus perarmatus*
   上颚的上缘基部至中部都无大齿，而是从基部至中部呈向上直立的宽片状且端缘呈锯齿状···············
   ······························· 大新锹甲福建亚种 *Neolucanus maximus spicatus*
3. 鞘翅颜色均一 ·· 4
   鞘翅色泽不均一，具色斑或鞘翅边缘颜色有差异 ·· 5
4. 体黯淡；头呈窄小的方形；上颚短而较薄，下缘有 4~5 个均匀排列的小齿；前胸背板后缘端部几乎无凹陷······
   ······························· 华新锹甲 *Neolucanus sinicus sinicus*
   体闪亮；头呈较宽大的方形；上颚长而较厚，下缘具 6~7 个紧密排列的小齿；前胸背板后缘端部显著凹陷······
   ······························· 亮光新锹甲 *Neolucanus nitidus nitidus*
5. 鞘翅具宽阔的红边；前胸背板宽大；上颚的下缘齿密，具 6~7 个均匀排列的小齿···················
   ······························· 红缘新锹甲华东亚种 *Neolucanus pallescens diffuses*
   鞘翅具狭窄的红边；前胸背板狭窄；上颚的下缘齿稀，具 3~4 个均匀排列的小齿···················
   ······························· 赫缘新锹甲 *Neolucanus rutilans*

亮光新锹甲 *Neolucanus nitidus nitidus*（Saunders，1854）（图版Ⅳ，21~23）

Odontolabis nitidus Saunders，1854：47.

Neolucanus nitidus：Leuthner，1885：427.

Neolucanus nitidus nitidus：Mizunuma & Nagai，1994：218，pl. 19.

主要特征：♂：中到大型。体暗红褐至黑色，较闪亮，鞘翅较其他部分更为闪亮。头较宽大，近方形；上颚、眼眦缘片上有细小的刻点；上颚基本区域凹陷，头顶中央具较深的三角形凹陷。眼眦缘片较窄，近方形。上颚厚而略长，稍长于头部的长，向内稍弯曲，端部尖锐；上颚的上缘基部有 1 个类似齿痕的突起，中部光滑无齿，端部有 1 个向上直立的大齿；上颚的下缘有 6~7 个较大的钝齿沿着基部至端部均匀排列（随着个体变小，上颚逐渐变短变薄，上颚上、下缘的齿也逐渐变小而少，至小颚型♂，上颚上缘无齿，下缘有个 3~4 小齿呈锯齿状排列）。前胸背板较窄，宽大于长，背板中央明显凸出，靠近侧缘处形成下陷。小盾片黑色，近心形。鞘翅中度隆凸，光滑，非常闪亮。前足胫节具 3~4 个锐齿；中足胫节光滑无齿，靠近内侧的刚毛列非常短而稀疏；胫节端部内侧有 1 个长方形的短片状物，上覆浓密的黄色短刚毛；后足与中足相似，胫节端部片状物更窄，刚毛更短而稀疏。♀：体较♂更闪亮，宽而圆；上颚、眼眦缘片、额区、各足上具更深密的刻点。头顶中央几乎无凹陷，眼眦缘片较♂的宽，近呈半圆形。上颚有 3 个明显的钝齿。前足胫节侧缘有 3~4 个较钝的齿；中、后足胫节无齿，侧缘端部外侧无明显的片状物凸出，也无明显的刚毛簇。

观察标本：1♂1♀，China，Fukien，Kuatun，1946-Ⅷ-11，Tschung-Sen leg. N.（MZUF）. 1♂ 2♀♀，福建，武夷山，三港，2013-Ⅶ-22~28，曹玉言、张倩。

分布：我国福建、浙江、江西、安徽。

刀颚新锹甲 *Neolucanus perarmatus* Didier，1925（图版Ⅳ，24；Ⅴ，1~2）

Neolucanus perarmatus Didier，1925：262.

Neolucanus goral Kriesche，1926：362. Synonymized by Didier，1928：53.

主要特征：♂：中到大型。体背显著隆凸，黑褐色，较闪亮；头宽大，近呈倒梯形；上颚、眼眦缘片上有细密的小刻点。上颚基部间的区域强烈凹陷，头顶中央则凹陷很浅。眼眦缘片宽大，端部尖锐，使得整个缘片看起来呈钝三角形。上颚发达，向内倾斜呈宽大的刀片状，端部分叉，稍长于头及前胸的总长相等；上颚的上缘基部至中部、约占上缘总长的1/2处呈向上直立的宽片状齿；上颚的下缘端部宽大，明显宽于上颚其他部分，3~4个小齿呈锯齿状排列其上。前胸背板宽大于长，背板中央明显凸出，以致使靠近侧缘处形成下陷；前缘呈较缓的波曲状，中部平缓凸出，后缘呈较平缓的波曲状；侧缘近弧形，向后倾斜延伸，在与后缘相接处向内非常短而深的凹陷，在凹陷处的两端形成2个向外斜伸、向上翻翘的非常尖锐的角状突起。鞘翅中度隆凸，光滑闪亮。小盾片心形，端部较尖。前足胫节具4~5个尖锐的小齿；中、后足胫节无齿，胫节端部内侧有1个长方形片状物，上覆浓密的黄色刚毛。♀：体较♂更短而圆；上颚、额、眼眦缘片、各足具更深密而大的刻点。上颚稍短于头长，上颚上缘无齿，下缘中部宽而钝，有3~4个小钝齿呈锯齿状排列。前足胫节较♂宽大，端部分叉较♂更尖锐；侧缘有5~6个尖锐的齿；中、后足胫节无齿，侧缘端部外侧的长方形片状物非常窄小，无明显的刚毛簇。

观察标本：1♂，福建，武夷山，黄岗山，1 980~1 930m，1983-Ⅷ-17，周红章；3♂♂2♀♀，福建，武夷山，三港，700m，1997-Ⅶ-27~Ⅷ-10，李文柱。

分布：我国福建、浙江、广东。

华新锹甲 *Neolucanus sinicus sinicus*（**Saunders，1854**）（**图版Ⅴ，3~5**）

Odontolabris sinicus Saunders，1854：48.

Neolucanus sinicus：Leuthner，1885：428.

Neolucanus sinicus sinicus：Mizunuma & Nagai，1994：217.

主要特征：♂：中到大型。体背微微隆凸，红褐至黑褐，黯淡。头较窄小，呈方形；上颚基部的区域微有凹陷，头顶中央平。眼眦较窄，近长方形。上颚短而稍薄，至多与头部等长；上缘基部、中部无齿，中部向下明显凹陷，端部尖，向内稍弯曲，上缘的端部有1个直立的三角形大齿；下缘具4~5个宽钝的三角形齿，从基部到端部均匀排列（随着个体变小，上颚逐渐变短变薄，上颚上、下缘的齿也逐渐变小而少，至小颚型♂，上颚上缘无齿，下缘有3~4个小齿呈锯齿状排列）。前胸背板宽大于长，背板中央微微凸出；前缘波曲状，后缘平直，侧缘近弧形，与后缘相接处向内呈十分不明显的凹陷。鞘翅中度隆凸，光滑黯淡。盾片半圆形。前足胫节具3~4个锐齿；中后足胫节光滑无齿。♀：体较♂更加宽而圆；上颚、眼眦缘片、额区、各足上具更深密的刻点。头顶中央凹陷很浅。眼眦缘片较♂明显钝，近半圆形。上颚短于头长，下缘中部宽而钝，有3个明显的钝齿，呈锯齿状排列。前足胫节外侧端部分叉不如♂尖锐，侧缘有3~4个较钝的齿；中、后足胫节侧缘端部外侧无明显的片状物凸出，也无明显的刚毛簇。

观察标本：1♂1♀，福建，武夷山，2009-Ⅷ-5，万霞；1♀，地点同上，2013-Ⅶ-22~28，曹玉言、张倩。

分布：我国福建、上海、江西、安徽。

大新锹甲福建亚种 *Neolucanus maximus spicatus* **Didier，1930**（**图版Ⅴ，6~7**）

Neolucanus spicatus Didier，1930：141.

Neolucanus maximus fujitai Mizunuma，in Mizunuma & Nagai，1994：220. Syn. of *Neo. spicatus* by Schenk，2014：13.

主要特征：♂：中到大型；体背显著隆凸，黑褐至红褐，较闪亮；头宽大，近呈倒梯形；上颚、眼眦缘片上有细密的小刻点。上颚向内倾斜呈刀片状，向内弯曲，端部分叉，长度几乎与头及前胸的总长相等；上颚的上缘基部具1个向上直立的、粗壮的三角形大齿；上缘中前部有1个向上直立的、更长的三角形大齿；上颚的下缘端部宽大，明显宽于上颚其他部分，3~4个小齿呈锯齿状排列其上。上颚基部间的区域强烈凹陷，头顶中央则凹陷很浅；眼眦缘片宽大，端部非常细而尖锐使得整个缘片看起来呈桃心形。前胸背板宽大于长，背板中央明显凸出，以致使靠近侧缘处形成下陷；前缘呈较缓的波曲状，中部平缓凸出，后缘呈较平缓的波曲状；侧缘近弧形，向后倾斜延伸，在与后缘相接处向内非常短而深的凹陷，在凹陷处的两端形成2个向外斜伸、向上翻翘的非常尖锐的角状突起。鞘翅中度隆凸，光滑闪亮。小盾片心形，端部较尖。前足胫节具4~5个尖锐的小齿；中、后足胫节无齿，胫节端部内侧有1个长方形片状物，上覆浓密的黄色刚毛。♀：上颚、额、眼眦缘片、各足上具更深密而大的刻点。上颚稍短于头长，下缘中部宽钝，3个小钝齿呈锯齿状排列。眼眦缘片较♂明显宽钝。颏具深密的刻点及稀疏的褐色毛，两侧各有1个三角形的脊状隆凸。前足胫节较♂宽大，端部非常尖锐；侧缘有5~6个尖锐的齿；中、后足胫节无齿，无明显的刚毛簇。

观察标本：2♂♂，福建，武夷山，采集时间、采集人未知；1♀，2009-Ⅷ-7，万霞。

分布：我国福建。

红缘新锹甲华东亚种 *Neolucanus pallescens diffusus* Bomans，1989（图版Ⅴ，8~9）

Neolucanus pallescens diffusus Bomans，1989：5.

主要特征：♂：中到大型。体背显著隆凸，黑褐；前胸背板两侧靠近后角处各有1个隐约的红斑，鞘翅缘折向内侧红色，使得鞘翅具有宽阔的红边，鞘翅中央黑褐色较浅，近红褐色。头大，近倒梯形；上颚基部的区域凹陷，头顶中央有浅浅的三角形凹陷。眼眦宽大，端缘中部向外凸出，使得整个缘片呈钝三角形。上颚短厚，仅约与头部等长；上缘中部向下明显凹陷，端部尖，向内稍弯曲，上缘的基部、中部均光滑无齿，在端部有1个向上直立的三角形大齿；下缘具6~7个宽钝的三角形齿，从基部较均匀排列至端部。前胸背板宽大于长，背板中央显著凸出；前缘波曲状，中部尖锐凸出，后缘平直，侧缘微呈弧形，与后缘相接处向内呈显著的凹陷。鞘翅中度隆凸，光滑较闪亮，靠近鞘翅内侧上有均匀分布的小刻点。盾片半圆形，端部尖。前足胫具5~7个小锐齿；中、后足胫节无明显的小齿，侧缘端部有1个黄色的片状凸出，上具黄色刚毛簇。♀：体较♂黯淡，宽而圆；上颚、眼眦缘片、额区、各足上具更深密的刻点。头顶中央凹陷较浅。眼眦缘片较♂更加宽大，端缘中部向外凸出，使缘片几乎呈等腰三角形。上颚短于头长，上缘无齿；下缘中部宽而钝，有2个小钝齿紧密排列。鞘翅缘折出的红斑较♂更宽，鞘翅中央的颜色较♂深而呈黑褐色，但红斑的内侧边界较模糊。前足胫节侧缘有6~7个小齿；中、后足胫节侧缘端部外侧无明显的片状凸出，也无明显的刚毛簇。

观察标本：Holotype，♂，Kuatun，Fukien，China：1946-Ⅷ-18，Leg. Tschung Sen，ex.coll. J. Klapperich，acq. Avril，1976；Paratype（Allotype），1♀，same data（BMNH）.

分布：我国福建。

赫缘新锹甲 *Neolucanus rutilans* Bomans，1989（图版Ⅴ，10~12）

Neolucanus rutilans Bomans，1989：14.

主要特征：♂：中到大型。体背微微隆凸，黑褐，较闪亮；前胸背板两侧靠近后角处各有1个隐约的红褐色斑，鞘翅缘折处红褐色，使得鞘翅具有狭窄的红褐色边。头大，近倒梯形；上颚基部的区域凹陷，头顶中央有较深而显著的三角形凹陷。眼眦较宽大，端缘中部向外凸出，使得整个缘片近呈钝三角形。上颚短厚，仅约与头部等长；上缘中部向下明显凹陷，端部尖，向内稍弯曲，上缘的基部、中部均光滑无齿，在端部有1个向上直立的三角形大齿；下缘具3~4个宽钝的三角形齿，从基部均匀排列至端部。前胸背板宽大于长，背板中央显著凸出；前缘波曲状，中部尖锐凸出，后缘平直，侧缘近弧形，与后缘相接处向内较浅的凹陷。鞘翅中度隆凸，光滑较闪亮，靠近鞘翅内侧上有均匀分布的小刻点。盾片半圆形，端部圆钝。前足胫节具4~5个锐齿；中、后足胫节无明显的小齿，侧缘端部有1个黄色的片状凸出，上具黄色刚毛簇。♀：体色较♂更深而黯淡，近黑褐色，宽而圆；上颚、眼眦缘片、额区、各足上具更深密的刻点。头顶中央凹陷较浅。眼眦缘片的端缘中部向外凸出，使得缘片呈宽大的钝三角形。上颚短于头长，上缘无齿，具深密的大刻点；下缘中部宽而钝，有2~3个明显的钝齿，呈锯齿状排列。鞘翅中央黑色，仅在缘折处有狭窄的红褐色边。前足胫节侧缘有3~4个较钝的齿；中、后足胫节侧缘端部外侧无明显的片状凸出，也无明显的刚毛簇。

观察标本：Holotype，♂，Kuatun，Fukien，China：1946-Ⅷ-22，Leg. Tschung Sen，ex.coll.J. Klapperich，acq. Avril，1976；Allotype，1♂，same data（BMNH）.

分布：我国福建、江西。

2. 黑蜣科 Passalidae Leach，1815

体长15.0~70.0mm，身体长筒形，扁平。黑色，红褐色到深褐色；腹面具或无中等密度、直立黄毛。头部通常具角突。触角10节，非膝状，鳃片部3节，不可合闭。眼眦达到复眼之半。唇基退化，额唇基沟明显或唇基隐藏于额下。上唇明显，突出于唇基前缘，唇基端缘深凹、二曲或平截。上颚突出于上唇前缘，发达，弯曲，具齿。下颚须4节，外颚叶具端钩；亚颏发达，颏发达，端缘微凹；下唇须3节。前胸背板宽于头部，方形，表面光滑，具中沟。鞘翅长，两侧近平行，端部圆，刻点行发达。臀板隐藏于鞘翅之下，小盾片三角形，较小。足基节窝横向，中足基节窝关闭；前足胫节外缘具齿，1枚端距；中后足胫节外缘具脊，2枚端距；跗节5-5-5，爪间突可见，不超过第5跗节，具2根刚毛。腹部可见5节，7对功能性气门，位于联膜。后翅发达。雄性生殖器三叶状，雌性生殖器具肛侧片和载肛突。

世界已知2亚科61属680种，主要分布于热带地区。分为2亚族，黑蜣亚科Passalinae和圆黑蜣亚科Aulacocyclinae，其中圆黑蜣亚科Aulacocyclinae仅分布于东南亚和澳大利亚。

生物学：成虫和幼虫共同生活于朽木中，具亚社会行为。幼虫生活于成虫在朽木中挖掘的隧道中。卵通常置于幼虫粪便筑成的巢穴中。多数种类新产的卵为红色，近成熟时为褐色，后变为绿色。成虫和幼虫通过声音通讯，至少能产生14种不同叫声。成虫护育幼虫，将朽木咀嚼并混合唾液后饲喂给幼虫。成幼虫均需要取食成虫的粪便，该粪便含有可降解木质素的微生物（Schuster，2001）。

分属检索表

1. 前足基节窝突出，基节间前胸腹板部分被遮盖，不可见；头部角突发达上弯，上颚侧缘突起，与头部角突平行，构成三叉形 ················· **叉黑蜣属 Ceracupes**

前足基节窝正常，基节间前胸腹板可见；头部和上颚均无特殊角突 ················· 2

2. 触角鳃片部6节，端部3节长，近基部3节短；腹面和前胸背板侧缘被黄褐色柔毛；头部不对称；前胸背板无中纵沟或中纵沟不完整 ················· **额弯黑蜣属 Ophrygonius**

触角鳃片部 3 节；体表除触角和足以外不被毛；头部对称；前胸背板具完整中纵沟 ········ **瘦黑蜣属** *Leptaulax*

叉黑蜣属 *Ceracupes* Kaup，1871

主要特征：体窄长，隆拱，体表几乎不被毛，足仅稀疏被毛，中、后足胫节侧面具 2 到 3 个刺。头部中突延伸至前缘，向前向上伸长像窄角突，上面具沟槽，端部分叉或钝。前胸背板前角向前伸长为短圆叶，前缘两侧均具 1 深沟，两沟不会合。具深显中纵沟。触角末 3 节长鳃片状，次 3 节具短副叶。上颚无可活动的齿，端部具 3 个尖齿，外缘形成窄秆状的突起，突起向前向上倾斜，与头部角突一致。下颚外颚叶尖长，内颚叶具两个尖端，外面的尖端端部分裂。下唇突出，末端三叶状，中叶端尖，下唇须不扩宽，末节长（Arrow，1950）。

分布：该属分布于东洋区，共 4 种，中国均有分布。武夷山分布 1 种。

额角叉黑蜣 *Ceracupes fronticornis*（Westwood，1842）（图版 V，13~14）

Passalus fronticornis Westwood，1842：124.

Ceracupes austeni Stoliczka，1873：151.

主要特征：体长 22~30mm，体宽 8~10mm。体窄长，隆拱，体表光滑，具光泽。头部中突在头顶部隆起，向前向上伸长，背侧面具粗刻点沟行，前面具横皱，端部略膨大，分叉。眼眦向侧面伸长，端尖。上颚上的外缘突起与额突等长，端钝。前胸背板宽略胜于长，表面光滑，具深中纵沟，除中纵沟和侧凹区域外无刻点。鞘翅刻点行深，具刻点，行距强隆拱。后胸腹板光滑无刻点，仅前角区域匀布刻点，侧面具窄的粗糙带状区域（Arrow，1950）。

观察标本：1♀，福建，建阳，大竹岚，1982-Ⅵ-10，李鸿兴，IOZ（E）2080212。

分布：我国福建、海南、西藏；印度，不丹（Kon & Bezděk，2016）。

瘦黑蜣属 *Leptaulax* Kaup，1868

主要特征：体扁平，体表除触角和足以外不被毛，中足和后足胫节仅具稀疏不明显的条纹。触角鳃片部 3 节。头部对称，前缘具 4 齿。前胸背板具发达完整的中纵沟，前角尖或甚尖。鞘翅长。后胸腹板侧缘前部具一个窄的凹陷区域，后部具一个宽的凹陷区域，两个区域与光滑的中间区域界线分明。下颚外颚叶不十分细长，内颚叶短，简单。颏甚短，基部相对较长，侧缘具深凹；下唇短，端钝；下唇须末节发达，前节不扩宽（Arrow，1950）。

分布：东洋区和澳洲区。该属世界分布约 70 种，中国记录 3 种，武夷山分布 1 种。

锈黄瘦黑蜣 *Leptaulax bicolor*（Fabricius，1801）

Passalus bicolor Fabricius，1801：256.

Leptaulax eschscholtzi Kaup，1868.

Leptaulax aurivillii Kuwert，1891：189.

Leptaulax evidens Kuwert，1898：295.

主要特征：体长 21~23.5mm，扁平。头部前缘具 5 个等距离的齿，第 2 个和第 4 个更长更突出。中央区域宽，近半圆形。顶脊宽，与眼上脊相接，眼上脊前部具钝齿，后部宽。前胸背板侧缘密布刻点，侧缘向前会聚，侧沟发达，前角尖，后角宽圆。鞘翅背面的刻点行具细刻点，行距平，侧面的刻点行具发达刻点，但不呈梯形纹。后胸腹板中央光滑无刻点，侧缘后部的凹陷区域布不甚密粗糙刻点。各腹节两侧均具一三角形褶皱区域，最后一节有时全褶皱。

观察标本：2♂，福建，武夷山，三港，黄岗山庄，27°44.712′（N），117°40.942′（E），709m，

2015-Ⅶ-9，李莎，IOZ（E）2080209、2080210.

分布：我国福建、西藏；印度、不丹（Kon & Bezděk，2016）。

额弯黑蜣属 *Ophrygonius* Zang，1904

主要特征：体狭长，体背不甚平，腹面和前胸背板侧缘被黄褐色柔毛，中足胫节外侧密被柔毛。触角鳃片部6节，端部3节长，近基部3节短。头部不对称，眼上脊高，后部由一段弯曲的脊连接；内缘突起不相等，左边的长且倾斜，顶上脊发达，尖。前胸背板无中纵沟或中纵沟不完整。下颚内叶和外叶均简单，细长。颏宽；下唇不尖，下唇须加宽，末节小。该属与 *Aceraius* 相似，区别在于上颚。

分布：东洋区。该属世界分布20余种，中国记录2种，武夷山分布1种。

中华额弯黑蜣 *Ophrygonius chinensis* Endrödi，1955（图版Ⅴ，15）

Ophrygonius chinensis Endrödi，1955：232.

主要特征：体长34~43mm，体背不甚平，前胸背板侧缘密被黄褐色柔毛，中足胫节外侧密被长柔毛。触角鳃片部6节，端部3节长，近基部3节短，头部不对称。眼上脊短，不达额部边缘；中突小；额脊分叉，上具发达的额突；内缘突发达，左侧突起长三角形，端钝，几不倾斜，右侧突短三角形，端尖；上颚外缘近基部具1尖锐小齿；颏侧缘密布刻点，基部中间光滑无刻点。前胸背板短，甚光滑，中纵沟浅细；侧缘密布具刚毛刻点，尤其是侧凹区域。鞘翅具深沟行，沟行上无可见刻点。中胸腹板无明显侧凹，后胸腹板仅在侧缘具浅细刻点。

观察标本：1♀，福建，武夷山市，桐木村，三港，27°45′09″（N），117°40′57″（E），781m，2018-Ⅴ-23，路园园、陈炎栋，IOZ（E）2080214；1♂1♀，福建，武夷山市，桐木村，七里桥到挂墩，27°43.767′（N），117°39.215′（E），835~1 025m，2015-Ⅶ-9，李莎，IOZ（E）2080206、207。该种模式系列采自武夷山挂墩（Endrödi，1955）。

分布：我国中部和西南地区（Kon & Bezděk，2016）。

3. 粪金龟科 Geotrupidae Latreille，1802

体长5.0~45.0mm，体卵形或圆形。体黄色、褐色、红褐色或紫色。触角11节，鳃片部3节；复眼部分或完全被眼眦分开。唇基通常具角突或结节，上唇平截，突出。下颚须4节，下唇须3~4节。前胸背板强烈拱起，具或不具结节、角突、沟、脊等，基部宽于鞘翅基部或近等宽。鞘翅强烈拱起，具或不具刻点行。鞘翅完全覆盖臀板。小盾片可见，三角形。足基节窝横向，中足基节窝分离或邻接，前足胫节外缘具齿，具1枚端距；中、后足胫节具横脊，端部具2枚距，2枚距均位于向中线侧（不被后足跗节分开）；跗节5-5-5，爪等大，简单，爪间突可见，突出于第5跗节，具2刚毛。腹部可见6个腹板，具8对功能性气门，第1~7气门位于侧联膜，第8气门位于背板。后翅发育良好。

世界已知68属620种，世界广布，粪金龟亚科 Geotrupinae 和 Lethrinae 主要分布于全北区，Taurocerastinae 主要分布于南美洲。

该科昆虫生活史复杂，食性多样，包括腐食性、粪食性、菌食性、植食性，甚至成虫不取食。成虫通常生活于地下洞穴中，有些种类洞穴可达地下3米。虽然成虫无育幼行为，但会为幼虫提供食物。某些种类有世代重叠现象。无明显经济意义，但其挖掘行为会对植物地下根系造成影响。多为夜行性，很多种类具驱光性。有些种类会受到发酵麦芽和废糖蜜气味的吸引。多数成虫和幼虫可发声（Jameson，2005）。

福建武夷山分布粪金龟 5 属 8 种。其中宽缘齿粪金龟 *Phelotrupes*（*Sinogeotrupes*）*zhangi* Ochi, Kon & Bai, 2010 为福建省首次记录。

以下为本部分及蜉金龟亚科部分检视标本的保存地缩写（括号内为各标本馆负责人）：

CMNC-Henry F. & Anne T. Howden collection, Entomology Division, Museum of Nature Canada, Ottawa, Canada（Aleš Smetana）；

CNCI-Canadian National Collection of Insects, Ottawa, Canada（Aleš Smetana）；

HNHM-Hungarian Natural History Museum, Budapest（Ottó Merkl）；

IZAS-Institute of Zoology, Chinese Academy of Sciences, Beijing, China；

JSCE-Joachim Scheuern collection, Erlangen, Germany；

MNHG-Muséum national d'histoire naturelle, Genève, Switzerland（Giulio Cuccodoro）；

NHMB-Naturhistorisches Museum, Basel, Sitzerland（Eva Sprecher-Uebersachs）；

NMPC-National Museum, Praha, Czech Republic（Jiří Hájek）；

RCCP-Radek Červenka collection, Praha, Czech Republic；

SMNS-Staatliches Museum für Naturkunde, Stuttgart（Wolfgang Schawaller）；

ZFMK-Zoologische Museum Alexander König, Bonn（Dirk Ahrens）；

ZMHB-Museum für Naturkunde, Berlin, Germany（Bernd Jäger, Johannes Frisch）.

分种检索表（中文）

1. 体背强烈隆拱，球形；额唇基缝近直；前足股节缺少带刚毛的区域 ……………… 2（隆金龟亚科 Bolboceratinae）
   体背隆拱到中度隆拱，非球形；额唇基缝宽"V"形；前足股节具带黄色刚毛的区域 ………………………………
   ………………………………………………………………………… 4（粪金龟亚科 Geotrupinae）

2. 复眼扁平，完全被眼眦分开；体背黑色，鞘翅通常具 2 个黄色斑点 ……………………………………………
   ………………………… 中华丽粪金龟 Bolbochromus（Bolbochromus）sinensis
   复眼突出，仅前面被眼眦分开；体背黄褐色到深褐色，无斑点 ……………………………………… 3

3. 鞘翅行 1 到达鞘翅基部 …………………………………… 戴锤角粪金龟 Bolbotrypes davidis
   鞘翅行 1 不达鞘翅基部，于小盾片处中断 ………………… 高丽高粪金龟 Bolbelasmus（Kolbeus）coreanus

4. 雄虫前胸背板前三分之一处具分叉或简单的角突，或雌虫具发达的横脊 ……………………………………
   ………………………… 皱角武粪金龟 Enoplotrupes（Enoplotrupes）chaslii
   雄虫和雌虫前胸背板均无突起 ……………………………………………………… 5

5. 小盾片中部具明显的中凹；雄虫外生殖器背面不对称；阳基侧突形状（图版Ⅵ，4）；体长 18~19mm ………
   ………………………… 粗点齿粪金龟 Phelotrupes（Eogeotrupes）deuvei
   小盾片无中凹；雄虫外生殖器和内囊腹面对称，阳基侧突背面对称 ………… 6（Phelotrupes（Sinogeotrupes））

6. 体背中度隆拱；体背完全黑色，淡褐色，无金属色泽，具微网状结构；鞘翅行距平；阳基侧突形状（图版Ⅵ，14）；体长 19~24mm ……………………………… 宽缘齿粪金龟 Phelotrupes（Sinogeotrupes）zhangi
   体背隆拱；蓝黑色到墨绿色，具一定光泽的通常有金属色泽，无微网状结构；鞘翅行距明显隆起 …………… 7

7. 雄虫后足股节后部无齿；阳基侧突形状（图版Ⅵ，7-8）；体长 16~22mm ……………………………………
   ………………………… 弧凹齿粪金龟 Phelotrupes（Sinogeotrupes）compressidens
   雄虫后足股节后部具小齿；阳基侧突形状（图版Ⅵ，11）；体长 18~21mm ………………………………
   ………………………… 海岛齿粪金龟 Phelotrupes（Sinogeotrupes）insulanus

Key to identification of Geotrupidae recorded from the Wuyi Shan Mts.（English language）

1. Body shape remarkably convex, globular; fronto-clypeal suture almost straight; profemora absent from macrosetaceous

patches ·· **2 （Bolboceratinae）**

Body shape convex to moderately convex, never globular; fronto-clypeal suture broadly V-shaped; profemora with patches of yellowish macrosetae ··· **4 （Geotrupinae）**

2. Eyes compressed, completely divided by canthus; dorsal surface black, usually with two yellowish elytron spots ·········· ··· ***Bolbochromus （Bolbochromus） sinensis***

Eyes protrudent, divided by canthus only anteriorly; dorsal surface yellowish to dark brownish, elytron without spots ······ ··· **3**

3. Elytral stria 1 reaching base of elytron ····························· ***Bolbotrypes davidis***

Elytral stria 1 terminated by apex of scutellum ········· ***Bolbelasmus （Kolbeus） coreanus***

4. Pronotum armed in anterior third with bifurcate or simple horn in male, or with markedly developed transversal carina in female ······································· ***Enoplotrupes （Enoplotrupes） chaslii***

Pronotum in both sexes not armed ··································· **5**

5. Scutellum with a distinct median fovea; male genitalia with phallobase distinctly asymmetrical in ventral view; parameres somewhat asymmetrical in dorsal view; parameres of characteristic shape (Fig. Ⅵ, 4); total body length 18~19mm ······ ··· ***Phelotrupes （Eogeotrupes） deuvei***

Scutellum without median fovea; male genitalia with phallobase almost symmetrical in ventral view and parameres almost symmetrical in dorsal view ····························· **6 （Phelotrupes （Sinogeotrupes） ）**

6. Body shape only moderately convex; dorsal surface entirely unicolorously black, alutaceous, without metallic tinge, microreticulate; eytral intervals entirely flat; parameres of characteristic shape (Fig. Ⅵ, 14); total body length 19~24mm ··· ***Phelotrupes （Sinogeotrupes） zhangi***

Body shape convex; dorsal surface bluish-black to greenish-black, moderately shining, usually with metalic tinge, without microreticulation; elytral intervals distinctly convex ····························· **7**

7. Male metafemur not armed posteriorly; parameres of characteristic shape (Figs. Ⅵ, 7-8); total body length 16~22mm ··· ***Phelotrupes （Sinogeotrupes） compressidens***

Male metafemur armed with small denticle posteriorly; parameres of characteristic shape (Fig. Ⅵ, 11); total body length 18~21mm ································· ***Phelotrupes （Sinogeotrupes） insulanus***

隆金龟亚科 Bolboceratinae Mulsant，1842

高丽高粪金龟 *Bolbelasmus （Kolbeus） coreanus* （H. J. Kolbe，1886）（图版Ⅴ，16）

Bolboceras coreanus H. J. Kolbe, 1886：188；Balthasar 1942：124；Zhang & Luo 2002：427.

主要特征：体长 9.0~13.5mm。雄虫：体背强隆；全体深褐色，具明显光泽。唇基弧形，后角圆，表面无结节；额部角突垂直于额唇基缝，端圆；复眼突出，较大，前面被眼眦分开。前胸背板具 4 个结节，位于一行，中间结节前缘几乎垂直于前胸背板（小型雄虫侧面结节通常消失）；盘区刻点稀疏。鞘翅于肩突和鞘缝间具 7 条刻点行，行 1 被小盾片中断；行距隆起，行距 1 和 2 隆起程度一致。中足基节窝连续，或被中—后胸腹突窄分离；前足胫节外缘具 6~8 齿。雄性外生殖器简单，缺少明显的附属骨化结构；阳基侧突叶状，中度骨化，缺少刚毛。雌虫：额部具横向的三叶状脊突，中叶高于侧叶；前胸背板上的横脊不发达。

文献记录：Balthasar （1942）：Kuatun [= Guadun]，1 spec.；Zhang & Luo （2002）：Fujian （Wuyishan）。

观察标本：无。

分布：我国安徽、福建、甘肃、贵州、四川、陕西、浙江、云南、台湾；朝鲜，韩国，锡金，泰国（产地锡金和泰国存疑）（Nikolajev *et al.*，2016）。

中华丽粪金龟 *Bolbochromus*（*Bolbochromus*）*sinensis* Krikken & Li，2013

Bolbochromus（*Bolbochromus*）*sinensis* Krikken & Li，2013：514，figs. 9-10，34-36，60-61.

主要特征：体长 8.0~13.0mm。雄虫：体二色，前胸背板及鞘翅偏黑色，光滑无毛，通常具大小和形状稍有差异的棕黄色斑点。上唇前缘略弯曲，具宽边；唇基弧形；额部角突小；复眼小，眼眦宽，前缘圆，完全将复眼分离。前胸背板无突起或具前脊突，中纵沟明显，侧小圆陷不发达，前缘沿盘区扩宽。鞘翅于肩突和鞘缝间具 7 条刻点行；行 1 沿小盾片弯曲，到达鞘翅基部；行距强隆。中足基节窝被中-后胸腹突窄分离；前足胫节外缘具 6~9 个齿。雌虫：上唇前缘直；前足胫节端部三齿宽，端齿突起弱，更尖锐。

文献记录：Krikken & Li（2013）：Shaowu，Tachulan，1942-Ⅴ-28，1♂（type locality，holotypus）；Chungani：Sienfengling to Sanchiang 1942-Ⅵ-3，1♀（paratype）.

观察标本：无。

分布：目前仅记录于福建武夷山。

戴锤角粪金龟 *Bolbotrypes davidis*（Fairmaire，1891）（图版Ⅴ，17~18）

Bolbotrupes［sic!］*davidis*：Zhang & Luo 2002：428.

主要特征：体长 8.5~12.0mm。雄虫：体背强隆，全体红棕色，几乎无光泽。唇基弧形，中部微弱隆起；额部具 3 个横向脊突，中部略高于两侧；复眼前部被眼眦分开；触角鳃片部末节显著增大，两倍于前两节之和，外缘具沟；鳃片部基节内缘全被绒毛。前胸背板密被粗刻点，后缘沟线完整。鞘翅于肩突和鞘缝间具 7 条刻点行；行 1 沿小盾片侧缘到达鞘翅基部，行 2 被行 1 中断，行 5 结束于基部的 1/12 处；行距隆；鞘翅缘折基部 1/3 隆起。中足基节窝被针状的中-后胸腹突窄分离；后胸腹板菱形，具明显的中脊；前足胫节外缘具 6 到 10 个齿。雄性外生殖器骨化程度弱，阳基侧突横向发达，舌形，内囊透明，侧缘具细小刚毛。雌虫：额部 3 个横向脊突等高。

观察标本：无，文献记录中未写明详细产地，Zhang & Luo 2002：428.（福建）。但根据生境推断，武夷山极有可能有此种分布，因此将该种列出，以作参考。

分布：我国北京、河北、福建、台湾；俄罗斯（远东地区），蒙古国，越南（北部）。

粪金龟亚科 Geotrupinae Latreille，1802

皱角武粪金龟 *Enoplotrupes*（*Enoplotrupes*）*chaslii*（Fairmaire，1886）（图版Ⅵ，1~2）

Enoplotrupes sinensis：Balthasar 1942：125；Zhang Y.-W. & Luo X.-N. 2002：428，fig. 27-600.

主要特征：体长 18~27mm。雄虫：体背黑色；腹面深棕色，密被棕色刚毛。雄虫：唇基尖拱形，表面布粗皱刻，部分融合，无刻点；额唇基缝角突长，顶部略延伸至前胸背板角突的分叉部分，中部斜弯至尖端。前胸背板表面刻痕由大小不同的刻点组成，部分融合；角突基部细长，中部分叉，顶端略微靠近，向上倾斜，背面具明显的褶皱，褶皱横向融合。鞘翅隆起，具明显的肩疣，表面布极细微刻痕，沙革状，具微细纹。雌虫：唇基具尖短结节；前胸背板具直形横脊。

观察标本：1♂，Kuatun［= Guadun］，27°40′（N）117°40′（E），2 300m，1938-Ⅳ-4，J. Klapperich lgt.（NMPC）；1♀，Kuatun［= Guadun］，1946-Ⅳ-23，Tschung-Sen lgt.（NMPC）；1♀，福建，建阳，黄坑，桂林，270~340m，1960-Ⅲ-26，张毅然，IOZ（E）1967796（IZAS）；1♀，福建，崇安，星村，七里桥，840m，1963-Ⅶ-4，章有为（IZAS）［det. by Y.-W. Z. as E. sinensis］；1♀，福建，武夷山，麻粟，1 260m，1997-Ⅷ-8，章有为（IZAS）。

文献记录：Balthasar（1942）：Kuatun［= Guadun］，6 spec.；Zhang & Luo（2002）：福建（武夷山）。

分布：我国福建、贵州、江西、浙江（Nikolajev et al. 2016）。福建省的记录目前仅发现于武夷山被鉴定为华武粪金龟 E. sinensis 的相关标本（Balthasar 1942，Zhang & Luo 2002）。

讨论：该种为分布于山地的粪食性种类，很可能仅局限于原始森林中。

中文名：种名的拉丁文来自人名。此处根据该种头部角具皱刻的特征，命中文名为皱角武粪金龟。

粗点齿粪金龟 *Phelotrupes*（*Eogeotrupes*）*deuvei* Král，Malý & Schneider，2001（图版Ⅵ，3~4）

Phelotrupes（*Eogeotrupes*）*deuvei* Král，Malý & Schneider 2001：90，figs 109-110，223.

主要特征：体长 18~19mm。体椭圆形，体背隆起；全体黑色，具深蓝色或深蓝绿色金属色泽；雄虫腹面具强烈金属光泽，无细微刻痕，雌虫腹面具细微刻痕，深棕色，表面密被棕色刚毛。雄虫：唇基前缘甚短，半圆形，几乎不上卷；唇基盘区轻微隆起，无纵脊；唇基后半部的结节低但明显，端尖，侧面直角；唇基表面和头顶部具粗刻点，或头顶部无刻点。前胸背板前缘脊边略隆起，微扩宽，尤其是中间部分；前部无凹陷，中纵沟不明显；表面无刻点。鞘翅具明显的肩疣，基部明显窄于前胸背板；刻点行粗刻点；行距隆，等宽，无刻点。后足转节具明显向后突出尖锐的齿；前足股节无齿，后足股节基半部具齿，端尖，向后中部弯曲；前足胫节腹面中部具 1 明显突出的尖齿。雄性外生殖器见图版Ⅵ，4。雌虫：前胸背板前缘的脊更发达，后足股节无齿。

文献记录：Král et al. 2001：Kuatun［= Guadun］（part of the type material；see below，for details）。

观察标本："HT（♂），labelled：Chine［p］，20. Ⅸ.［19］46［h］，Kuatun［= Huaqiao］，Fukien［= Fujian］leg. Tschung-Sen［p］；AT（♀）and PT No. 1（♂）：ditto but 8. Ⅹ.；PT No. 2（♂）：ditto but 30. Ⅺ. 46；PT No. 3（not sexed）：ditto but 8. Ⅵ. 46；PT No. 4（not sexed）：ditto but 10. Ⅵ.；PT No. 5（not sexed）：ditto but 7. Ⅶ.；PT No. 6（not sexed）：ditto but 2. Ⅷ.；PT Nos 7，8：ditto but 24. Ⅸ.；PT No. 9（not sexed）：ditto but 20. Ⅹ.；PT Nos 10~12（♂）and No. 13（♀）：Kuatun（2 300m）27，40n. Br. 117，40 ö. L. J. Klapperich 1938-Ⅳ-8 Fukien［p］. HT in NMPC；AT and PT No. 1 in CMNC；PT Nos 2 in DKPC；PT Nos 3~9 in MNHG；PT Nos 10，11 in JSCE；PT Nos 12，13 in NHMB（coll. Frey）"（ex Král et al. 2001）.［HT-holotype，AT-allotype，PT-paratype，hw-handwritten label，p-printed label］.

分布：我国福建（武夷山），广西（猫儿山）（Král et al. 2001，Nikolajev et al. 2016）。

中文名：种名的拉丁文来自人名。此处根据该种鞘翅刻点行粗刻点的特征，命中文名为粗点齿粪金龟。

弧凹齿粪金龟 *Phelotrupes*（*Sinogeotrupes*）*compressidens*（Fairmaire，1891）（图版Ⅵ，5~9）

Phelotrupes（*Sinogeotrupes*）*compressidens*：Král et al. 2001：127，figs 148-149，242.

主要特征：体长 16~22mm。体长椭圆形，体背隆拱；体表黑色具深蓝色色泽；雄虫背面具光泽，雌虫光泽较弱，无光泽。雄虫：唇基近半圆形，上卷弱，表面粗皱，具微小刻纹；额头顶部具明显的结节，侧面近直角。前胸背板强弯曲，表面具细微刻痕，盘区光滑，无刻点；近前缘中部为一弧形凹陷；侧小圆陷明显，无刻点具光泽。鞘翅具明显肩疣，基部明显窄于鞘翅；表面密布细微刻痕，刻点行明显，肩突和鞘缝间具 7 条刻点行；行距强隆，近等距，无刻点。腹面粗糙，密布细点，多毛。足发达；前足股节无齿，具明显的横脊；后足股节无齿；前胫外缘具 6~7 齿；中后足胫节外侧具横脊。雄性外生殖器见图版Ⅵ，7~8。雌虫：前胸背板前缘脊更发达，后足股节无齿。

观察标本：Shaowu, Tachulan, 1942-Ⅳ-26, 1♀ (CNCI); dtto, but 1945-Ⅷ-8, T. Maa lgt. 1 ♂ CNCI; Kuatun [= Guadun], 1946-Ⅵ-8, Tschung-Sen lgt., 1 ♂ (CMNC), ditto but various data of 1946, 7 spec. (MNHG).

分布：模式标本产地为我国湖北长阳 (Fairmaire, 1891)，另分布于福建（武夷山）、湖南（阳明山）、湖北、浙江 (Masumoto, 1995; Král et al., 2001; Nikolajev et al., 2016)。

海岛齿粪金龟 *Phelotrupes* (*Sinogeotrupes*) *insulanus* (Howden, 1965) (图版Ⅵ, 10~12)

Phelotrupes (*Sinogeotrupes*) *insulanus*：Král, et al. 2001：136, figs 152-153, 244.

主要特征：体长 18~21mm。体长椭圆形，体被隆拱；体表黑色；雄虫背面具强烈光泽，雌虫光泽较弱。雄虫：唇基前缘半圆形，上卷弱；唇基盘区隆起，具明显突出的结节，结节侧面近直角，基部几不可辨。前胸背板前缘脊明显隆起和扩宽，某些个体前缘微凹，前角宽圆；具明显前凹，近三角形，无刻点；侧小圆陷明显，无刻点有光泽；前胸背板表面无细微刻痕，仅侧缘附近刻点明显，不规则密布粗刻点，稀布细小刻点。鞘翅具明显肩疣，基部明显窄于鞘翅；表面无细微刻痕，刻点行明显，密布刻点；行距强隆，等距，稀布极细微均匀刻点。前足股节无齿，具明显横脊；后足股节具一小齿。雄性外生殖器见图版Ⅵ，11。雌虫：前胸背板前缘脊更发达，后足股节无齿。

文献记录：Král et al. (2001)：Kuatun [= Guadun].

观察标本：1 ♂, Kuatun [= Guadun], 1946-Ⅵ-8, Tschung-Sen lgt. (NMPC); ditto but various data of 1946, 34 spec. (MNHG); 1 ♀, Chong'an, Xingcun, San'gang, 740~910m, Zuo Yong lgt. (IZAS).

分布：我国福建（武夷山）、台湾 (Král et al., 2001; Nikolajev et al., 2016; Ochi et al., 2017)。

中文名：种名的拉丁文来自 insul 海岛，故命中文名为海岛齿粪金龟。

宽缘齿粪金龟 *Phelotrupes* (*Sinogeotrupes*) *zhangi* Ochi, Kon & Bai, 2010 (图版Ⅵ, 13~14)

Geotrupes (*Phelotrupes*) *substriatellus*：Balthasar 1942：125.

Geotrupes substriatellus：Zhang & Luo 2002：427.

Phelotrupes (*Sinogeotrupes*) *taiwanus*：Král et al., 2001：135, figs 162-163, 249.

主要特征：体长 19~24mm。体椭圆形，体被隆拱；体黑色，背面具明显的细微刻痕，表面无光泽。雄虫：唇基半圆形，上卷弱；唇基盘区轻微隆起，后半部具结节，低而稍尖，侧面近直角，刻点明晰，多数具 T 字形沟线。前胸背板前缘脊轻微隆起和扩宽，中部前缘微凹，前角宽圆；前凹几不可见，三角形，侧小圆陷明显；表面仅侧缘附近刻点明显，不规则密布粗刻点，稀布细小刻点。鞘翅具明显肩疣，基部明显窄于鞘翅；刻点行明显，密布细刻点；行距平，等距，稀布极细微均匀刻点。后足股节后部具一稍尖小齿。雄性外生殖器见图版Ⅵ，14。雌虫：前胸背板前缘脊更发达，后足股节无齿。

文献记录：Balthasar (1942)：Kuatun [= Guadun]. 1 spec.; Král et al. (2001)：Kuatun [= Guadun], various data of 1946; Sangang env., 15km road Sangang-Xingcun, 1991-Ⅶ-3~5; Zhang & Luo (2002)：福建（武夷山）。

观察标本：Kuatun [= Guadun], Tschung-Sen lgt., various data of 1946, material deposited in CMNC, MNHG, NHMB, SMNS, ZFMK; 1 ♂, Sangang env., 15km road Sangang-Xingcun, 1991-

Ⅶ-3~5, R. Červenka lgt.（RCCP）；1♀，福建，武夷山，大竹岚，900m，1997-Ⅷ-10，章有为（IZAS）；1♂3♀♀，福建，武夷山，吊桥，540m，1997-Ⅷ-11，章有为（IZAS）；2♂♂，Wuyi Shan, 3 km NE of Tongmu vill., 27.75°（N）117.66°（E）, 2001-Ⅵ-7, ca 780m, pit-fall traps（fish bait）, mixed forest + bamboo, J. Cooter lgt.（NMPC）；1♂, Wuyi Shan, 2km NE of Tongmu Ⅷ., 27.75°（N）117.66°（E）, 2001-Ⅵ-4, ca 800m, pitfall traps（fish bait）, mixed forest + bamboo, J. Cooter & P. Hlaváč lgt.（NMPC）.

分布：目前仅分布于我国江西（模式产地：江西，茨坪，井冈山）和云南，福建武夷山为首次记录（Ochi *et al.* 2010，Nikolajev *et al.* 2016）。

讨论：*Phelotrupes*（*Sinogeotrupes*）*zhangi* 曾记录于武夷山，但被鉴定为 *P.*（*S.*）*taiwanus* Miyake & Yamaya, 1995，目前看来，*P.*（*S.*）*taiwanus* 可能仅分布于我国台湾。

中文名：种名的拉丁文来自人名。此处根据前胸背板侧缘具宽边，命名为宽缘齿粪金龟。

说明：从动物地理学的角度，我们将以下两种分别排除武夷山和福建省其他地区。

滑带粪金龟 *Phelotrupes*（*Eogeotrupes*）*laevistriatus*（Motschulsky, 1858）：章有为，罗肖南 2002 年福建昆虫志中为 "*Geotrupes laevistriatus* Motschulsky, 1857"。该种广泛分布于俄罗斯远东地区、日本、朝鲜半岛及我国东北各省直到浙江（详见 Král *et al.* 2001 和 Nikolajev, 2016）。

齿股粪金龟 *Phelotrupes*（*Eogeotrupes*）*tenuestriatus*（Fairmaire, 1887）：Balthasar 中为 "*Geotrupes*（*Phelotrupes*）*armicrus* Frm."；章有为、罗肖南 2002 年出版的《福建昆虫志》中为 "*Geotrupes armicrus* Fairmaire, 1888"。该种分布在四川西部和云南西北部的山地中（详见 Král *et al.* 2001 和 Nikolajev, 2016）。

Remarks

From the zoogeographical point of veiw the following two species are excluded from the fauna of the Wuyishan Mts. and the Fujian province respectively：

Phelotrupes（*Eogeotrupes*）*laevistriatus*（Motschulsky, 1858）recored by Zhang & Luo（2002）as "Geotrupes laevistriatus Motschulsky, 1857". This species is widely distributed throughout the Russian Far East, Japan, Korea and northeastern provinces of China south to Zhejiang（see e.g., Král *et al.* 2001 and Nikolajev, 2016）.

Phelotrupes（*Eogeotrupes*）*tenuestriatus*（Fairmaire, 1887）recorded by Balthasar as "*Geotrupes*（*Phelotrupes*）*armicrus* Frm." and by Zhang & Luo（2002）as "*Geotrupes armicrus* Fairmaire, 1888". This species is known from mountains of western Sichuan and northwestern Yunnan（see e.g., Král *et al.* 2001 and Nikolajev, 2016）.

4. 绒毛金龟科 Glaphyridae MacLeay，1819

体长 6.0~20.0mm。身体延长，砖红色到黑色，通常具金属光泽，密被中等长度、颜色多样（白、黄、红、褐或黑）的毛。触角 10 节，鳃片部 3 节。复眼被眼眦部分或完全分割。唇基通常简单，前缘无或具齿；上唇顶端微凹、平截或圆弧状，明显突出于唇基；上颚明显突出于上唇端部；下颚平截，下颚须 4~5 节，下唇须 4 节。前胸背板拱起，近方形，通常具稠密刻点和毛，无结节、脊或角突。鞘翅延长，通常近端部变窄和分裂，无刻点行，通常密被长毛。臀板通常突出于鞘翅，可见。小盾片可见，U 形或三角形。前足基节窝圆锥形或横向，中、后足基节窝横向，中足基节窝分离或邻接，前足胫节外缘具齿，端部具 1 枚距；中、后足胫节通常简单，少数种类端部具凹或刺等变化，2 枚端距；跗节 5-5-5，古北区部分属前跗节具齿，爪等大，具 1 枚齿；爪间突可见，突出于第 5 跗节，背腹向平坦，具 2 根刚毛。腹部可见 6 节，8 对功能性气门。后翅发达。雄性生殖器基板骨化强烈，弓形。雌性每个卵巢具 6 根卵巢管（Hawkins，2007）。

世界已知 6 属约 215 种，世界广布，全北区为分布中心（Li et al.，2011）。

该科昆虫多为白天活动，多具鲜艳的颜色和稠密的被毛，花斑和色型为模拟蜜蜂和大黄蜂。飞行能力较强，通常在植物花和叶片附近盘旋。幼虫自由生活于沙壤地区，如河边或海边，多以腐烂落叶或者碎石下腐殖质为食。原产于北美洲东部的蔓生常绿灌木——蔓越橘（大果越橘，越橘属），会受到 Lichnanthe vulpina（Hentz）幼虫的为害。

武夷山记录分布 1 种。

双绒毛金龟属 *Amphicoma* Latreille，1807

主要特征：体被毛，刚毛中等长。雄虫触角长形，非杯状，触角鳃片部内弯或外弯。唇基基部宽，中胸侧板从背面不可见，小盾片长三角形，前臀板不外露。前足胫节 2~3 齿，基齿较弱，前足跗节 1~4 节无梳状刺，跗末节长于基部 3 节的总长。雄性中足胫节端部具切口。后足腿节不扩宽，后足胫节直，不向内弯。

分布：中国东部到西南部，中南半岛、日本、瑞士、希腊、西班牙和意大利。

中文属名：amph 双，模糊不清的，coma 毛发。

挂墩双绒毛金龟 *Amphicoma klapperichi*（Endrödi，1952）

Anthypna klapperichi Endrödi，1952：31.

Amphicoma klapperichi：Bezděk，Nikodým & Hawkins，2004：209.

模式产地："Fukien，Kuatun".

主要特征：体长 15~17mm。体背金绿色，头和前胸背板有时蓝色，腹面金属绿色或蓝色，腹部红色，前足红色，其他足黑色，无金属光泽；触角黑色。体背被密短毛，鞘翅杂被长毛。唇基长方形，具细边框，侧缘略圆，前角截形；额唇基缝不发达；头部密布粗刻点；触角第 6、第 7 节盘状，鳃片部与其他各节之和等长。前胸背板长胜于宽，刻点略细；侧缘圆，前角尖，后角钝；盘区具中纵沟。小盾片长，侧缘近平行，端部宽圆，表面刻点较疏细，具明显金属光泽。鞘翅长，肩突和端突明显，表面刻点较疏细，具明显金属光泽。臀板红色，被略密黄色长伏毛。雌虫头部和前胸背板刻点更粗密，触角鳃片部短于其他各节之和（Endrödi，1952）。

观察标本：未见标本，此处根据该种模式产地添加。

分布：我国福建。

5. 金龟科 Scarabaeidae Latreille，1802

体长 2.0~180.0mm，体形多样，颜色多变，具或无金属光泽，被毛或光裸。触角 8~10 节，鳃片部 3~7 节。眼眦可见，不完全分割复眼；唇基具或无瘤或角突；上唇通常明显，突出或不突出于唇基；上颚多样，下颚须 4 节，下唇须 3 节。前胸背板多样，具或无脊和角突。鞘翅拱起或平坦，具或无刻点行。小盾片可见或无，三角形或抛物线形。足基节窝横向或圆锥形；前足胫节外缘具齿，1 枚端距；中后足胫节细长或粗壮，具 1~2 枚端距；爪简单或具齿或不等大。腹部可见 5~7

节, 5~7 对功能性气门位于联膜、腹板或背板上。后翅发达或退化。雄性生殖器双叶状或愈合（Ratcliffe & Jameson, 2005）。

本科目前包括约 1 600 属约 27 000 种, 代表金龟总科 77% 的种类, 其中约 600 个属为世界广布。我国分布 9 亚科, 包括沙金龟亚科 Aegialiinae、蜉金龟亚科 Aphodiinae、平胫金龟亚科 Aulonocneminae、蜣螂亚科 Scarabaeinae、臂金龟亚科 Euchirinae、鳃金龟亚科 Melolonthinae、丽金龟亚科 Rutelinae、犀金龟亚科 Dynastinae 和花金龟亚科 Cetoniinae。

金龟科昆虫的食性非常多样, 包括粪便、腐肉、真菌、植物叶片、花粉、植物根部、水果以及堆肥。有些种类生活于蚁穴、白蚁穴、啮齿类或鸟类巢穴中。蜣螂亚科昆虫有复杂的制作粪球和育幼行为。花金龟为日行性昆虫, 丽金龟和鳃金龟为夜行性昆虫。很多种类以农作物根部或叶片为食, 具有重要的经济意义。同时很多种类为传粉昆虫、加速植物源废弃物和动物粪便在生态系统中的循环, 蜣螂是双翅目害虫的生物控制因素。

金龟科中国常见亚科检索表（成虫）

1. 体长 45~75mm, 雄性前足胫节极度延长, 雄性前足常与体长相当, 前足胫节具 2 个长刺——端部刺和中部刺, 雌性前足胫节端距内侧距缺失; 爪末端分叉且相等, 前胸背板两侧向后强烈延伸, 侧缘具细齿, 后角钝且具较侧缘粗大的齿, 盘区布细刻点或皱纹状刻点, 浅褐色到黑色或青铜绿色 ·············· 臂金龟亚科 **Euchirinae**
   不同时具有以上特征 ··· **2**
2. 臀板完全或近乎完全被鞘翅端部覆盖············· 蜉金龟亚科 **Aphodiinae**
   臀板完全裸露 ··· **3**
3. 唇基侧面收缩, 从而触角基节背面可见 ············· 花金龟亚科 **Cetoniinae**
   触角基节背面不可见 ··· **4**
4. 各腹板从两侧向中部明显变窄, 腹部中线长度短于后胸腹板, 小盾片通常不可见 ········ 蜣螂亚科 **Scarabaeinae**
   腹板正常, 不向中部明显变窄, 腹部中线长度长于后胸腹板, 小盾片通常可见 ············· **5**
5. 中后足爪大小不相等, 且可以独立活动 ············· 丽金龟亚科 **Rutelinae**
   中后足爪大小相等, 且不可以独立活动, *Hoplia* 属仅具 1 爪 ············· **6**
6. 中后足爪简单, 前胸背板基部和鞘翅宽度近相等, 后足胫节具 2 个端距, 上颚背面可见 ···············
   ·················· 犀金龟亚科 **Dynastinae**
   中后足爪分叉或具齿, 有时简单, 但其前胸背板基部明显窄于鞘翅, 后足胫节具 1~2 个端距或无端距, 上颚背面不可见 ························· 鳃金龟亚科 **Melolonthinae**

蜉金龟亚科 Aphodiinae Leach, 1815

体长 1.5~15mm, 小型者居多, 体常略呈半圆筒形。体多呈褐色至黑色, 也有赤褐或淡黄褐等色, 鞘翅颜色变化较多, 有斑点或与其余体部异色。唇基扩展覆盖口器, 通常端缘微凹。上颚骨化较弱, 通常被唇基覆盖。触角 9 节, 鳃片部 3 节。前胸背板盖住中胸后侧片。小盾片发达。中足基节窝邻接或近邻接, 侧面开放。后足胫节具 2 枚端距。鞘翅多有刻点沟或纵沟线, 臀板不外露。腹部可见 6 节。足粗壮, 前足胫节外缘多有 3 齿, 中足、后足胫节均有端距 2 枚, 各足有成对简单的爪。

世界已知 179 属 3 085 种, 广布。

蜉金龟占据多个生态位。常见种类是粪食性, 然而有些种类则专食某种类型粪便或特殊环境中的粪便（如动物巢穴中）。也有很多种类为腐食性, 也有些种类与蚂蚁共生, 在动物尸体、垃圾堆及仓库尘土堆中也有一些种类生息, 偶尔也有个别种类兼害作物幼芽的记载。

武夷山分布蜉金龟 16 属 21 种。

分族检索表（中文）

1. 前胸背板和鞘翅具纵脊 ··· 秽蜉金龟族 Rhyparini
   前胸背板和鞘翅无纵脊 ·· 2

2. 头部表面颗粒状；前胸背板具横沟和粗深中纵沟，或有时仅具 1 到 2 条短横沟 ··· [沙蜉金龟族 Psammodiini*]
   头部表面非颗粒状；前胸背板无沟 ·· 3

3. 头部中央凹陷，通常额部无突起；颊大，下弯；中足胫节和后足胫节无横脊 ·············· 平蜉金龟族 Eupariini
   头部中央弱凹陷，额唇基缝通常具丘突；颊小，多少横向；中足胫节和后足胫节具明显横脊 ······················
   ·· 蜉金龟族 Aphodiini

    *该族目前在武夷山未发现，但很有可能分布在此，因为该族下几个属在中国均有记录，尤其是 *Trichiorhyssemus* Clouët des Pesruches, 1901 属下两种在福建均有记录（cf. e. g., Rakovič *et al.* 2016）。故在此列出，作为参考。

Key to tribes（English language）

1. Pronotum and elytra with longitudinal costae ·· **Rhyparini**
   Pronotum and elytra without longitudinal costae ··· **2**

2. Head surface granulate; pronotum with transversal furrows and deep, large, longitudinal median furrow, or occasionally with only one to two short, transverse furrows ················· [**Psammodiini***]
   Head surface not granulate; pronotum without furrows ··· **3**

3. Head with suddenly declined frontal and lateral surface, usually without frontal tubercle; genae large, directed downward; meso-and metatibiae without transversal carinae ························· **Eupariini**
   Head with weakly declined frontal surfaces, frontal suture often with tubercle-like protuberance; gena small, more or less horizontal; meso-and metatibiae with distinct, transversal carinae ·················· **Aphodiini**

    *This tribe has been so far not recorded from the Wuyishan Mts. but its occurrence is very likely there because of a series of species from several genera are known from China, particularly two *Trichiorhyssemus* Clouët des Pesruches, 1901 species are recorded also from Fujian（cf. e. g., Rakovič *et al.* 2016）.

蜉金龟族 Aphodiini Leach，1815

    主要特征：鞘翅基部无边框。臀板光滑。腿节前缘或后缘无沟，中足和后足胫节具 2 个以上横脊，后足胫节端部距分离。后足跗节嵌入点近中央。跗节距之间相接。

    分布：蜉金龟族 Aphodiini 世界分布，已知约 170 属超过 2 000 种，罕见分布于南美洲（cf. e. g. Skelley，2008）。武夷山分布 13 属 18 种。

分种检索表（中文）

1. 小盾片大，长约鞘翅亚鞘缝行距的 1/5；体大型，黑色，鞘翅端部黄色 ············· 异色蜉金龟 *Teuchestes uenoi*
   小盾片小，长约鞘翅亚鞘缝行距的 1/10~1/7 ·· 2

2. 鞘翅背面行距脊状隆起 ··· 3
   鞘翅背面行距略隆起或平 ··· 4

3. 前胸背板基部具边框；体背较隆拱 ······································ 脊纹蜉金龟 *Carinaulus pucholti*
   前胸背板基部无边框；体背平 ·· 莱氏蜉金龟 *Pleuraphodius lewisi*

4. 鞘翅刻点行甚宽，端部刻点行之间不融合 ··· 5
   鞘翅刻点行宽，端部刻点行或至少侧面刻点行之间融合 ·· 6

5. 前胸背板刻点粗，背面明显具光泽；体黑色 ··························· 净泽蜉金龟 *Pharaphodius putearius*
   前胸背板刻点细，背面无光泽；体黄色至黄褐色 ······················· 古褐蜉金龟 *Pharaphodius priscus*

6. 鞘翅端部 1/2 至 1/3 被长竖刚毛；体大型，黑色，具光泽 ··············· 尾斑蜉金龟 *Aganocrossus urostigma*

鞘翅不被毛，或端部被短刚毛 ⋯⋯⋯⋯⋯⋯⋯⋯⋯⋯⋯⋯⋯⋯⋯⋯⋯⋯⋯⋯⋯⋯⋯⋯ **7**

7. 前胸背板侧缘平；体大型，深褐色，具一定光泽 ⋯⋯⋯⋯⋯⋯ 宽缘蜉金龟 *Platyderides klapperichi*

前胸背板隆拱，侧缘不平 ⋯⋯⋯⋯⋯⋯⋯⋯⋯⋯⋯⋯⋯⋯⋯⋯⋯⋯⋯⋯⋯⋯⋯⋯⋯ **8**

8. 颊大，耳状，从唇基处被明显分开；体小型，隆拱，体褐色至黑色 ⋯⋯⋯⋯⋯ 小球蜉金龟 *Loboparius globulus*

颊非耳状 ⋯⋯⋯⋯⋯⋯⋯⋯⋯⋯⋯⋯⋯⋯⋯⋯⋯⋯⋯⋯⋯⋯⋯⋯⋯⋯⋯⋯⋯⋯⋯⋯ **9**

9. 中、后足胫节端部具不等长小刺 ⋯⋯⋯⋯⋯⋯⋯⋯⋯⋯⋯⋯⋯⋯⋯⋯⋯⋯⋯⋯⋯⋯⋯ **10**

中、后足胫节端部具等长，较短小刺 ⋯⋯⋯⋯⋯⋯⋯⋯⋯⋯⋯⋯⋯⋯⋯⋯⋯⋯⋯⋯ **15**

10. 前胸背板后角截形 ⋯⋯⋯⋯⋯⋯⋯⋯⋯⋯⋯⋯⋯⋯⋯⋯⋯⋯⋯⋯⋯⋯⋯⋯⋯⋯⋯⋯ **11**

前胸背板后角圆 ⋯⋯⋯⋯⋯⋯⋯⋯⋯⋯⋯⋯⋯⋯⋯⋯⋯⋯⋯⋯⋯⋯⋯⋯⋯⋯⋯⋯⋯ **13**

11. 鞘翅无肩齿；体型较大，黑色，具光泽，鞘翅黄色 ⋯⋯⋯⋯ 九龙蜉金龟 *Phaeaphodius kiulungensis*

鞘翅具明显肩齿；体型较小，体色不如是 ⋯⋯⋯⋯⋯⋯⋯⋯⋯⋯⋯⋯⋯⋯⋯⋯⋯ **12**

12. 体背棕色，具一定光泽；体型小 ⋯⋯⋯⋯⋯⋯⋯⋯⋯⋯⋯⋯ 中华蜉金龟 *Aparammoecius chinensis*

体背黑色，具强光泽；体型相对较大 ⋯⋯⋯⋯⋯⋯⋯⋯⋯⋯ 背沟蜉金龟 *Aparammoecius sulcatus*

13. 体黑色，鞘翅通常黄色具黑色小斑点，斑点有时融合，偶有鞘翅全为黑色 ⋯⋯⋯⋯⋯⋯⋯⋯⋯⋯⋯

⋯⋯⋯⋯⋯⋯⋯⋯⋯⋯⋯⋯⋯⋯⋯⋯⋯⋯⋯⋯⋯ 褐斑蜉金龟 *Chilothorax punctatus*

体黄色至褐色，鞘翅中央通常具 1 深色斑点 ⋯⋯⋯⋯⋯⋯⋯⋯⋯⋯⋯⋯⋯⋯⋯⋯ **14**

14. 鞘翅不被毛；体黄色至褐色，鞘翅斑点消失 ⋯⋯⋯⋯⋯⋯⋯ 福建蜉金龟 *Gilletianus fukiensis*

鞘翅端部被刚毛；体黄色至褐色，鞘翅斑点明显 ⋯⋯⋯⋯⋯ 屑毛蜉金龟 *Gilletianus commatoides*

15. 前胸背板后角截形 ⋯⋯⋯⋯⋯⋯⋯⋯⋯⋯⋯⋯⋯⋯⋯⋯⋯⋯⋯⋯⋯⋯⋯⋯⋯⋯⋯⋯ **16**

前胸背板后角圆 ⋯⋯⋯⋯⋯⋯⋯⋯⋯⋯⋯⋯⋯⋯⋯⋯⋯⋯⋯⋯⋯⋯⋯⋯⋯⋯⋯⋯⋯ **17**

16. 体背黑色，鞘翅黄色至红色，具黑色横带或端半部黑色；体型较大 ⋯⋯⋯⋯⋯ 雅蜉金龟 *Aphodius elegans*

体背黑色，整个鞘翅黄色至红色；体型较小 ⋯⋯⋯⋯⋯⋯⋯ 丽色蜉金龟 *Aphodius calichromus*

17. 小盾片三角形；体大型，体色均匀，黄色至褐色，具光泽 ⋯⋯⋯⋯⋯ 细缘蜉金龟 *Bodilopsis aquila*

小盾片五边形，基部两侧近平行；体型较小，黄色至褐色，鞘翅色浅，中央具 1 深色斑点 ⋯⋯⋯⋯⋯

⋯⋯⋯⋯⋯⋯⋯⋯⋯⋯⋯⋯⋯⋯⋯⋯⋯⋯⋯⋯⋯ 弱边蜉金龟 *Labarrus sublimbatus*

Key to genera and species of the tribe Aphodiini （English language）

1. Scutellum very large, long about as 1/5 of sutural interval of elytra; large species, blackish, elytra with yellowish apex

⋯⋯⋯⋯⋯⋯⋯⋯⋯⋯⋯⋯⋯⋯⋯⋯⋯⋯⋯⋯⋯⋯⋯⋯⋯⋯⋯⋯⋯⋯ *Teuchestes uenoi*

Scutellum small, at most as long as 1/10~1/7 of sutural interval of elytra ⋯⋯⋯⋯⋯⋯⋯⋯⋯⋯ **2**

2. Elytral intervals distinctly carinate, at least discally ⋯⋯⋯⋯⋯⋯⋯⋯⋯⋯⋯⋯⋯⋯⋯⋯⋯ **3**

Elytral intervals convex or almost flat ⋯⋯⋯⋯⋯⋯⋯⋯⋯⋯⋯⋯⋯⋯⋯⋯⋯⋯⋯⋯⋯ **4**

3. Pronotum bordered basally; small brownish, more convex species ⋯⋯⋯⋯⋯⋯⋯ *Carinaulus pucholti*

Pronotum without border basally; small brownish, almost flat species ⋯⋯⋯⋯⋯ *Pleuraphodius lewisi*

4. Elytral striae rather wide and not joined among them apically ⋯⋯⋯⋯⋯⋯⋯⋯⋯⋯⋯⋯ **5**

Elytral striae widened or not apically but, at least, the lateral ones, preapically joined among them ⋯⋯⋯⋯⋯ **6**

5. Pronotum considerably coarsely punctate, dorsal surface distinctly shining; large, blackish species ⋯⋯⋯⋯⋯⋯⋯⋯

⋯⋯⋯⋯⋯⋯⋯⋯⋯⋯⋯⋯⋯⋯⋯⋯⋯⋯⋯⋯⋯⋯⋯⋯⋯ *Pharaphodius putearius*

Pronotum finely punctate, dorsal surface alutaceous; large, yellowish to brownish species ⋯⋯⋯ *Pharaphodius priscus*

6. Apical third to half of elytra with long, erected setae; large, blackish, considerably shiny species ⋯⋯⋯⋯⋯⋯⋯

⋯⋯⋯⋯⋯⋯⋯⋯⋯⋯⋯⋯⋯⋯⋯⋯⋯⋯⋯⋯⋯⋯⋯⋯ *Aganocrossus urostigma*

Elytra bare or with short setation apically ⋯⋯⋯⋯⋯⋯⋯⋯⋯⋯⋯⋯⋯⋯⋯⋯⋯⋯⋯ **7**

7. Pronotum explanate laterally; large, brownish, moderately shiny species ⋯⋯⋯⋯⋯ *Platyderides klapperichi*

Whole pronotum convex, not explanate laterally ⋯⋯⋯⋯⋯⋯⋯⋯⋯⋯⋯⋯⋯⋯⋯⋯ **8**

8. Genae considerable large, auriculate, distinctly divided from clypeus; small, brownish toblackish, considerably convex

尾斑蜉金龟 *Aganocrossus urostigma*（Harold, 1862）（图版Ⅶ, 1）

Aphodius（*Aganocrossus*）*urostigma*：Balthasar 1942：124（distribution）.

主要特征：体长 6.4~8.3mm，体椭圆形，隆拱；体黑色，具光泽；头和前胸背板光滑，鞘翅边缘和近端部具竖刚毛。头部背面弱隆突；唇基前缘近截形，中部弱弯曲，复眼前弱向内弯；颊圆；额唇基缝处无突起。前胸背板横形，宽约为长的两倍；近侧缘和前缘刻点明显，混合有小刻点，盘区近光滑；侧缘圆，明显具宽边；后角近直角；基部无边框。小盾片长三角形，弱隆拱，基部具稀疏刻点。鞘翅边缘淡褐色，肩部具小齿；刻点行明显，刻点略齿状，至行距边缘；行距弱隆，背侧近端部具竖刚毛。后足胫节端距短于基跗节。雄虫：后胸腹板具深显中纵沟。雌虫：后胸腹板中纵沟浅弱。

文献记录：Balthasar（1942）：Kwangtseh（18 spec.），Shaowu（128 spec.）.

观察标本：Kwangtseh, 1937-Ⅹ-11, J. Klapperich, 1 spec., 1937-Ⅹ-29, 1 spec., 1937-Ⅹ-30, 4 spec., all in NMPC；Shaowu, 1937-Ⅵ-9, 600m, J. Klapperich, 1 spec. in NMPC；NNE of Shaowu, 27°25′(N) 117°31′(E), 350m, 2006-Ⅵ, 2 spec. in NMPC.

分布：广泛分布于东洋区，从阿富汗最东部到我国和印度尼西亚，也记录于澳大利亚（cf. e. g. Balthasar, 1964；Bordat & Dellacasa, 1996；Král & Šípek, 2013）。我国目前记录于北京、福建、海南、香港、江苏、辽宁、山东、山西、台湾和西藏（Dellacasa *et al.*, 2016）。

中华蜉金龟 *Aparammoecius chinensis*（Balthasar, 1945）（图版Ⅶ, 2）

Caelius chinensis Balthasar, 1945：106（original description）；1953：233（key）；1964：479,

481（monograph）.

Aphodius（*Paremadus*）*yenpingensis* Stebnicka, 1986：346，fig. 14（replaced name, complementary description）.

主要特征：体长 3.2~3.3mm，体长椭圆形，隆拱；体表光滑，具光泽。体红棕色。头前部突起；唇基中部弯曲，前角圆；颊钝圆，比复眼突出；额唇基缝不明显或缺失。前胸背板窄，密布粗刻点；侧缘具宽边；后角截形；基部略二曲，边框宽。小盾片小，窄三角形，无刻点。鞘翅肩部具小齿；刻点行宽，具粗刻点，刻点略齿状，至行距边缘；行距隆起，无刻点。后足胫节端距略短于基跗节。雄虫：前足胫节端距厚，下弯。雌虫：前足胫节端距尖锐，不弯曲。

模式产地：China, prov. Fukien.

文献记录：Stebnicka（1986）："vicinity of Yenping, 2 300m"［as type locality；Yenping［= Yanping, nowadays Nanping］.

模式标本检视：Holotype，♂（NMPC），"Kuatun（2 300m）27, 40n. Br. ｜ 147, 400ö. L. J. Klapperich ｜ 1938-Ⅳ-29（Fukien）".

观察标本：Kuatun, 27.40°（N）147.40°（E），1938-Ⅵ-6, 2 300m J. Klapperich, 1 spec. in NMPC.

分布：我国福建（Stebnicka, 1986, Dellacasa *et al.*, 2016）。

背沟蜉金龟 *Aparammoecius sulcatus*（**Balthasar, 1953**）（图版Ⅶ, 3）

Caelius sulcatus Balthasar, 1953：232（original description, key）；1964：479, 480, fig. 183（monograph）；Zhang & Luo 2002：456（distribution）.

Aphodius（*Paremadus*）*nomurai* Stebnicka, 1986：346, fig. 15（replaced name, complementary description）.

主要特征：体长 4~4.5mm，体长椭圆形，强隆拱；体表光滑，具光泽。体黑色，唇基、前胸背板和鞘翅边缘红色。头部背面突起；唇基中部略弯曲，前角宽圆，具明显边框；颊钝圆，比复眼突出；额唇基缝中间明显凹陷，侧区略抬起，无丘突。前胸背板窄，密布粗刻点；侧缘具宽边；后角截形；基部略二曲，边框宽。小盾片小，窄三角形，无刻点。鞘翅肩部具小齿；刻点行宽，具粗刻点，刻点略齿状，至行距边缘；行距隆起，无刻点。后足胫节端距略短于基跗节。雄虫：前足胫节端距厚，下弯。雌虫：前足胫节端距尖锐，不弯曲。

模式产地：China, Prov. Fukien：Kuatun.

文献记录：Balthasar（1953）：Kuatun, 1938-Ⅲ-22~23；Stebnicka（1986）：Kwatun, 2 300m；Zhang & Luo（2002）：Wuyishan.

模式标本检视：Holotype，♂（NMPC），"Kuatun（2 300m）27, 40n. Br. ｜ 147, 400ö. L. J. Klapperich ｜ 1938-Ⅲ-22（Fukien）".

分布：我国福建（Stebnicka, 1986；Dellacasa *et al.*, 2016）。

中文名：该种拉丁名指"沟"，因此命中文名为背沟蜉金龟。

丽色蜉金龟 *Aphodius calichromus* **Balthasar, 1932**（图版Ⅶ, 4）

Aphodius（*Aphodius*）*calichromus*：Balthasar 1942：124（distribution）；Král 1997：200, figs 1, 9, 10（revision, key）.

Aphodius calichromus：Zhang & Luo 2002：454（distribution）.

主要特征：体长 6.5~8.5mm，体椭圆形，隆拱；体表光滑，具光泽；头、前胸背板和小盾片黑色，鞘翅暗红色。头部前缘具拱形脊；唇基中部弯曲，前角宽圆；颊钝圆，明显比复眼突出；额唇基缝处微凹陷。前胸背板具大小 2 种刻点；侧缘圆，明显具宽边；后角斜截；基部明显具边框。小盾片宽三角形，基部具刻点。鞘翅刻点行细，表面刻点近齿状，至行距边缘；行距平，布细小刻点。后足胫节端距短于基跗节。雄虫：额唇基缝具 3 个丘突，中间突起尖，前胸背板前缘中部略凹。雌虫：额唇基缝具 3 个弱突起，前胸背板前部无凹陷。

文献记录：Balthasar（1942）：Kuatun（1 spec.）；Král（1997）：Kuatun，2 300m，1938-Ⅲ-4（1 ♀）；Zhang & Luo（2002）：Wuyishan。

观察标本：Kuatun，2 300m，1938-Ⅲ-4，1 ♀ in NMPC；NNE of Shaowu，27°25′（N）117°31′（E），350m，2006-Ⅵ，2 spec. in NMPC.

分布：我国广西、福建、四川、云南（Král，1997；Dellacasa & Dellacasa，2003；Dellacasa *et al.*，2016）。

中文名：种拉丁名中"cal"指"美丽的"，"chrom"指"颜色"，故命中文名为丽色蜉金龟。

雅蜉金龟 *Aphodius elegans* **Allibert，1847**（图版Ⅶ，5）

Aphodius（*Aphodius*）*elegans*：Balthasar 1942：124（distribution）；Král 1997：201，figs 2，11，12（revision，key）。

Aphodius elegans：Zhang & Luo 2002：453，fig. 27-628（distribution）。

主要特征：体长 10~16mm，体椭圆形，隆拱强；体表光滑有光泽。体黑色，鞘翅黄色，具黑色横斑，偶有后半部全为黑色。头部具 1 椭圆形角突，突起宽达额唇基缝前缘；唇基前缘截形，前角宽圆；颊宽圆，耳状，明显比复眼突出；额缝位置具 3 个以上丘突。前胸背板具大小 2 种刻点；侧缘宽圆，边框宽厚；后角斜截；基部明显具边框。小盾片宽三角形，近基部具刻点。鞘翅刻点行窄深，具刻点，略齿状，至行距边缘；行距平，稀布细小刻点。后足胫节端距短于基跗节。雄虫：额唇基缝具 3 个丘突，中间突起尖，前胸背板前缘中部略凹。雌虫：额唇基缝具 3 个弱突起，前胸背板前部无凹陷。

文献记录：Balthasar（1942）：Kwangtseh（7 spec.），Shaowu（51 spec.）；Král（1997）：Kwangtseh，1937-Ⅹ-11（1 ♂），Shaowu，500m（10 spec.），Kuatun，2 300m（2 spec.）。

观察标本：Kwangtseh，1937-Ⅹ-11，J. Klapperich，2 spec. in NMPC；Shaowu，1937-Ⅹ-22，600m，J. Klapperich，2 spec. in NMPC，2 spec. in NHMN，3 spec. in MHNG.

分布：广泛分布于我国，包括重庆、福建、甘肃、广东、贵州、湖北、江苏、江西、内蒙古、青海、四川、陕西、山东、台湾、新疆、西藏、云南、浙江。也记录分布于朝鲜半岛（Král，1997；Dellacasa & Dellacasa，2003；Dellacasa *et al.*，2016）。

细缘蜉金龟 *Bodilopsis aquila*（**A. Schmidt，1916**）（图版Ⅶ，6）

Aphodius（*Bodilus*）*aquilus* ab. *nigromaculatus*：Balthasar 1942：124（distribution）。

主要特征：体长 6~8.2mm，椭圆形，隆拱；体深红褐色具光泽，体表光滑。头部背面隆拱，中间稀布细刻点，侧区布粗刻点；唇基中部弱弯曲；颊圆；额唇基缝具 3 个突起。前胸背板中度隆拱，具疏细不规则刻点；后角圆，钝角；侧缘和基部具细边框。小盾片长三角形，基部具几个稀疏刻点。鞘翅中度隆拱，刻点行宽，明显具刻点。后足基跗节短于后足胫节端距。雄虫：额唇基缝中间的突起明显；前足胫节端距短，前足胫节中部变宽，端距位于第 2 个齿的位置。雌虫：额唇基缝突起弱，前足胫节距细长。

文献记录：Balthasar（1942）："157 specimens from all localities"［it means Kuatun，Kwangtseh and Shaowu］。

观察标本：Shaowu, 500m, J. Klapperich, 1937-Ⅵ-9, 3 spec. in NMPC；NNE of Shaowu, 27° 25′(N) 117°31′(E), 350m, 2006-Ⅵ, 1 spec. NMPC；Sangang env., 15km road Sangang-Xingcun, 1991-Ⅷ-3~5 R. Červenka lgt., 3 spec. in NMPC.

分布：广泛分布于我国，包括福建、湖北、内蒙古、四川、陕西、云南（Dellacas *et al.*, 2016）。

中文名：该种拉丁名"aquila"指"锋利，迅速"，根据该种各处边框均较细窄这一特点，命中文名为细缘蜉金龟。

脊纹蜉金龟 *Carinaulus pucholti*（Balthasar, 1961）（图版Ⅶ, 7）

Aphodius（Carinaulus）pucholti Balthasar, 1961：362, fig. 1（original description）；Balthasar 1964：45, fig. 6（monograph）.

Aphodius（Carinaulus）pucholti：Červenka 2000：45（key, distribution）.

主要特征：体长 4.5~6.0mm，体背隆拱；体棕黑色具光泽，表面光滑，唇基边缘，前胸背板前角和鞘翅颜色较浅。头部背面突起，盘区具微刻纹，规则分布简单浓密刻点，前缘具弱横脊；唇基中部适度弯曲；颊钝圆；额唇基缝浅，具 3 个丘突，中间的丘突明显，略横形，两侧的丘突较弱，横形。前胸背板中度横形，强隆拱，表面具微刻纹；前胸背板表面密布规则大小两种刻点，大刻点约是小刻点的 2~3 倍，小刻点更深；侧缘基部近平行，边框细；后角倾斜截形；基部弯曲，具明显宽边框。小盾片基部具微刻纹，规则疏布刻点。鞘翅肩部齿小，刻点行宽深，具粗大横向刻点，行距明显脊状，表面具极稀疏小刻点。后足胫节端距与基跗节长度相等。雄虫：额唇基缝中央丘突发达，后胸腹板明显凹陷。雌虫：额唇基缝中央丘突弱，后胸腹板近平。

模式产地：China, Prov. Fukien, Kua-tun.

文献记录：Balthasar（1961）：Kuatun（holotype-♀）；Červenka（2000）：Kuatun, 2 300m（holotype-♀）.

模式标本检视：Holotype, ♀（NMPC），"Kuatun（2 300m）27, 40n. Br. | 147, 400ö. L. J. Klapperich | 1938-Ⅱ-1（Fukien）".

观察标本：［not from Wuyishan Mts.］. W Fujian, Emei Feng, 27°00′(N) 117°04′(E), 1 555m, 2006-Ⅳ-24, 1 ♀ in NMPC.

分布：我国福建、台湾（Červenka, 2000；Dellacasa *et al.*, 2016；Masumoto *et al.*, 2018）。

中文名：该种拉丁名来自人名，此处根据鞘翅行距脊状这一特征，命中文名为"脊纹蜉金龟"。

褐斑蜉金龟 *Chilothorax punctatus*（C. O. Waterhouse, 1875）（图版Ⅶ, 8）

Aphodius（Volinus）obsoleteguttatus：Balthasar 1942：124（distribution）.

Aphodius（Volinus）obsoleteguttatus kuatunensis Balthasar, 1961：380（original description）；Balthasar 1964：234（monograph）.

Aphodius（Chilothorax）kuatunensis：Stebnicka 1990：897, figs 4-6（valid species）.

Aphodius obsoleteguttatus kuatunensis：Zhang & Luo 2002：455（distribution）.

主要特征：体长 4.5~6.0mm，体椭圆形，隆拱；体表光滑有光泽。体黑色，前胸背板前角略带红色，鞘翅黄褐色，具黑色斑点，斑点常减少或与其他斑点融合。头部表面密布粗刻点，前缘刻点略细；颊宽圆，比复眼突出；额唇基缝处具丘突。前胸背板密布粗刻点；基部二曲，边框弱。小盾片宽，微细网状，刻点稀。鞘翅长，隆拱，侧缘近平行；刻点行细，具明显刻点，刻点齿状，至行距边缘；行距平，光滑有光泽，表面微细网状，稀布细刻点。后足基跗节长于胫节端距，与后 3 节跗节总长近等。雄虫：额唇基缝丘突较发达。雌虫：额唇基缝突起较弱。

模式产地： China，Prov. Fukien，Kuatun.

文献记录： Balthasar（1942，1961）：Kuatun（21 spec.）；Balthasar（1961）：Kuatun（holotype-♂，allotype-♀ and 8 paratypes）；Stebnicka（1990）：Kuatun；Zhang & Luo（2002）：Wuyishan.

模式标本检视： Holotype，♂（NMPC），"Kuatun（2 300m）27，40n. Br. ｜ 147，400ö. L. J. Klapperich ｜ 1938-Ⅱ-22（Fukien）". Allotype，♀，the same but Ⅲ-2. Paratypes，1 spec. but Ⅰ-18.，2 spec.，Ⅱ-15，1 spec.，Ⅲ-27，1 spec.，Ⅳ-7，all in NMPC.

观察标本： Kuatun，1946-Ⅳ-28，Tschung Sen lgt.，1946-Ⅲ-3，1 spec. in NMPC.

分布： 我国福建；韩国、日本（Stebnicka，1990；Dellacasa *et al.*，2016）。

屑毛蜉金龟 *Gilletianus commatoides*（Balthasar，1961）（图版Ⅶ，9）

Aphodius（Trichaphodius）commatoides Balthasar，1961：371（original description）. Balthasar，1964：170（monograph）.

Aphodius（Trichaphodius）comatus：Balthasar 1942：124（distribution）.

Gilletianus commatoides：Král *et al.* 2014：122（new combination，checklist）.

主要特征： 体长 4.5~5.0mm，体长椭圆形，隆拱；体表有光泽，鞘翅被短刚毛。头和前胸背板棕色，唇基和侧缘色浅；鞘翅红棕色，端部色深，刻点行黑色，鞘缝深棕色。头部背面平，唇基近半圆形；颊钝圆，略比复眼突出；额唇基缝处略凹陷。前胸背板横行，表面具大小两种刻点；侧缘近平行，后半部略弯缺；基部具边框。小盾片基部约与鞘翅前 2 个行距等宽，基半部布细刻点。鞘翅肩部无小齿；刻点行细，具刻点，略齿状，至行距边缘；行距近平，稀布细刻点。后足基跗节长于胫节端距，长于后 3 节跗节总长。雄虫：前足胫节端距披针状，后胸腹板具刚毛。雌虫：前足胫节端距近端部尖，后胸腹板无刚毛。

模式产地： China，Prov. Fukien，Shaowu.

文献记录： Balthasar（1942）：Kwangtseh（2 spec.），Kuatun（87 spec.）；Balthasar（1961）：Shaowu（holotypus-♂，allotypus-♀，paratypes-3 ♂♂，3 ♀♀）；Král *et al.*（2014）：Shaowu.

模式标本检视： Allotype，♀（NMPC），"Shaowu-Fukien ｜（500m）J. Klapperich ｜ 1937-Ⅵ-9". Paratypes，6 spec.，the same as in holotype，1 spec. but 1937-Ⅵ-6，1 spec. 1937-Ⅵ-28，all in NMPC.

分布： 我国福建（Král *et al.*，2014；Dellacasa *et al.*，2016）。

中文名： 本种拉丁名词源为"comma"指"碎片，切下来的东西"。此处根据该种鞘翅被短毛命中文名为"屑毛蜉金龟"。

福建蜉金龟 *Gilletianus fukiensis*（Balthasar，1953）（图版Ⅶ，10）

Aphodius（Trichaphodius）fukiensis Balthasar，1953：234（original description），1964：171，fig. 57（monograph）.

Aphodius（Gilletianus）fukiensis：Král & Šípek 2013：640，fig. 3A（diagnostic characters）.

Gilletianus fukiensis：Král *et al.* 2014：122（new combination，checklist）.

主要特征： 体长 3.2~3.5mm，体长椭圆形，隆拱；体表光滑有光泽。体棕色，头部前缘侧缘、前胸背板侧缘、鞘翅端部倾斜区域和腹面色浅，鞘翅近端部具不明晰深色斑点。唇基横梯形，前缘明显弯曲，上卷，侧缘近直；颊比复眼突出；额唇基缝处略凹陷。前胸背板表面具大小两种刻点；侧缘圆，具明显宽边，后角钝；基部无边框。小盾片窄三角形，无刻点。鞘翅刻点行略凹，具刻点，略齿状，至行距边缘；行距布细刻点。后足基跗节不长于胫节端距。后胸腹板平，光滑有光泽，中纵沟明显凹陷。雄虫：前足胫节端距宽针状，下弯。雌虫：前足胫节端距简单，端尖。

模式产地：China：Prov. Fukien：Kuatun.

文献记录：Balthasar（1953）：Kuatun, 1938-Ⅰ and 1946-Ⅶ（6 spec.）；Král & Šípek（2013）：Kuatun（♂, syntype）；Král *et al*（2014）：Kuatun.

模式标本检视：Syntypes, 1 ♂（NMPC），"Kuatun（2 300m）27, 40n. Br. ｜ 147, 400ö. L. J. Klapperich ｜ 1938-Ⅰ-20（Fukien）", 1 ♂（NMPC）, the same but 1938-Ⅳ-7.

观察标本：Kuatun, 1946-Ⅷ-10, Tschung Sen lgt., 2 spec. in NMPC；Chong'an, Xing Cun, San'gang, 740m, 1960-Ⅵ-6, 4 spec. in IZAS, 3 spec. in NMPC.

分布：我国福建、台湾（Král *et al.*, 2014, Dellacasa *et al.*, 2016）。

弱边蜉金龟 *Labarrus sublimbatus*（Motschulsky, 1860）（图版Ⅶ, 11）

Aphodius（Nialus）sublimbatus：Balthasar 1942：124（distribution）.

主要特征：体长 3.5～4.5mm，体长椭圆形，隆拱；体表光滑具光泽。头部前缘两侧暗红色，背面褐色；前胸背板盘区和侧区两个小斑红褐色，基部和侧缘黄褐色；鞘翅黄褐色，背面长形斑褐色，鞘缝黑色。唇基中部弯曲；颊钝圆，略比复眼突出；额唇基缝具小丘突。前胸背板强隆拱，表面具大小两种刻点；后角钝圆；基部无边框。小盾片平，细网状，侧缘基部内弯。鞘翅刻点行细，具刻点，略齿状，至行距边缘；行距近平，稀布浅刻点。雄虫：额唇基缝处中间的突起较发达，圆锥形，端圆，侧面的突起横行；后胸腹板隆起。雌虫：额缝处中间的突起较弱，侧面的突起弱，不明晰；后胸腹板平。

文献记录：Balthasar（1942）：Shaowu（1 spec.）.

观察标本：NNE of Shaowu, 27°25′（N）117°31′（E）, 350m, 2006-Ⅵ, 3 spec. in NMPC；Sangang env., 15km road Sangang-Xingcun, 1991-Ⅶ-3～5, R. Červenka lgt., 1 spec. in NMPC.

分布：广泛分布于东亚，包括我国的福建、黑龙江、吉林、内蒙古和台湾（Dellacasa *et al.*, 2016）。

小球蜉金龟 *Loboparius globulus*（Harold, 1859）（图版Ⅶ, 12）

Aphodius（Loboparius）globulus：Balthasar 1942：122（distribution）.

主要特征：体长 4～5mm，体短，强隆拱。体黑褐色至黑色，偶有黄褐色。唇基中部近直，侧缘宽圆；颊大，圆，不或略比复眼突出；额缝不明显，该位置无刻点。前胸背板强隆拱，表面具大小两种刻点；侧缘具镶边，后角钝圆；基部具布粗刻点带状区域。鞘翅短，隆拱，鞘翅缘折在肩部区域窄脊状；刻点行浅，具明晰刻点，齿状，至行距边缘；行距隆起，稀布不规则刻点。后足基跗节长于胫节端距，约与后3节跗节总长相等。雄虫：前足胫节端距短宽；额唇基缝较明显；前胸背板盘区刻点不甚密。雌虫：前足胫节端距细长齿状；额唇基缝不明显；前胸背板盘区刻点较密。

文献记录：Balthasar（1942）：Shaowu（5 spec.）.

观察标本：Kuatun, 27.40°（N）147.40°（E）, 2 300m, 1937-Ⅹ-30, J. Klapperich, 2 spec. in NMPC.

分布：广泛分布于东南亚地区，包括日本和中国，其中我国分布于福建、甘肃、广东、广西、贵州、河北、香港、青海、四川、山东、台湾和云南（Dellacasa, 1983；Dellacasa *et al.*, 2016）。

九龙蜉金龟 Phaeaphodius kiulungensis（Balthasar，1932）（图版Ⅷ，1）

Aphodius（Limaroides）kiulungensis：Balthasar 1942：124（distribution），1964：152（monograph）.

Aphodius kiulongensis sic!：Zhang & Luo 2002：454（distribution）.

主要特征：体长 5~6mm，体长椭圆形，强隆拱；体表光滑具光泽。头部、前胸背板和小盾片黑色，鞘翅黄褐色，鞘缝黑褐色。头前部具横形突起；唇基中部微凹，侧缘宽圆，具细边；颊钝圆，比复眼突出。前胸背板表面具大小两种刻点；侧缘略拱形，具宽边，后角截形；基部无边框。小盾片长三角形，平，基部具数个大刻点。鞘翅刻点行深，刻点齿状，至行距边缘；行距近平，稀布细刻点。前足胫节距端尖。后足基跗节长于胫节端距。雄虫：头前部刻点稀疏，略粗；额唇基缝处中间突起明显，前胸背板盘区无大刻点。雌虫：头前部刻点更粗密；额唇基缝处中间突起较弱，前胸背板盘区具大刻点。

文献记录：Balthasar（1942）：Shaowu（1 spec.）；Zhang & Luo（2002）：Wuyishan.

观察标本：Kuatun，27.40°（N）147.40°（E），2 300m，1938-Ⅲ-7，J. Klapperich，1 spec. in NMPC，same but 1938-Ⅳ-3，1 spec. in NMPC；Kuatun，1946-Ⅳ-4，Tschung Sen lgt.，1 spec. in NMPC.

分布：我国福建、四川、西藏（Dellacasa & Dellacasa，2016；Dellacasa *et al.*，2016）.

净泽蜉金龟 Pharaphodius putearius（Reitter，1895）（图版Ⅷ，2）

Aphodius（Paraphodius sic!）*putearius*：Balthasar 1942：122（distribution）.

主要特征：体长 6~6.5mm，体长椭圆形，隆拱；体黑色，体表光滑，具光泽。头前部突起；唇基中部微凹，侧缘近直，在颊前方微弯；颊钝圆，比复眼突出；额唇基缝近无，具 3 个丘突，中突更发达。前胸背板匀布粗刻点；侧缘圆，具明显边框，后角钝圆；基部无边框。小盾片基部两侧近平行，无刻点。鞘翅刻点行深，端部刻点更宽更深，刻点略齿状，至行距边缘；行距基部近平，盘区隆拱，端部强隆拱，无刻点。后足胫节端距长于基跗节。雄虫：前胸背板横形；前足胫节端距宽短，略下弯；后胸腹板凹陷，具刻点。雌虫：前胸背板前部窄；前足胫节端距细长，直；后胸腹板近平，光滑无刻点。

文献记录：Balthasar（1942）：Kwangtseh（2 spec.），Shaowu（27 spec.）.

观察标本：Shaowu，1937-Ⅹ-10，600m，J. Klapperich，4 spec. in NMPC；NNE of Shaowu，27°25′（N）117°31′（E），350m，2006-Ⅵ，5 spec. in NMPC.

分布：广泛分布于东南亚。我国分布于北京、福建、山东和台湾（Dellacasa *et al.*，2016）。

中文名：该种拉丁名"put"指"纯净的，干净的"，"arius"为形容词词尾，结合该种表面光滑具光泽特征命中文名为"净泽蜉金龟"。

古褐蜉金龟 Pharaphodius priscus（Motschulsky，1858）（图版Ⅷ，3）

Aphodius（Pharaphodius）marginellus：Balthasar 1942：122（misidentification，distribution）.

主要特征：体长 6~6.5mm，体长椭圆形，隆拱；体表光滑，具光泽。体黄色至黄褐色，头部、前胸背板盘区和鞘翅刻点行色深。头前部突起；唇基前缘截形，中部微弯，侧缘宽圆；颊钝圆，比复眼突出；额唇基缝几乎消失，中部丘突近消失。前胸背板表面具不规则大小两种刻点；侧缘圆，具宽边，后角钝圆；基部无边框。小盾片近基部侧缘平行，基部稀布刻点。鞘翅刻点行深，刻点明显，端部刻点更宽深；行距基部近平，盘区隆起，端部隆拱强，稀布细刻点。后足基跗节略长于胫节端距。雄虫：前胸背板横形，盘区刻点较稀疏，较浅；前足胫节端距粗短，端部斜截；后胸腹板隆拱，具刻点。雌虫：前胸背板前部窄，盘区刻点较粗密；前足胫节端距细长，端尖；后胸腹板近平，光滑不具刻点。

文献记录：Balthasar（1942）：Shaowu（62 spec.）。

观察标本：Shaowu，1938-Ⅵ-14，600m，J. Klapperich，4 spec. in NMPC；NNE of Shaowu，27°25′（N）117°31′（E），350m，2006-Ⅵ，2 spec. in NMPC；Sangang env.，15km road Sangang-Xingcun，1991-Ⅶ-3~5，R. Červenka lgt. 1 spec. in NMPC.

分布：主要分布于东南亚地区，也记录于朝鲜、韩国和尼泊尔，我国分布于福建和台湾（Dellacasa *et al.*，2016）。

中文名：该种拉丁名"prisc"指"从前的，旧的"。可能指该种颜色古旧，命中文名为"古褐蜉金龟"。

宽缘蜉金龟 *Platyderides klapperichi*（**Balthasar，1942**）（图版Ⅷ，4）

Aphodius（*Platyderides*）*klapperichi* Balthasar，1942：22（original description），1964：53，fig. 11（monograph）.

Aphodius klappearichi sic！：Zhang & Luo 2002：454（distribution）.

主要特征：体长8~10mm，体长椭圆形，隆拱，侧缘近平行；体表近光滑，具有一定光泽。体深褐色。头前部具脊状突起；唇基中部弯曲，侧缘圆，颊钝圆，比复眼突出；额唇基缝无丘突。前胸背板侧缘具宽平边，前角、后角附近略凹陷；表面具不规则大小两种刻点；侧缘宽圆，后角圆；基部微二曲，具边框。小盾片小，长三角形，近基部匀布粗刻点。鞘翅近端部具明显突起，缘折发达，背面可见；刻点行深，细，刻点明显齿状，至行距边缘；行距具刻点，侧缘和端缘稀被短毛。后足基跗节略长于胫节端距。雄虫：头前部具发达横脊，额唇基缝明显凹陷，前足胫节窄长，端距粗短，端部钩状，下弯。雌虫：头前部近平，横脊较弱，额唇基缝细，前足胫节端距渐尖。

模式产地：China，Fukien，Kuatun.

文献记录：Balthasar（1942）：Kuatun（21 spec.）；Zhang & Luo（2002）：Wuyishan.

模式标本检视：Syntypes，"Kuatun Fukien Kuatun ｜ 2 300m 27, 40n. Br. 117, 40ö. L. ｜ J. Klapperich 1938-Ⅲ-28（Fukien）‖ Para-typus Aphodius klapperichi Balth. ｜ Paratypoid Aphodius klapperichi det Balthasar ｜ coll. Dr. S. Endrödi"，2 spec. in HNHM；"Kuatun 2 300m Fukien ｜ China 1938-Ⅴ-14 J. Klapperich ‖ Para-typus Aphodius klapperichi Balth. ‖ Paratype Aphodius klapperichi det. Balthasar"，2 spec. in HNHM；"Kuatun（2 300m）｜ 27, 40n. Br. 117, 40ö. L. J. Klapperich 1938-Ⅲ-2（Fukien）‖ TYPE ｜ klapperichi sp. n. m. ｜ Dr. Balthasar det."，1 spec. in MHNG；"Kuatun（2 300m）27, 40n. Br. ｜ 147, 400ö. L. J. Klapperich ｜ 1938-Ⅱ-25（Fukien）"，1 spec.，same but 1938-Ⅱ-1，1 spec. same but 1938-Ⅱ-15，3 spec.，same but 1938-Ⅲ-21，1 spec.，same but 1938-Ⅲ-30，1 spec.，same but 1938-Ⅳ-12，1 spec.，same but 1938-Ⅳ-3，all in NMPC.

观察标本：Kuatun，1946-Ⅳ-28，leg. Tschung-Sen lgt.，2 spec. in MHNG，2 spec. NMPC.

分布：我国福建（Dellacasa *et al.*，2016）。

中文名：该种拉丁名来自人名，此处根据该种前胸背板具宽平边这一特征，命中文名为"宽缘蜉金龟"。

莱氏蜉金龟 *Pleuraphodius lewisi*（**C. O. Waterhouse，1875**）（图版Ⅷ，5）

Aphodius（*Pleuraphodius*）*lewisi*：Balthasar 1942：122（distribution）.

主要特征：体长 3~3.3mm，体长椭圆形，隆拱；体表光滑，具光泽。体红褐色至黑色。头前部具脊状突起；唇基中部弯曲，侧缘宽圆；颊钝圆，比复眼突出；额唇基缝凹陷，无丘突。前胸背板表面具不规则大小两种刻点；侧缘具窄平边，后角微弯；基部无边框。小盾片窄，基部侧缘近平行。鞘翅肩部具小齿；刻点行宽，边缘具窄边，刻点明显齿状，至行距边缘；行距 1 具光泽，两侧具纵刻点行列，其他行距细网状。前足胫节端齿渐尖，后足基跗节显长于胫节端距。雄虫：后足胫节下缘具一纵行密短刚毛列。雌虫：后足胫节下缘无毛列。

文献记录：Balthasar（1942）：Shaowu（4 spec.）。

观察标本：Shaowu，1937-Ⅹ-30，600m，J. Klapperich，1 spec. in NMPC；NNE of Shaowu，27° 25′（N）117° 31′（E），350m，2006-Ⅵ，4 spec. in NMPC；Sangang env.，15km road Sangang-Xingcun，1991-Ⅶ-3~5，R. Červenka lgt.，4 spec. in NMPC.

分布：该种广泛分布于东洋区，目前古北区的记录包括日本、朝鲜、韩国、尼泊尔、巴基斯坦、印度和中国，另外记录分布于澳大利亚，其中我国主要分布于福建、北京、广西、内蒙古、台湾（Dellacasa et al.，2016）。

异色蜉金龟 *Teuchestes uenoi* Ochi, Kawahara & Kon, 2006

Teuchestes uenoi Ochi, Kawahara & Kon, 2006：37, figs 1-4（original description）.

主要特征：体长 10~15mm，体粗短，强隆拱；体表光滑，具光泽。体黑色，鞘翅近端部 1/3 黄色。头前部具脊状突起；唇基中部弯曲，侧缘圆，前缘窄，上卷强；颊圆，比复眼突出；额唇基缝具发达丘突。前胸背板散布不规则数个大刻点，侧缘更密；前缘无边框；侧缘具平边，近后角部强弯；基部二曲，具边框。小盾片大，平，基部具细刻点，端部窄尖。鞘翅刻点行具细刻点，刻点不呈齿状；行距平，光滑。后足基跗节与胫节端距等长。雄虫：额唇基缝处中丘突圆锥形，后弯；前胸背板前缘中部明显凹陷；前足胫节端距侧缘近平行，端部近平截。雌虫：额唇基缝处中丘突较弱；前胸背板前缘无凹陷；前足胫节端距细长，端尖。

模式产地：Yunjin Village, Guangze, Fujian, China.

文献记录：Ochi et al.（2006）：Yunjin Village［= Yunji near Guangze］（♂-holotype）.

观察标本：无。

分布：我国福建、广东（Dellacasa et al.，2016）。

中文名：种拉丁名来自人名，此处根据该种 2 色，命中文名为异色蜉金龟。

平蜉金龟族 Eupariini A. Schmidt，1910

鞘翅基部通常宽。腿节前缘和后缘具沟。中足和后足胫节无横脊。腹节被横向的短纵脊分离。臀板基部具纵沟。平蜉金龟族 Euparini 世界分布，约 45 属近 600 种（cf. e. g. Skelley, 2008）。

分种检索表（中文）

1. 唇基无刻点；前胸背板布不规则细刻点，基部边框无刻点；鞘翅沟行布细刻点 ⋯⋯⋯⋯⋯⋯⋯⋯⋯⋯⋯⋯⋯⋯⋯⋯⋯⋯⋯⋯⋯⋯⋯⋯⋯ 澳洲无带蜉金龟 *Ataenius australasiae*

唇基具规则细刻点；前胸背板布规则粗刻点，基部边框密布一行粗刻点；鞘翅沟行布粗刻点 ⋯⋯⋯⋯⋯⋯⋯⋯⋯⋯⋯⋯⋯⋯⋯⋯⋯⋯⋯⋯⋯⋯⋯⋯⋯⋯ 日本凹蜉金龟 *Saprosites japonicus*

Key to genera and species of the tribe Eupariini（English language）

1. Clypeus impunctate, pronotum finely, strongly irregulartly punctate, basal border withour row of punctures, elytral striae finely punctate ⋯⋯⋯⋯⋯⋯⋯⋯⋯⋯⋯⋯⋯⋯⋯⋯⋯⋯⋯⋯⋯⋯⋯⋯ ***Ataenius australasiae***

Clypeus finely, regularly punctate, pronotum coarsely almost regulalry punctate, basal border with row of considerable coarse，dense punctures，elytral striae coarsely punctate ························· *Saprosites japonicus*

澳洲无带蜉金龟 *Ataenius australasiae*（Boheman，1858）（图版Ⅷ，6）

Ataenius fukiensis Balthasar 1942：124（original description），1964：512（monograph）（synonymized by Stebnicka 1990：898）.

主要特征：体长 3.8~5.5mm，体长椭圆形，体背隆拱；体黑色具光泽或红黑色。头中部突起；多数个体表面光滑，部分个体前缘具细刻点；唇基边缘圆，中部微凹；颊钝圆；额唇基缝不明显。前胸背板隆拱，表面刻点不规则，侧缘密，前角最密；前角钝，后角圆；侧缘和基缘具宽边。鞘翅隆拱，肩齿小，刻点行凹陷，刻点齿状，至行距边缘；背面行距隆拱或平，端部隆起强。后胸腹板轮廓清晰，平。中足和后足胫节具平的横向线，后足基跗节短于胫节端距。

模式标本：China，Fukien，Shaowu.

文献记录：Balthasar（1942）：Shaowu（20 spec.）.

模式标本检视：Syntypes of *Ataenius fukiensis*（all NMPC），1 spec.，"Shaowu-Fukien Ｉ （500m）J. Klapperich Ｉ 1937-Ⅳ-18"，1 spec.，same but 1937-Ⅶ-5，1 spec.，same but 1937-Ⅶ-6.

观察标本：NNE of Shaowu，27°25′（N）117°31′（E），350m，2006-Ⅵ，4 spec. in NMPC. Sangang env.，15km road Sangang-Xingcun，1991-Ⅶ-3~5，R. Červenka lgt.（NMPC）.

分布：广泛分布于东南亚，日本和澳大利亚也有分布，中国记录于福建和海南（Bezděk，2016a）。

日本凹蜉金龟 *Saprosites japonicus* Waterhouse，1875（图版Ⅷ，7）

Saprosites japonicus：Balthasar 1942：125（distribution）；Zhang & Luo 2002：455（distribution）.

主要特征：体长 3.3~4.1mm，体长椭圆形，两侧平行，体背隆拱；体黑色或红黑色。头中部明显突起；唇基边缘圆，中部凹陷；颊钝圆；表面密布细刻点；额唇基缝不明显。前胸背板隆拱，布不规则粗刻点，侧缘更密；侧缘截形，近后角位置微弯；前角钝圆，后角钝；侧缘和基缘具宽边。小盾片小，三角形，无刻点。鞘翅隆拱，肩齿小，刻点行凹陷，刻点粗，齿状，至行距边缘；行距明显隆起，无刻点。中、后足胫节具平的横向线；后足基跗节短于胫节端距。雄虫：后胸腹板略凹陷。雌虫：后胸腹板略平。

文献记录：Balthasar（1942）：Kuatun（26 spec.）；Zhang & Luo（2002）：Wuyishan.

观察标本：Kuatun，27.40°（N）147.40°（E），2 300m J. Klapperich，1938-Ⅲ-18，5 spec. in NMPC；NNE of Shaowu，27°25′（N）117°31′（E），350m，2006-Ⅵ，2 spec. in NMPC）；Sangang env.，15km road Sangang-Xingcun，1991-Ⅶ-3~5，R. Červenka lgt. 2 spec. in NMPC.

分布：广泛分布于东洋区，也记录于日本、尼泊尔、韩国、印度和中国（福建、广东、四川、台湾、云南）（Bezděk，2016a）。

中文名：此处根据该属属征腹板基部具带刻点凹槽，命属名为凹蜉金龟属。

秽蜉金龟族 Rhyparini A. Schmidt，1910

头基部具 4 个隆突。唇基盘区隆拱，周围具凹槽；唇基边缘宽，具两层缘线。前胸背板具纵脊和沟，被横沟或一组深窝陷横向中断。鞘翅通常具明显的脊，端部通常具带毛簇的球突。前胸腹突向后突出，戟状。后胸腹板后面具侧突。前足胫节上的齿均位于端部 1/4 处。中足和后足胫节端距退化。这类高度特化的蜉金龟很独特。目前的生物学证据表明该类群与多种白蚁共生。广泛分布于热带地区。该亚族目前超过 10 属约 100 种（cf. e. g. Skelley 2008）。

中华秽蜉金龟 *Rhyparus chinensis* Balthasar，1953（图版Ⅷ，8~9）

Rhyparus chinensis Balthasar，1953：231（original description），1964：607，fig. 221（monograph）；Zhang & Luo 2002：456（distribution）；Mencl *et al.*，2013：493（distribution，check-list）；Ochi *et al.*，2018：28（note，key）。

主要特征：体长 3.8~4.6mm。背面黑褐色、淡灰色或黑色，表面暗。唇基具微弱或明显的二齿；唇基盘区隆拱，具两条平行的纵脊；头顶具 4 个短的纵向隆突，中间两条与唇基的两条近相接；颊边缘拱形伸长，形成两小叶；头部表面具小、散乱分布具刚毛刻点。前胸背板具 6 条窄长、略弯曲的脊，最中间两条近端部靠近，中间两条端部近 1/3 处被横向的凹陷区域中断，最外面两条端半部强弯曲；前胸背板侧缘两叶状。鞘翅表面具粗糙刻点，主要分布于中间凹陷区域；鞘翅具细窄的脊，盘区脊间具 2 列由大而零散的刻点组成的行列。前胸腹突戟状；后胸腹板沿中央凹陷；可见腹板 5 节，倒数第 2 节腹板中间具脊；臀板宽，中间隆起，两侧浅凹。前足胫节外缘具 2 齿，内缘具 1 刺；中足和后足胫节末端具小距。雄虫：前足和中足胫节具明显内弯的端距。雌虫：前足和中足胫节无端距。

模式产地：China，Prov. Fukien，Kuatun.

文献记录：Balthasar（1953）：Kuatun，1938-Ⅲ~Ⅶ（17 spec.），1946-Ⅴ~Ⅷ（3 spec.）；Zhang & Luo（2002）：Wuyishan；Mencl *et al.*（2013）：Kuatun（as type locality）；Ochi *et al*（2018）. Kuatun.

模式标本检视：Syntypes（both NMPC），1 spec.，"Kuatun（2 300m）27，40n. Br. ｜ 147，400ö. L. J. Klapperich ｜ 1938-Ⅴ-8（Fukien）"；1 spec.，same but 1938-Ⅵ-3.

观察标本：Kuatun，1946-Ⅳ-28，Tschung Sen lgt.，1946-Ⅵ-15，1 spec. in NMPC. Wuyishan Mts.，Sangang vill.，27°45.0′(N)，117°40.7′(E)，720m，2018-Ⅴ-22~Ⅵ-3，river valley，mixed forest+bamboo，at light J. Hájek，D. Král，J. Růžička & L. Sekerka lgt.，2 spec. in（NMPC）.

分布：我国福建（Mencl *et al.*，2013；Bezděk，2016b）。

说明：从动物地理学的角度，我们将以下种类从福建武夷山和福建省区系中排除：*Calamosternus granarius*（Linnaeus，1767）该种曾记录于邵武 Balthasar（1942：124）。该种广泛分布于古北区，但中国目前仅记录于新疆（Dellacasa *et al.*，2016），且未在 Balthasar 的收藏中找到该种标本（NMPC）。

中文名：蜉金龟族下属级阶元争议较大，多个属级阶元原均属于蜉金龟属下，故中文名均为二字种名+蜉金龟 5 字结构。其他族按照二字种名+一字属名+蜉金龟 6 字结构，特殊种类除外。

Remarks

From the zoogeographical point of veiw the following species is excluded from the fauna of the Wuyishan Mts. and the Fujian province respectively：

Calamosternus granarius（Linnaeus，1767）recordered by Balthasar（1942：124）from Shaowu（1 specimen）. This species is widely distributed throughout the Palaearctic region and introduced to many countries. From China this species is so far known only from Xin jiang（Dellacasa *et al.* 2016）. We did not find this specimen in the Balthasar collection（NMPC）.

蜣螂亚科 Scarabaeinae Latreille，1802

体小至大型，体长 1.5~68.0mm。体卵圆形至椭圆形。体躯厚实，背腹均隆拱，尤以背面为甚，也有体躯扁圆者。体色多为黑色、黑褐色至褐色，或有斑纹，少数属种有金属光泽。头前口式，唇基与眼上刺突连成一片似铲，或前缘多齿形，口器被盖住，背面不可见。触角 8~9 节，鳃片部 3 节。前胸背板宽大，有时占背面的 1/2 乃至过半。多数种类小盾片不可见。鞘翅通常较短，多有 7~8 条刻点沟。臀板半露，即臀板分上臀板和下臀板两部分，由臀中横脊分隔，上臀板仍为鞘翅盖住，下臀板外露，此为本亚科重要特征。许多属种，主要是体型较大的种类，其上臀板中央有或深或浅的纵沟，用以通气呼吸，称之为气道。腹部气门位于侧膜，全为鞘翅覆盖。腹面通常被毛，背面有时也被毛。部分类群前足无跗节。中足基节左右远隔，多纵位而左右平行，或呈倒八字形着生。后足胫节只有 1 枚端距。很多属种性二型现象显著，其成虫的头面、前胸背板着生各式突起。

全世界蜣螂亚科目前已知 12 族 235 属 5 800 余种，其中最大的族是嗡蜣螂族 Onthophagini，共 34 属 2 247 种，最大的属是嗡蜣螂属 *Onthophagus*，已记录了约 2 200 种。本亚科中国共记述了 9 族 32 属 364 种。武夷山分布 8 属 31 种。

分属检索表

1. 后足腿节通常明显延长，中后足胫节常细长，后足胫节常略弯曲，后足跗节弱三角形，且第 1 节略长于其他各节；身体通常扁拱，短且宽卵形，黑，棕黑，黄棕或金属色，具性二型但通常不明显 ·························· **2**
   后足腿节通常短和粗壮，中后足胫节通常粗短，向端部强烈且突然变宽，中后足胫节几乎呈三角形；仅 Onitini 族部分种类足和跗节细，但其鞘翅第 9 行间强烈拱起，且前足胫节无端距；中后足跗节三角形且第 1 节明显比其他各节更长和粗壮，其他各节逐渐变短和变窄；身体通常强烈拱起，个别属扁平，性二型明显 ·············· **4**
2. 中足基节窝微微分开，非平行而呈一定角度，偶尔靠近；后胸腹板通常向前强烈变窄；多为中到大型，宽卵形或向后显著变窄 ·· **3**
   中足基节窝彼此远离，平行；后胸腹板向前不明显变窄；体型小，很少是中等体型 ·········· 瓢蜣螂属 *Cassolus*
3. 唇基前缘具 2 齿 ·· 异裸蜣螂属 *Paragymnopleurus*
   唇基前缘具 4 个大小相近的齿 ·· 顶裸蜣螂属 *Garreta*
4. 下唇须第 2 节比第 1 节短，第 3 节总是很长；性二型明显，尤其是头和前胸背板通常具发达角突、脊或凹坑等，鞘翅两侧具 1 个或 2 个侧隆脊 ·· 粪蜣螂属 *Copris*
   下唇须第 2 节长于第 1 节，第 3 节非常小，经常完全缺失 ·· **5**
5. 触角 8 节，前胸背板腹面无触角窝，鞘翅扁平 ·· **6**
   触角 9 节，前胸背板腹面一般具触角窝，鞘翅通常拱起 ·· **7**
6. 鞘翅端部具丛或列状刚毛 ·· 司蜣螂属 *Sinodrepanus*
   鞘翅端部无毛 ·· 利蜣螂属 *Liatongus*
7. 前足胫节端缘非常平直，通常与内侧缘呈直角，前胸背板腹面具触角窝，触角窝具明显边缘 ·················
   ·· 凯蜣螂属 *Caccobius*
   不同时具有上述特征 ·· 嗡蜣螂属 *Onthophagus*

粪蜣螂属 *Copris* Geoffroy，1762

主要特征： 中到大型，较窄，强烈拱起，通常光裸无被毛。头部宽，近半圆形，唇基前缘中部具弱凹，触角 9 节。前胸背板横阔，前缘具 1 膜状须边，基缘附近具槽线，通常具复杂角突，纵中线明显。小盾片缺失。鞘翅较长，具 9 条刻点行，具 1 条侧隆脊。后胸腹板长。足较短，腿节粗壮，前足胫节外缘具 3 或 4 齿，前足跗节非常短，向端部强烈扩展。中足基节长，近平行。中足胫节外缘无横脊，后足胫节外缘具 1 横脊，中后足跗节较短，第 1 节是第 2 节长度 2 倍及以上。腹板非常短。

雌雄差异：雄性通常头部、前胸背板具各种形状角突，雌性角突常不发达，有时头部角突为梯形且顶端微凹，前胸背板有时仅具微弱横脊。

幼虫：触角第 3 节感区圆锥状，毛内唇侧具 2~7 根毛，上颚侧面具 1~2 根毛，内颚叶钩状突基部具齿，前胸背甲明显具前角，足端部具丘状突起，第 3 腹节背板无背中突，复毛区被毛不明显，仅体视镜下可见，上唇根不愈合。

蛹：雌性前胸无突出物或仅具 1 微弱突起；中胸和后胸背板具突出物；第 3~6 腹板具尖锐指状背侧突；尾突胼胝状。

世界记录了 226 种，分布于东洋区、古北区南部、非洲区、中美洲。中国已知 43 种。

种检索表

1. 雄性前胸背板具发达角突，雌性前胸背板至少近端部稍突起 ·· **2**
   雄性前胸背板无强烈角突，通常简单，或者端半部微弱拱起，有些种雌性或雄性具鞭痕状皱纹 ············ **9**
2. 前足胫节外缘具 3 齿 ························· 基刻华粪蜣螂 *Copris*（*Sinocopris*）*basipunctatus*
   前足胫节外缘具 4 齿 ··· **3**
3. 唇基中部通常布清晰细刻点，两侧刻点变大，有时趋于皱纹状············ 微尖粪蜣螂 *Copris*（*Copris*）*subdolus*
   唇基近于光滑无刻点，或者至少大型个体唇基无刻点且光亮 ····································· **4**
4. 头部角突向端部逐渐变细，基部无齿突或者具 2 微弱突起 ······································· **5**
   头部角突基部与端部几乎直径相同，有时端部尖锐，基部具 2 发达齿突 ··························· **6**
5. 大或中等个体前胸背板具发达的中部角突和侧突，端半部在大型个体常近于垂直 ························
   ··· 锐齿粪蜣螂 *Copris*（*Copris*）*acutidens*
   大型个体前胸背板仅具微弱角突，端半部稍倾斜，鞘翅刻点行间扁拱 ·········· 朦粪蜣螂 *Copris*（*Copris*）*sorex*
6. 前胸背板中部角突窄且高，锥形，顶部具 2 齿突，鞘翅第 8 刻点行不完整，鞘翅行间光裸，近于无刻点；后胸腹板向两侧刻点趋于大 ·················· 小角粪蜣螂 *Copris*（*Copris*）*angusticornis*
   前胸背板中部突起宽且低，不为锥形，鞘翅密布刻点 ··· **7**
7. 鞘翅第 8 刻点行完整，在鞘翅端部与第 3 刻点行相连 ··· **8**
   鞘翅第 8 刻点行不完整，在中部中断 ·················· 福建粪蜣螂 *Copris*（*Copris*）*fukiensis*
8. 前足胫节端距端部向内侧弯曲·································· 污粪蜣螂 *Copris*（*Copris*）*illotus*
   前足胫节端距端部向外弯曲 ····························· 克氏粪蜣螂 *Copris*（*Copris*）*klapperichi*
9. 雄性前胸背板具微弱角突 ····························· 四川粪蜣螂 *Copris*（*Copris*）*szechouanicus*
   雄性前胸背板完全无角突 ····························· 孔圣粪蜣螂 *Copris*（*Copris*）*confucius*

锐齿粪蜣螂 *Copris*（*Copris*）*acutidens* Motschulsky，1860

Copris acutidens Motschulsky，1860：13.

Copris glabriceps Felsche，1910：346. Synonymized by Gillet，1911：71.

Copris frankenbergeri Balthasar，1934：149. Synonymized by Balthasar，1963：356.

Copris mulleri Balthasar，1939：42. Synonymized by Balthasar，1963：356.

主要特征：体长：10~15mm。体长卵形，强烈拱起，背面中度光亮，无毛，仅头部和前胸背板少量被毛。身体红褐色到黑色，口须、触角和足略红褐色。

雄性：头部：横阔，前缘半圆弧状；前缘中央具宽阔浅凹，颊向两侧强烈延伸，颊侧角为直角，前缘饰边中部宽于两侧；唇基和颊分界明显，前缘在分界线处明显具凹；头部角突位于复眼连线中央略前处，角突圆弧状后弯，长度可超过头长2倍，基部近圆锥状，向端部两侧平行，基部中央具1对小齿；表面光亮且光滑，唇基布少量皱纹近无刻点，颊布稍密且粗大刻点，角突布不规则刻纹或粒突点。前胸背板：强烈拱起，宽是长的2倍，纵中线明显；前缘具二曲，具细饰边，侧缘饰边细，前角明显前伸，平截状，后角圆钝；基缘具饰边，中部向后延伸；盘区近前缘处为陡峭斜坡，斜坡顶部具4个发达角突，中央两个角突间距明显小于其余两个角突间距；弱光亮，中央疏布模糊刻点，近两侧、中央和基部刻点趋于密和粗糙。鞘翅：强烈拱起，长是宽的1.9~2倍；刻点行明显深凹，行上刻点明显，行间拱起，基部具细小粒突，基部以外弱光亮，疏布小但明显刻点，近基部刻点趋于大和浅。臀板：横阔，均匀凸出。足：中足胫节端部突然变宽，后足胫节向端部逐渐变宽，后足胫节外缘具1个发达齿突。阳茎：侧面观基侧突与基板为钝角状。

雌性：头部具1短角突或横脊；前胸背板盘区前面具4个弱突起；刻点较雄性更为密集和粗大。

观察标本：［**NMPC**］Fukien, Kuatun, 2 300m, 27.40n. Br., 117.40 ö, 1938-V-5, 1 ♀, leg. L. J. Klapperich; Fukien, Kuatun, 2 300m, 27.40n. Br., 117.40 ö, 1938-Ⅳ-9, 1 ♀, leg. L. J. Klapperich; Fukien, Kuatun, 2 300m, 27.40n. Br., 117.40 ö, 1938-Ⅳ-21, 1 ♀, leg. L. J. Klapperich; Mtkasuga, Nara, 1949-Ⅹ-9, 1♀, leg. Y. V. .

分布：我国福建、湖北、四川；日本。

小角粪蜣螂 *Copris*（*Copris*）*angusticornis* **Arrow, 1933**

Copris angusticornis Arrow, 1933：427.

主要特征：体长：12~14mm。体长卵形，强烈拱起，背面中度光亮，无毛，仅头部和前胸背板少量被毛。身体红褐色到黑色，口须、触角和足略红褐色。

雄性：头部：横阔，前缘半圆弧状；前缘中央具宽阔浅凹，颊向两侧强烈延伸，颊侧角为直角，前缘饰边中部宽于两侧；唇基和颊分界明显，前缘在分界线处明显具凹；头部角突位于复眼连线中央略前处，角突圆弧状后弯，长度可超过头长2倍，基部近圆锥状，向端部两侧平行，基部中央具1对小齿；表面光亮且光滑，唇基布少量皱纹近无刻点，颊布稍密且粗大刻点，角突布不规则刻纹或粒突点。前胸背板：强烈拱起，宽是长的2倍，纵中线明显；前缘具二曲，具细饰边，侧缘饰边细，前角明显前伸，平截状，后角圆钝；基缘具饰边，中部向后延伸；盘区近前缘处为陡峭斜坡，斜坡顶部具3个发达角突，中央角突端部具弱凹，且被前胸背板纵中线分割为两部分；弱光亮，中央疏布模糊刻点，近两侧、中央和基部刻点趋于密和粗糙。鞘翅：强烈拱起，长是宽的1.9~2倍；刻点行明显深凹，行上刻点明显，行间拱起，基部具细小粒突，基部以外弱光亮，疏布小但明显刻点，近基部刻点趋于大和浅。臀板：横阔，均匀凸出。足：中足胫节端部突然变宽，后足胫节向端部逐渐变宽，后足胫节外缘具1个发达齿突。阳茎：侧面观基侧突与基板为钝角状。

雌性：头部具1短角突或横脊；前胸背板盘区前面具4个弱突起；刻点较雄性更为密集和粗大。

观察标本：［**NMPC**］Fukien, Kuatun, 2 300m, 27.40n. Br., 117.40 ö, 1938-Ⅳ-9, 1 ♀, leg. L. J. Klapperich; Fukien, Kuatun, 2 300m, 27.40n. Br., 117.40 ö, 1938-Ⅳ-8, 1 ♂, leg. L. J. Klapperich; Fukien, Kuatun, 2 300m, 27.40n. Br., 117.40 ö, 1938-Ⅳ-13, 2 ♂ ♂, leg. L. J. Klapperich.

分布：我国福建、湖北、四川、云南、西藏；越南。

孔圣粪蜣螂 *Copris*（*Copris*）*confucius* **Harold, 1877**

Copris confucius Harold, 1877：48.

主要特征：体长：15~18mm。身体长卵形，强烈拱起，背面中度光亮，无毛，仅头部和前胸背板少量被毛。身体红褐色到黑色，口须、触角和足略红褐色。

雄性：头部：横阔，前缘半圆弧状；前缘中央具宽阔浅凹，颊向两侧强烈延伸，颊侧角为直角，前缘饰边中部宽于两侧；唇基和颊分界明显，前缘在分界线处明显具凹；头部角突位于复眼连线中央略前处，角突圆锥状，长度明显短于头长，基部中央具弱脊状突出；表面弱光亮且光滑，唇基布少量皱纹近无刻点，颊布稍密且粗大刻点，角突布不规则刻纹或粒突点。前胸背板：中度拱起，宽是长的2倍，纵中线明显；前缘具二曲，具细饰边，侧缘饰边细，前角明显前伸，平截状，后角圆钝；基缘具饰边，中部向后延伸；盘区无陡峭斜坡和角突；弱光亮，中央疏布模糊刻点，近两侧、中央和基部刻点趋于密和粗糙。鞘翅：强烈拱起，长是宽的1.9~2倍；刻点行明显深凹，行上刻点明显，行间拱起，密布小但明显刻点。臀板：横阔，均匀凸出。足：中足胫节端部突然变宽，后足胫节向端部逐渐变宽，后足胫节外缘具1个发达齿突。阳茎：侧面观基侧突与基板为钝角状。

雌性：头部具弱横脊；前胸背板刻点较雄性更为密集和粗大。

观察标本：［**NMPC**］Kwangtseh, Fukien, 1 ♂, leg. J. Klapperich, 1937-Ⅷ-21; Shaowu, Fukien, 500m, 1 ♂, leg. J. Klapperich, 1937-Ⅹ-11.

分布：我国福建、广东、香港、海南、广西、四川、贵州、云南；老挝，泰国，缅甸，印度。

福建粪蜣螂 Copris（Copris） fukiensis Balthasar，1952

Copris fukiensis Balthasar, 1952：225.

主要特征：体长：10.5~11.5mm。身体长卵形，强烈拱起，背面中度光亮，无毛，仅头部和前胸背板少量被毛。身体红褐色到黑色，口须、触角和足略红褐色。

雄性：头部：横阔，前缘半圆弧状；前缘中央具宽阔浅凹，颊向两侧强烈延伸，颊侧角为直角，前缘饰边中部宽于两侧；唇基和颊分界明显，前缘在分界线处明显具凹；头部角突位于复眼连线中央略前处，角突近直，长度接近头长，基部近圆锥状，向端部两侧平行，基部无齿；表面光亮且光滑，唇基布少量皱纹近无刻点，颊布稍密且粗大刻点，角突布不规则刻纹或粒突点。前胸背板：强烈拱起，宽是长的2倍，纵中线明显；前缘具二曲，具细饰边，侧缘饰边细，前角明显前伸，平截状，后角圆钝；基缘具饰边，中部向后延伸；盘区近前缘处为陡峭斜坡，斜坡顶部具2个弱突起；光亮，中央疏布模糊刻点，近两侧、中央和基部刻点趋于密和粗糙。鞘翅：强烈拱起，长是宽的1.9~2倍；刻点行明显深凹，行上刻点明显，行间拱起，基部具细小粒突，基部以外弱光亮，疏布小但明显刻点，近基部刻点趋于大和浅。臀板：横阔，均匀凸出。足：中足胫节端部突然变宽，后足胫节向端部逐渐变宽，后足胫节外缘具1个发达齿突。阳茎：侧面观基侧突与基板为钝角状。

观察标本：［**ZFMK**］Fukien, Kuatun, 2 300m, 27.40n. Br., 117.40 ö, 1938-Ⅳ-7, 1 ♂, Leg. L. J. Klapperich（**Type**）.

［**NMPC**］Fukien, Kuatun, 2 300m, 27.40n. Br., 117.40 ö, 1938-Ⅳ-8, 1 ♂, Leg. L. J. Klapperich（**Type**）.

分布：我国福建、浙江、台湾；日本。

污粪蜣螂 Copris（Copris） illotus Balthasar，1942

Copris illotus Balthasar, 1942b：189.

主要特征：体长：12~15mm。身体长卵形，强烈拱起，背面中度光亮，无毛，仅头部和前胸背板少量被毛。身体红褐色到黑色，口须、触角和足略红褐色。

雄性：头部：横阔，前缘半圆弧状；前缘中央具宽阔浅凹，颊向两侧强烈延伸，颊侧角为直角，前缘饰边中部宽于两侧；唇基和颊分界明显，前缘在分界线处明显具凹；头部角突位于复眼连线中央略前处，角突近直，圆弧状后弯，长度略短于头长，基部近圆锥状，向端部两侧平行，基部中央具1对小齿；表面光亮且光滑，唇基布少量皱纹近无刻点，颊布稍密且粗大刻点，角突布不规则刻纹或粒突点。前胸背板：强烈拱起，宽是长的2倍，纵中线明显；前缘具二曲，具细饰边，侧缘饰边细，前角明显前伸，平截状，后角圆钝；基缘具饰边，中部向后延伸；盘区近前缘处为陡峭斜坡，斜坡顶部具2个弱突起；光亮，盘区纵中线两侧近光滑无刻点，向近两侧和基部刻点趋于密和粗糙。鞘翅：强烈拱起，长是宽的1.9~2倍；刻点行明显深凹，行上刻点明显，行间拱起，基部具细小粒突，基部以外弱光亮，疏布小但明显刻点，近基部刻点趋于大和浅。臀板：横阔，均匀凸出。足：中足胫节端部突然变宽，后足胫节向端部逐渐变宽，后足胫节外缘具1个发达齿突。阳茎：侧面观基侧突与基板为钝角状。

雌性：头部具1短角突或横脊；前胸背板刻点较雄性更为密集和粗大。

观察标本：［**NMPC**］Fukien, Kuatun, 2 300m, 27.40n, Br., 117.40 ö.L., 1938-IV-8, 1 ♂, leg. J. Klapperich（**Type**）；Fukien, Kuatun, 2 300m, 27.40n, Br., 117.40 ö.L., 1938-IV-11, 1 ♂, leg. J. Klapperich（**Type**）。

分布：我国福建。

克氏粪蜣螂 Copris（Copris）klapperichi Balthasar，1942

Copris klapperichi Balthasar, 1942a：116.

主要特征：体长：13~16mm。体长卵形，强烈拱起，背面中度光亮，无毛，仅头部和前胸背板少量被毛。身体红褐色到黑色，口须、触角和足略红褐色。

雄性：头部：横阔，前缘半圆弧状；前缘中央具宽阔浅凹，颊向两侧强烈延伸，颊侧角为直角，前缘饰边中部宽于两侧；唇基和颊分界明显，前缘在分界线处明显具凹；头部角突位于复眼连线中央略前处，角突圆弧状后弯，长度超过2倍头长，基部近圆锥状，向端部两侧平行，基部具2小齿；表面光亮且光滑，唇基布少量皱纹近无刻点，颊布稍密且粗大刻点，角突布不规则刻纹或粒突点。前胸背板：强烈拱起，宽是长的2倍，纵中线明显；前缘具二曲，具细饰边，侧缘饰边细，前角明显前伸，平截状，后角圆钝；基缘具饰边，中部向后延伸；盘区近前缘处为陡峭斜坡，斜坡顶部具4个发达突起；光亮，中央疏布模糊刻点，近两侧、中央和基部刻点趋于密和粗糙。鞘翅：强烈拱起，长是宽的1.9~2倍；刻点行明显深凹，行上刻点明显，行间拱起，基部具细小粒突，基部以外弱光亮，疏布小但明显刻点，近基部刻点趋于大和浅。臀板：横阔，均匀凸出。足：中足胫节端部突然变宽，后足胫节向端部逐渐变宽，后足胫节外缘具1个发达齿突。阳茎：侧面观基侧突与基板为钝角状。

雌性：头部具1短角突，角突顶端具凹坑；前胸背板盘区具弱横脊；刻点较雄性更为密集和粗大。

观察标本：［**ZFMK**］Fukien, Kuatun, 2 300m, 27.40n. Br., 117.40 ö, 1938-V-5, 1 ♂, Leg. L. J. Klapperich（**Holotype**）；Fukien, Kuatun, 2 300m, 27.40n. Br., 117.40 ö, 1938-V-9, 1 ♀, Leg. L. J. Klapperich（**Paratype**）。

［**NMPC**］Fukien, Kuatun, 2 300m, 27.40n, Br., 117.40 ö.L., 1938-IV-24, 1 ♂, Leg. L. Klapperich（**Paratype**）；Fukien, Kuatun, 2 300m, 27.40n, Br., 117.40 ö.L., 1938-IV-22, 1 ♂, Leg. L. Klapperich（**Paratype**）。

分布：我国福建。

臊粪蜣螂 Copris（Copris）sorex Balthasar，1942

Copris sorex Balthasar，1942a：117.

主要特征：体长：9.5~11mm。体长卵形，强烈拱起，背面中度光亮，无毛，仅头部和前胸背板少量被毛。身体红褐色到黑色，口须、触角和足略红褐色。

雄性：头部：横阔，前缘半圆弧状；前缘中央具宽阔浅凹，颊向两侧强烈延伸，颊侧角为直角，前缘饰边中部宽于两侧；唇基和颊分界明显，前缘在分界线处明显具凹；头部角突位于复眼连线中央略前处，角突近直，略圆弧状后弯，长度略超过头长，基部近圆锥状，向端部两侧平行，基部无明显齿突；表面光亮且光滑，唇基布少量皱纹近无刻点，颊布稍密且粗大刻点，角突布不规则刻纹或粒突点。前胸背板：强烈拱起，宽是长的2倍，纵中线明显；前缘具二曲，具细饰边，侧缘饰边细，前角明显前伸，平截状，后角圆钝；基缘具饰边，中部向后延伸；盘区近前缘处为陡峭斜坡，斜坡顶部具4个弱突起，中央1对角突间距最大；光亮，中央疏布深刻点，近两侧、中央和基部刻点趋于密和粗糙。鞘翅：强烈拱起，长是宽的1.9~2倍；刻点行明显深凹，行上刻点明显，行间拱起，基部具细小粒突，基部以外弱光亮，疏布小但明显刻点，近基部刻点趋于大和浅。臀板：横阔，均匀凸出。足：中足胫节端部突然变宽，后足胫节向端部逐渐变宽，后足胫节外缘具1个发达齿突。阳茎：侧面观基侧突与基板为钝角状。

雌性：头部具1短角突；前胸背板盘区刻点较雄性更为密集和粗大。

观察标本：［ZFMK］Fukien，Kuatun，2 300m，27.40n. Br.，117.40 ö，1938-III-2，1♂，Leg. L. J. Klapperich（**Holotype**）；Fukien，Kuatun，2 300m，27.40n，Br.，117.40 ö.L.，1938-IV-14，1♀，Leg. L. Klapperich（**Paratype**）.

［**NMPC**］Fukien，Kuatun，2 300m，27.40n，Br.，117.40 ö.L.，1938-IV-3，1♂，Leg. L. Klapperich（**Paratype**）.

分布：我国福建。

微尖粪蜣螂 Copris（Copris）subdolus Balthasar，1958

Copris subdolus Balthasar，1958：476.

主要特征：体长：13~15.5mm。体长卵形，强烈拱起，背面中度光亮，无毛，仅头部和前胸背板少量被毛。体红褐色到黑色，口须、触角和足略红褐色。

雄性：头部：横阔，前缘半圆弧状；前缘中央具宽阔浅凹，颊向两侧强烈延伸，颊侧角为直角，前缘饰边中部宽于两侧；唇基和颊分界明显，前缘在分界线处明显具凹；头部角突位于复眼连线中央略前处，角突近直，长度约为头长之半，基部近圆锥状，向端部两侧平行，基部无明显齿突；表面光亮且光滑，唇基布少量皱纹近无刻点，颊布稍密且粗大刻点，角突布不规则刻纹或粒突点。前胸背板：强烈拱起，宽是长的2倍，纵中线明显；前缘具二曲，具细饰边，侧缘饰边细，前角明显前伸，平截状，后角圆钝；基缘具饰边，中部向后延伸；盘区近前缘处为陡峭斜坡，斜坡顶部具2个弱突起；光亮，中央疏布细刻点，近两侧、中央和基部刻点趋于密和粗糙。鞘翅：强烈拱起，长是宽的1.9~2倍；刻点行明显深凹，行上刻点明显，行间拱起，基部具细小粒突，基部以外弱光亮，疏布小但明显刻点，近基部刻点趋于大和浅。臀板：横阔，均匀凸出。足：中足胫节端部突然变宽，后足胫节向端部逐渐变宽，后足胫节外缘具1个发达齿突。阳茎：侧面观基侧突与基板为钝角状。

雌性：头部具1短角突；前胸背板盘区具横脊；刻点较雄性更为深和粗大。

观察标本：［**NMPC**］Fukien，Kuatun，2 300m，27.40n，Br.，117.40 ö.L.，1938-IV-24，1♂，Leg. L. Klapperich（**Paratype**）；Fukien，Kuatun，2 300m，27.40n，Br.，117.40 ö.L.，1938-V-13，1♀，Leg. L. Klapperich（**Allotype**）.

分布：我国福建。

四川粪蜣螂 *Copris*（*Copris*）*szechouanicus* Balthasar，1958

Copris szechouanicus Balthasar，1958：479.

主要特征：体长：18~20mm。体长卵形，强烈拱起，背面中度光亮，无毛，仅头部和前胸背板少量被毛。体红褐色到黑色，口须、触角和足略红褐色。

雄性：头部：横阔，前缘半圆弧状；前缘中央具宽阔浅凹，颊向两侧强烈延伸，颊侧角为直角，前缘饰边中部宽于两侧；唇基和颊分界明显，前缘在分界线处明显具凹；头部角突位于复眼连线中央略前处，角突近直，侧面观前缘为后缘的2倍，前缘长度约为头长之半，基部近圆锥状，向端部两侧平行，基部无明显齿突；表面光亮且光滑，唇基布少量皱纹近无刻点，颊布稍密且粗大刻点，角突布不规则刻纹或粒突点。前胸背板：强烈拱起，宽是长的2倍，纵中线明显；前缘具二曲，具细饰边，侧缘饰边细，前角明显前伸，平截状，后角圆钝；基缘具饰边，中部向后延伸；盘区近前缘处为陡峭斜坡，斜坡顶部具2个圆钝突起；光亮，中央疏布深刻点，近两侧、中央和基部刻点趋于密和粗糙。鞘翅：强烈拱起，长是宽的1.9~2倍；刻点行明显深凹，行上刻点明显，行间拱起，基部具细小粒突，基部以外弱光亮，疏布小但明显刻点，近基部刻点趋于大和浅。臀板：横阔，均匀凸出。足：中足胫节端部突然变宽，后足胫节向端部逐渐变宽，后足胫节外缘具1个发达齿突。阳茎：侧面观基侧突与基板为钝角状。

雌性：头部具1短角突；前胸背板盘区前面具1个弱凹坑；刻点较雄性更为密集和粗大。

观察标本：［NMPC］Kuatun, Fukien, China, 1946-Ⅵ-15, 1 ♂, leg. Tschung Sen (Holotype)；Kwangtseh - Fukien, 1937-X-8, 2 ♂ ♂, Leg. L. Klapperich (**Paratype**)；1 ♀, same data as holotype (**Paratype**)；Fukien, Kuatun, 2 300m, 27.40n, Br., 117.40 ö. L., 1938-V-1, 1 ♂, leg. L. Klapperich (**Paratype**)；Fukien, Kuatun, 2 300m, 27.40n, Br., 117.40 ö. L., 1938-V-15, 1 ♂, leg. L. Klapperich (**Paratype**).

分布：我国福建、浙江、湖北、湖南、贵州、四川。

基刻华粪蜣螂 *Copris*（*Sinocopris*）*basipunctatus* Balthasar，1942

Copris basipunctatus Balthasar，1942a：115.

主要特征：体长：16~16.5mm。体长卵形，强烈拱起，背面中度光亮，无毛，仅头部和前胸背板少量被毛。体红褐色到黑色，口须、触角和足略红褐色。

雄性：头部：横阔，前缘半圆弧状；前缘中央具宽阔浅凹，颊向两侧强烈延伸，颊侧角为直角，前缘饰边中部宽于两侧；唇基和颊分界明显，前缘在分界线处明显具凹；头部角突位于复眼连线中央略前处，角突近直，端半部略圆弧状后弯，长度可超过头长2倍，有时角突端部略膨大，基部近圆锥状，向端部两侧平行，基部无明显齿突；表面光亮且光滑，唇基布少量皱纹近无刻点，颊布稍密且粗大刻点，角突布不规则刻纹或粒突点。前胸背板：强烈拱起，宽是长的2倍，纵中线明显；前缘具二曲，具细饰边，侧缘饰边细，前角明显前伸，平截状，后角圆钝；基缘具饰边，中部向后延伸；盘区近前缘处为陡峭斜坡，斜坡顶部具4个发达圆钝角突，角突间凹坑深；弱光亮，中央疏布模糊刻点，近两侧、中央和基部刻点趋于密和粗糙。鞘翅：强烈拱起，长是宽的1.9~2倍；刻点行明显深凹，行上刻点明显，行间拱起，基部具细小粒突，基部以外弱光亮，疏布小但明显刻点，近基部刻点趋于大和浅。臀板：横阔，均匀凸出。足：中足胫节端部突然变宽，后足胫节向端部逐渐变宽，后足胫节外缘具1个发达齿突。阳茎：侧面观基侧突与基板为钝角状。

雌性：头部具1短角突或横脊；前胸背板刻点较雄性更为密集和粗大。

观察标本：［ZFMK］Fukien, Kuatun, 2 300m, 27.40n. Br., 117.40 ö, 1938-V-7, 1 ♂, leg. L. J. Klapperich. (**Holotype**).

［**NMPC**］Fukien, Kuatun, 2 300m, 27. 40n. Br. , 117. 40 ö, 1938–IX–24, 1 ♂, leg. L. J. Klapperich（**Paratype**）.

分布：我国河南、福建。

瓢蜣螂属 *Cassolus* **Sharp**，1875

主要特征：小型，拱起，有时半球形。头部短阔，无明显角突，唇基前缘具 4 齿。触角 9 节。前胸背板均匀拱起，两侧圆弧，前角圆钝，腹面具触角窝。小盾片缺失。鞘翅具 7 条刻点行。前足胫节外缘具 3 齿，前足跗节细长。中足基节窝远离，平行。中后足较长，后足比中足长，中后足腿节基部细长。中后足胫节窄，弱弯曲，仅端部略扩展，后足跗节第 1 节略长于第 2 节。

世界记录了 9 种，分布于东洋区。中国已知 4 种。

福建瓢蜣螂 *Cassolus fukiensis* **Balthasar**，1960

Cassolus fukiensis Balthasar, 1960b：90.

主要特征：体长：4~5mm。体卵形，均匀拱起，背面非常光亮，无毛，仅头部和前胸背板少量被毛。体黑色，口须、触角和足略红褐色。

头部：横阔，前缘半圆弧状；前缘具 4 齿，齿略上翘，颊向两侧不强烈延伸，颊侧角为钝角，前缘饰边中部宽于两侧；唇基和颊分界明显，前缘在分界线处不明显凹入；头部无明显角突和横脊；表面光亮且光滑，密布圆刻点。前胸背板：均匀拱起，宽约是长的 1.7 倍，纵中线不明显；前缘具二曲，具细饰边，侧缘饰边细，前角略前伸，钝角状，后角圆钝；基缘具饰边，中部向后延伸；盘区无陡峭斜坡、突起或横脊；光亮，布与头部近似圆刻点，近两侧和基部刻点趋于粗大；前角腹面具凹坑。鞘翅：强烈拱起，长是宽的 1.6~1.7 倍；刻点行明显深凹，行上刻点明显，行间扁拱，基部具细小粒突，基部以外弱光亮，疏布小但明显刻点，近基部刻点趋于大和浅。足：前足胫节外缘齿端部齿明显小于第 2 齿，后足胫节向端部逐渐扩展。阳茎：侧面观基侧突与基板为钝角状。

观察标本：［**NMPC**］Fukien, Kuatun, 2 300m, 27. 40n, Br. , 117. 40 ö. L. , 1938–IV–29, 1 ♂, Leg. L. Klapperich（**Holotype**）.

分布：我国福建、海南；越南，老挝。

顶裸蜣螂属 *Garreta* **Janssens**，1940

主要特征：身体通常相当扁平，仅个别种类特别拱起，黑色，有些分布于热带的类群具金属光泽或被白毛。唇基前缘通常具 4 齿，头部不具横脊，前胸背板宽大，扁拱，基部无饰边；小盾片缺失；鞘翅通常连锁，肩后内弯，后胸后侧片背面观明显可见，飞行时鞘翅闭锁，可见 7 条刻点行。中胸短；前足具跗节，中足胫节具 2 枚端距，其中较大端距固定，较小端距可活动，后足腿节延长且弯曲。

雌雄差异在前足胫节端距，雄性宽扁且向下弯曲，雌性为锥形。

世界已知 21 种，分布于欧洲南部，亚洲。中国记录了 4 种。

莫氏裸蜣螂 *Garreta mombelgi*（Boucomont，1929）

Gymnopleurus mombelgi Boucomont，1929：760.

Garreta mombelgi：Janssens，1940：23.

主要特征：体长：16~18mm。体卵形，扁平，背面非常光亮，无毛，仅头部和前胸背板少量被毛。体黑褐色，有时鞘翅颜色略浅，口须、触角和足略红褐色。

雄性：头部：横阔，前缘半圆弧状；前缘具4略上翘齿，中央1对齿略大于两侧齿，颊向两侧不强烈延伸，颊侧角为钝角，前缘饰边中部宽于两侧；唇基和颊分界明显，前缘在分界线处无明显凹入；头部无角突和横脊；表面光亮，唇基密布皱纹状刻点，颊布更细密皱纹。前胸背板：均匀拱起，宽约是长的1.9倍，纵中线不明显；前缘具二曲，具细饰边，侧缘饰边细，前角明显前伸，锐角状，后角圆钝；基缘具饰边，中部不显著向后延伸；盘区无陡峭斜坡和角突；弱光亮，中央密布模糊皱纹，有时略粒突状。鞘翅：均匀拱起，长约是宽的1.6倍；刻点行浅凹，行上刻点不明显，行间平坦，基部具细小粒突，基部以外弱光亮，布与前胸背板相近的刻点。臀板：横阔，均匀凸出，光亮。足：前足胫节端距宽扁且向下弯曲，中、后足胫节向端部逐渐略变宽。阳茎：侧面观基侧突与基板钝角状。

雌性：前足胫节端距锥形。

观察标本：1♂1♀，福建，崇安，星村，十里厂，840m，1960-V-25，姜胜巧。

分布：我国福建、北京、江西、四川、云南。

异裸蜣螂属 *Paragymnopleurus* Shipp，1897

主要特征：身体通常相当扁平，仅个别种类特别拱起，黑色，有些分布于热带的类群具金属光泽或被白毛。唇基前缘通常具2齿，极少时为4齿，头部不具横脊，前胸背板宽大，扁拱，基部无饰边；小盾片缺失；鞘翅通常连锁，肩后内弯，后胸后侧片背面观明显可见，飞行时鞘翅闭锁，可见7条刻点行。中胸短；前足腿节扁平且尖锐，具跗节，中足胫节具1枚端距，个别情况下为2枚端距，此时则第2端距非常小或仅有痕迹；后足腿节延长且弯曲。

雌雄差异在前足胫节端距，雄性宽扁且向下弯曲，雌性为锥形。

世界已知23种，分布于欧洲南部、非洲和亚洲。中国已知5种。

圣裸蜣螂 *Paragymnopleurus brahminus*（Waterhouse，1890）

Gymnopleurus brahminus Waterhouse，1890：411.

Paragymnopleurus brahminus：Janssens，1940：16.

主要特征：体长：15~22mm。体卵形，扁平，背面非常光亮，无毛，仅头部和前胸背板少量被毛。体黑褐色，口须、触角和足颜色略浅。

雄性：头部：横阔，前缘半圆弧状；前缘具"V"形深凹，凹两侧为略上翘齿，颊向两侧不强烈延伸，颊侧角圆钝，前缘饰边中部宽于两侧；唇基和颊分界明显，前缘在分界线处无明显凹入；头部无角突和横脊；表面光亮，唇基密布粒突状刻点，颊布更细密皱纹。前胸背板：均匀拱起，宽约是长的1.9倍，纵中线不明显；前缘具二曲，具细饰边，侧缘饰边细，前角明显前伸，锐角状，后角圆钝；基缘具饰边，中部不显著向后延伸；盘区无陡峭斜坡和角突；弱光亮，中央密布粒突状刻点；前胸背板腹面无明显刻点，疏布短毛，且短毛基部为颗粒状。鞘翅：均匀拱起，长约是宽的1.6倍；刻点行浅凹，行上刻点不明显，行间平坦，基部具细小粒突，基部以外弱光亮，布与前胸背板相近的刻点。臀板：横阔，均匀凸出，光亮。足：前足胫节端距宽扁且向下弯曲，中、后足胫节向端部逐渐略变宽。阳茎：侧面观基侧突与基板钝角状。

雌性：前足胫节端距锥形。

观察标本：1♂，福建，挂墩，日期采集人不详。[**BMNH**] Kuatun，China，1♀，C. B. Rickett Coll.

分布：我国福建、江苏、浙江、上海、湖北、江西、湖南、贵州、四川、云南、西藏。

利蜣螂属 *Liatongus* Reitter，1892

主要特征：中小型，身体较窄长，扁平或强烈拱起，常光裸；褐色到黄褐色，有时鞘翅红褐色，头部和前胸背板有时具金属光泽。头部常具1~2个发达角突，单角突常可延伸到前胸背板基部附近，双角突或单角突端部分叉的通常较短，长度不超过头部纵长。触角8节，颏横阔。前胸背板或者中央具凹且两侧具角突，或者中央强烈拱起且常具角突；纵中线基部明显。小盾片可见。鞘翅端部无长毛，臀板无明显横脊。足较粗壮，前足胫节外缘具4个发达齿；中、后足胫节外缘具1~3个齿。

两性差异体现在雄性头部和前胸背板通常具发达角突，雌性则具弱角突、无角突或仅具横脊。

幼虫：触角第3节感区平坦，毛内唇侧具9~11根毛，上颚侧面具2根毛，内颚叶钩状突基部具齿，前胸无明显背甲，足端部无丘状突起，第3腹节背板明显具背中突，复毛区被毛明显，被中肛隔分为2个卵形毛区。

蛹：前胸无突出物；中胸和后胸背板具突出物；第3~6腹节具指状背侧突；尾突胼胝状。

世界已知46种，分布于东洋区和非洲区，澳洲区（引种），可分布较高海拔（2 000~2 500m）。中国已知19种。

亮利蜣螂 *Liatongus phanaeoides*（Westwood，1839）

Onthophagus phanaeoides Westwood，1839：55.

Onthophagus excavatus Kollar & Redtenbacher，1844：523. Synonymized by Arrow，1931：364.

Liatongus phanaeoides：Arrow，1931：364.

主要特征：体长：7~11mm。体卵形，均匀拱起，背面非常光亮，鞘翅端部少量被毛。体红褐色到黑褐色，头部和前胸背板颜色略深，口须、触角和足略红褐色。

雄性：头部：横阔，前缘半圆弧状；前缘具弱凹，唇基具可延伸到前胸背板基部附近的角突，角突腹面具2齿；颊向两侧明显延伸，颊侧角圆弧状；唇基和颊分界非常细弱；表面光亮且光滑，密布深刻点。前胸背板：均匀拱起，宽约是长的1.2倍，纵中线仅基部可见；前缘弧形凹入，具细饰边，侧缘饰边细，前角明显前伸，钝角状，后角圆钝；基缘具饰边，中部明显向后延伸；盘区具圆形凹坑，凹坑两侧边缘为脊状，侧面具弱突起，中线端部和基部各具1尖锐小齿；盘区凹坑内密布卵形浅凹坑，凹坑外疏布细刻点。小盾片可见。鞘翅：扁拱，长约是宽的2倍；刻点行明显深凹，行上刻点明显，行间平坦，行间疏布粒突。臀板：近三角形，均匀凸出，光亮。足：前足胫节外缘具4齿，前足胫节不强烈扩展，外缘齿与内缘近垂直，端距长，略弯曲；中、后足胫节向端部逐渐变宽。阳茎：侧面观基侧突与基板近直角状。

雌性：头部无角突及横脊，或具两个弱突起；前胸背板盘区具扇形浅凹坑。

观察标本：1♀，福建，武夷山，泥洋，1997-Ⅷ-3，章有为。

分布：我国福建、河北、山西、河南、台湾、四川、贵州、云南；朝鲜，韩国，日本，越南，老挝，缅甸，印度，孟加拉国，巴基斯坦，阿富汗。

司蜣螂属 *Sinodrepanus* Simonis，1985

主要特征：体长7.5~12mm，黑色到茶褐色。身体不光亮，有时具浅凹坑，背面被粗毛或鳞片状毛，前胸背板中线附近、鞘翅近边缘处成簇分布，通常前胸背板前角腹面具触角窝。头部侧缘从复眼向前逐渐变宽，有些种类雄性唇基前缘向前延伸且向上突起。前胸背板具纵中线，两侧为被毛区，被毛区近端部趋于融合，近基部趋于平行或分离；前胸背板基缘无饰边，前角平截或圆钝。鞘翅刻点行间被毛，行上无毛，部分刻点行间密被长毛。足细长；前足胫节中部略弯曲，外缘具3~4弱齿；中后足胫节外缘具弱齿或无。

前胸背板前角腹面触角窝、前足腿节和胫节背面均无毛，当前足缩回与前胸背板紧靠在一起时，可形成近封闭的空间，从而保证触角、复眼和部分口器在粪便中不粘到粪便，这是适应其粪居型的结果。另外，本属昆虫身体相对其他种类骨化强烈，这也是适应的结果。其骨架结构加固部位和经济性、体型和应力分散方面在工程仿生方面有借鉴之处。

世界已知8种，分布于中国及东南亚。中国已知6种。

种检索表

1. 唇基前缘无凹，突出且上翘 ·· 罗司蜣螂 Sinodrepanus rosannae
   唇基前缘具凹，凹两侧具突出且上翘的齿 ·························· 拜氏司蜣螂 Sinodrepanus besucheti

拜氏司蜣螂 *Sinodrepanus besucheti* Simonis, 1985

Sinodrepanus besucheti Simonis, 1985：100.

主要特征：体长：8~10.5mm。体长卵形，均匀拱起，背面晦暗，通体密被棕色短毛，有时为绒毛；体黄褐色到黑褐色。

雄性：头部：横阔，轮廓近"凸"字形；前缘中央宽阔凹入，凹两侧几乎不上翘；颊向两侧明显延伸，颊侧角圆弧状，前缘饰边中部宽于两侧；唇基和颊分界非常细弱；头部无明显角突和横脊；疏布细刻点。前胸背板：均匀拱起，宽约是长的1.2倍，纵中线模糊；前缘背面观微弱凹入，具细饰边，侧缘饰边细，前角略前伸，钝角状，后角圆钝；基缘具饰边，中部略向后延伸；盘区具"八"字形毛带，毛带之间略下凹，无陡峭斜坡和突起；疏布皱纹状刻点。小盾片可见。鞘翅：均匀拱起，长约是宽的2.3倍；刻点行明显深凹，行上无被毛且刻点明显，行间扁拱，基部具细小粒突，疏布小但明显刻点。臀板：近三角形，均匀凸出，光亮，密被绒毛。足：前足胫节向端部显著扩展，外缘具3弱齿，中、后足胫节向端部逐渐变宽。阳茎：侧面观基侧突与基板近直角状。

雌性：前足胫节外缘具4较发达齿，尤其第2和第3齿明显发达。

观察标本：[**MNHN**] Kuaton, Fokien, China, 1946-IX-15, 1♂, Tschung-Sen leg.（**Paratype**）. Kuaton, Fokien, China, 1946-V-1, 1♀, Tschung-Sen leg.（**Paratype**）.

分布：我国福建。

罗司蜣螂 *Sinodrepanus rosannae* Simonis, 1985

Sinodrepanus rosannae Simonis, 1985：100.

主要特征：体长：9~12mm。体长卵形，均匀拱起，背面晦暗，通体密被棕色短毛，有时为绒毛；体黄褐色到黑褐色。

雄性：头部：横阔，轮廓近"凸"字形；前缘中央无凹且突出上翘；颊向两侧明显延伸，颊侧角圆弧状，前缘饰边中部宽于两侧；唇基和颊分界非常细弱；头部无明显角突和横脊；疏布细刻点。前胸背板：均匀拱起，宽约是长的1.2倍，纵中线模糊；前缘背面观微弱凹入，具细饰边，侧缘饰边细，前角略前伸，钝角状，后角圆钝；基缘具饰边，中部略向后延伸；盘区具近平行的毛带，毛带间距约为前胸背板宽度的四分之一，毛带之间略下凹，无陡峭斜坡和突起；疏布皱纹状刻点。小盾片可见。鞘翅：均匀拱起，长约是宽的2.3倍；刻点行明显深凹，行上无被毛且刻点明显，行间扁拱，基部具细小粒突，疏布小但明显刻点。臀板：近三角形，均匀凸出，光亮，密被绒毛。足：前足胫节向端部显著扩展，外缘具3弱齿，中、后足胫节向端部逐渐变宽。阳茎：侧面观基侧突与基板大于直角，基侧突背面观长是宽的 1.3 倍。

雌性：前足胫节外缘齿略发达。

观察标本：2♂♂，福建，武夷山，黄岗山，1 100~1 700m，1997-Ⅷ-6，章有为。

分布：我国福建、广东、海南。

凯蜣螂属 *Caccobius* Thomson，1863

主要特征：微到中小型个体，体长 1.5~10mm，多为黑色到褐色，鞘翅有时具红色或黄褐色斑，身体被毛或光裸，有时密布粗大刻点。唇基前缘具中凹，有时具横脊或角突，触角 8 节。前胸背板前角腹面具深凹，凹明显具边缘；有时前胸背板具瘤突。小盾片不可见。足非常短，前足胫节非常短阔，前足胫节端缘非常平直，通常与内侧缘呈直角；后足跗节第 1 节明显长于第 2 节。

雄性：唇基具短角突或额向后延伸为片状角突，前足胫节外缘齿通常近直角。

雌性：唇基通常无角突，有时横脊发达，额从不具角突，前足胫节外缘齿尖锐，较薄且半透明。

世界已知 112 种，分布于东洋区和古北区。中国已知 19 种。

生物学：部分种类食腐肉。

喉凯蜣螂 *Caccobius*（*Caccbius*）*gonoderus*（Fairmaire，1888）

Onthophagus gonoderus Fairmaire，1888：17.

Caccobius gonoderus：Boucomont & Gillet，1921：28.

主要特征：体长：5~6.5mm。体卵形，强烈拱起，背面非常光亮，无毛。体黑褐色，头部和前胸背板具弱金属光泽，鞘翅基部和端部无黄斑，口须、触角和足略红褐色。

雄性：头部：横阔，前缘半圆弧状；前缘中央不明显凹入，颊向两侧不强烈延伸，颊侧角圆弧状，前缘饰边中部宽于两侧；唇基和颊分界不明显；头部无角突，具 1 条近直横脊；表面光亮，密布粗大刻点。前胸背板：强烈拱起，宽约是长的 1.4 倍，基部 2/3 具不明显槽状纵中线；前缘明显凹入，具细饰边，侧缘饰边细，前角明显前伸，锐角状，后角圆钝；基缘具饰边，中部向后延伸；盘区近前缘处为陡峭斜坡，斜坡顶部具 4 横向排列圆钝突起，中央一对突起较为接近；光亮，中央疏布粗刻点，近两侧和基部刻点无明显变化。鞘翅：强烈拱起，长约是宽的 1.4 倍；刻点行明显深凹，行上刻点明显，行间拱起，基部具细小粒突，基部以外弱光亮，疏布深刻点，近基部刻点趋于大和浅。臀板：横阔，均匀凸出，光亮。足：中、后足胫节向端部明显变宽。阳茎：侧面观基侧突与基板近直角状。

雌性：前胸背板均匀拱起，盘区前面无陡峭斜坡和横脊。

观察标本：5♂♂9♀♀，福建，武夷山，泥洋，570m，1997-Ⅷ-2，章有为。

分布：我国福建、湖北、湖南、台湾、广东、四川、贵州；越南，老挝，印度。

嗡蜣螂属 *Onthophagus* Latreille，1802

主要特征：小到中型，个别微型；光滑或密被或疏被柔毛或刚毛，通常具角突，有时角突不明显。唇基与眼片融合，前缘形态多样，从圆形无齿到具弱齿或锐齿。触角短，9 节，偶尔 8 节，第 1 节较长，有时具毛列。前胸背板侧缘中部最宽且呈圆钝或尖锐的角，后角通常不明显，基部圆弧形，圆钝或者叶状。小盾片缺失。鞘翅完全覆盖腹部，具 1 条侧脊和 7 条刻点行。中后胸腹板近于直，后胸腹板有时具凹。腹部短，臀板横脊弱或明显。足粗壮，前足胫节外缘通常具 4 齿，偶尔 3 齿，齿间通常具小齿；中后足胫节向端部强烈扩展，端缘近于直，偶尔三叶状；前足跗节细长，中后足跗节略扁平，内缘具稠密硬毛，外缘具稀疏硬毛，第 1 节中等长度，第 2 节稍窄，通常短于第 1 节的一半，第 3 节是第 2 节长度之半，第 4 节是第 3 节长度之半，第 5 节细长。

雄性：通常头部或/和前胸背板具发育程度不同的角突，第 6 腹板中部非常短；前足胫节通常延长，有时端缘与内侧缘近垂直，有时短于雌性（O. tragoides）；前足胫节端距通常扩展，弯曲。

雌性：角突有时与雄性角突形状接近但不发达，或者其形状完全不同的较弱的角突，第 6 腹板中部纵向通常较长。有时触角两性不同（O. igneus）；前足胫节端距通常针状，不强烈向下弯曲。

幼虫：触角第 3 节感区圆锥状，毛内唇侧具 2~5 根毛，上颚侧面具 2 根毛，内颚叶钩状突基部具齿，前胸无背甲，足端部无丘状突起，第 3 腹节背板具背中突，第 10 腹板复毛区具 1 个或 2 个被短毛区。

蛹：头部常具突出物，中胸和后胸背板具弱突出物；第 3~6 腹节具发达指状背侧突；尾突胖胀状。

分布：世界已知约 1 800 种，其中超过 1/2 的种类分布在非洲，超过 1/5 的种类分布在亚洲，约 1/10 的种类分布在大洋洲，其余种类分布在欧洲和美洲，中国已知 174 种。

种检索表

1. 前胸背板基部近后缘突然拱起。中大型个体（可达到 26mm），具明显花纹。性二型显著，雄性头部和前胸背板角突非常发达 ······························· 滇葡嗡蜣螂 *Onthophagus（Proagoderus）yunnanus*
   前胸背板基部均匀拱起。通常小到中型，很少为大型，无明显各色花纹。性二型通常不明显，头和（或）前胸背板通常简单或仅具弱角突 ··· **2**

2. 雄性前胸背板基角附近翼状向后延伸和拱起，拱起部分呈平行脊状或略向前收缩，有时侧脊近基部不明显，但脊近端部明显拱起和具角，盘区拱起近三角形或多边形
   ································· 智衍亮嗡蜣螂 *Onthophagus（Paraphanaeomorphus）sobrius*
   雄性前胸背板基角附近无翼状向后延伸和拱起，无饰边或尖锐边缘，无前述的角突，盘区无前述的角突，端半部从不为屋脊状，仅为陡坡 ··· **3**

3. 鞘翅翅缝基部囊状隆起，背面黑色或黑褐色，有的种部分或全部为金属光泽。雄性前胸背板复杂，至少基部具饰边；臀板基部具饰边；前足胫节端缘近平截，外缘齿近直角，端距明显加宽和斜截。雌性头顶通常具 2 个横脊，前横脊细且长。体长 7~14mm ··············· 武截嗡蜣螂 *Onthophagus（Colobonthophagus）armatus*
   不同时具有以上特征 ·· **4**

4. 雄性前胸背板盘区中部或中部之前具 2 个或更多瘤突，瘤突间具 1 纵凹。雌性前胸背板简单。背面黑褐色或鞘翅黄色，有时布黑斑，体长 5~10mm ·· **5**
   雄性前胸背板角突形状不同，有的雌性近前缘具多个角突 ··· **9**

5. 鞘翅具橘黄色斑 ····················· 克氏驼嗡蜣螂 *Onthophagus（Gibbonthophagus）kleinei*
   鞘翅无橘黄色斑，鞘翅单一黑色或黑褐色，有时翅端或肩部具红斑 ···························· **6**

6. 唇基前缘圆弧状或近平截 ··· **7**
   唇基明显深凹，有时凹两侧明显为齿状 ························ 塞氏嗡蜣螂 *Onthophagus smetanai*

7. 头和前胸背板明显具金属光泽，完全黑色 ··············· 波嗡蜣螂 *Onthophagus boucomontianus*
   头和前胸背板无明显金属光泽，背面不光亮 ·· **8**

8. 前胸背板基部无饰边或仅有痕迹 ······························· 宿氏嗡蜣螂 *Onthophagus sulci*
   前胸背板基部明显具饰边 ······································· 库氏嗡蜣螂 *Onthophagus kulti*

9. 触角鳃片部第 1 节发达，杯状，近新月形，包裹鳃片部端部 2 节。雄性唇基通常具齿或在前缘中部具 T 形延伸，头部通常无角突；前胸背板简单或复杂，背面通常具粒突，臀板基部具饰边。背面完全黑色或仅头部和前胸背板具金属光泽，体长 8~18mm ··· **10**
   触角鳃片部第 1 节不发达，从不为杯状；不同时具有以上特征 ································· **11**

10. 完全黑色或黑褐色，头和前胸背板无金属光泽，前胸背板基部无饰边，背面黑色，前胸背板盘区密布卵形刻

点，6.5~8mm ························· **武夷帕嗡蜣螂 Onthophagus（Parascatonomus）kuatunensis**

不完全为黑色，头部明显具金属光泽，前胸背板非常光亮，鞘翅有时具不同颜色，唇基前缘中部具1窄延伸物，黑色，头部和前胸背板无金属光泽，鞘翅黄褐色具黑色斑，臀板疏布长卵形刻点，5.5~8mm ···········

··············· **克氏帕嗡蜣螂 Onthophagus（Parascatonomus）klapperichi**

11. 前足胫节外缘具3齿，很少为4齿，其近基部的齿非常小；前胸背板简单，布简单的刻点，基部无饰边，但有时基部具非常弱的饰边；臀板基部具饰边；非常光亮，背面布短毛或长毛，体长3~5.5mm ···········

··········· **中华印嗡蜣螂 Onthophagus（Indachorius）chinensis**

前足胫节外缘具4齿，其基部齿小但很明显，后足跗节细且直 ······························ **12**

12. 背面不完全黑色，鞘翅黑褐色，具黄褐色斑 ···

············ **拟日后嗡蜣螂福建亚种 Onthophagus（Matashia）pseudojaponicus fukiensis**

背面完全黑色，头部和前胸背板有时具金属光泽 ············ **司氏后嗡蜣螂 Onthophagus（Matashia）strandi**

武截嗡蜣螂 Onthophagus（Colobonthophagus）armatus Blanchard，1853

Onthophagus armatus Blanchard，1853：98.

Onthophagus luzonicus Lansberge，1883：51. Synonymized by Boucomont，1914：305.

Onthophagus pseudoarmatus Balthasar，1944：93.

主要特征：体长：7~8mm。体卵形，强烈拱起，背面中度光亮，疏布黄色半倒伏毛。体黑褐色，头部和前胸背板具弱金属光泽，口须、触角和足颜色略浅。

雄性：头部：横阔，前缘半圆弧状；前缘无明显凹入，略上翘，颊向两侧强烈延伸，颊侧角为钝角，前缘饰边中部宽于两侧；唇基和颊分界明显；唇基后部具发达近直横脊，头顶向后具2个直立角突，角突间由横脊连接，角突几乎不弯曲，角突长度一般为头长之半；表面光亮，唇基和颊密布圆刻点，有时略皱纹状。前胸背板：强烈拱起，宽约是长的1.6倍，纵中线不明显；前缘具二曲，具细饰边，侧缘饰边细，前角明显前伸，圆弧状，后角圆钝；基缘具饰边，中部向后延伸；盘区近前缘处具陡峭斜坡，斜坡具2个弱凹坑；弱光亮，中央疏布粗大粒突状具毛刻点，近两侧和基部刻点趋于密和小，斜坡光裸近无刻点。鞘翅：强烈拱起，长约是宽的1.9倍；刻点行明显深凹，行上刻点明显，行间扁拱，疏布粗大具毛刻点。臀板：横阔，均匀凸出，光亮，疏被具毛刻点。足：中、后足胫节向端部逐渐变宽。阳茎：侧面观基侧突与基板近直角状。

雌性：唇基后具弯曲横脊，头顶不明显向后延伸或凸出；前胸背板刻点明显比雄性密集。

观察标本：［NMPC］Kwangtseh‐Fukien，1937-X-9，1♀，Leg. L. Klapperich（Type of *Onthophagus pseudoarmatus* Balthasar，1944）；Kwangtseh‐Fukien，1937-X-30，1♂，Leg. L. Klapperich（Type of *Onthophagus pseudoarmatus* Balthasar，1944）.

分布：我国福建、江西、台湾、广东、香港；印度，马来西亚，菲律宾，印度尼西亚。

克氏驼嗡蜣螂 Onthophagus（Gibbonthophagus）kleinei Balthasar，1935

Onthophagus kleinei Balthasar，1935：314.

Onthophagus（Gibbonthophagus）kleinei：Kabakov *et* Shokhin，2014：50.

主要特征：体长：5.5~7mm。体卵形，强烈拱起，背面光亮。体黑褐色，密被黄色半倒伏毛，头部和前胸背板具弱金属光泽，鞘翅黑色，基部和端部具黄褐色斑，口须、触角和足黄褐色。

雄性：头部：横阔，前缘半圆弧状；前缘略突出和上翘，颊向两侧不强烈延伸，颊侧角为圆弧状；唇基和颊分界明显；唇基后部具横脊，头顶中部具1个小瘤突；表面光亮，唇基和颊密布圆刻点，有时略皱纹状。前胸背板：强烈拱起，宽约是长的1.6倍，基半部纵中线明显；前缘具二曲，具细饰边，侧缘饰边细，前角明显前伸，圆弧状，后角圆钝；基缘具饰边，中部向后延伸；盘区近前缘处无陡峭斜坡和角突；光亮，中央密布粗大刻点，近两侧和基部刻点趋于密和小，斜坡光裸近无刻点。鞘翅：强烈拱起，长约是宽的1.9倍；刻点行明显深凹，行上刻点明显，行间扁拱，疏布粗大具毛刻点。臀板：横阔，均匀凸出，光亮，疏被具毛刻点。足：中、后足胫节向端部逐渐变宽。阳茎：侧面观基侧突与基板近直角状。

雌性：头部无瘤突，具2个横脊，前胸背板均匀拱起。

观察标本：1♂，Kuatun, Fukien, 1938-Ⅳ-4, （2 300m）27.40. Br., 117.40., L. J. Klapperich（Cotype）.

分布：我国福建、四川。

萨氏驼嗡蜣螂 *Onthophagus*（*Gibbonthophagus*）*susterai* **Balthasar, 1952**

Onthophagus susterai Balthasar, 1952：225.

Onthophagus（*Gibbonthophagus*）*susterai*：Kabakov et Shokhin, 2014：50.

主要特征：体长：7mm。体卵形，强烈拱起，背面光亮。体黑褐色到黑色，头部和前胸背板具弱金属光泽，前胸背板和鞘翅通常无浅色斑，口须、触角和足颜色略浅。

雄性：头部：横阔，前缘半圆弧状；前缘略凸出和上翘，颊向两侧不强烈延伸，颊侧角为圆弧状；唇基和颊分界明显；唇基后部具弱横脊，头基部横脊高耸，中部具明显宽阔凹刻；表面光亮，唇基和颊密布圆刻点，有时略皱纹状。前胸背板：强烈拱起，宽约是长的1.6倍，基半部纵中线明显；前缘具二曲，具细饰边，侧缘饰边细，前角明显前伸，圆弧状，后角圆钝；基缘具饰边，中部向后延伸；盘区近前缘处具陡峭斜坡，斜坡顶部具弱突出；光亮，中央疏布细刻点，近两侧和基部刻点趋于密和小，斜坡光裸近无刻点。鞘翅：强烈拱起，长约是宽的1.9倍；刻点行明显深凹，行上刻点明显，行间扁拱，疏布粗大具毛刻点。臀板：横阔，均匀凸出，光亮，疏被具毛刻点。足：中、后足胫节向端部逐渐变宽。阳茎：侧面观基侧突与基板近直角状。

雌性：头部横脊更发达。

观察标本：[**NMPC**] Fukien, Kuatun, 2 300m, 27.40n, Br., 117.40 ö. L., 1938-Ⅳ-30, 1♂, Leg. L. Klapperich（**Type**）.

分布：我国福建。

中华印嗡蜣螂 *Onthophagus*（*Indachorius*）*chinensis*（**Balthasar, 1953**）

Indachorius chinensis Balthasar, 1953：224.

Onthophagus（*Indachorius*）*chinensis*：Ochi, 1985：51.

主要特征：体长：4.3~5.5mm。体卵形，强烈拱起，背面光亮。体红褐色到黑褐色，疏被黄色直立长毛，头部和前胸背板具金属光泽，鞘翅具红褐色斑，基部色斑到达盘区且近贯通，口须、触角和足颜色略浅。

雄性：头部：横阔，前缘半圆弧状；前缘中部宽阔凹入，略凸出和上翘，颊向两侧不强烈延伸，颊侧角为圆弧状；唇基和颊分界明显；头部具2个弱角突，具细弱横脊；表面光亮，唇基和颊密布圆刻点，有时略皱纹状。前胸背板：强烈拱起，宽约是长的1.6倍，基半部纵中线明显；前缘具二曲，具细饰边，侧缘饰边细，前角明显前伸，圆弧状，后角圆钝；基缘具饰边，中部向后延伸；盘区近前缘处无陡峭斜坡和突起；光亮，中央密布粗大刻点，近两侧和基部刻点趋于密和小，斜坡光裸近无刻点。鞘翅：强烈拱起，长约是宽的1.7倍；刻点行明显深凹，行上刻点明显，行间扁拱，疏布粗大具毛刻点。臀板：横阔，均匀凸出，光亮，疏被具毛刻点。足：中、后足胫节向端部逐渐变宽。阳茎：侧面观基侧突与基板近直角状。

雌性：头部无角突，横脊更发达。

观察标本：［**NMPC**］Fukien, Kuatun, 2 300m, 27.40n, Br., 117.40 ö. L., 1938-Ⅵ-10, 1 ♂, Leg. L. Klapperich（**Type**）。

分布：我国福建；缅甸。

拟日后嗡蜣螂福建亚种 *Onthophagus*（*Matashia*）*pseudojaponicus fukiensis* Balthasar，1942

Onthophagus pseudojaponicus fukiensis Balthasar, 1942a：120.

Onthophagus pseudojaponicus ab. *tschungseni* Balthasr, 1960a：194.

主要特征：体长：8.5~10.5mm。体卵形，强烈拱起，背面非常光亮，无明显被毛。体黑色，鞘翅大部分为黑色，仅基部和端部具橘黄色斑，口须、触角和足略红褐色。

雄性：头部：横阔，前缘半圆弧状；前缘中央略上翘，颊向两侧不强烈延伸，颊侧角圆弧状，前缘饰边中部宽于两侧；唇基和颊分界明显，前缘在分界线处不明显凹入；头部具2条横脊，无角突；表面光亮，唇基密布皱纹状刻点，颊布稍细密刻点。前胸背板：强烈拱起，宽约是长的1.5倍，槽状纵中线模糊；前缘凹入，具细饰边，侧缘饰边细，前角明显前伸，锐角状，后角圆钝；基缘具饰边，中部略向后延伸；盘区近前缘处为陡峭斜坡，中部具三角形隆突，隆突无明显边缘，近后角处具弱角突，角突不突出于侧缘；弱光亮，中央密布深圆刻点，近两侧和基部刻点趋于密和粗糙。鞘翅：强烈拱起，长约是宽的2倍；刻点行明显，行上刻点明显，行间扁拱，基部具细小粒突，密布深圆刻点，近基部刻点趋于大和浅。臀板：横阔，均匀凸出，密布刻点。足：中、后足胫节向端部逐渐变宽。阳茎：侧面观基侧突与基板近直角状。

雌性：前胸背板均匀拱起，盘区前面无陡峭斜坡或仅具弱斜坡，近后角无角突或仅具弱角突。

观察标本：［**NMPC**］Fukien, Kuatun, 2 300m, 27.40n. Br., 117.40 ö, 1938-Ⅲ-6, 1♂2♀♀, Leg. L. J. Klapperich（**Syntype**）；Fukien, Kuatun, 2 300m, 27.40n. Br., 117.40 ö, 1938-Ⅲ-2, 1 ♂, Leg. L. J. Klapperich（**Syntype**）；Fukien, Kuatun, 2 300m, 27.40n. Br., 117.40 ö, 1938-Ⅳ-14, 1 ♀, Leg. L. J. Klapperich（**Syntype**）；Kuatun, Fukien, China, 1946-Ⅴ-9, 1 ♂, leg. Tschung Sen（Type of *Onthophagus pseudojaponicus* ab. *tschungseni* Balthasr, 1960）。

［**ZIN**］1 ♂, Fukien, Kuatun, 2 300m, 27.40n. Br., 117.40 ö, 1938-Ⅲ-1, Leg. L. J. Klapperich, Museum Koenig Bonn（**Syntype**）；1 ♂, Fukien, Kuatun, 2 300m, 27.40n. Br., 117.40 ö, 1938-Ⅳ-24, 1♂2♀♀, Leg. L. J. Klapperich（**Syntype**）。

分布：我国福建。

司氏后嗡蜣螂 *Onthophagus*（*Matashia*）*strandi* Balthasar，1935

Onthophagus strandi Balthasar, 1935：311.

主要特征：体长：9.5~11.5mm。体卵形，强烈拱起，背面非常光亮，无明显被毛。体黑色，口须、触角和足略红褐色。

雄性：头部：横阔，前缘半圆弧状；前缘中央略上翘，颊向两侧不强烈延伸，颊侧角圆弧状，前缘饰边中部宽于两侧；唇基和颊分界明显，前缘在分界线处不明显凹入；头部无横脊和角突；表面光亮，唇基密布皱纹状刻点，颊布稍细密刻点。前胸背板：强烈拱起，宽约是长的1.5倍，槽状纵中线模糊；前缘凹入，具细饰边，侧缘饰边细，前角明显前伸，锐角状，后角圆钝；基缘具饰边，中部略向后延伸；盘区近前缘处为陡峭斜坡，中部具三角形隆突，隆突具边缘，近后角处具弱角突，角突突出于侧缘；弱光亮，中央密布深圆刻点，近两侧和基部刻点趋于密和粗糙。鞘翅：强烈拱起，长约是宽的2倍；刻点行明显，行上刻点明显，行间扁拱，基部具细小粒突，密布深圆刻点，近基部刻点趋于大和浅。臀板：横阔，均匀凸出，密布刻点。足：中、后足胫节向端部逐渐变宽。阳茎：侧面观基侧突与基板近直角状。

雌性：前胸背板均匀拱起，盘区前面无陡峭斜坡或仅具弱斜坡，近后角无角突或仅具弱角突。

观察标本：［**BMNH**］Fukien, Kuatun, 2 300ft., 27, 40n, Br., 117, 408, 1938-Ⅳ-25, 1 ♂1♀, Leg. L. J. Klapperich; China, Fujian Prov., Wuyi Shan, ca 780m, ca 3 km NE, Tongmu village, 27°75′(N), 117°68′(E), Pit-fall trap (fish bait), Mixed forest+bamboo, 2001-Ⅵ-7, 1♂, J. Cooter Coll.

［**NMPC**］China, 1♂ (**Holotype**); Fukien, Kuatun, 2 300m, 27.40n. Br., 117.40 ö, 1938-Ⅳ-22, 1♂, Leg. L. J. Klapperich; Fukien, Kuatun, 2 300m, 27.40n. Br., 117.40 ö, 1938-Ⅳ-29, 3♂♂1♀, Leg. L. J. Klapperich; Fukien, Kuatun, 2 300m, 27.40n. Br., 117.40 ö, 1938-V-2, 1♂, Leg. L. J. Klapperich; Fukien, Kuatun, 2 300m, 27.40n. Br., 117.40 ö, 1938-V-5, 1♂1♀, Leg. L. J. Klapperich.

［**MNHN**］Chine, 1946-Ⅳ-26, Fukien, Kuatun, 1♂1♀, Tschung-Sen leg.

分布：我国福建、湖南、四川、云南。

智衍亮嗡蜣螂 *Onthophagus*（*Paraphanaeomorphus*）*sobrius* Balthasar，1960

Onthophagus sobrius Balthasar, 1960a：188.

主要特征：体长：8mm。体卵形，强烈拱起，背面光亮，被黄色伏毛。头部和前胸背板具弱金属光泽，鞘翅黑色，基部和端部具橘黄色具斑带，其他部分为黑褐色、红褐色到黑色。

雄性：头部：横阔，前缘半圆弧状，前缘中央无明显凹；颊向两侧不强烈延伸，颊侧角为圆弧形，前缘饰边中部宽于两侧；唇基和颊分界明显，前缘在分界线处明显具凹；头部前脊缺失；头顶无角突，仅具1小隆突；表面光亮且光滑，唇基布少量皱纹近无刻点，颊布稍密且粗大刻点，头顶布不规则刻纹或粒突点。前胸背板：强烈拱起，宽是长的1.5倍，纵中线明显且完整；前缘具二曲，具细饰边，侧缘饰边细，前角明显前伸，锐角状，后角圆钝；无角突和深槽；光亮，端半部疏布细刻点，基半部密布粗大具毛刻点。鞘翅：强烈拱起，长是宽的1.8倍；基缘黑色，鞘翅基半部具独立1~2个黑斑，近端部黑斑有时融合为黑色条带；刻点行明显深凹，行上刻点明显，行间扁拱，基部具细小粒突，基部以外弱光亮，疏布小但明显刻点。臀板：横阔，均匀凸出，光亮。足：中、后足胫节向端部逐渐变宽。阳茎：侧面观基侧突与基板近直角状。

雌性：未知。

观察标本：［**NMPC**］Kuatun, Fukien, China, 1♂, 1946-XI-5, Tschung Sen（Holotype）.

分布：我国福建。

克氏帕嗡蜣螂 *Onthophagus*（*Parascatonomus*）*klapperichi* Balthasar，1953

Onthophagus klapperichi Balthasar, 1953：228.

主要特征：体长：5.5~8mm。体卵形，强烈拱起，背面非常光亮。头部和前胸背板具强烈金属光泽，鞘翅橘黄色具黑斑，口须、触角和足略红褐色，其余部位大多为黑褐色。

雄性：头部：横阔，前缘半圆弧状，中央具1个窄突出物且上翘；颊向两侧不强烈延伸，颊侧角为直角，前缘饰边中部宽于两侧；唇基和颊分界明显，前缘在分界线处明显具凹；头部无横脊，头顶向后延伸为片状弱角突；表面光亮且光滑，唇基密布颗粒状刻点，颊布稍密且皱纹状刻点，头顶密布粗大刻点。前胸背板：强烈拱起，宽是长的1.3倍，基部2/3具不明显槽状纵中线；前缘具二曲，具细饰边，侧缘饰边细，前角明显前伸，圆弧状，后角圆钝；基缘具饰边，中部向后延伸；

均匀拱起，无隆突和陡峭斜坡；光亮，密布粗大深刻点，近两侧和基部刻点趋于密和小。鞘翅：强烈拱起，长是宽的 2 倍；刻点行明显深凹，行上刻点明显，行间扁拱，基部具细小粒突，基部以外弱光亮，疏布小但明显具毛刻点。臀板：横阔，均匀凸出，光亮。足：中、后足胫节向端部逐渐变宽。阳茎：侧面观基侧突与基板近直角状。

雌性：头顶无角突。

观察标本：[ZFMK] Fukien, Kuatun, 2 300m, 27.40n. Br., 117.40 ö, 1938-Ⅴ-18, 1 ♂, Leg.L. J. Klapperich（Holotype）。

[NMPC] Fukien, Kuatun, 2 300m, 27.40n, Br., 117.40 ö.L., 1938-Ⅵ-21, 1 ♂, Leg. L. Klapperich（Paratype）。

分布：我国福建、台湾、广东、四川。

武夷帕嗡蜣螂 Onthophagus（Parascatonomus）kuatunensis Balthasar, 1942

Onthophagus kuatunensis Balthasar, 1942a：120.

主要特征：体长：6.5~8mm。体卵形，强烈拱起，背面非常光亮。体黑褐色，无金属光泽，口须、触角和足略红褐色。

雄性：头部：横阔，前缘半圆弧状，无凹；颊向两侧不强烈延伸，颊侧角为直角，前缘饰边中部宽于两侧；唇基和颊分界明显，前缘在分界线处明显具凹；头部无横脊，头顶无角突，有时略横脊状；表面光亮且光滑，唇基密布横向皱纹，颊布稍细密皱纹状刻点，头顶布颗粒状刻点。前胸背板：强烈拱起，宽是长的 1.3 倍，基部 2/3 具不明显槽状纵中线；前缘具二曲，具细饰边，侧缘饰边细，前角明显前伸，圆弧状，后角圆钝；基缘具饰边，中部向后延伸；均匀拱起，无陡峭斜坡和隆突；光亮，具纵向皱纹，皱纹间密布卵形刻点，近两侧和基部刻点趋于密和小。鞘翅：强烈拱起，长是宽的 2 倍；刻点行明显深凹，行上刻点明显，行间扁拱，基部具细小粒突，基部以外弱光亮，疏布小但明显刻点。臀板：横阔，均匀凸出，光亮。足：中、后足胫节向端部逐渐变宽。阳茎：侧面观基侧突与基板近直角状。

雌性：前胸背板无纵向皱纹，密布细刻点，刻点呈均匀分布。

观察标本：[ZFMK] Fukien, Kuatun, 2 300m, 27.40n. Br., 117.40 ö, 1938-Ⅵ-4, 1 ♂, Leg. L. J. Klapperich（Holotype）。

分布：我国福建、台湾、云南。

滇葡嗡蜣螂 Onthophagus（Proagoderus）yunnanus Boucomont, 1912

Onthophagus yunnanus Boucomont, 1912：278.

主要特征：体长：14~17mm。体卵形，强烈拱起，背面不光亮，无毛，仅头部和前胸背板少量被毛。体黑色，通常无明显金属光泽。

雄性：头部：横阔，前缘半圆弧状；前缘中央无凹，颊向两侧不强烈延伸，颊侧角为圆弧状，前缘饰边中部宽于两侧；唇基和颊分界明显，前缘在分界线处明显具凹；头部前脊发达且略弯曲，头顶具 1 对发达牛角状角突，每个角突后面各具 1 个后指齿突，角突间由横脊连接，头顶中央无角突；表面光亮且光滑，唇基布横向皱纹和颗粒状刻点，颊布稍粗大刻点，角突布不规则刻纹或粒突点；头顶布与颊相近刻点。前胸背板：强烈拱起，宽是长的 1.4 倍，基部 2/3 具微弱槽状纵中线；前缘具二曲，具细饰边，侧缘饰边细，前角明显前伸，圆弧状，后角圆钝；基缘具饰边，中部向后延伸；盘区近前缘处为发达卵形凹坑，凹坑两侧各具 1 个发达前指片状角突；弱光亮，中央疏布粗大深刻点，近两侧和基部刻点趋于密和粗糙。鞘翅：强烈拱起，长是宽的 1.9 倍；刻点行明显深凹，行上刻点明显，行间扁拱，基部具细小粒突，基部以外弱光亮，密布深刻点。臀板：横阔，均匀凸出，光亮。足：中、后足胫节向端部逐渐变宽。阳茎：侧面观基侧突与基板近直角状。

雌性：头部角突近3齿状。

观察标本： [**NMPC**] Fukien, Kuatun, 2 300m, 27.40n, Br., 117.40 ö.L., 1938-VI-17, 1 ♂, Leg. L. Klapperich；Fukien, Kuatun, 2 300m, 27.40n, Br., 117.40 ö.L., 1938-Ⅳ-3, 1 ♂, Leg. L. Klapperich；Fukien, Kuatun, 2 300m, 27.40n, Br., 117.40 ö.L., 1938-Ⅳ-30, 1 ♂, Leg. L. Klapperich.

分布： 我国福建、湖北、四川、贵州、云南。

波嗡蜣螂 Onthophagus boucomontianus Balthasar，1935

Onthophagus boucomontianus Balthasar, 1935：318.

Onthophagus boucomontianus：Kabakov & Napolov, 1999：85.

主要特征： 体长：9~11mm。体卵形，强烈拱起，背面光亮，无毛。体黑色，口须、触角和足略暗红褐色。

雄性：头部：横阔，前缘半圆弧状；前缘中央无明显凹入，颊向两侧中度延伸，颊侧角近直角，前缘饰边中部宽于两侧；唇基和颊分界明显，前缘在分界线处明显具凹；头部无角突，具2条横脊，前脊略弯曲，后脊直；唇基疏布粗大圆刻点，横脊间布少量皱纹状刻点，颊布稍密且粗大刻点。前胸背板：强烈拱起，宽是长的1.5倍，基部2/3具不明显槽状纵中线；前缘具二曲，具细饰边，侧缘饰边细，前角明显前伸，近直角状，后角圆钝；基缘具饰边，中部向后延伸；盘区近前缘处具弱陡峭斜坡和弱突起；光亮，中央疏布浅刻点，近两侧和基部刻点趋于密和粗糙。鞘翅：强烈拱起，长约宽的2倍；刻点行明显深凹，行上刻点明显，行间扁拱，基部具细小粒突，基部以外弱光亮，疏布小但明显刻点，近基部刻点趋于大和浅。臀板：横阔，均匀凸出，光亮。足：中、后足胫节向端部逐渐变宽。阳茎：侧面观基侧突与基板近直角状。

雌性：前胸背板无明显陡峭斜坡。

观察标本： 2♂♂3♀♀, Kuatun, Fukien, China, 1948-Ⅷ-15, leg. Tschung Sen.

分布： 我国福建、四川、云南。

库氏嗡蜣螂 Onthophagus kulti Balthasar，1953

Onthophagus kulti Balthasar, 1953：227.

主要特征： 体长：4.5~5mm。体卵形，强烈拱起，背面光亮，少量被毛。体黑褐色到红褐色，具弱金属光泽，口须、触角和足略红褐色。

雄性：头部：横阔，前缘半圆弧状；前缘中央向前叶状突出且上翘，颊向两侧中度延伸，颊侧角近直角，前缘饰边中部宽于两侧；唇基和颊分界明显，前缘在分界线处明显具凹；头部无角突，具1条弱弯曲横脊，头顶具1个小瘤突；唇基疏布粗大圆刻点，横脊间布少量皱纹状刻点，颊布稍密且粗大刻点。前胸背板：强烈拱起，宽是长的1.5倍，基部2/3具明显槽状纵中线；前缘具二曲，具细饰边，侧缘饰边细，前角明显前伸，近直角状，后角圆钝；基缘具饰边，中部向后延伸；盘区近前缘处无陡峭斜坡和突起；弱光亮，中央密布深刻点，近两侧和基部刻点趋于密和粗糙。鞘翅：强烈拱起，长约宽的2倍；刻点行明显深凹，行上刻点明显，行间扁拱，基部具细小粒突，基部以外弱光亮，疏布小但明显刻点，近基部刻点趋于大和浅。臀板：横阔，均匀凸出，光亮。足：中、后足胫节向端部逐渐变宽。阳茎：侧面观基侧突与基板近直角状。

雌性：前胸背板前角圆弧状。

观察标本：［**NMPC**］Kuatun, Fukien, China, 1 ♂, 1946－Ⅶ－8, Tschung Sen（**Syntype**）；Kuatun, Fukien, China, 1♀, 1946－Ⅵ－4, Tschung Sen（**Syntype**）.

分布：我国福建；老挝。

塞氏嗡蜣螂 *Onthophagus smetanai* Balthasar，1953

Onthophagus smetanai Balthasar, 1953：226.

主要特征：体长：5~6mm。体卵形，强烈拱起，背面晦暗，被毛。体黑褐色到黑色，具弱金属光泽，口须、触角和足略红褐色。

雄性：未知。

雌性：头部：横阔，前缘半圆弧状；前缘中央无明显凹入，颊向两侧中度延伸，颊侧角近直角，前缘饰边中部宽于两侧；唇基和颊分界明显，前缘在分界线处明显具凹；头部无角突，具2条发达弯曲横脊，头顶横脊短于前脊；唇基疏布粗大圆刻点，横脊间布少量皱纹状刻点，颊布稍密且粗大刻点。前胸背板：强烈拱起，宽是长的1.5倍，基部2/3具明显槽状纵中线；前缘具二曲，具细饰边，侧缘饰边细，前角明显前伸，近直角状，后角圆钝；基缘具饰边，中部向后延伸；盘区近前缘处无陡峭斜坡和突起；弱光亮，中央密布深具毛刻点，刻点趋于融合和皱纹状，近两侧和基部刻点趋于密和粗糙。鞘翅：强烈拱起，长约宽的2倍；刻点行明显深凹，行上刻点明显，行间扁拱，基部具细小粒突，基部以外弱光亮，疏布小但明显刻点，近基部刻点趋于大和浅。臀板：横阔，均匀凸出，光亮。足：中、后足胫节向端部逐渐变宽。阳茎：侧面观基侧突与基板近直角状。

观察标本：［**NMPC**］Fukien, Kuatun, 2 300m, 27.40n, Br., 117.40 ö.L., 1938－Ⅵ－16, 1♀, Leg. L. Klapperich（**Type**）；Fukien, Kuatun, 2 300m, 27.40n, Br., 117.40 ö.L., 1938－Ⅴ－18, 1♀, Leg. L. Klapperich；Kuatun, Fukien, China, 1946－Ⅷ－15, 1♀, leg. Tschung Sen.

分布：我国福建。

宿氏嗡蜣螂 *Onthophagus sulci* Balthasar，1935

Onthophagus sulci Balthasar, 1935：315.

主要特征：体长：4.5~5.5mm。体卵形，中度拱起，背面晦暗，被毛。体黑褐色到黑色，有时具弱金属光泽，口须、触角和足略红褐色。

雄性：头部：横阔，前缘半圆弧状；前缘中央无明显凹入，颊向两侧中度延伸，颊侧角近直角，前缘饰边中部宽于两侧；唇基和颊分界明显，前缘在分界线处明显具凹；头部无角突，具2条发达横脊，头顶横脊短于前脊，前脊略弯曲；唇基密布皱纹状刻点，横脊间布少量细刻点，部分区域光裸，颊布稍密且粗大刻点。前胸背板：强烈拱起，宽是长的1.5倍，基部2/3具明显槽状纵中线；前缘具二曲，具细饰边，侧缘饰边细，前角明显前伸，近直角状，后角圆钝；基缘具饰边，中部向后延伸；盘区近前缘处无陡峭斜坡和突起；弱光亮，中央密布深刻点，近两侧和基部刻点趋于密和粗糙。鞘翅：强烈拱起，长约宽的2倍；刻点行明显深凹，行上刻点明显，行间扁拱，基部具细小粒突，基部以外弱光亮，疏布小但明显刻点，近基部刻点趋于大和浅。臀板：横阔，均匀凸出，光亮。足：中、后足胫节向端部逐渐变宽。阳茎：侧面观基侧突与基板近直角状。

雌性：头部前脊更发达。

观察标本：［**ZIN**］1♀, Kuatun.

分布：我国福建、四川。

臂金龟亚科 Euchirinae Hope，1840

鞘翅单一黄褐色或者具橙色斑纹。触角鳃片部 3 节。口器适合取食柔软多汁的食物；上唇中央具浅凹，两侧具长毛列；上颚内侧密布短毛；下颚端部具 2 个或 3 个内缘齿，尖端具一丛长毛。前胸背板拱起，两侧向后强烈延伸，侧缘具细齿，后角钝且具较侧缘粗大的齿，盘区布细刻点或皱纹状刻点，浅褐色到黑色或青铜绿色。雄性前足常与体长相当，前足胫节具 2 个长刺——端部刺和中部刺，雌性前足胫节端距内侧距缺失；爪末端分叉且相等。腹部具 6 个腹板，气门列有折角，呈 2 列。

长臂金龟个体大，体色艳丽，是非常珍稀的观赏昆虫。在分类上，长臂金龟曾被视为科或亚科。目前全世界已知仅 3 属 17 种（亚种），主要分布在亚洲和欧洲。成虫具有趋光性，雌虫通常在夏季将卵产在朽木中，幼虫以朽木为食，至第 2 年夏天老熟化蛹度过第 2 个冬天，第 3 年春天才羽化为成虫，并在夏初交尾。长臂金龟的起源时间估计为侏罗纪晚期（Lower Jurassic）（Krell，2000），目前化石种仅记录 1 种，即 *Cheirotonus otai* Ueda，中新世（Miocene），日本。

中国分布 2 属 9 种，武夷山确认分布 1 种，另戴氏棕臂金龟 *Propomacrus davidi* 有可能分布在武夷山，故此处列出两种。

分属检索表

1. 雄虫前足胫节内侧具稠密金黄色长毛列；前胸背板栗褐色至黑色 ·················· 棕臂金龟属 *Propomacrus*
   雄虫前足胫节内缘无黄色毛列；前胸背板具绿色金属光泽·················· 彩臂金龟属 *Cheirotonus*

棕臂金龟属 *Propomacrus* Newman，1837

分布：本属目前世界已知 4 种（亚种），主要分布于整个古北区和东洋区。目前我国已知 2 种分布。

戴氏棕臂金龟 *Propomacrus davidi* Deyrolle，1874

Propomacrus davidi Deyrolle，1874：447.

Propomacrus davidi fujianensis Wu & Wu，2008：827. Synonymized by Muramoto，2012.

鉴别特征：雄虫 44mm，雌虫 36mm。雄虫前足胫节内缘具一行浓密金黄色柔毛，前胸背板深棕色，足和鞘翅周缘深棕色。

观察标本：未见该产地标本，该种在江西上饶、弋阳及福建厦门均有分布，有可能在武夷山有分布，故将该种列出。

分布：我国福建、浙江、江西。

彩臂金龟属 *Cheirotonus* Hope，1840

分布：本属目前世界已知 11 种（亚种），主要分布于整个古北区和东洋区。目前我国已知 7 种分布，武夷山分布 1 种。

阳彩臂金龟 *Cheirotonus jansoni*（**Jordan，1898**）（图版Ⅷ，10）

Propomacrus jansoni Jordan，1898：419.

Cheirotonus jansoni：Pouillaude，1913：474.

Propomacrus nankinensis S. T. Yu，1936：3. Synonymized by Young，1989：224.

Cheirotonus szetshuanus S. I. Medvedev，1960：14. Synonymized by Young，1989：224.

鉴别特征： 雄虫体长 55~68mm，雌虫体长 38~49mm。前胸背板光滑，具刻点，绿色且具金属光泽；鞘翅一般红棕色到黑色，鞘缝和鞘翅侧缘具橙色斑带，肩部具橙色斑点，偶尔鞘翅为单一黑色。

观察标本： 1♂，福建，武夷山，三港，黄岗山庄，灯诱，27°44.712′（N），117°40.942′（E），709m，2015-Ⅶ-8，李莎、路园园、杨海东，IOZ(E)2080204；1♀，福建，武夷山市，星村镇，桐木村，三港，灯诱，27°44′58.31″(N)，117°40′43.80″(E)，2016-Ⅶ-28，陈炎栋、路园园，IOZ(E)2080205。

分布： 我国福建、安徽、江苏、浙江、江西、湖南、广东、海南、广西、重庆、四川、贵州、云南；越南，老挝。

花金龟亚科 Cetoniinae Leach，1815

体型椭圆形或长形，体长 4~46mm。体色常为绿色、古铜色、铜绿色或黑色等，表面光滑或具绒毛或鳞毛。体表通常具有鲜艳的金属光泽或各式的刻纹及花斑。头部略扁平，唇基多为矩形或六边形，唇基前缘或横直或具有不同程度的中凹，侧缘有时具边框，部分种类雄虫唇基前缘及侧缘会特化为不同形状的角突。复眼通常发达，眼眦细长，斜向下方插入。触角 10 节，柄节通常膨大，鳃片部 3 节。前胸背板的形状通常呈梯形或椭圆形，侧缘弧形，后缘横直或具中凹或向后方具有不同程度的延伸甚至盖住部分小盾片。中胸后侧片膨大，于背面可见。小盾片近三角形，表面光滑或具刻点。鞘翅表面扁平，肩后具微弯凹，少数种类弯凹不明显或不弯凹，部分种类鞘翅上具有 1~3条纵肋。臀板近三角形，表面具皱纹或鳞毛。中胸腹突形状各异，或呈半圆形、三角形、舌形等。足较短粗，部分种类细长，前足胫节的宽度雌粗雄窄，外缘齿的数目一般雌多雄少，跗节（除跗花金龟属为 4 节外）5 节，爪共 1 对，左右对称、具不同程度的弯曲。

世界已知 12 族 509 属 3 600 余种，中国目前记录 10 族 70 属 400 余种。福建武夷山分布 6 族 19属 29 种。

分族检索表

1. 鞘翅肩后不向内弯凹或弯凹不明显，中胸后侧片于背面不可见，无中胸腹突 ·················· **2**
   鞘翅肩后缘明显向内弯凹，中胸后侧片膨大，于背面可见，中胸腹突向前突伸 ·················· **3**
2. 后足基节相对远离，前足胫节外缘具有 3~6 个小齿 ·················· 弯腿金龟族 **Valgini**
   后足基节相对接近，前足胫节外缘具有 1~3 个小齿 ·················· 斑金龟族 **Trichini**
3. 上颚锋利，下颚外颚叶刚毛刷退化，无中胸腹突 ·················· 颏花金龟族 **Cremastochelini**
   上颚薄片状，下颚外颚叶具浓密刚毛刷，中足基节被中胸腹突分开 ·················· **4**
4. 前胸背板后缘中部向后具不同程度的延伸，部分或全部盖住小盾片 ·················· 带花金龟族 **Taeioderini**
   前胸背板后缘中部不向后延伸，小盾片外露 ·················· **5**
5. 前胸背板后角略呈直角，不向基部收缩，仅露出小部分中胸后侧片，后缘横直，无中凹或中凹较浅，有些种类头部或唇基具角突 ·················· 巨花金龟族 **Goliathini**
   前胸背板后角强烈向基部收缩呈圆弧形，露出大部分中胸后侧片，后缘一般弯曲，中凹较深，头部和唇基均无角突 ·················· 花金龟族 **Cetoniini**

巨花金龟族 Goliathini Latreille，1829

体型中到大型，一些种类具雌雄二型现象。体表具光泽，一般颜色较为艳丽。唇基发达，呈矩形，有时具有不同形状的角突。前胸背板梯形或椭圆形，小盾片为三角形，较狭长。鞘翅肩后明显向内弯凹（除鹿花金龟亚族 Dicronocephalina 外），一般肩部最宽。臀板发达，短宽近三角形。中胸腹突发达，位于中足基节之间，形状在属间有差别。足细长，前足胫节外缘具 1~3 齿，跗节共 5 节，爪简单。

分属检索表

1. 前胸背板前缘或中部高高隆起 ··· 鳞花金龟属 *Cosmimorpha*
   前胸背板正常，近梯形 ··· 2
2. 中胸腹突细长，不向两侧扩展 ··· 纹花金龟属 *Diphyllomorpha*
   中胸腹突短宽，向两侧扩展 ··· 3
3. 中胸腹突两侧强烈扩展，似铲形 ··· 阔花金龟属 *Torynorrhina*
   中胸腹突两侧微微扩展，不呈铲状 ································· 伪阔花金龟属 *Pseudotorynorrhina*

鳞花金龟属 *Cosmiomorpha* Saunders，1852

主要特征：体型小到大型，体表多为暗褐色，栗红色或栗黑色，密被鳞毛。唇基近矩形，前缘向上折翘，两侧有较高的边框。前胸背板近梯形，两侧边缘弧形或波纹形。小盾片近三角形，末端尖锐。鞘翅狭长，肩部最宽，肩后缘向内弯凹明显。每对鞘翅中央具有 2 条纵肋。臀板三角形，末端浑圆。

分布：东洋区，中国记录 2 亚属 14 种（亚种），福建武夷山分布 2 种。

分种检索表

1. 体型较大，雄虫前足跗节延长且粗壮，第 1 跗节远长于第 2 跗节；体色棕色，前胸背板盘区中央具有 1 块黑色的大斑，两侧具有 1 对黑色的小圆斑 ······················ 沥斑鳞花金龟 *Cosmiomorpha*（*Cosmiomorpha*）*decliva*
   体型较小，前足跗节较纤细，不延长，第 1 跗节短于第 2 跗节；体色全黑色 ··························
   ························ 钝毛鳞花金龟光背亚种 *Cosmiomorpha*（*Microcosmiomorpha*）*setulosa cribellata*

沥斑鳞花金龟 *Cosmiomorpha*（*Cosmiomorpha*）*decliva* Janson，1890

Cosmiomorpha decliva Janson，1890：127.

Cosmiomorpha angulosa Fairmaire，1898：385. Synonymized by Mikšić，1977：364.

Cosmiomorpha baryi Bourgoin，1916a：109. Synonymized by Qiu *et al.*，2013：410.

Cosmiomorpha（*Cosmiomorpha*）*squamulosa* Schürhoff，1933：101. Synonymized by Mikšić，1977：366.

主要特征：体长 12.7~21.1mm，体宽 7.9~10.1mm。体色棕色。头部密被刻点，唇基长形、内陷，具有金属光泽。前缘向上折翘，两尖角强烈突出，侧缘具边框，且外阔。头顶中部有 1 个隆起的纵脊。眼眦短粗，密被刻点。触角棕色，柄节膨大，各节上被有浅棕色绒毛。前胸背板近梯形，前缘强烈向下倾斜，密被均匀刻点。前胸背板前角不突出，较圆钝，侧缘具边框，后角近直角，后缘横直，无中凹。盘区中央具有 1 块黑色的大斑，约占面积的 1/2，两侧具有 1 对黑色的小圆斑。小盾片黑色，末端尖锐，散布刻点。鞘翅狭长，肩后明显弯凹，端部渐狭，后缘弧形，缝角不突出。鞘翅表面密被粗刻点和浅棕色短鳞毛，每对鞘翅上各有 3 条纵肋。臀板三角形，密被倒伏的浅棕色鳞毛。腹面（除后胸腹板和腹部中央外）均被浓密的浅棕色鳞毛。中胸腹突强烈向前突伸，光滑，中部具缢缩，前缘尖。足细长，前足胫节外缘具 3 齿，雄虫不明显，齿较钝，雌虫锋利，中、后足胫节外侧各具 1 个隆突。跗节细长，第 5 跗节的长度是第 4 跗节的 2 倍，爪大而弯曲。

观察标本：无，该种根据 Qiu *et al.*，2013 检视记录添加。

分布：我国福建、河北、山西、河南、陕西、甘肃、上海、浙江、湖北、江西、湖南、广东、广西、重庆、四川、云南。

钝毛鳞花金龟光背亚种 *Cosmiomorpha*（*Microcosmiomorpha*）*setulosa cribellata* **Fairmaire**，**1893**

Cosmiomorpha cribellata Fairmaire，1893：314.

主要特征：体长 12.3～16.9mm，6.7～9.5mm。体色栗红色到黑色，具光泽。体表密被短鳞毛。头部表面密被粗刻点，唇基近矩形，前缘强烈向上折翘，具微中凹，侧缘有较高的边框，且向下斜阔。额区密被刻点，中央刻点融合，弱隆起。眼眦粗短，基缘具粗深刻点，被短鳞毛。触角鳃片部较长。前胸背板近梯形，刻点间相接隆起，形成网纹状，两侧尤甚。前胸背板前角不凸出，侧缘具窄边框，后半部边框更宽，后角圆钝，后缘中部向内微凹陷。小盾片近三角形，末端尖锐，表面具粗深刻点。鞘翅狭长，肩部最宽，肩后缘向内弯凹明显，缝角处微突出，缝角外侧有一小的微凹区域。鞘翅肩部刻点点状，基部刻点马蹄形，端部和侧缘密布横纹，密被短鳞毛。每对鞘翅中央具有 2 条不明显的纵肋。臀板三角形，末端浑圆，密被皱纹被较长鳞毛。腹面除后胸腹板中央光滑外，胸部腹板被长毛，各腹板及腹节侧缘被有皱纹和短鳞毛。中胸腹突宽圆。前足胫节具 3 齿，雄虫第 1、第 2 齿距离很近且较锋利，第 3 齿远离，很小不明显，雌虫第 3 齿明显锋利。中、后足胫节外侧各具 1 个隆突。跗节短粗，爪微弯曲。

观察标本：1♀，福建，崇安，桐木关，关坪，800～1 000m，1960-Ⅶ-21，姜胜巧；1♂，福建，崇安，星村，龙渡，580～650m，1960-Ⅶ-12，马成林。

分布：我国福建（武夷山）、广东、广西、海南、四川、贵州、云南。

纹花金龟属 *Diphyllomorpha* **Hope**，**1843**

主要特征：体型中等，体表略具光泽。唇基近矩形，前缘略宽并向上折翘，两侧具边框。前胸背板近梯形，侧缘较直，后缘具浅中凹。小盾片宽大，三角形，末端尖锐。鞘翅狭长，基部宽，肩后明显弯凹。臀板短宽，具皱纹和黄绒毛。中胸腹突细长，向前突伸。足细长，前足胫节外缘具 1～2 齿，雌多雄少，跗节 5 节，爪弯曲。

分布：东洋区。中国记录 5 种（亚种），福建武夷山分布 1 种。

榄纹花金龟指名亚种 *Diphyllomorpha olivacea olivacea*（**Janson**，**1883**）

Rhomborrhina olivacea Janson，1883：63.

Rhomborrhina nigro olivacea Medvedev，1964：309.

Anomalocera olivacea olivacea Mikšić，1977：271.

主要特征：体长 22～28mm。体褐色或红褐色，具绿色至黑色金属光泽，鞘翅有时红褐色，无绿色金属光泽。体表光滑无毛，至多唇基和鞘缝具不明显竖黄色刚毛。头部表面密被刻点，唇基横方形，前缘略宽，向上折翘，侧缘具边框。额区密被刻点，中央微弱隆起。眼眦较窄长，表面具刻点。前胸背板近梯形，中央刻点疏细，越接近两侧刻点越密集。前胸背板前角不凸出，侧缘前具 2/3 窄边框，后角圆钝，后缘中部向内凹陷。小盾片宽大，三角形，末端尖，光滑具细微刻点。鞘翅狭长，基部宽，肩后明显弯凹，缝角尖锐突出。臀板短宽，表面具皱纹和黄色绒毛。中胸腹突细长。后胸腹板中央及腹部各节光滑，后胸腹板侧面及腹节侧缘布粗刻点和黄色绒毛。足发达，雄虫前足胫节外缘具 1 齿，雌虫具 2 齿。爪弯曲。

观察标本：1♀，福建，崇安，星村，七里桥，840m，1960-Ⅵ-25，左永；1♀，福建，武夷山，挂敦，1 200m，1997-Ⅶ-29，章有为。

分布：我国福建、浙江、安徽、江西、湖南、四川。

伪阔花金龟属 *Pseudotorynorrhina* Mikšić，1967

主要特征：体型中等，较阔花金龟属小。唇基宽大近矩形，前缘向上折翘，侧缘向下扩展。前胸背板近梯形，侧缘弧形具边框，后缘横直具浅中凹。小盾片宽大呈三角形，表面光滑。鞘翅宽大，肩后微微向内弯凹。臀板短宽，末端弧形。中胸腹突向前突伸，末端圆钝。足粗壮，前足胫节外缘1~2齿，跗节细长，爪略弯曲。

分布：目前世界已知3种，主要分布在东洋区，中国均有分布，福建武夷山分布2种。

分种检索表

1. 鞘翅全部密被横向皱纹 ················· 横纹伪阔花金龟 *Pseudotorynorrhina fortunei*
   鞘翅仅端部被横向皱纹 ················· 日铜伪阔花金龟 *Pseudotorynorrhina japonica*

横纹伪阔花金龟 *Pseudotorynorrhina fortunei*（Saunders，1852）（图版Ⅷ，11）

Rhomborhina fortunei Saunders，1852：30.

Rhomborhina fortuneti Schoch，1895：24.（spelling error）

Rhomborhina（*Pseudotorynorrhina*）*fortunei* Mikšić，1967：310.

Pseudotorynorrhina fortunei：Mikšić，1977：259.

主要特征：体长20.1~26.6mm，体宽10.2~13.7mm。体色绿色或铜红色，体表极具金属光泽。头部匀布细刻点，点间大于点径，此外密布微刻点。唇基宽长近矩形，前缘横直，向上折翘，前角圆钝，侧缘边框隆起，向下扩展。额头顶部中央微圆隆。眼眦粗短，具刻点。触角浅棕色，鳃片部长于其他各节之和。前胸背板近梯形，前角不凸出，侧缘弧形，侧缘具边框，近后角处边框消失，后缘横直具浅中凹。前胸背板盘区密布细刻点，点间大于点径，侧缘为细横刻纹，近基部刻点粗，此外密布微刻点。小盾片宽大呈三角形，表面散布粗刻点，此外密布微刻点。鞘翅宽大，肩后微微向内弯凹，端部渐狭，缝角几不凸出，鞘缝近端部隆起。表面密布细横刻纹，散布刻点。臀板短宽，末端弧形，表面密布细横刻纹，散布刻点。中胸腹突向前突伸，末端圆钝。后胸腹板具中纵沟，凹陷。胸部腹板具横刻纹，腹部腹节布细刻点，除各腹节侧缘被毛外，腹部其他区域不被毛。足发达，雄虫前足胫节外缘具1齿，雌虫具2齿。爪微微弯曲。

观察标本：1♀，福建，武夷山，三港，1981-Ⅶ-31，采集人不详。

分布：我国福建、浙江、湖南、广西、海南、四川、贵州。

日铜伪阔花金龟 *Pseudotorynorrhina japonica*（Hope，1841）

Rhomborhina japonica Hope，1841：64.

Rhomborhina clypeata Burmeister，1842：199，780. Synonymized by Lewis，1887：198.

Rhomborhina nigra Saunders，1852：29. Synonymized by Mikšić，1967：311.

Rhomborhina glauca Thomson，1878：9. Synonymized by Lewis，1887：198.

Rhomborhina squamuligera Thomson，1878：9. Synonymized by Lewis，1887：198.

Rhomborhina cupripes Nonfried，1889：533. Synonymized with *Rhomborrhina nigra* Saunders by Schenkling，1921：64.

Rhomborhina nickerlii Nonfried，1889：533. Synonymized with *Rhomborrhina nigra* Saunders by

Schenkling，1921：64.

Rhomborhina ignita Nonfried，1890：90. Synonymized with *Rhomborrhina nigra* Saunders by Schenkling，1921：63.

Rhomborhina reitteri Nonfried，1890：90. Synonymized with *Rhomborrhina nigra* Saunders by Schenkling，1921：64.

Rhomborhina japonica coreana Ruter，1965：69.

Rhomborhina japonica kuytchuensis Ruter，1965：196.

Rhomborhina japonica occidentalis Ruter，1965：196.

Pseudotorynorrhina japonica Mikšić，1967：309.

主要特征：体长 20.4~28.0mm，体宽 11.2~14.6mm。体色绿色、铜红色至红棕色，体表极具金属光泽。头部刻点较粗密，部分形成皱褶，此外密布微刻点。唇基宽长近矩形，前缘横直，向上折翘，前角圆钝，侧缘边框隆起，向下扩展。额头顶部中央微圆隆，头顶部刻点稀疏。眼眦粗短，具刻点。触角浅棕色，鳃片部略长于其他各节之和。前胸背板近梯形，前角不凸出，侧缘弧形，侧缘具边框，近后角处边框消失，后缘横直具浅中凹。前胸背板盘区稀布细刻点，侧缘刻点粗，此外密布微刻点。小盾片宽大呈三角形，表面光滑，几无刻点。鞘翅宽大，肩后微微向内弯凹，缝角凸出弱，鞘缝近端部隆起。表面基半部布细刻点，端半部布细横刻纹。臀板短宽，末端弧形，表面密布细横刻纹，散布刻点。中胸腹突向前突伸，末端圆钝。后胸腹板具中纵沟，凹陷。胸部腹板中央光滑，侧区具细刻点，腹部腹节布细刻点，各腹节侧缘为细横刻纹。足不甚发达，雄虫前足胫节外缘具 1 齿，雌虫具 2 齿。爪微弯曲。

观察标本：1♀，福建，崇安，星村，龙渡，660~950m，1960-Ⅶ-23，蒲富基。

分布：我国福建、江苏、浙江、江西、湖北、四川。

阔花金龟属 *Torynorrhina* Arrow，1907

主要特征：体型中到大型，具有金属光泽。头部较小，唇基近矩形，前缘向上折翘，两侧具边框。前胸背板近梯形，两侧弧形，后缘横直，具中凹。小盾片长三角形，末端尖锐。鞘翅宽大，肩后微微向内弯凹。臀板短宽，末端圆弧形。中足基节远离，中胸腹突呈铲状强烈向前延伸。足长大，前足胫节外缘 1~2 齿，中、后足胫节内侧具长绒毛，跗节 5 节，爪弯曲。

分布：东洋区为主。中国记录 7 种，福建武夷山分布 1 种。

黄花阔花金龟 *Torynorrhina fulvopilosa*（Moser，1911）

Rhomborhina（*Torynorrhina*）*fulvopilosa* Moser，1911：120.

Torynorrhina fulvopilosa：Mikšić，1977：246.

主要特征：体长 23.3~29.8mm，体宽 11.5~13.5mm。体色棕色或棕褐色，体表具光泽。头部表面密被刻点，唇基长形，前缘横直，尖角圆钝，侧缘具边框，且向下斜阔；触角 10 节，柄节膨大，鳃片部长大约等于其余各节之和；复眼圆隆，突出，眼眦短粗。前胸背板近梯形，基部最宽。侧缘具窄边框，后缘横直，中部具浅上凹，其上密被均匀的浅刻点。小盾片深绿色，宽大，呈三角形，末端尖锐，零星散布小刻点。鞘翅肩部最宽，肩后明显向内弯凹，后外缘圆弧形，缝角不凸出；鞘翅无刻点，表面密布极细的黄色小绒毛。臀板棕黑色、微微圆隆，其上密被皱纹和黄色长绒毛。中胸腹突光滑，强烈突出，呈铲状；后胸腹板（除中央光滑外）密被刻点；腹部黑绿色且光滑，仅侧缘具刻点及黄色长绒毛。足细长、粗糙具刻点，雄虫前足胫节细长，外缘具 1 齿，雌虫宽大，外缘具 2 齿，中、后足胫节内侧具 1 排黄色长绒毛，外侧具 1 不明显的中隆突，跗节粗壮，爪大且弯曲。

观察标本：2♀♀，福建，将乐，龙栖山，1990-IX-7，宋士美；2♀♀，福建，三港，1979-X。

分布：我国福建、浙江、安徽、江西、湖南、广西、四川、贵州、陕西。

花金龟族 Cetoniini Leach，1815

体长8~26mm。体色多样，多为绿色、蓝色、铜红色或黑色。唇基短宽，前缘中央具不同程度的中凹，侧缘或具边框，或向外具不同程度的斜阔。额区微隆，表面光滑或具刻点及绒毛。眼眦细长，表面光滑或具刻点及绒毛。触角鳃片部正常。前胸背板近梯形或六边形，前角不凸出，侧缘通常具边框，后角圆钝，后缘中部具不同程度地向内延伸。前胸背板表面光滑或被有刻点，表面通常具不同形状及颜色的斑纹。小盾片宽大，呈三角形，末端圆钝，其上光滑或具有刻点。鞘翅宽大，肩后向内弯凹，缝角微微凸出。鞘翅表面光滑，或具刻点及斑纹。臀板三角形，端部微凸出，表面具刻点及各式斑纹。腹面中央光滑，两侧通常密布刻点及绒毛，有时具绒斑。前足胫节具3个锋利的齿。中、后足胫节外侧各具1~2个中隆突，跗节粗壮，爪大而弯曲。

分属检索表

1. 体型瘦小，长度约在10mm左右；唇基狭长 ················· 青花金龟属 Gametis
   体型宽大，长度约在15mm左右；唇基短宽 ················· 星花金龟属 Protaetia

青花金龟属 Gametis Burmeister，1842

主要特征：体长11~17mm，体色多为绿色、褐色或黑色，密被刻点。唇基狭长，前缘微微向上弯折，中凹明显。前胸背板近梯形，两侧边缘弧形，后缘中部向内凹陷。小盾片宽大，近三角形，末端圆钝。鞘翅狭长，肩部最宽，肩后缘向内弯凹明显。鞘翅密被刻点行，散布不规律的白绒斑。臀板扁平，呈三角形，中胸腹突较短，向前突伸，末端圆钝，前足胫节外缘具3齿，跗节细长。

分布：古北区和东洋区，中国已知7种（亚种），福建武夷山分布2种。

分种检索表

1. 体型较狭小，几乎全体遍布淡黄色长绒毛，散布众多较小不规则形白绒斑，体色通常有墨绿、黑色、古铜色，有些背面为红色 ············· 小青花金龟 Gametis jucunda
   体型相对宽大，体背无毛，小绒斑亦较少，前胸背板通常褐色，有2个三角形黑色或墨绿色大斑，有些则无大斑，一色；每个鞘翅中央有1个褐黄色大斑，大斑的后外侧具1锲形似金丝绒状绒斑 ·····················
   ················· 斑青花金龟 Gametis bealiae

斑青花金龟 Gametis bealiae（Gory et Percheron，1833）

Cetonia bealiae Gory et Percheron，1833：282.

主要特征：体长11~14mm，体宽6.5~9.5mm。体色黑色或暗绿色，前胸背板和鞘翅上各有2个大斑，有时前胸背板上无斑；体上除大斑外还有众多小绒斑，但有的绒斑较少。头部黑色，唇基狭长，表面密被刻点和皱纹。前缘渐窄具中凹，且微上弯。额区扁平，密被刻点。眼眦短粗。触角棕黑色，鳃片部膨大，约等于2~7节之和。前胸背板近梯形，盘区刻点较稀，两侧密布粗大刻点、皱纹及浅黄色短绒毛，中间2个斑为黑色或暗绿色（前胸背板是褐黄色，大斑近于三角形）。前胸背板前角不突出，较圆钝，侧缘具窄边框，后角圆钝，后缘圆弧形，中部具浅凹。小盾片宽大，末端圆钝，光滑无刻点及绒毛。鞘翅较宽，肩后明显弯凹，缝角不突出。鞘翅上有明显刻点行，无毛或几无绒毛。鞘翅表面的褐黄色大斑几乎占据每个翅总面积的1/3，大斑的后外侧有1横向、近于三角形的绒斑，有的具不规则小绒斑。臀板短宽，密布横向皱纹和浅黄色短绒毛，中间横排4个浅黄色绒斑。腹面（除后胸腹板中央及腹部中央外）均被有黄色长绒毛。前足胫节外缘具3齿，雌虫第3齿较钝，雌虫第3齿较锋利。各足腿节和胫节内缘均具有1排黄色密绒毛，中、后足胫节外侧各具1个隆突。跗节细长，爪微微弯曲。

观察标本：1♂，福建，武夷山，星村，桐木关，900m，1960-Ⅶ-10，左永，IOZ（E）900250；1♀，福建，崇安，星村，三港，740m，1960-Ⅶ-18，蒲富基，IOZ（E）900262。

分布：我国福建、河北、浙江、广东。

小青花金龟 *Gametis jucunda*（**Faldermann，1835**）

Cetonia jucunda Faldermann，1835：386.

Cetonia prasina Hope，1831：25.

Cetonia jucunda var. *sanguinalis* Hope，1831：25.

Cetonia obscura Gory *et* Percheron，1833：285.

Cetonia obscurina Gory *et* Percheron，1833：396.

Cetonia viridiobscura Gory *et* Percheron，1833：406.

Cetonia goryi Guérin-Méneville，1840：81.

Gametis argyrosticta Burmeister，1842：360.

Glycyphana kuperi Schaum，1848：69.

Glycyphana variolosa Motschulsky，1860：135.

Glycyphana albosetosa Motschulsky，1861：9.

Euphoria californica LeConte，1863：80.

Gametis jucunda var. *dolens* Kraatz，1879：236.

Glycyphana lateriguttata Fairmaire，1887：69.

Gametis nigra Kraatz，1893：74.

Gametis rubra Kraatz，1893：74.

Glycyphana jucunda var. *subfasciata* Reitter，1896：70.

Gametis jucunda var. *ferruginosa* Reitter，1899：53.

Gametis jucunda var. *vitticollis* Reitter，1899：54.

主要特征：体长12.6~13.9mm，体宽6.2~6.5mm。体色绿色、棕色、铜褐色或黑色。头部黑色，唇基狭长，表面密被刻点和皱纹。前缘渐窄具深中凹，且微微向上弯，侧缘微微外阔。额区扁平，密被刻点。眼眦短粗。触角棕黑色，鳃片部膨大，约等于2~7节之和。前胸背板呈绿色，靠近侧缘呈黑色。形状近梯形，密被刻点和浅黄色绒毛。前胸背板前角不突出，较圆钝，侧缘具窄边框，后角圆钝，后缘圆弧形，中部具浅凹。盘区靠近侧缘各有1对白色小绒斑。小盾片宽大，末端圆钝，光滑无刻点及绒毛。鞘翅狭长，肩后明显弯凹，缝角不突出。鞘翅上密被刻点行，靠近端部及侧缘具有不规则的白色小绒斑。臀板扁平，呈三角形，其上具不规则绒斑，且密被黄色长绒毛。腹面（除后胸腹板中央及腹部中央外）均被有黄色长绒毛。前足胫节外缘具3齿。各足腿节和胫节内缘均具有1排黄色密绒毛，中、后足胫节外侧各具1个隆突。跗节细长，爪微微弯曲。

观察标本：1♂，福建，崇安，星村，三港，740~910m，1960-V-25，张毅然，IOZ（E）788040。

分布：我国福建、黑龙江、吉林、辽宁、内蒙古、北京、天津、河北、山西、山东、河南、陕西、宁夏、甘肃、青海、新疆、江苏、上海、浙江、安徽、湖北、江西、湖南、台湾、广东、海南、香港、澳门、广西、重庆、四川、贵州、云南、西藏。

星花金龟属 *Protaetia* Burmeister，1842

主要特征：体长 15~25mm。体色绿色、蓝色、铜红色、暗褐色，体表或具金属光泽。唇基较短，密被刻点，前缘具不同程度的中凹。前胸背板近梯形，前角不凸出，侧缘具窄边框，后角圆钝，后缘中部向内具不同程度的凹陷。盘区通常具刻点及小白绒斑。小盾片宽大，末端圆钝，光滑无刻点。鞘翅宽大，肩后明显向内弯凹，缝角不同程度的凸出。其上散布不规则的白色绒斑。臀板长三角形，雄虫端部明显隆起，雌虫扁平。腹面除中央光滑外，侧缘具刻点及皱纹，有时具绒斑。前足胫节具 1~3 齿，中、后足胫节外侧各具 1~2 个隆突。跗节短粗，爪微弯曲。

分布：古北区和东洋区，中国已知 17 亚属 60 种（亚种），福建武夷山分布 2 种。

分种检索表

1. 体表具金属光泽，中、后足胫节外缘具 2 个中隆突 ···
··· 东方星花金龟指名亚种 *Protaetia*（*Calopotosia*）*orientalis orientalis*

   体表无金属光泽，中、后足胫节外缘具 1 个中隆突 ·············· 纺星花金龟 *Protaetia*（*Heteroprotaetia*）*fusca*

东方星花金龟指名亚种 *Protaetia*（*Calopotosia*）*orientalis orientalis*（Gory *et* Percheron，1833）

Cetonia orientalis Gory *et* Percheron，1833.

Cetonia aerata Erichson，1834：240.

Cetonia aerata var. *submarmora* Burmeister，1842：460.

Cetonia confuciusana Thomson，1878：28.

Cetonia aerata var. *ignea* Kraatz，1889：380.

Protaetia orientalis：Arrow，1910：143.

Protaetia（*Calopotosia*）*orientalis*：Mikšić，1978：541.

主要特征：体长 21.7~28.5mm，体宽 14.5~15.2mm。体色绿色、铜红色、暗褐色，体表极具金属光泽。唇基较短，密被圆形刻点，前缘强烈向上折翘，具不同程度的中凹，侧缘向下微斜扩。额区密被刻点，中央微弱隆起。眼眦短粗，较光滑，无刻点。触角鳃片部较长。前胸背板近梯形，中央光滑，越接近两侧刻点越密集。前胸背板前角不凸出，侧缘具窄边框，后角圆钝，后缘中部向内凹陷。盘区中央有 4 个小白绒斑，纵向排列整齐，其前方和后方也各有一对小白绒斑。小盾片宽大，末端圆钝，光滑无刻点。鞘翅宽大，肩后明显向内弯凹，缝角微凸出。其上密被白色绒斑，集中在鞘翅中后部，及鞘翅的外缘处，绒斑的分布种间微有所不同。臀板长三角形，雄虫端部明显隆起，雌虫扁平。密被皱纹且靠近侧缘有对称的白绒斑。腹面除中央光滑外，各腹板及腹节侧缘被有皱纹和大片的白绒斑。前足胫节具 3 齿，雄虫第 1、第 2 齿距离很近且较锋利，第 3 齿远离，很小不明显，雌虫第 3 齿明显锋利。中、后足胫节外侧各具 2 个隆突。跗节短粗，爪微弯曲。

观察标本：1♂，福建，崇安，城关，240m，1960-IX-20，张毅然，IOZ（E）784815；1♂，福建，邵武，城关，150~260m，1960-Ⅷ-16，张毅然，IOZ（E）784815/900；1♂，Kien Tchen，1939-Ⅷ-10，IOZ（E）784922；1♂，福建，武夷山，三港，740m，1982-IX-16，赵学岗，IOZ（E）785109；2♀♀，福建，崇安，桐木关，1979-Ⅷ-4，黄复生，IOZ（E）784874、785045。

分布：我国福建、北京、河北、山东、陕西、江苏、上海、安徽、浙江、湖北、江西、湖南、台湾、广东、海南、香港、广西、重庆、四川、贵州、云南；朝鲜，日本，尼泊尔。

纺星花金龟 *Protaetia*（*Heteroprotaetia*）*fusca*（Herbst，1790）

Cetonia fusca Herbst，1790：257.

Cetonia mandarina Lichtenstein，1796：14.

Cetonia atomaria Fabricius，1801：153.

Cetonia fictilis Newman，1838：169.

Protaetia fusca：Arrow，1910：154.

Protaetia taiwana Niijima *et* Matsummura，1923：176.

Protaetia bourgoini Paulian，1960：76.

Protaetia（*Heteroprotaetia*）*fusca*：Mikšić，1963：355.

主要特征：体长 14.1~15.2mm，体宽 7.8~8.1mm。体色棕红色，体表无金属光泽。唇基较短，密被刻点，前缘向上微卷翘，具浅中凹，侧缘向下斜扩。额区密被粗糙刻点及棕黄色绒毛。眼眦短粗，表面具刻点及黄色短绒毛。前胸背板近梯形，前角不突出，侧缘具边框，后角圆钝，后缘中部向内凹陷。前胸背板表面具粗糙的圆形大刻点及土黄色小绒斑。小盾片长三角形，末端圆钝，光滑无刻点。鞘翅宽大，肩后明显向内弯凹，中央具有 1 条纵肋，缝角锋利，强烈向后突出。鞘翅表面具刻点行及黄色短绒毛，侧缘及后缘云纹状白色绒斑。臀板三角形，密被刻点及棕黄色绒斑。腹面除后胸腹板中央及腹部中央光滑外，密被刻点及棕黄色绒斑。前足胫节具 3 齿，第 1、第 2 齿距离很近且较锋利，第 3 齿较小。中、后足胫节外侧各具 1 个隆突。跗节短粗，爪微弯曲。

观察标本：1 ♂ 1 ♀，福建，崇安，星村，210m，1960-Ⅵ-7，张毅然，IOZ（E）785643-785644。

分布：我国福建、江西、台湾、广东、海南、香港、广西、贵州、云南；越南、老挝、菲律宾、马来西亚、新加坡、印度尼西亚、澳大利亚、毛里求斯。

带花金龟族 Taenioderini Mikšić，1976

体长 14~40mm。体色黑色或棕红色。唇基短宽，前缘中央具不同程度的中凹，侧缘或具边框，或向外具不同程度的斜阔。额区微隆，表面光滑或具刻点及绒毛。眼眦细长，表面光滑或具刻点及绒毛。触角鳃片部长大。前胸背板近梯形或六边形，前角或凸出，侧缘或具边框，侧缘后部或内凹，后角圆钝，后缘中部向后延伸，盖住部分小盾片。前胸背板表面光滑或被有刻点，有时表面具不同形状及颜色的斑纹。小盾片小，三角形，末端圆钝，其上光滑或具有刻点或斑纹。鞘翅狭长，肩后向内弯凹，缝角不凸出。鞘翅表面光滑，或具刻点及斑纹。臀板三角形，端部微凸出，表面具环形皱纹。腹面光滑，近腹节表面具稀疏刻点，无绒毛。前足胫节具 3 个锋利的齿。中、后足胫节外侧各具 1 个中隆突，跗节粗壮，爪大而弯曲。

分属检索表

1. 拟态雄蜂，全身密被长绒毛 ┈┈┈┈┈┈┈┈┈┈┈┈┈┈┈┈┈┈ 拟蜂花金龟属 *Bombodes*
   不具拟态，虫体仅部分部位被有绒毛 ┈┈┈┈┈┈┈┈┈┈┈┈┈┈┈┈┈┈┈┈┈ 2

2. 体纺锤形，前胸背板及鞘翅中央具 1 深凹陷┈┈┈┈┈┈┈┈┈┈┈ 瘦花金龟属 *Coilodera*
   体长形，前胸背板及鞘翅无凹陷 ┈┈┈┈┈┈┈┈┈┈┈┈┈┈┈┈┈┈┈┈┈┈ 3

3. 后足胫节内侧及端部具有绒毛形成的特殊结构 ┈┈┈┈┈┈┈┈┈┈ 带花金龟属 *Taeniodera*
   后足胫节内侧及端部无上述特殊结构 ┈┈┈┈┈┈┈┈┈┈┈┈┈┈┈┈┈┈┈ 4

4. 唇基近六边形，前胸背板表面密被绒毛 ┈┈┈┈┈┈┈┈┈ 毛绒花金龟属 *Macronotops*
   唇基近矩形，前胸背板表面仅具稀疏的绒毛，通常具有不同形状的绒斑条带 ┈┈┈┈┈ 丽花金龟属 *Euselates*

拟蜂花金龟属 *Bombodes* Westwood，1848

主要特征：体狭长，体长 11~20mm。体色棕色或黑色，体表密被黑色或黄色长绒毛。唇基短宽，近六边形，密被刻点及绒毛，前缘中央具不同程度的中凹，侧缘微向下斜扩。额区密被粗糙刻点及绒毛。眼眦表面具刻点及绒毛。触角鳃片部长大。前胸背板近六边形，前角不突出，侧缘中部最宽，后角圆钝，后缘中部向后延伸。前胸背板表面密被粗糙刻点及绒毛。小盾片三角形，末端尖锐，表面密被刻点及绒毛。鞘翅肩后明显向内弯凹，中央具有 1 条纵肋，缝角不突出。腹面被有稀疏的刻点及绒毛。前足胫节具 3 个齿。中、后足腿节及胫节被有浓密的长绒毛，跗节细长，末跗节长于其他各节。爪大而弯曲。

分布：东洋区。中国已知 10 种，福建武夷山分布 1 种。

克氏拟蜂花金龟 *Bombodes klapperichi* Schein，1953

Bombodes klapperichi Schein，1953：118.

主要特征：体长 19.1~19.9mm，体宽 9.2~9.5mm。体色黑色，体表密被黑色及黄棕色长绒毛。唇基短宽，近六边形，密被刻点，绒毛稀疏，前缘加厚，中央具浅中凹，侧缘微向下斜扩。额区密被粗糙刻点及黑绒毛。眼眦细长，表面具刻点及黑绒毛。触角鳃片部长大。前胸背板近六边形，前角不突出，侧缘中部最宽，后角圆钝，后缘中部微向后延伸。前胸背板表面密被粗糙刻点及黑色长绒毛。小盾片狭长，末端尖锐，表面密被刻点及黄棕色长绒毛。鞘翅宽大，肩后明显向内弯凹，中央具有 1 条纵肋，两侧或各具一个小黄斑，缝角不突出。鞘翅前缘具直立的黑色长绒毛，肩突明显，中部具黄棕色绒毛，端部具黑色绒毛簇。腹面仅中央具稀疏的刻点，中、后胸及各腹节侧缘均被有浓密的黄棕色长绒毛，第 5 可见腹节密被黄棕色长绒毛。足为棕色，均被有浓密的黄棕色长绒毛。前足胫节具 3 个齿，前 2 齿较锋利，第 3 齿较钝。中足胫节外侧近端部具 2 个隆突，后足被有厚重的长绒毛，跗节细长，末跗节长于其他各节。爪大而弯曲。

观察标本：1 ♂，Chine，1946-Ⅷ-18，Kuatun，Fukien leg. Tschung-Ser. /*Bombodes klapperichi* H. Schein G. Ruter det. 1977（MNHN）.

分布：我国福建、江西、湖南。

瘦花金龟属 *Coilodera* Hope，1831

主要特征：体长 23~26mm。体色黑色，体表具黄色绒斑及绒毛。唇基狭长，密被刻点及绒毛，前缘中央具不同程度的中凹，侧缘微向下斜扩，中央微隆突。额区中央隆起，两侧密被黄色绒斑及绒毛。眼眦短粗，表面具刻点。触角鳃片部长大，略长于第 2~7 节之和。前胸背板近梯形，基部最宽。前角圆钝、不突出，侧缘后半部分向内凹。后角圆钝，后缘中部向后延伸。前胸背板密被黄色绒斑及绒毛。前胸背板中部凹陷，两侧具 1 对斜向的纵肋，纵肋微突出，宽度略有不同，表面光滑。小盾片狭长，末端尖锐，表面黑色或具黄色绒斑。鞘翅狭长，肩后明显向内弯凹，中央隆起，两侧凹陷。鞘翅中部具 2 对绒斑，绒斑上各具 4 条黑色纵带，后缘具 1 对橘黄色横斑，有时后 2 对绒斑聚合成 1 块大绒斑。鞘翅侧缘中、后部各具 1 对小绒斑。臀板扁平、近三角形，表面密被黄色绒斑及浓密的黄色绒毛层。腹面光滑，仅中胸后侧片、后胸前侧片、后足基节及各腹节侧缘表面被有黄色绒斑及长绒毛。第 5 可见腹节端部被有黄色长绒毛。前足胫节外缘具 3 个齿，前两齿较接近，第 3 齿略小并远离。各足腿节及胫节内缘均被有橘黄色长绒毛，中、后足胫节外侧各具 1 个中隆突。跗节细长，末跗节长于其他各节。爪中等、微弯曲。

分布：东洋区。中国目前记录 6 种，福建武夷山分布 1 种。

黑盾脊瘦花金龟 *Coilodera nigroscutellaris* Moser，1902

Coilodera nigroscutellaris Moser，1902：527.

主要特征：体长25.1~26.3mm，体宽11.4~12.1mm。体色黑色，体表具橘黄色绒斑及绒毛。唇基狭长，密被刻点及橘黄色绒毛，前缘中央具中凹，侧缘微向下斜扩，中央微隆突。额区中央隆起，两侧密被橘黄色绒斑及绒毛。眼眦短粗，表面具刻点。触角鳃片部长大，略长于第2~7节之和。前胸背板近梯形，基部最宽。前角圆钝、不突出，侧缘后半部分向内凹。后角圆钝，后缘中部向后延伸。前胸背板密被橘黄色绒斑及绒毛。前胸背板中部凹陷，两侧具1对斜向的纵肋，纵肋微突出，表面光滑。小盾片狭长，末端尖锐，表面黑色，具刻纹。鞘翅狭长，肩后明显向内弯凹，中央隆起，两侧凹陷。鞘翅中部具2对椭圆形的橘黄色绒斑，绒斑上各具4条黑色纵带，后缘具1对橘黄色横斑。鞘翅侧缘中、后部各具1对橘黄色小绒斑。臀板扁平、近三角形，表面密被橘黄色的绒斑及浓密的橘黄色绒毛层。腹面光滑，仅中胸后侧片、后胸前侧片、后足基节及各腹节侧缘表面被有橘黄色绒斑及长绒毛。第5可见腹节端部被有橘黄色长绒毛。前足胫节外缘具3个齿，前两齿较接近，第3齿略小并远离。各足腿节及胫节内缘均被有橘黄色长绒毛，中、后足胫节外侧各具1个中隆突。跗节细长，末跗节长于其他各节。爪中等、微弯曲。

与脊瘦花金龟 *Coilodera penicillata* Hope，1831 形态近似，区别在于脊瘦花金龟的小盾片表面具黄色绒斑，而黑盾脊瘦花金龟的小盾片为黑色。

观察标本：1♀，福建，建阳，黄坑，大竹岚，900m，1960-Ⅷ-9，左永，IOZ（E）780707；1♀，福建，大竹岚，1980-Ⅵ-9，吴志远，IOZ（E）780708；1♂，福建，武夷山，吊桥，540m，1997-Ⅷ-11，章有为。

分布：我国福建、浙江、广东、海南、广西、重庆、贵州；越南。

丽花金龟属 *Euselates* Thomson，1880

主要特征：体长15~25mm。体色通常为黑色，鞘翅通常为橘黄色。唇基狭长，表面被有粗糙的刻点及绒毛，前缘中央具不同程度的中凹，侧缘向下斜扩。额区中央微隆起，密被刻点及绒毛。唇基及额区侧缘有时具不同长度的黄色绒斑带。眼眦细长，表面具刻点及绒毛。触角鳃片部长大。前胸背板近椭圆形或梯形，前角不凸出，后角圆钝，后缘中部向后有不同程度的延伸。前胸背板密被粗糙的刻点及绒毛。前胸背板表面通常具有不同形状的绒斑条带。小盾片近三角形，末端尖锐，表面有时具黄色绒斑。鞘翅狭长，肩后明显向内弯凹，中央具有1~2条纵肋，缝角不凸出。鞘翅为黑色与棕红色交杂，表面具橘黄色小绒斑。臀板三角形，表面密被皱纹和细绒毛。腹面中央具稀疏的刻点及细绒毛，侧缘或具不规则的橘黄色绒斑，第5可见腹节端部密被棕黄色长绒毛。足为黑或棕色，前足胫节具1或3个小齿。中、后足胫节外侧各具1个中隆突或无。跗节较短，末跗节长于其他各节。爪小而弯曲。

分布：古北区和东洋区。中国记录2亚属14种（亚种），福建，武夷山分布4种。

分种检索表

1. 各足胫节上外缘绒毛较短，阳基侧突不对称 ·· **2**
   各足胫节外缘绒毛极长，阳基侧突对称 ··············· 长毛伪丽花金龟 *Euselates* （*Psevdoeuseltes*） *setipes*
2. 前胸背板表面具3条纵带 ·· **3**
   前胸背板表面4条纵带·············· 穆平丽花金龟 *Euselates* （*Euselates*） *moupinensis*
3. 虫体较大，体长大于22mm ····················· 三带丽花金龟 *Euselates* （*Euselates*） *ornata*
   虫体中等，体长小于19mm ············· 宽带丽花金龟短带亚种 *Euselates* （*Euselates*） *tonkinensis trivittata*

穆平丽花金龟 Euselates（Euselates）moupinensis（Fairmaire，1891）

Taeniodera moupinensis Fairmaire，1891：12.

Macronota donckieri Bourgoin，1926：71

Macronota reitteri Schürhoff，1934：57.

Macronota bipunctata Schürhoff，1935：25.

Euselates moupinensis：Mikšić，1974：75.

主要特征：体长 10.2~13.5mm，体宽 3.9~4.9mm。体色黑色，伴有黄色和砖红色的斑纹。唇基矩形，密被刻点，雄虫（除边缘外）密被浅黄色鳞粉层和半直立的黄色绒毛，雌虫无此特征。唇基前缘横直，微向上卷翘，侧缘具边框，向外斜阔。额区微圆隆，头顶中央光滑。眼眦细长，具直立的黄色绒毛。触角浅棕色，鳃片部长于其他各节之和。前胸背板前缘横直，前角不凸出，侧缘弧形，后缘中部微向下延伸。其上密被刻点和黄色绒毛。雄虫前胸背板中央具有 1 个浅黄色的"Y"形斑纹，两侧缘各具有 1 条浅黄色的纵带，雌虫无此特征。小盾片狭长，三角形，末端尖，雄虫小盾片中央具 1 浅黄色的窄纵带。鞘翅砖红色，狭长，肩部最宽，肩后微弯凹，端部渐狭，缝角不凸出。每对鞘翅上各有 3 对黑色的斑纹形成的条带，分别位于小盾片周围、鞘翅中部以及鞘翅末端。臀板三角形，雄虫端部隆起，除 1 对黑色区域外均被有浅黄色鳞粉层，雌虫扁平，刻点粗糙，无鳞粉层。中胸腹突小而光滑，仅微突出。腹面（除后胸腹板中央外）以及腹部的侧缘布满浓密的浅黄色鳞粉层和黄色绒毛。足细长，密被刻点，前足胫节外缘具 3 齿，雄虫第 3 齿不明显，雌虫第 3 齿锋利。中足胫节外侧各具 1 个隆突，中、后足胫节内缘具有稀疏的黄色长绒毛。跗节细长，爪微弯曲。

观察标本：1♂，福建，大竹岚，1981-Ⅵ-12，余孝仁，IOZ（E）780947；1♂，福建，建阳，大竹岚，1973-Ⅵ-6，虞佩玉，IOZ（E）780948；1♀，福建，坳头，1976-Ⅵ-29，黄邦侃，IOZ（E）780953；1♂1♀，福建，挂墩，1982-Ⅶ-3，奇石成，IOZ（E）780955；1♂，福建，崇安，星村，三港，740~830m，1960-Ⅶ-27，马成林，IOZ（E）780962；1♂，Foochou，IOZ（E）780970；1♀，福建，崇安，下阳，1980-Ⅵ-19，三分队采集，IOZ（E）780964；1♂，福建，武夷山，黄溪洲，650m，1997-Ⅷ-1，章有为；1♂，福建，武夷山，三港，740m，1997-Ⅷ-5，章有为。

分布：我国福建、陕西、甘肃、浙江、湖北、江西、四川、云南。

三带丽花金龟 Euselates（Euselates）ornata（Saunders，1852）

Taeniodera ornata Saunders，1852：31.

Euselates ornata：Mikšić，1974：78.

主要特征：体长 17.1~18.4mm，体宽 7.0~7.4mm。体色棕红色。唇基狭长，表面被有刻点及短绒毛，前缘中央具浅中凹，侧缘微向外斜扩。额区中央微隆起，密被刻点及短绒毛。额区具 4 个不规则的黄色小绒斑块。眼眦细长，表面具刻点及绒毛。触角鳃片部长大。前胸背板近椭圆形，中央最宽。前角不凸出，后角圆钝，后缘中部向后微延伸。前胸背板密被粗糙刻点及棕色短绒毛，中央具 1 条黄色纵带，侧缘具 2 条黄色纵带。小盾片近三角形，末端尖锐，表面被 1 黄色纵带。鞘翅狭长，肩后明显向内弯凹，中央具有 2 条纵肋，缝角不凸出。鞘翅棕红色，周围散布黑色斑纹，鞘翅中央及侧缘共具 4 对黄色绒斑。臀板三角形，被有粗糙的皱纹及棕黄色细绒毛。腹面仅中央具稀疏的刻点及细绒毛，各腹板及腹节侧缘具不规则的黄色绒斑，第 5 可见腹节端部密被棕黄色长绒毛。足为棕色，前足胫节具 3 个锋利的小齿。中、后足胫节外侧各具 1 个尖锐的中隆突，中、后足胫节内侧被有棕黄色细绒毛。跗节短粗，末跗节长于其他各节。爪小而弯曲。

观察标本：1♂，福建，崇安，桐木关，关坪，850~1 000m，1960-Ⅴ-30，姜胜巧，IOZ（E）780827；1♂，福建，崇安，星村，龙渡，580m，1960-Ⅵ-5，姜胜巧，IOZ（E）780884；1♀，福建，崇安，星村，皮坑，370~500m，1960-Ⅴ-24，蒲富基，IOZ（E）780829；1♂，福建，邵武，城关，150~200m，IOZ（E）780876；3♂♂1♀，福建，武夷山，三港，740m，1997-Ⅷ-7~8，章有为；1♂，福建，三港，1982-Ⅵ-24，刘依华，IOZ（E）780882。

分布：我国福建、浙江、广东、海南、广西、云南；越南。

宽带丽花金龟短带亚种 *Euselates*（*Euselates*）*tonkinensis trivittata* **Kriesche，1920**（图版Ⅸ，1）

Euselates tonkinensis trivittata Kriesche，1920：123.

主要特征：体长 19.3~21.1mm，体宽 9.1~9.8mm。体黑色，伴有黄色的斑纹。唇基狭长，平，表面被有刻点及短绒毛，前缘中央具深中凹，侧缘微向外斜扩。额头顶部中央弱脊状隆起，侧区被刻点及黄色斑纹。眼眦细长，具直立的黄色绒毛。触角浅棕色，鳃片部长于其他各节之和。前胸背板前缘横直，前角不凸出，侧缘弧形，后缘中部微向下延伸。其上密被刻点和黄色绒毛。前胸背板中央具有 1 个大的近倒"山"字形黄色斑纹。前胸背板后缘中央半圆形弯突。小盾片狭长，三角形，末端尖，表面具棕色绒毛。鞘翅黑色，狭长，肩部最宽，肩后弯凹，端部渐狭，缝角不凸出。每对鞘翅上各有 5 个黄色的斑点，2 个大圆斑分布在近鞘缝位置，纵向排列，3 个小圆斑近鞘翅侧缘，等距离纵向分布，最末端的位于鞘翅后角处。鞘翅后 1/3 处具砖红色区域。鞘翅背面可见 5 条纵向深沟行，侧面和端部密布横刻纹。臀板短宽，端圆。除 1 对红棕色区域外均被有浅黄色鳞粉层。中胸腹突小而光滑，略突出。后胸腹板及腹部各腹节中央区域光裸，密布粗刻点，腹板侧缘以及腹部侧缘密布浅黄色鳞粉层和黄色绒毛。足细长，密被刻点，前足胫节外缘具 3 齿。中、后足胫节外侧各具 1 个锐突，中、后足胫节内缘布黄色长绒毛。跗节细长，爪微弯曲。

观察标本：1♀，福建，武夷山，挂墩，1981-Ⅶ-30，汪江，IOZ（E）780818；1♀，福建，建阳，黄坑，大竹岚，900m，1960-Ⅷ-9，左永，IOZ（E）780820；1♂，福建，崇安，挂墩，1973-Ⅷ-8，黄春梅，IOZ（E）780823；1♀，福建，崇安，三港，1979-Ⅶ-27，IOZ（E）780812；1♀，福建，崇安，星村，七里桥，800m，1960-Ⅶ-26，姜胜巧，IOZ（E）780822；2♂，福建，武夷山，三港保护站，700m，黄盘诱，2009-Ⅷ-11，矫天扬，IOZ（E）1945357-1945358；1♂，福建，武夷山，桃源峪，2005-Ⅷ-11，林，IOZ（E）1658642；1♂，福建，武夷山，大竹岚，900m，1997-Ⅷ-10，章有为；3♂1♀，福建，武夷山，三港，740m，1997-Ⅷ-8，章有为；1♂，福建，武夷山，三港，740m，1997-Ⅷ-5，姚建；1♂，Kuatun（2 300m）27，40n. Br. 117. 40L J. Klapperich 21.8. 1938（Fukien）（ZMHB）。

分布：我国福建、海南。

长毛伪丽花金龟 *Euselates*（*Pseudoeuselates*）*setipes*（**Westwood，1854**）

Macronota setipes Westwood，1854：71.

Euselates（*Pseudoeuselates*）*setipes*：Mikšić，1974：61.

主要特征：体长 15.1~15.9mm，体宽 6.3~6.6mm。体色黑色。唇基狭长，表面被有粗糙的刻点及长绒毛，前缘中央具浅中凹，侧缘向下微斜扩。额区中央微隆起，密被粗糙刻点。眼眦细长，表面具刻点及绒毛。触角鳃片部长大。前胸背板近矩形，中央最宽。前角不凸出，后角近直角，后缘中部向后微延伸。前胸背板密被粗糙的刻点。小盾片近三角形，末端尖锐，表面具有刻点及皱纹。鞘翅狭长，肩后明显向内弯凹，中央具有 1 条纵肋，缝角不凸出。鞘翅表面具有稀疏的棕黄色长绒毛，整体为橘黄色，前缘、中部及后缘具有黑色斑纹。臀板三角形，中央微隆起，表面密被皱纹。腹面散布稀疏的刻点及棕黄色长绒毛。足细长，表面散布棕黄色长绒毛。前足胫节外缘仅具1个小齿。中、后足胫节外侧无中隆突。跗节细长，末跗节长于其他各节。爪小而弯曲。

观察标本：1♂，福建，崇安，星村，七里桥，840m，1960-Ⅵ-25，姜胜巧，IOZ(E)780987。

分布：我国福建。

毛绒花金龟属 *Macronotops* Krikken，1977

主要特征：体长14~18mm。体色棕红色，体表密被绒毛。唇基短宽，表面密被刻点及绒毛，前缘弧形，微卷翘，侧缘向下斜扩。额区密被粗糙刻点及绒毛。眼眦细长，表面具刻点及绒毛。触角鳃片部长大。前胸背板近梯形，前角或向前突出，侧缘中部通常突出，后角近直角，后缘中部向后具有不同程度的延伸。前胸背板表面密被粗糙刻点及绒毛。小盾片近三角形，末端尖锐，表面密被刻点及绒毛。鞘翅宽大，肩后微向内弯凹，中央具1~2条纵肋，缝角不突出。鞘翅表面通常具有2~4对绒斑。臀板三角形，有时中央具1个圆形绒斑。腹面中央光滑，侧缘被有刻点及浓密的绒毛。前足胫节具3个齿，中、后足胫节外缘各具1个中隆突。跗节粗壮，末跗节长于其他各节。爪小，微弯曲。

分布：东洋区。世界已知11种，我国均有记录，福建武夷山分布1种。

小斑毛绒花金龟 *Macronotops olivaceofusca*（Bourgoin，1916）

Macronota olivaceofusca Bourgoin，1916：135.

Macronotops vuilleti olivaceofusca：Krikken，1977：208.

Macronotops olivaceofusca：Qiu et al.，2019a：31.

Pleuronota subsexmaculatus Ma，1992：438. Synonymized by Qiu et al.，2019a：31.

主要特征：体长15.9~16.5mm，体宽7.6~7.9mm。体色棕红色，体表密被棕黄色绒毛。唇基短宽，近六边形，密被刻点及棕黄色短绒毛，前缘横直，微向上卷翘，侧缘向外斜扩。额区密被粗糙刻点及浓密的黄棕色绒毛。眼眦细长，表面具刻点及绒毛。触角鳃片部长大。前胸背板近梯形，前角不突出，侧缘弧形，后角近直角，后缘中部微向后延伸。前胸背板表面密被粗糙刻点及浓密的棕黄色绒毛层。小盾片近三角形，末端尖锐，表面具稀疏的刻点及黄棕色短绒毛。鞘翅宽大，肩后微向内弯凹，中央具有1条纵肋，中央靠近翅缝处具1对极小的黄色圆形小绒斑，侧缘具1大1小2对黄色绒斑，缝角不突出。臀板三角形，表面被有棕黄色短绒毛，中央具1个黄色大绒斑。腹面密被刻点，除中央绒毛稀疏外，其余部分均密被棕黄色长绒毛。各足均被有黄色绒毛，前足胫节具3齿，中、后足胫节外缘各具1个中隆突。跗节粗壮，爪小，微弯曲。

观察标本：1♀，1946-Ⅸ-6，Kuatun Fukien Leg. Tschung Ser/ *Pleuronota olivaceofusca* Bourgoin G. Ruter det 19/*Macronotops olivaceofusca*（Bourgoin）J-Ph. Legrand det 2010（MNHN）；1♀，Kuatun Fukien China 1946-Ⅷ-18，（Tschung Sen）/*Macronotops olivaceofusca* Brg. det P. Muller（MNHN）。

分布：我国福建、陕西、浙江、湖北、广西、重庆、四川、贵州、云南。

带花金龟属 *Taeniodera* Burmeister，1842

主要特征：体长14~27mm。体色黑色。唇基短宽，密被刻点，前缘弧形，具不同程度的中凹，侧缘或横直或向下斜扩。额区密被粗糙刻点及绒毛。眼眦短粗，表面具刻点及绒毛。前胸背板近六边形，前角不凸出，侧缘中部微突出，后角近直角，后缘中部向后具不同程度的延伸。前胸背板表面密被粗糙刻点，或具绒毛，前胸背板表面斑纹雌雄有时具有差异，部分种类雄虫全部为黑色，雌虫则具不同形状的绒斑。小盾片宽大，近三角形，末端圆钝，表面密被刻点，或具绒斑。鞘翅黑色或棕红色与黑色相间。鞘翅宽大，肩后明显向内弯凹，缝角凸出。鞘翅表面具 2~4 对黄色小绒斑。臀板三角形，表面密被刻纹，中央或具 1 个黄色长绒斑。腹面中央光滑，侧缘被有刻点及黄色绒斑层。前足胫节具 3 个齿，中、后足胫节外缘各具 1 个中隆突，后足胫节内侧及端部具有绒毛形成的特殊结构。跗节细长，爪小，微弯曲。

分布：东洋区。中国记录 11 种（亚种），福建武夷山分布 1 种。

横带花金龟指名亚种 *Taeniodera flavofasciata flavofasciata*（Moser，1901）

Carolina flavofasciata Moser，1902：527.

Carolina lurida Moser，1902：528.

Taeniodera flavofasciata flavofasciata：Mikšić，1976：120.

主要特征：体长 23.1~24.5mm，体宽 11.3~11.6mm。雄虫体色黑色，雌虫体色土黄色。唇基短宽，密被刻点，前缘弧形，具中凹，侧缘微向下斜扩。额区中央微隆起，密被粗糙刻点。眼眦短粗，表面具刻点及绒毛。前胸背板近六边形，前角不凸出，侧缘中部微突出，后角近直角，后缘中部向后微延伸。前胸背板表面密被粗糙刻点，无绒毛。小盾片长大，近三角形，末端圆钝，表面密被刻点。鞘翅宽大，肩后明显向内弯凹，缝角微突出。鞘翅中央具一个黄色绒斑形成的横条带，雌虫无横条带。臀板三角形，表面密被刻纹，端部微突出。腹面密被粗糙刻点，侧缘散布黄色绒斑。前足胫节具 3 个齿，中、后足胫节外缘各具 1 个中隆突，中足腿节内侧被有浓密的棕黄色长绒毛。跗节细长，爪小，微弯曲。

观察标本：3♀♀，福建，武夷山，大竹岚，1997-Ⅶ-10，章有为；1♀，福建，坳头，1980-Ⅷ-25，黄龙敏，IOZ(E)780584；1♀，福建，大竹岚，1980-Ⅵ-8，吴志远，IOZ(E)780578。

分布：我国福建、浙江、海南；越南。

颏花金龟族 Cremastocheilini Burmeister et Schaum，1841

颏花金龟的体型较巨花金龟小，体色较深，体表光亮或稍有光泽或背面被不透明的薄层，有的种类散布花斑、绒斑或不规则的绒层。唇基短宽，颏发达，通常加厚或呈盘状向前延伸包住其余部分的口器。触角柄节膨大，有的种类膨大成近三角形，表面密皱纹。鞘翅狭长，肩后缘向内明显弯凹。臀板长大或短宽，有些种类中央有 1 条纵脊，两侧具隆突和刺突，末对气孔明显凸出。中胸腹突不发达，腹部一般光滑无毛。足多粗壮，前足胫节雌性比雄性的宽，外缘具有 1~2 个齿，跗节为 5 节，但跗花金龟属为 4 节。

跗花金龟属 Clinterocera Motschulsky，1857

主要特征：体狭长，头部圆隆；复眼较小；颏膨大，呈桃形，水平近似盘状，触角基节宽大而扁平，近于三角形，与颏构成一空间，休息时将口器和触角完全关闭在里面。前胸背板短宽，后缘无中凹。小盾片较大，三角形，末端尖锐。鞘翅狭长，肩后缘无明显弯凹，两侧近于平行。臀板突出，宽大于长。中胸腹突将中足基节分开，但不向前突伸。足粗短，前足胫节外缘 1~2 个齿，跗节 4 节。

分布：主要分布在我国；越南、老挝、印度等。中国记录 15 种（亚种），福建武夷山分布 2 种。

分种检索表

1. 鞘翅褐黄色，头部、前胸背板、腹面均为黑色，鞘翅靠近小盾片黑斑小 …… **黑斑跗花金龟 *Clinterocera davidis***

鞘翅褐黄色，前胸背板和腹面多少带暗的褐黄色，鞘翅的前1/3为黑色 ……………………………
………………………………………………………………………大斑蚪花金龟 *Clinterocera discipennis*

黑斑蚪花金龟 *Clinterocera davidis*（Fairmaire，1878）

Callynomes davidis Fairmaire，1878：107.

Clinterocera humaralis Moser，1902：529.

Clinterocera davidis：Medvedev，1964：340.

主要特征：体长15.6mm，体宽5.8mm。体色黑色，稍具光泽。头部黑色，密被粗刻点；唇基前缘拱起，具浅中凹，两侧向下扩展，前颏短而宽，背面密布弧形皱纹；触角10节，柄节膨大呈三角形。前胸背板近椭圆形，表面密被刻点。小盾片三角形，末端尖锐。鞘翅桔红色，肩部最宽，肩后明显向内弯凹，后外缘圆弧形；近小盾片处有1两翅共有的近于方形的黑斑，近外缘为黑色。臀板突出、圆隆，散布刻点。中胸腹突不突出。后胸腹板和腹部散布刻点。足上密被刻点，雄虫前足胫节外缘弱2齿；中、后足胫节外缘具1横突；跗节细长，爪中等弯曲。

观察标本：1♀，福建大竹岚，1980-Ⅵ-27，李牧养，IOZ（E）901108。

分布：我国福建、浙江、江西、湖南、广东、广西。

大斑蚪花金龟 *Clinterocera discipennis* Fairmaire，1889

Clinterocera discipennis Fairmaire，1889：32.

主要特征：体长17.5mm，体宽5.5mm。体色黑色，稍具光泽。头部橘黄色，额区散布粗刻点；唇基光滑，前缘拱起，具深中凹，两侧向下扩展，前颏短而宽，背面密布弧形皱纹；触角10节，柄节膨大呈三角形。前胸背板近椭圆形，表面密被刻点。小盾片三角形，末端尖锐。鞘翅狭长，肩部最宽，肩后明显向内弯凹，后外缘圆弧形；每对鞘翅上肩部具有1个橘黄色大斑。臀板凸出、圆隆，散布刻点。中胸腹突不突出。后胸腹板两侧橘黄色，其余部分光滑。足上密被刻点，雄虫前足胫节外缘弱2齿；中、后足胫节外缘具1横突；跗节细长，爪中等弯曲。

观察标本：1♀，福建，武夷山，大竹岚，1890-IX-20，陈彤。

分布：我国福建、江西、广东、广西、云南。

斑金龟族 Trichiini Fleming，1821

体短宽，中胸后侧片背面不明显，通常体表具斑点或绒斑。唇基狭长或近于方形，前缘或多或少具中凹，有时向上折翘。复眼大而突出。雄虫触角鳃片部长大。前胸背板背面圆隆，或中央具纵沟，多数后角较明显，有时消失。小盾片通常短小，多呈半圆形或三角形。鞘翅短宽，肩后外缘通常不弯曲。中胸腹突多数不突出。足通常细长，两中足基节较接近；前足胫节外缘1~3齿，有些种类中足胫节弯曲；跗节多数较细长，爪大，较弯曲。分布较广。

分属检索表

1. 拟态似蜜蜂，全身密被长绒毛 ……………………………………………… 毛斑金龟属 *Lasiotrichius*
   不具拟态，虫体无或仅部分部位被有绒毛 ………………………………………………………… 2

2. 前胸背板长大，雄虫中足胫节强烈内弯且扩展 …………………………… 扩斑金龟属 *Agnorimus*
   前胸背板稍短宽或近于圆形，雄虫中足胫节正常 ………………………………………………… 3

3. 雄虫前足位于基部的跗节1~2节扩大 ……………………………………… 胫斑金龟属 *Tibiotrichius*
   雄虫前足正常 ……………………………………………………………………………………… 4

4. 体型较大，鞘翅外缘中部微向外斜阔，雄虫前足胫节外缘具1齿，雌虫具2齿 ……… 长腿斑金龟属 *Epitrichius*

体型较小，鞘翅外缘中部明显外扩，前足胫节外缘具 2 齿 ·························· **环斑金龟属 *Paratrichius***

扩斑金龟属 *Agnorimus* Miyake *et* Iwase，1991

主要特征：体隆拱，体背无光泽。唇基前缘不上卷，中、后胸腹突长，小盾片近三角形，雄虫腹板无沟，雌虫臀板无沟，雄虫中足胫节强烈内弯且扩展。

分布：东洋区。中国已知 1 种，福建武夷山有分布。

中文名：原拉丁名 *Agnorimus* 指与格斑金龟属 *Gnorimus* 相似但有差异，此处根据雄虫中足胫节强烈内弯且扩展这一特征命中文名为扩斑金龟属。

图案扩斑金龟 *Agnorimus pictus pictus*（Moser，1902）

Gnorimus pictus Moser，1902：531.

Gnorimus pictus yunnanus Moser，1908：257. Synonymized by Krajčik，2011：75.

Gnorimus tibialis Chûjô，1938：444. Synonymized with *Gnorimus pictus yunnanus* Moser，1908 by Tauzin，2000：247.

Agnorimus pictus：Miyake *et* Iwase，1991：189.

Agnorimus hayashii Miyake & Iwase，1991：190. Synonymized by Qiu *et al*.，2019b：534.

主要特征：体长 14.3~20.5mm，体宽 6.5~10.6mm。体色多变，通常头部、前胸背板、小盾片深绿色，鞘翅深绿或黑色，每翅匀布 12~14 个白绒斑，腹面黑色光亮。体表多黄色或白色绒斑。唇基长，前角略圆，中凹较深，两侧边框稍显，外侧向下呈弧形斜阔，表面密布小刻点；额头顶部稀被小刻点；眼眦短，无刻点；触角褐色，鳃片部较短。前胸背板略六角形，背面强烈圆隆，表面匀布较大刻点；前角钝角，后角微上翘，钝角，后缘弧形。小盾片稍短宽，近正三角形，匀布小刻点。鞘翅宽大，肩部最宽，两侧向后微变窄，后外端缘圆弧形。臀板稍短宽，末端圆。足粗壮，前足胫节外缘 2 齿；中、后足胫节雌虫正常，雄虫中足胫节弯曲，基部细，近端部扩展，具毛簇，跗节细长，第 1 节长，后部具长毛簇，后足胫节基部很细，内侧隆突三角形，顶端具毛簇；爪大，中度弯曲。

观察标本：1♂，福建，建阳，黄坑，坳头，720~950m，1963-Ⅵ-29，章有为，IOZ（E）901296；1♀，福建，武夷山，大竹岚，1980-Ⅸ-14，采集人不详，IOZ（E）901303；1♀，福建，三港，1980-Ⅵ-29，黄茂提，IOZ（E）901301。

分布：我国福建、浙江、江西、湖南、台湾、广东、海南、广西、重庆、四川、贵州、云南。

长腿斑金龟属 *Epitrichius* Tagawa，1941

主要特征：体长 14~21mm，体色多为绿色或铜红色，个别种类具有金属光泽。唇基短宽，前缘通常具有深中凹。前胸背板近圆弧形。小盾片近心形，末端圆钝。鞘翅狭长，肩后缘无内弯凹，侧缘中部微微向外斜阔，鞘翅上具有不同形状的斑纹。臀板三角形，雄虫较长，明显隆起，雌虫短宽，中部具 1 深凹陷。足细长，雄虫前足胫节外缘具 1 齿，雌虫具 2 齿，后足跗节长于前、中足跗节。

分布：东洋区，中国已知 5 种，福建武夷山分布 1 种。

绿绒长腿斑金龟 *Epitrichius bowringi*（Thomson，1857）

Trichius bowringi Thomson，1857：118.

Trichius mandarinus Redtenbacher，1868：82. Synonymized by Krikken，1972：487.

Trichius miyashitai Krajčík，2006：25. Synonymized by Li *et al.*，2008：16.

Epitrichius bowringi：Li *et al.*，2008：16.

Epitrichius jakli Krajčík，2012：11. Synonymized by Ricchiardi，2018：135.

主要特征：体长 12.6～15.5mm，体宽 4.4～5.4mm。体色绿色。头部具有金属光泽，唇基短宽，（除边缘外）密被纵线形皱纹及黄色细绒毛。侧缘具边框，前缘圆滑，中凹明显。额区微微圆隆，密被纵线形皱纹。眼眦细长，具短绒毛。触角棕黄色，鳃片部较长。前胸背板近六边形，散布黄色短绒毛，中央处具 1 对黄色绒毛簇，前角和后角绒毛较密集。前胸背板前角突出，侧缘具窄边框，后缘圆弧形。小盾片短小，末端尖，具皱纹但无绒毛。鞘翅狭长，肩后无弯凹，鞘翅外缘中部明显外扩，缝角不突出。每对鞘翅上各有 4～5 个褐黄色大斑。臀板三角形，雄虫较长，明显隆起，雌虫短宽，中部具深凹陷。腹面全部布满浓密的黄色绒毛。前足胫节外缘雄虫具 1 齿，雌虫 2 齿。中、后足胫节外侧各具 1 个隆突。跗节细长，爪微微弯曲。

观察标本：1♂，福建，建阳，黄坑，桂林，290～320m，1960-Ⅳ-16，姜胜巧。

分布：我国福建、北京、河北、上海、浙江、江西、湖南、广东、海南、广西、贵州、云南。

毛斑金龟属 *Lasiotrichius* Reitter，1899

主要特征：体长 9～12mm。体色黑色，全身密被长绒毛，拟态似蜜蜂。唇基长形，前缘向上卷翘，侧缘微微外扩。前胸背板圆弧形，密被刻点及长绒毛。小盾片长三角形，末端圆钝。鞘翅短宽，肩后无弯凹，鞘翅外缘中部明显外扩。臀板长三角形，端部微微隆起，密被黑色长绒毛。前足胫节外缘具 2 齿，跗节细长，爪微微弯曲。

分布：东洋区。我国已知 5 种（亚种），福建武夷山分布 1 种。

图纳毛斑金龟 *Lasiotrichius turnai* Krajčík，2011

Lasiotrichius turnai Krajčík，2011：77.

主要特征：体长 8～8.3mm，体宽 5mm。体背黑色，鞘翅暗褐色，横斑褐色，体表密被白色、淡黄色和棕色颇长毛。腹面黑色，密被浅黄色长毛。臀板黑色，有光泽，密被黑色长毛。足黑色，前足胫节具 2 尖齿。触角鳃片部短于 2～7 节长度之和。该种与短毛斑金龟 *Lasiotrichius succinctus* 和川毛斑金龟 *Lasiotrichius sichuanicus* 极为相似（Krajčík，2011）。

观察标本：未见该种武夷山产地标本，原始文献中该种副模有产自武夷山的样本，故将该种列于此处。

分布：我国福建、浙江、湖北。

中文名：该种拉丁名来自人名，故命中文名为音译的图纳毛斑金龟。

环斑金龟属 *Paratrichius* Janson，1881

主要特征：体长 9～17mm，体色多为黑色或砖红色，其上具有不同颜色及形状的斑纹。唇基近矩形，前缘向上折翘，两侧无边框，向外斜扩。前胸背板圆弧形，其上被有不规则的绒斑。小盾片较小，末端圆钝。鞘翅狭长，肩后无弯凹，鞘翅外缘中部明显外扩，缝角不突出，其上被有不规则的绒斑。臀板三角形，末端浑圆。前足胫节外缘具 2 齿，跗节细长，后足跗节长于前、中足跗节，爪微微弯曲。

分布：东洋区。我国已知 27 种，福建武夷山分布 1 种。

小黑环斑金龟 *Paratrichius septemdecimguttatus*（Snellen van Vollenhoven，1864）

Trichius septemdecimguttatus Snellen van Vollenhoven，1864：159.

主要特征：体长 7.9~11.3mm，体宽 3.3~3.4mm。体黑色，有时鞘翅中央呈褐红色，鞘翅通常被天鹅绒般薄层，体被多个浅黄色或白色绒斑。头部密被刻点，唇基短宽，粗糙，密被刻点。唇基中央内陷，具浅中凹，侧缘微微外扩。额区隆拱，密被刻点。眼眦细长。触角棕黄色，鳃片部长大，约等于其他各节总长的 2 倍。前胸背板圆隆，密被刻点。前胸背板前角突出，较圆钝，周围散布白色短绒毛，侧缘弧形，具窄边框，后缘圆弧形。盘区具有 6 个浅黄色的小绒斑（雌虫无），分别位于中央、两侧、两侧缘以及后缘中部。小盾片短小，末端圆钝，散布刻点和小绒毛。鞘翅狭长，肩后无弯凹，鞘翅外缘中部明显外扩，缝角不突出。鞘翅上分布着 7 对浅黄色斑纹，分别位于靠近小盾片两侧、靠近鞘翅基部 1/5 处 2 对、靠近鞘翅基部 1/3 及 2/3 处各 2 对以及鞘翅 1/2 处 1 对。臀板三角形，雄虫较长，微微隆起，雌虫短宽，较扁平，臀板左右各有 1 个黄色的大绒斑。腹面（除后胸腹板和腹部末节及各节侧缘外）均被有黄色绒毛层。足细长，前足胫节外缘具 2 齿，雄虫较窄，齿钝，雌虫较宽，齿较大而锋利。中、后足胫节外侧各具 1 个隆突。跗节细长，后足跗节长于前、中足跗节，爪微微弯曲。

观察标本：1 ♂，福建，崇安，星村，三港，740~910m，1960-Ⅴ-25，马成林，IOZ（E）901346；2 ♀♀，福建，崇安，星村，七里桥，840m，1960-Ⅵ-1，左永，IOZ（E）901349、901350。

分布：我国福建、浙江、湖北；日本。

胫斑金龟属 *Tibiotrichius* Miyake，1994

主要特征：体表具金属光泽，表面有绒斑，体背无长毛。体中型，长椭圆形，强隆拱。唇基前缘中凹，前角圆。前胸背板梯形，前角和后角近直角，端不圆，后缘弧形向后。小盾片三角形，宽胜于长。鞘翅具刻点行，行距隆起，后角明显。雌虫臀板无明显结突。具中胸腹突。雌雄腹部中央无差异。雄虫前足胫节仅一端齿，雌虫具 2 尖齿，内缘均具 1 距。前足位于基部的跗节 1~2 节扩大，每节在扩大的外缘顶端各有 1 到 2 根长毛。中足胫节末端长，雄虫末端无距，雌虫末端截形，有 2 个明显的端距。雄虫外生殖器阳基侧突分叉、具毛（Miyake，1994）。

分布：东洋区。中国已知 7 种，福建武夷山分布 1 种。

紫黑胫斑金龟 *Tibiotrichius kuatunensis*（Tesař，1952）

Trichius kuatunensis Tesař，1952：59.

Tibiotrichius kuatunensis：Miyake，1994：49.

主要特征：体长 13.5~15mm，体宽 6.5~7.5mm。体形稍微狭长，黑色，体上除唇基外被紫黑色绒状薄层，表面散布众多浅黄色或白色绒斑，后足跗节 3~5 节呈浅黄色。唇基长，密被纵线形皱纹，侧后缘具边框，前缘圆滑，中凹明显。额区微隆，密被纵线形皱纹。眼眦细长，具粗刻点。触角棕黄色，鳃片部较长。前胸背板圆隆，前狭后宽，雄虫两侧边缘较直，而雌虫的边缘呈波状，表面雄虫刻点较细密，具 4 个黄斑，雌虫的刻点较粗大，具有 8~10 个黄斑，沿侧缘匀布 4 个。小盾片短宽，三角形，末端钝，散布稀大刻点。鞘翅较狭长，肩后最宽，每翅有 5 条明显的刻点行，外侧散布粗大刻点，两翅各有 8~9 个黄绒斑，后部翅缝附近的 1 个甚小，有的消失。臀板近三角形，密布粗大皱纹和稀疏黄绒毛，通常有 4~6 个黄绒斑。腹部散布粗大皱纹和黄绒毛，几乎每节两侧均有黄绒斑，有的 2~5 节两侧的中部各有 1 个横向黄色大绒斑。足较细长，密布粗大刻点和较稀黄绒毛，雄虫前足为褐黄色或微带黑色，前足胫节狭长，仅外缘的前端 1 齿，跗节 1~2 节强度扩大，周缘排列黄色短绒毛，每节在扩大的外缘顶端各有 1 根长达第 5 跗节的毛；中、后足胫节无隆突；后足跗节甚长，约为前足跗节的 1.5 倍，3~5 节为浅黄色；雌虫前足胫节短宽，外缘具 2 大齿。

观察标本：1 ♂，福建，崇安，星村，龙渡，580~640m，1960-Ⅴ-21，张毅然，IOZ（E）902122。

分布：我国福建。

弯腿金龟族 Valgini Mulsant，1842

体长 7~10mm，是花金龟亚科中体型最小的族。体色黑色或棕红色。体表密被鳞毛。唇基狭长，表面密被刻点及短绒毛，前缘弧形，中央或具凹陷，侧缘向外斜阔。额区扁平，眼眦细长，密被鳞毛。触角 10 节，鳃片部圆形。前胸背板狭长，近梯形，前胸背板前角或尖锐，向前突出，侧缘波浪状，后角不突出，后缘圆弧形。前胸背板表面密被鳞毛，通常具 2 条纵脊，长度在种间有差异，有时纵脊的两侧具有两条小侧脊。小盾片狭长，末端圆钝，表面密被鳞毛。鞘翅短宽，肩后无弯凹，鞘翅中部最宽，缝角不凸出。鞘翅具刻点列，其中第 2 间隔列的宽度通常最宽。鞘翅表面被有不同颜色的鳞毛，有棕红色、黑色或橘黄色等。前臀板宽大，最末 1 对气孔不同程度突出，表面密被刻点及鳞毛，后缘通常具 1 对突出的鳞毛簇。臀板三角形，表面密被刻点及鳞毛，端部或具一个突出的鳞毛簇。中胸腹突不突出，腹面通常被有鳞毛，第 5 腹节宽大，约为其他各腹节宽度的 2 倍。足细长，前足胫节外缘具 2~6 齿，中、后足胫节外缘各具 1 个中隆突。爪小、弯曲。

分属检索表

1. 前胸背板较窄，臀板密被厚重的鳞毛层 ……………………………… 驼弯腿金龟属 *Hybovalgus*
   前胸背板较宽，臀板无鳞毛或仅稀疏的鳞毛 ……………………………… 毛弯腿金龟属 *Dasyvalgus*

毛弯腿金龟属 *Dasyvalgus* Kolbe，1904

主要特征：体长 7~10mm。体色黑色或棕色。体表被有卵圆形鳞毛。唇基短宽，表面密被刻点及绒毛，前缘弧形，中央具不同程度的凹陷，侧缘向外斜阔。额区扁平，或具绒毛。眼眦细长，密被绒毛。触角 10 节，鳃片部长大。前胸背板狭长，远窄于鞘翅，前胸背板前角圆钝或向前突出，侧缘波浪状，后角不突出，后缘圆弧形，中部或向后具不同程度的延伸。前胸背板表面常被有鳞毛，中央具 2 条平行的纵脊，侧缘通常具 2 条小侧脊。小盾片狭长，末端圆钝，表面密被鳞毛。鞘翅短宽，肩后无弯凹，鞘翅中部最宽，缝角不凸出。鞘翅表面具刻点列，其中第 2 间隔列的宽度通常为第 1 间隔列的 2 倍。鞘翅表面被有不同颜色的鳞毛。前臀板宽大，最末 1 对气孔不同程度突出。表面密被刻点及鳞毛，后缘具 1 对突出的鳞毛簇。臀板三角形，表面密被刻点及鳞毛，端部或具一个突出的鳞毛簇。中胸腹突不突出，腹面通常被有鳞毛，第 5 腹节宽大，约为其他各腹节宽度的 2 倍。足细长，前足胫节外缘具 5~6 齿，中、后足胫节外缘各具 1 个中隆突。爪小、弯曲。

分布：古北区、东洋区。中国记录 22 种，福建武夷山分布 2 种。

分种检索表

1. 前臀板为黑色，前臀板及臀板中央具一条棕黄色纵带 ……………… 纵带毛弯腿金龟 *Dasyvalgus sommershofi*
   前臀板为红色，前臀板及臀板中央无纵带 ……………… 红臀毛弯腿金龟 *Dasyvalgus inouei*

红臀毛弯腿金龟 *Dasyvalgus inouei* Sawada，1939

Dasyvalgus inouei Sawada，1939：88.

Dasyvalgus sebastiani Endrödi，1953：167.

主要特征：体长 6.5~7.6mm，体宽 3.5~4.1mm。体色黑色，体表被有浅黄色及黑色鳞毛。唇基六边形，表面散布浅刻点，前缘弧形，中央具深凹陷，具下颚刷。额区扁平，密被刻点，眼眦短粗，密被黄色绒毛。触角鳃片部近圆形，长度略大于第 2~7 节之和。前胸背板狭长，基部最宽，前角尖锐，微向前突出，侧缘波浪状，后角不突出，后缘圆弧形。前胸背板具 2 条平行的纵脊，不突出，长度约为前胸背板长度的 0.58 倍，中央具纵凹，两侧具 1 对浅凹，且具极短的侧脊。前胸背板表面密被椭圆形刻点，并具 6 对直立的黑色鳞毛簇，其中 1 对位于纵脊近端部，另 2 对横排于前胸背板后缘。小盾片狭长，末端圆钝，表面具有刻点及鳞毛。鞘翅短宽，肩后无弯凹，鞘翅中部最宽，缝角不凸出。鞘翅表面密被刻点及 5 列刻点列，其中第 2 间隔列的前缘加宽。鞘翅表面被有鳞毛及圆形刻点，中央具浅黄色和黑色鳞毛相间组成的斑纹，具肩突。前臀板宽大，棕红色，最末 1 对气孔向外强烈突出，表面被有粗糙的圆形刻点，后缘具 1 对突出的黑色鳞毛簇。臀板三角形，棕红色，表面被有刻点，端部具一排直立的浅黄色鳞毛。中胸腹突不突出，腹面被有刻点及无鳞毛。足细长，前足胫节外缘具 5 齿，第 4 齿较小而钝，其余各齿均锋利，中、后足胫节外缘各具 1 个中隆突。跗节细长，爪小、弯曲。

观察标本：1♂，福建，崇安，三港，1979-Ⅷ-4，黄复生，IOZ（E）1121238；21♂♂，福建，武夷山，大竹岚，1997-Ⅷ-10，章有为、姚建；1♂，福建，崇安，三港，1997-Ⅷ-7，章有为。

分布：我国福建、台湾；日本。

纵带毛弯腿金龟 *Dasyvalgus sommershofi* **Endrödi，1953**

Dasyvalgus sommershofi Endrödi，1953：165.

主要特征：体长 6.1~6.8mm，体宽 3.3~3.6mm。体色棕红色，体表密被棕黄色鳞毛。唇基六边形，表面散布浅刻点，前缘弧形，中央具浅凹陷，具下颚刷。额区扁平，密被刻点及鳞毛，眼眦短粗，密被黄色绒毛。触角鳃片部近圆形。前胸背板狭长，基部最宽，前角尖锐，微向前突出，侧缘波浪状，后角微向后突出，后缘圆弧形。前胸背板具 2 条平行的纵脊，微突出，长度约为前胸背板长度的 0.52 倍，中央具纵凹。前胸背板表面具 6 对直立的黑色鳞毛簇，其中 1 对位于纵脊端部，另 2 对横排于前胸背板后缘。小盾片狭长，末端圆钝，表面具有刻点及鳞毛。鞘翅短宽，肩后无弯凹，鞘翅中部最宽，缝角不凸出。鞘翅表面密被刻点成排的刻点列，其中第 2 间隔列的前缘加宽。鞘翅表面被有鳞毛及圆形刻点，鞘翅中央具浅黄色和黑色鳞毛相间组成的斑纹，具肩突。前臀板宽大，最末 1 对气孔向外突出，表面被有粗糙的圆形刻点及浅黄色与黑色相间的鳞毛，后缘具 1 对突出的棕黄色鳞毛簇。臀板三角形，表面被有刻点及鳞毛，端部具一排直立的棕黄色鳞毛。前臀板与臀板中央具一条棕色鳞毛形成的纵带。中胸腹突不突出，腹面被有刻点及厚重的鳞毛。足细长，前足胫节外缘具 5 齿，第 2、第 4 齿较小而钝，其余各齿均锋利，中、后足胫节外缘各具 1 个中隆突。跗节细长，被有鳞毛，爪小、弯曲。

观察标本：5♂，福建，崇安，桐木关，1979-Ⅷ-4，黄复生、王林瑶、宋士美，IOZ（E）902277-81；3♂♂，福建，崇安，三港，1979-Ⅷ-4，黄复生，IOZ（E）902283-85；1♂，福建，南平市，武夷山，三港，桃源谷，2009-Ⅵ-28，杨秀帅；1♂，福建，武夷山，黄岗山庄，500m，2005-Ⅷ-12，白明；19♂♂，福建，武夷山，大竹岚，960m，1997-Ⅷ-10，章有为、姚建；4♂，福建，崇安，三港，740m，1997-Ⅷ-8，章有为。

分布：我国福建、浙江、江西、广东、海南、广西、云南。

驼弯腿金龟属 *Hybovalgus* Kolbe，1904

主要特征：体长 7~10mm。体色黑色或棕红色。体表密被鳞毛。唇基狭长，表面密被刻点及黄色短绒毛，前缘弧形，中央具深凹陷，侧缘向外斜扩。额区扁平，眼眦细长，密被黄色绒毛。触角10节，鳃片部长大。前胸背板狭长，远窄于鞘翅，前胸背板前角尖锐，向前突出，侧缘波浪状，后角不突出，后缘圆弧形。前胸背板具 2 条平行的纵脊，长度短于前胸背板长度的一半，前胸背板表面密被鳞毛。小盾片狭长，末端圆钝，表面密被鳞毛。鞘翅短宽，肩后无弯凹，鞘翅中部最宽，缝角不凸出。鞘翅表面密被刻点及 5 列刻点列，其中第 2 间隔列的宽度是第 1 间隔列的 2 倍。鞘翅表面被有不同颜色的鳞毛。前臀板宽大，最末 1 对气孔微突出，表面密被刻点及鳞毛，后缘具 1 对突出的鳞毛簇。臀板三角形，表面密被刻点及鳞毛，端部或具一个突出的鳞毛簇。中胸腹突不突出，腹面通常被有鳞毛，第 5 腹节宽大，约为其他各腹节宽度的 2 倍。足细长，前足胫节外缘具 5~6 齿，中、后足胫节外缘各具 1 个中隆突。爪小、弯曲。

分布：东洋区。中国已知 14 种，福建武夷山分布 2 种。

分种检索表

1. 前胸背板密被黄色鳞毛层 ···························· 乔丹驼弯腿金龟 *Hybovalgus jordansi*
   前胸背板无黄色鳞毛层，仅稀疏的黑色鳞毛 ···················· 弧斑驼弯腿金龟 *Hybovalgus tonkinensis*

乔丹驼弯腿金龟 *Hybovalgus jordansi*（Endrödi，1952）

Dasyvalgus jordansi Endrödi，1952：65.

Hybovalgus jordansi：Ricchiardi & Li，2017：3.

主要特征：体型与 *H. tonkinensis* 近似。体色黑色，体表具鳞毛。唇基狭长，表面密被刻点及黄色短绒毛，前缘弧形，中央具深凹陷，侧缘向外斜扩。额区扁平，表面具黄色短绒毛。眼眦短粗，密被黄色绒毛。触角鳃片部长大，长度略短于其他各节之和。前胸背板狭长，远窄于鞘翅，前胸背板前角尖锐，向前突出，侧缘波浪状，后角近直角，后缘圆弧形，中央向后微延伸。前胸背板具 2 条平行的纵脊，长度约为前胸背板长度的 0.69 倍，两侧具两条短小的侧脊。前胸背板表面密被粗糙刻点，中央两侧及后缘具凹陷。前胸背板中央被有稀疏的黑色鳞毛，两侧具浅黄色鳞毛。小盾片狭长，末端圆钝，表面密被刻点及鳞毛。鞘翅短宽，肩后无弯凹，鞘翅中部最宽，缝角不突出。鞘翅表面密被刻点及 6 条微突出的刻点列，其中从翅缝起计数，第 2 间隔列的宽度是第 1 间隔列的 2 倍。鞘翅表面被有鳞毛，小盾片两侧及鞘翅中央为浅黄色鳞毛，另具 2 对一前一后由黑色鳞毛形成的斑块。前臀板宽大，最末 1 对气孔强烈突出。表面密被刻点及黄色鳞毛，后缘具 1 对突出的鳞毛簇。臀板三角形，表面密被圆形刻点及鳞毛。中胸腹突不突出，腹面被粗糙的刻点及散布零星的黄色鳞毛，第 5 腹节宽大，约为其他各腹节宽度的 2 倍。足细长，前足胫节外缘具 5 齿。中、后足胫节外缘各具 1 个中隆突。爪小、弯曲。

观察标本：1 ♂，Kuatun Fukien China，1946-Ⅳ-22（Tschung Sen）/ Syntype/Paratypus *Dasyvalgus jordansi* Endr（DEIC）；1 ♂，Kuatun Fukien China，1946-Ⅳ-8（Tschung Sen）/Paratypus *Dasyvalgus jordansi* Endr（NMPC）。

分布：我国福建。

弧斑驼弯腿金龟 *Hybovalgus tonkinensis* Moser，1904（图版Ⅸ，2）

Hybovalgus tonkinensis Moser，1904：272.

Excisivalgus klapperichi Endrödi，1952：63.

Excisivalgus csikii Endrödi，1952：63.

主要特征：体长 8.6~11mm，体宽 4.7~5.5mm。体色黑色或棕红色，体表密被鳞毛。唇基狭长，表面密被刻点及黄色短绒毛，前缘弧形，中央具深凹陷，侧缘向外斜扩。额区扁平，眼眦短粗，密被黄色绒毛。触角鳃片部长大，长度略短于其他各节之和。前胸背板狭长，远窄于鞘翅，前角尖锐，向前突出，侧缘波浪状，雄虫后角不突出，雌虫后角强烈向后延伸，并被有浓密的鳞毛，后缘圆弧形。前胸背板具 2 条平行的纵脊，长度约为前胸背板长度的 0.46 倍，两侧具两条短小的侧脊。前胸背板表面密被粗糙刻点，中央两侧及后缘具凹陷。前胸背板表面被有稀疏的黑色鳞毛，并具 6 个鳞毛簇，其中 2 个位于纵脊的末端，其余 4 个平行地分布在前胸背板的后缘。小盾片狭长，末端圆钝，表面密被刻点及鳞毛。鞘翅短宽，肩后无弯凹，鞘翅中部最宽，缝角不凸出。鞘翅表面密被刻点及 5 条刻点列，其中从翅缝起计数，第 2 间隔列的宽度是第 1 间隔列的 2 倍。鞘翅表面被有鳞毛，小盾片两侧及鞘翅中央为浅黄色鳞毛，另具 2 对一前一后由黑色鳞毛形成的斑块，前面 1 对较小，后面一对较大。肩突和后突处各有 1 个由黑色和黄色鳞毛形成的鳞毛簇。前臀板宽大，最末 1 对气孔微突出。表面密被刻点，黄色或黑色鳞毛，后缘具 1 对突出的鳞毛簇。臀板三角形，表面密被圆形刻点及黄色或黑色鳞毛，端部具一个突出的鳞毛簇。中胸腹突不突出，腹面被粗糙的刻点及散布零星的黄色鳞毛，第 5 腹节宽大，约为其他各腹节宽度的 2 倍。足细长，前足胫节外缘具 5 齿。中、后足胫节外缘各具 1 个中隆突。爪小、弯曲。

观察标本：1♀，福建，建阳，黄坑，坳头，800~1 050m，1960-Ⅳ-26，张毅然，IOZ（E）902232；1♀，福建，崇安，星村，十里场，840m，1960-Ⅴ-25，姜胜巧，IOZ（E）902233；1♀，福建，崇安，星村，三港，720m，1960-V-14，蒲富基，IOZ（E）902227；1♀，福建，崇安，桐木关，关坪，800~900m，1960-Ⅵ-6，姜胜巧，IOZ（E）902228；1♂1♀，福建，武夷山，1982-Ⅳ-22，张宝林，IOZ（E）1945182（交配）；1♀，福建，建阳，黄坑，坳头，950m，1960-Ⅳ-23，左永，IOZ（E）902264；1♂，福建，崇安，星村，七里桥，840m，1960-Ⅵ-1，左永，IOZ（E）902261；1♀，福建，崇安，桐木关，关坪，800~900m，1960-Ⅵ-6，姜胜巧，IOZ（E）902229。

分布：我国福建、浙江、贵州；越南。

丽金龟亚科 Rutelinae MacLeay，1819

丽金龟成虫大多数色彩鲜艳，具金属光泽，以体色绿色居多。触角 9~10 节，端部 3 节长而薄，称为鳃片。跗节具 2 个大小不对称、能活动的爪，大多数种类前、中足大爪分裂，少数种类或仅雌虫简单，小爪简单，不分裂。

世界已知 7 族 235 属 4 197 种（Krajcik，2007），分布于各大动物地理区。7 个族，分别为 Adoretini、Alvarengiini、Anatistini、Anomalini、Anoploganthini、Geniatini、Rutelini。中国区系包括喙丽金龟族 Adoretini、异丽金龟族 Anomalini 和丽金龟族 Rutelini 3 个族。其中，喙丽金龟族仅分布于旧大陆，复眼发达，中国仅分布 1 属；异丽金龟族为丽金龟最大的族，主要分布于旧大陆，包括丽金龟亚科中最大的异丽金龟属 *Anomala*；丽金龟族广布，大部分种类分布于新热带区，中国仅分布少数种类，且均位于东洋区，多体型较大的观赏种类。

该亚科昆虫绝大多数种类的幼虫为害植物根部，成虫食叶、花和果实，给植株造成程度不等的损坏，其中不乏农林业的重要害虫（林平，1981）。有些种类群聚取食，容易大发生，对农业生产产生较大危害，其中较为典型的有日本弧丽金龟等。

丽金龟幼虫生活在土壤中，一般越冬时会潜入深层土壤，其他阶段多在表层土壤活动，取食植物根部。成虫出土活动，除活动取食外，潜藏在土中或滞留叶背。不同种类丽金龟其趋光性差异较大。异丽金龟属和彩丽金龟属部分种类趋光性较强，弧丽金龟属和喙丽金龟属大多数种类的趋光性不强，白天活动较多。同种雌雄两性的趋光性也有差异。

截至目前，福建武夷山共分布丽金龟亚科昆虫 12 属 59 种，其中 2 种为福建省首次分布记录。

分属检索表

1. 上唇角质，前缘中部延伸呈喙状，部分与唇基融合 ······························ 喙丽金龟属 *Adoretus*
   上唇膜质，前缘中部不延伸呈喙状，与唇基明显分离 ·· **2**
2. 触角 9 节；鞘翅边缘具膜质镶边 ·· **3**
   触角 10 节；鞘翅边缘无膜质镶边，后足第 4 跗节端部有一具刚毛的长突起 ·········· 齿丽金龟属 *Parastasia*
3. 前胸背板后缘中部弧形弯缺（图 1A）；体背偏扁平 ·· **4**
   前胸背板后缘弧形后扩或近横直（图 1B）；体背偏隆拱 ··· **6**
4. 鞘翅表面通常具 4~6 个对称的黄色圆斑点；足细长 ································ 斑丽金龟属 *Spilopopillia*
   鞘翅表面色型不如是；足部通常发达粗壮 ··· **5**
5. 鞘翅表面甚耀亮，具强烈的金属光泽；鞘翅较长，两侧近平行 ············· 珂丽金龟属 *Callistopopillia*
   鞘翅表面具金属光泽，但均较弱；鞘翅短，向后明显收狭 ························ 弧丽金龟属 *Popillia*
6. 中胸腹板具发达前伸腹突；鞘翅长，盖过前臀板 ····························· 矛丽金龟属 *Callistethus*
   中胸腹板无前伸腹突或前伸腹突短 ··· **7**
7. 体长形，后足显著伸长，后胫伸直几达腹部末端 ·························· 长丽金龟属 *Adoretosoma*
   体椭圆形，后足不显著伸长 ·· **8**
8. 中胸腹板前伸腹突短 ··· **9**
   中胸腹板无前伸腹突 ··· **10**
9. 体黑色，不被毛；鞘翅短，肩疣正常，左右鞘翅各有 1 或深或浅的窝陷 ····· 黑丽金龟属 *Melanopopillia*
   体色多变，体被毛或部分被毛；鞘翅长，肩疣甚发达，从背面不见鞘翅外缘基边 ····· 发丽金龟属 *Phyllopertha*
10. 前胸腹板于前足基节之间有垂突 ······································· 彩丽金龟属 *Mimela*
    前胸腹板简单无垂突 ·· **11**
11. 体型小，通常小于 6mm；鞘翅短阔 ······································ 短丽金龟属 *Pseudosinghala*
    体型大，通常大于 6mm；鞘翅通常较长 ······························· 异丽金龟属 *Anomala*

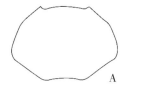

A   B

图 1 前胸背板

A. 中部弧形弯缺（示例：*Popillia mutans*）

B. 后缘弧形后扩或近横直（示例：*Callistethus plagiicollis plagiicollis*）

长丽金龟属 *Adoretosoma* Blanchard，1851

主要特征：体中型，长椭圆形，隆拱不强，具金属光泽，背面不被毛，腹面毛稀弱。唇基横梯形或半圆形。前胸背板中部最宽，基部显狭于鞘翅，后缘中部后弯，后缘边框完整，表面布不密刻点。小盾片圆三角形或半圆形。鞘翅长，两侧近平行，肩疣发达；点行明显，略深。无中胸腹突。前足胫节 2 齿；前中足大爪分裂；后足长，后足胫节伸直几达腹端。

雄性：前足胫节通常宽，前足跗节粗，大爪宽扁，其内侧面近下缘有一细微齿突。

雌性：前足胫节较窄，前足跗节细，大爪正常。

分布：东洋区。福建武夷山分布 2 种。

分种检索表

1. 体浅黄褐色，头后半部、前胸背板中部、小盾片、鞘翅蓝黑色或墨绿色；雌虫头部和前胸背板浅黄褐色；唇基前缘上卷强 ······ 黑跗长丽金龟 *Adoretosoma atritarse atritarse*

体浅黄色，头后半部、前胸背板盘部大菱形斑、小盾片、鞘翅外半侧和鞘翅及小盾片周围黑色；唇基前缘上卷弱 ······ 纵带长丽金龟 *Adoretosoma elegans*

黑跗长丽金龟 *Adoretosoma atritarse atritarse*（Fairmaire，1891）（图版IX，3）

Phyllopertha atritarse Fairmaire，1891a：xi.

Adoretosoma atritarse：Ohaus，1905：82.

Adoretosoma chinense atritarse：Machatschke，1955a：365.

Adoretosoma atritarse atritarse：Prokofiev，2012：337.

Phyllopertha incostatum Fairmaire，1891a：xi. Synonymized by Machatschke，1955a：365.

Adoretosoma metallicum Arrow，1899：266. Synonymized by Machatschke，1955a：365.

主要特征：体长 9~12mm，体宽 5~6.5mm。体浅黄褐色，头后半部、前胸背板中部、小盾片、鞘翅蓝黑色或墨绿色，中、后足胫端和跗节（有时仅每节端半部）黑色；雌虫头部和前胸背板浅黄褐色。体长形。唇基近半圆形，上卷强。前胸背板十分光滑，刻点纤细而疏，后角钝角形。鞘翅背面有 5 条细刻点行，行距窄而平，行距 2 基部具 1 列细刻点。臀板疏布细（雄）或粗密（雌）刻点。雄性外生殖器阳基侧突近端部具 1 三角形齿，端部外弯（Lin，2002）。

观察标本：1♀，福建，崇安，星村，曹墩，260~320m，1960-Ⅶ-8，蒲富基，IOZ（E）1966489；1♀，福建，武夷山，桐木关，1 100m，1997-Ⅶ-28，姚建，IOZ（E）2080242；1♀，福建，南平市，武夷山，三港科考站，735m，2009-Ⅵ-27，杨秀帅，IOZ（E）2080243。

分布：我国福建、江苏、浙江、湖北、江西、湖南、广东、四川、贵州、云南、西藏（Zorn & Bezděk，2016）。

纵带长丽金龟 *Adoretosoma elegans* Blanchard，1851

Adoretosoma elegans Blanchard，1851：234.

Phyllopertha tenuelimbatum Fairmaire，1889：24. Synonymized by Machatschke，1955a：362.

Adoretosoma humerale Ohaus，1905：82. Synonymized by Machatschke，1955a：362.

主要特征：体长 9~10mm，体宽 4~5mm。体浅黄色，头后半部、前胸背板盘部大菱形斑、小盾片、鞘翅外半侧和鞘翅及小盾片周围、中后足胫节端部和跗节黑色带绿色金属光泽。体长形。唇基前缘近直，上卷弱。前胸背板光滑，刻点细小而疏，后角钝角状。鞘翅背面有 5 条粗刻点沟行，行距窄，略隆起，行距 Ⅱ 中央具 1 列细刻点。臀板刻点粗密。雄性外生殖器阳基侧突鸟喙状下弯，底片中央发达，细长上弯，突出于阳基侧突之上（Lin，2002）。

观察标本：1♀，福建，崇安，龙渡—皮坑，580~380m，1960-V-24，左永，IOZ（E）1966488。

分布：我国福建、陕西、江苏、浙江、湖北、江西、湖南、广东、香港、广西、四川、贵州、云南（Zorn & Bezděk，2016）。

喙丽金龟属 *Adoretus* Dejean，1833

主要特征：体长形；通常褐色，背腹面常被短毛、刺毛或鳞毛，有时鞘翅毛浓集为小毛斑。头宽大，复眼发达；唇基通常近半圆形；上唇中部狭带状向下延伸如喙；触角 10 节，甚少 9 节。鞘翅长，外缘和后缘无缘膜。前足胫节外缘具 3 齿，内缘具 1 距；前、中足大爪通常分裂。

雄性：臀板通常隆拱强。

雌性：臀板通常隆拱弱。

分布：非洲区、东洋区、古北区一部分和澳洲区西侧；福建武夷山分布 4 种。

分种检索表

1. 鞘翅表面密被短细伏毛，此外杂布稍长稍硬竖毛 ·· 2

  鞘翅表面密被短伏毛或鳞毛，毛大小质地相似 ·· 3

2. 臀板布浅弱细密刻纹；腹部侧缘脊边弱；后足胫跗节粗壮 ··· 筛点喙丽金龟 Adoretus（Chaetadoretus）cribratus

  臀板布浅细刻点；腹部侧缘脊边甚强 ····················· 短毛喙丽金龟 Adoretus（Chaetadoretus）polyacanthus

3. 体浅黄褐或红褐色，被密白色短伏毛，毛由基部向端渐尖细，无毛斑 ·······················

  ·· 芒毛喙丽金龟 Adoretus（Lepadoretus）maniculus

  体暗褐色，密被灰白色细窄短鳞毛，鞘翅具若干小毛斑 ···

  ··· 毛斑喙丽金龟 Adoretus（Lepadoretus）tenuimaculatus

筛点喙丽金龟 Adoretus（Chaetadoretus）cribratus White，1844（图版 IX，4）

Adoretus cribratus White，1844：424.

Adoretus parallelus Kraatz，1895：252. Synonymized by Ohaus，1917b：53.

主要特征：体长 11~13mm，体宽 5~6mm。体红褐色，有时较浅，头部颜色较深。全体密被灰白色短细伏毛，鞘翅窄行距，杂被略长白色竖毛，臀板中部杂被灰白色长竖毛。

体长形，后部稍宽。唇基宽半圆形，边缘上卷，疏布细刻纹，密布小粒疣；额唇基缝近直；额头顶部刻点粗而密，点间部分融合，形成锯齿状粗刻纹；上唇及其喙状部边缘有锯齿状深裂，后者的中纵脊发达；触角 10 节，鳃片部长于前 6 节的总和，第 3、第 4 节几乎等长，第 5、第 6 节较短。前胸背板甚横宽，长宽比 3：7，刻点浓密而粗，点间与刻点大小略等；侧缘匀弯突，前角直角形，向前突出，后角宽圆。小盾片圆三角形，刻点浓密而粗，边光滑。鞘翅纵肋微隆起，肋间刻点甚粗密，点间皱，缝角略圆，肩突和端突较发达；鞘翅侧缘具 1 列密而长的刺毛。臀板隆拱，皱刻纹浅弱细密。腹部侧缘具脊边。前胫 3 齿，基齿细小，远离中齿；前、中足大爪的爪齿较发达；后足胫跗节粗壮。雄性外生殖器阳基侧突从基部至端部均匀圆弯，端部三角形两裂。

观察标本：1♂，福建，崇安，城关，240m，1960-Ⅶ-15，蒲富基，IOZ（E）1966487。

分布：我国福建、湖南、广东、海南、香港、四川、云南；泰国，新加坡（Lin，2002）。

短毛喙丽金龟 Adoretus（Chaetadoretus）polyacanthus Ohaus，1914

Adoretus（*Chaetadoretus*）*polyacanthus* Ohaus，1914a：504.

主要特征：体长 10~11mm，体宽 5.5mm。体红褐色，头部和各足跗节颜色略深。全体被颇密灰黄色甚短细伏毛，鞘翅纵肋杂布略长竖毛。

体长形，后部略宽，背面浓布粗大刻点。唇基宽半圆形，边缘上卷强，布颇密小粒疣；额唇基缝后弯；额头顶部刻点粗而密。前胸背板甚横宽，长宽比 3：7，刻点粗密；侧缘缓弯突，前角直角形，略向前突出，后角宽圆。小盾片三角形，表面刻点如前胸背板。鞘翅纵肋稍显狭，稍为隆起，肩突和端突不发达。臀板隆拱，刻点浅细。腹部侧缘具甚强脊边。前胫 3 齿，基齿细小，远离中齿；前、中足大爪的爪齿发达；后足胫跗节粗壮。雄性外生殖器阳基侧突自基部起前 5/6 缓慢变宽，5/6 处最宽，后 1/5 强烈收狭，且两叶各具 3 个向腹面弯折的齿突，端部三角形浅裂。

观察标本：未见该种武夷山产地标本，根据文献记录添加至此（Lin，2002）。

分布：我国福建、台湾、广东、海南；印度（Lin，1988；Zorn & Bezděk，2016）。

芒毛喙丽金龟 *Adoretus*（*Lepadoretus*）*maniculus* **Ohaus，1914**（图版Ⅸ，5）

Adoretus（*Lepadoretus*）*maniculus* Ohaus，1914a：511.

主要特征：体长9.5~10mm，体宽4.5~5mm。全体浅黄褐或红褐色，腹面和各足跗节颜色较深。全体密被黄色短伏毛，毛由基部向端渐尖细，此外全体杂被褐色细长竖毛；前胸背板及鞘翅侧缘除黄色短伏毛外，布一细长毛列；臀板被颇密竖毛。

体长椭圆形，后部较宽。唇基半圆形，前缘上卷强，在黑色边缘后密生一列短毛，表面布锯齿状细刻和小粒疣；额唇基缝稍后弯；额头顶部刻点较粗密，前方刻纹与唇基上的相似；上唇及其喙状部边缘有锯齿状深裂，喙状部的中纵脊较发达；触角10节，鳃片部长于前6节的总和，第3节较长，第4、第5、第6节均较短。前胸背板甚横宽，长宽比3：7，刻点粗密，点间显著大于点径；侧缘中部强圆弯突，前角直角形，略向前突出，后角圆。小盾片三角形，表面刻点如前胸背板，边光滑。鞘翅密布粗大而浅刻点，窄行距隆起甚弱，缝角略圆，肩突和端突不发达。臀板隆拱，密布浅细刻点。腹部侧缘无脊边。前胫3齿等距，基齿十分微小；前、中足大爪的爪齿较发达；后足胫跗节粗壮。雄性外生殖器阳基侧突从基部至端部逐渐变窄，端部弧形浅裂。雌虫体表褐色细长竖毛少，前胸背板及鞘翅侧缘除黄色短伏毛外，无其他毛列，偶有细长毛。

观察标本：1♂，福建，崇安，桐木，790~1 150m，1960-Ⅵ-23，金根桃、林扬明，IOZ（E）1966481；1♀，福建，武夷山，桐木村，三港，2016-Ⅶ-25，飞阻，路园园、陈炎栋，IOZ（E）1966482。

分布：我国福建、广东、海南、广西、贵州；印度（Zorn & Bezděk，2016）。

毛斑喙丽金龟 *Adoretus*（*Lepadoretus*）*tenuimaculatus* **C. O. Waterhouse，1875**（图版Ⅸ，6）

Adoretus tenuimaculatus C. O. Waterhouse，1875：112.

Adoretus（*Lepadoretus*）*tenuimaculatus*：Reitter，1903：30.

主要特征：体长9~11mm，体宽4~5mm。体暗褐色，有时腹面和足略浅。全体密被灰白色细窄短鳞毛，鞘翅纵肋通常具若干小毛斑，端突毛斑较大，其外侧具1小毛斑，臀板中部杂被颇密长竖毛。

体长形，有时后部略宽。唇基半圆形，上卷强，在黑色边缘后密生一列短毛，表面布颇密小粒疣；额唇基缝后弯；额头顶部皱刻粗密，靠近额唇基缝布小粒疣；上唇及其喙状部边缘有锯齿状深裂，喙状部的中纵脊较发达；触角10节，鳃片部与前6节之和几乎等长，第3节较长，第4、5、6节均较短。前胸背板甚横宽，长宽比3：7，刻点浓密粗浅，边缘不甚清晰，点间隆起形成褶皱；侧缘圆角状弯突，前角略小于直角，向前突出，后角近直角形。小盾片宽三角形，表面刻点如前胸背板。鞘翅密布粗刻点，纵肋弱脊状隆起，肩突不发达，端突发达。臀板隆拱强，表面沙革状，端缘具1光滑三角形区。腹部侧缘具脊边。前胫3齿，基齿细小，远离中齿；前、中足大爪的爪齿较发达；后胫宽，纺锤形，外侧缘具1齿突。雄性外生殖器阳基侧突侧缘角状弯突，向端部渐尖细。雌虫鞘翅缘折向后逐渐细窄。

观察标本：1♂，福建，崇安，星村，三港，740m，1960-Ⅵ-23，张毅然，IOZ（E）1966483；1♂，福建，崇安，星村，三港，740m，1973-Ⅵ-9，虞佩玉，IOZ（E）1966484；1♀，福建，崇安，星村，三港，740m，诱，1960-Ⅵ-24，张毅然，IOZ（E）1966485；1♀，福建，崇安，星村，三港，720~250m，1973-Ⅵ-12，虞佩玉，IOZ（E）1966486。

分布：我国福建、辽宁、陕西、浙江、湖南、台湾、广东、贵州；朝鲜，韩国，日本（Zorn & Bezděk，2016）。

异丽金龟属 *Anomala* Samouelle，1819

主要特征：通常椭圆形或长椭圆形，有时短椭圆形或长形；唇基和额布刻点或皱褶，多数二者共有成皱刻；头顶通常布较疏细刻点；触角9节，通常鳃片短于其余各节总和。前胸背板宽胜于长，基部不显狭于鞘翅；侧缘在中部或稍前处圆形或圆角状弯突；中央有时具一纵沟、纵隆脊或光滑纵线；后缘中部向后圆弯。小盾片近三角形或半圆形。鞘翅长，盖过臀板基缘；肩疣不十分发达，从背面可见鞘翅外缘基边；鞘翅缘膜通常发达。无前胸腹突和中胸腹突。前胫外缘1~3齿，多数2齿，内缘具1距；中、后胫端部各具2端距；前、中足大爪通常分裂，后足大爪不分裂。

分布：世界性分布。福建武夷山分布26种。

分种检索表

1. 前胸背板具后缘沟线，中断或完整 ··· 2
   前胸背板后缘沟线全缺 ··· 22
2. 腹部侧缘正常，不隆起 ··· 3
   腹部侧缘脊状或角状隆起 ·· 18
3. 前胸背板盘区草绿色至暗绿色，具金属光泽 ·· 4
   前胸背板浅褐色至深褐色，或红褐色（偶有具绿色光泽个体） ···················· 13
4. 前胸背板后缘沟线中断 ··· 5
   前胸背板后缘沟线完整 ··· 12
5. 前胸背板侧缘具黄色或宽或窄平边 ·· 6
   前胸背板侧缘与盘区颜色一致，无黄色平边 ·· 11
6. 鞘翅表面不平整，部分行距隆起 ·· 7
   鞘翅表面光滑，行距不隆起 ·· 10
7. 鞘翅刻点行略陷，窄行距略隆起；前胸背板无明显中纵沟 ·························· 8
   鞘翅沟行深显，窄行距圆角状强隆；前胸背板中纵沟深显 ·········· 绿脊异丽金龟 *Anomala aulax*
8. 体色较深，偏墨绿色，刻点行较浅；雄虫阳基侧突端部平截 ·························· 9
   体色较浅，偏黄绿色，刻点行深；雄虫阳基侧突端部弧弯 ·········· 尖刺异丽金龟 *Anomala acusigera*
9. 鞘翅背面刻点较浅细，褶皱略强；雄虫阳基侧突端部具1较长齿突 ·········· 南绿异丽金龟 *Anomala australis*
   鞘翅背面刻点较粗，褶皱略弱；雄虫阳基侧突端部具1弱齿突 ·········· 铜绿异丽金龟 *Anomala corpulenta*
10. 腹面浅黄褐色，无金属光泽 ····················· 素腹异丽金龟 *Anomala millestriga asticta*
    腹面红褐色或黑褐色，具强烈金属光泽 ·········· 斜沟异丽金龟 *Anomala obliquisulcata*
11. 体背暗草绿色，无光泽；背面密被黄色短细伏毛，前臀板后缘、臀板、腹面和股节密被白色更密长毛 ·······
    ··· 毛绿异丽金龟 *Anomala graminea*
    体背面草绿色，带漆光；体表被毛甚弱 ·········· 红脚异丽金龟 *Anomala rubripesrubripes*
12. 前胸背板宽横而短；刻点点间甚窄、隆起，侧区刻点部分融接 ·········· 筛翅异丽金龟 *Anomala corrugata*
    前胸背板光滑，刻点疏细 ·························· 墨绿异丽金龟 *Anomala cypriogastra*
13. 唇基表面平整，不凹陷 ··· 14
    唇基表面通常强烈凹陷如匙状 ·· 17
14. 前胸背板后缘沟线完整 ··· 15
    前胸背板后缘沟线甚短，远不达小盾片侧 ·········· 黑足异丽金龟 *Anomala rufopartita*
15. 体椭圆形，体型较大；体色红色或橘红色 ·········· 蓝盾异丽金龟 *Anomala semicastanea*
    体长椭圆形，体型较小；体色黄褐色到深褐色 ······································· 16
16. 鞘翅行距窄脊状隆起，布颇密细横皱；体色黄褐色 ·········· 圆脊异丽金龟 *Anomala laevisulcata*
    鞘翅行距弱隆，匀布细小颇密刻点；体色多变，浅黄褐至深褐色 ·········· 弱脊异丽金龟 *Anomala sulcipennis*

17. 体红棕色；前胸背板具明显中纵沟；雄性外生殖器阳基侧突边缘光滑，无锯齿 ……………………
　…………………………………………………… **福建异丽金龟 Anomala fukiensis**
　体浅棕色；前胸背板中纵沟浅弱；雄性外生殖器阳基侧突左叶较短，内外缘具尖齿列 …………
　………………………………………………… **窝唇异丽金龟 Anomala spatuliformis**

18. 体背与腹面颜色不同 ………………………………………………………………… **19**
　全体一色，均为绿色 ……………………………………………………………………… **21**

19. 体背颜色相似，无其他颜色斑 ………………………………………………………… **20**
　体黄褐色，具黑褐色斑，前胸背板两大斑，臀板基部中央 1 大斑 ……… **哑斑异丽金龟 Anomala opaconigra**

20. 前胸背板光滑，表面匀布颇密细小刻点 …………………… **皱唇异丽金龟 Anomala rugiclypea**
　前胸背板粗糙，表面刻点浓密粗深，略横行，部分刻点融合 ……… **毛额异丽金龟 Anomala vitalisi**

21. 腹部侧缘明显脊状隆起，除末节外被颇密长白毛 ……… **毛边异丽金龟 Anomala coxalis**
　腹部侧缘仅基部 2 节不甚明显隆起，不被毛 ……………… **大绿异丽金龟 Anomala virens**

22. 腹部基部 4 节侧缘具强脊边 ……………………………………………………………… **23**
　腹部侧缘正常，不隆起 ………………………………………………………………… **24**

23. 体表被毛甚弱，仅腹面部分被毛 …………………………… **挂墩异丽金龟 Anomala kuatuna**
　体表被毛，其中背腹面被较密短细伏毛，胸部腹面和臀板端部被较长毛 ……… **等毛异丽金龟 Anomala hirsutoides**

24. 前胸背板具 3 条纵条纹，有时纵纹中央中断 ……………… **三带异丽金龟 Anomala trivirgata**
　前胸背板通常不具条纹 …………………………………………………………………… **25**

25. 鞘翅浅黄色，具明显绿色或暗褐色条纹数条；雄性外生殖器阳基侧突左右叶长度相等，端部上弯 ……………
　………………………………………………………… **脊纹异丽金龟 Anomala viridicostata**
　体色多变，通常全体墨绿色，背面带绿色金属光泽；雄性外生殖器阳基侧突不对称，左叶明显长于右叶，两叶均竖直，不弯曲 ………………………………………… **斑翅异丽金龟 Anomala spiloptera**

尖刺异丽金龟 *Anomala acusigera* Lin，2002

Anomala acusigera Lin，2002：392.

主要特征：体长 17~19mm，体宽 10~11mm。头部、前胸背板和小盾片绿色，带金属光泽，鞘翅通常颜色较浅，金属光泽较弱，有时黄绿色；唇基、前胸背板侧缘浅黄褐色，有时小盾片侧缘浅黄褐色；臀板、腹面和股节浅黄褐色，腹部颜色较深，胫跗节红褐色，后足色较深。腹面被毛甚弱。

体卵圆形，体背颇隆拱。唇基宽横梯形，前缘直，上卷不强，前角宽圆，皱褶颇粗，额部刻点浓密而粗，有时皱，头顶部刻点如额部或较疏；触角鳃片部与其前 5 节总长约等。前胸背板刻点浓密粗深，点间通常窄于点径；侧缘中部圆弯突，前角锐角前伸，后角圆；后缘沟线弱陷，不达小盾片侧。小盾片三角形，侧缘弯突，刻点如前胸背板或较疏细。鞘翅匀布不密细刻点，刻点行深陷，行距 I 最宽，布不规则浓密刻点，行距 II 中央具 1 列粗刻点；窄行距弱脊状隆起；侧缘镶边窄圆脊状，长达后缘。臀板布颇密浅细横刻纹。足不甚发达，前胫具 2 齿，前跗略粗；后胫中部略宽膨，布浓密粗长刻点；前、中足大爪分裂。雄性外生殖器阳基侧突近端部收窄，端缘内侧具 1 针状长齿（Lin，2002b）。

观察标本：1 ♂，Paratype，福建，武夷山，1982-Ⅵ-4~29，郑智刚（IZGAS）；1 ♂，Paratype，福建，崇安，星村，230~250m，中国科学院，1960-Ⅵ-7，金根桃、林扬明；1 ♀，Paratype，福建，崇安，城关，250~300m，中国科学院，1960-Ⅴ-20，金根桃、林扬明。

分布：我国福建、广东。

绿脊异丽金龟 *Anomala aulax*（Wiedemann，1823）（图版Ⅸ，7）

Melolontha aulax Wiedemann，1823：93.

Anomala aulax：Burmeister，1844：255.

Anomala marginalis Newman，1838：385. Synonymized by Burmeister，1844：255.

主要特征：体长 12~18mm，体宽 6~9mm，体背草绿色，带强金属光泽，唇基、前胸背板宽侧边、鞘翅侧边端缘（有时不太清晰）、臀板端半部（基半部通常暗褐至黑褐，有时成 2 黑褐斑）、胸部腹面和各足股节浅黄褐有时浅红褐，腹部和胫跗节红褐或浅红褐，后足胫跗节颜色深（Lin，2002）。

体长椭圆形，体背隆拱。唇基宽横梯形，前缘近直，上卷不强，前角宽圆，浓布粗深刻点，点间成横皱；额部刻点浓密而粗，部分褶皱，头顶部刻点如额部，侧缘较疏；触角鳃片部长于其前 5 节总长。前胸背板浓布密而略深横刻点，中纵沟深显；侧缘匀圆弯突，前角锐角前伸，后角圆；后缘沟线中断。小盾片圆三角形，侧缘弯突，刻点如前胸背板。鞘翅匀布浓密刻点和横刻纹，沟行深显，行距窄，圆角状强隆。臀板隆拱强，浓布密横刻纹。足不发达，前胫具 2 齿；后胫中部略宽膨；前、中足大爪分裂。雄性外生殖器阳基侧突宽，近端部收窄，向外侧弯曲，几成直角，形如镰刀状，且两侧阳基侧突部分遮盖；阳基侧突底面自中部收窄呈细长刺状，稍外弯，端部向外侧成齿；底片发达，端部具 2 小齿，向腹面弯曲。

观察标本：1 ♂，福建，崇安，星村，七里桥，840m，1960-Ⅵ-25，姜胜巧，IOZ（E）1966490；1♂1♀，福建，武夷山，1980-Ⅵ-10~18，夏石养（IZGAS）；1♂1♀，福建，武夷山，1982-Ⅵ-14~29，郑智刚（IZGAS）；1♀，福建，崇安，星村，三港，740~900m，1960-Ⅷ-1，马成林，IOZ（E）2080233；1♀，福建，崇安，星村，挂墩，900~1 100m，1963-Ⅶ-11，马成林，IOZ（E）2080234。

分布：我国福建、安徽、浙江、湖北、江西、湖南、广东、海南、香港、广西、四川、贵州、云南、西藏；俄罗斯，朝鲜，韩国，越南（Lin，2002；Zorn & Bezděk，2016）。

南绿异丽金龟 *Anomala australis* Lin，2002

Anomala australis Lin，2002：393.

主要特征：体长 16~20mm，体宽 8.5~11.5mm。头、前胸背板和小盾片暗绿色，鞘翅绿色有时黄褐，带弱金属光泽；有时唇基全部或部分红褐，鞘翅黄褐带漆光；前胸背板宽侧边、臀板浅黄褐色；臀板通常在基部中央具 1 三角形黑斑，侧缘中央具 1 小黑斑。雌虫前臀板后部和臀板疏被细长毛。

体长椭圆形，体背隆拱。唇基宽横梯形，前缘近直，上卷强，前角宽圆，皱褶粗密；额部皱刻粗密，头顶部刻点细密；触角鳃片部略短于其前 5 节总长。前胸背板刻点粗密，点间略宽于点径；侧缘中部圆弯突，前角锐角前伸，后角钝角，端圆；后缘沟线中断，不达小盾片侧。小盾片圆三角形，宽略胜于长，刻点颇细密。鞘翅粗刻点行略低陷，背面宽行距宽平，具粗横皱，布细和粗不密刻点；窄行距略隆起，布不密细小刻点；侧缘镶边窄圆脊状，长达后圆角。臀板隆拱，布细密横刻纹。足细长，前胫 2 齿；后胫中部宽膨；前、中足大爪分裂。雄性外生殖器阳基侧突宽，端部呈疣状隆突，端缘内侧具 1 细长齿突，底面端缘向下后弯卷，近直角形（Lin，2002）。

观察标本：未见武夷山产地标本，据该种模式标本记录添加至此。

分布：我国福建、湖南、广东、广西、海南（Zorn & Bezděk，2016）。

铜绿异丽金龟 *Anomala corpulenta* Motschulsky，1854（图版Ⅸ，8）

Anomala corpulenta Motschulsky，1854b：28.

Anisoplia pallidiventris Gautier des Cottes，1870：104. Synonymized by Ohaus，1915b：318.

Anomala gottschei Kolbe，1886：190. Synonymized by Ohaus，1915b：318.

Anomala planerae Fairmaire，1891b：ccv. Synonymized by Ohaus，1915b：318.

主要特征：体长15.5~20mm，体宽8.5~11.5mm。头、前胸背板和小盾片暗绿色，唇基和前胸背板侧边浅黄色，鞘翅绿或黄绿色，带弱金属光泽，有时侧边和后缘略带褐色；臀板褐或浅褐色，通常基部中央具1大三角形斑，侧缘中部小斑，黑褐色，有时黑斑全缺或仅见侧小斑；腹面和股节黄褐；胫跗节红褐，或臀板、腹面和足褐色，胫跗节色深。

体椭圆形，体背隆拱。唇基宽短，前缘近直，上卷强，前角宽圆，皱刻粗密，刻点几不可辨；额部皱刻粗密如唇基，头顶部刻点细密；触角鳃片部与其前5节总长约等。前胸背板刻点粗密，疏密不匀，中部刻点略横形，有时具细弱短中纵沟；侧缘中部圆弯突，前角锐角前伸，后角圆；后缘沟线中断，不达小盾片侧。小盾片圆三角形，宽胜于长，表面刻点如前胸背板。鞘翅刻点行略陷，背面宽行距平，布粗密刻点，窄行距略隆起。臀板隆拱，布细密横刻纹。足不发达，前胫2齿；后胫中部略宽膨；前、中足大爪分裂。雄性外生殖器阳基侧突宽，端部向下弯卷，具1弱齿突。

观察标本：1♀，福建，武夷山，1982-Ⅵ-14~19，郑智刚。

分布：我国福建、黑龙江、吉林、辽宁、内蒙古、河北、山西、山东、河南、陕西、宁夏、甘肃、江苏、上海、安徽、浙江、湖北、江西、湖南、四川、贵州；朝鲜，韩国（Zorn & Bezděk，2016）。

筛翅异丽金龟 *Anomala corrugata* Bates，1866（图版Ⅸ，9）

Anomala corrugata Bates，1866：343.

Anomala holosericioides Niijima & Kinoshita，1927：50.

主要特征：体长14.5~17mm，体宽7.5~9.5mm。体背暗草绿色，带强金属光泽；唇基、前胸背板后缘和宽侧边、小盾片侧缘和端缘、前臀板后半部和臀板端半部、腹面胸部和各足（跗节除外）、有时腹部末节和各腹节侧斑，浅黄褐或浅红褐，臀板基半部黑褐，腹部、各足跗节有时连后胫端深褐色（Lin，2002）。

体长卵形，体背不甚隆拱。背面刻点浓密而粗深。唇基宽横梯形，前缘近直，上卷颇强，前角宽圆，点间皱褶；额部刻点浓密而粗，部分刻点相互融合，头顶部刻点较疏细；触角鳃片部略长于前5节总长。前胸背板宽横而短；刻点点间甚窄、隆起，侧区刻点部分融接；前胸背板侧缘缓弯突，中部最宽，前角锐角近直角，前伸，后角钝角，端圆；后缘沟线完整。小盾片半圆形，表面疏被刻点。鞘翅刻点大而深，点间线状、隆起，刻点行不甚明显，窄行距脊状隆起，为6条清晰可辨的纵肋，表面光滑无刻点；宽行距密被粗深刻点。臀板颇隆拱，布较密横行刻点。足细长，前胫2齿，端齿发达；前、中足大爪分裂。雄性外生殖器阳基侧突后半部窄长，弧形内弯；底片短，端部下弯（Lin，2002）。

观察标本：1♂，福建，武夷山，1988-Ⅷ-上，IOZ（E）1966491；1♂，福建，武夷山，三港，740m，2000-Ⅶ-28，张平飞、费正清，IOZ（E）1966492；1♀，福建，武夷山，1980-Ⅵ-10~18，夏石养（IZGAS）。

分布：我国福建、广东、台湾（Zorn & Bezděk，2016）。

毛边异丽金龟 *Anomala coxalis* Bates，1891（图版Ⅸ，10）

Anomala coxalis Bates，1891b：77.

Euchlora heydeni Frivaldszky，1892：124. Synonymized by Lin，1997：796.

Anomala streptopyga Ohaus，1915b：329. Synonymized by Miyake，Nakamura & Kojima，1991：17.

Anomala fuscoviolacea Ohaus，1917a：7. Synonymized by Zorn，2006：35.

Anomala viridirufa Ohaus，1917a：7. Synonymized by Zorn，2006：35.

主要特征：体长 16~22.5mm，体宽 9.5~13mm。体背草绿色，带强漆光，臀板强金属绿色，通常两侧具或宽或窄红褐色边；腹面和足通常强金属绿色，前足基节常全部或部分呈红色，有时腹部和各足基股节红色带弱绿色光泽，腹部各节前半部或臀板红色仅留基缘绿色，偶有前胸背板侧缘具不清晰宽红褐边。前臀板密被极为短细伏毛，杂被颇密长毛，臀板基半部和端部被不密长毛，腹部侧缘除末节外被颇密长白毛（Lin，2002）。

体长椭圆形，体背隆拱。唇基横梯形，前缘近直，上卷甚弱，前角宽圆，密布粗深刻点，点间隆起呈横皱；额头顶部布不均匀粗刻点；触角鳃片部长于其前 5 节总和。前胸背板浓布粗深刻点；侧缘中部圆弯突，前角锐角前伸，后角钝角；后缘沟线中断，几达小盾片侧。小盾片三角形，侧缘中部略弯突，表面刻点较稀疏。鞘翅均匀浓布粗深刻点，刻点行几不可辨认。臀板隆拱，表面浓布横刻纹。腹部基部 3 节近侧缘凹陷，侧缘强脊状。足粗壮，前胫 2 齿；前中足大爪分裂。雄性外生殖器阳基侧突近三角形，中部至端部圆隆。

观察标本：未见该产地标本，根据文献记录添加至此（Lin，2002）。

分布：我国福建、陕西、江苏、上海、安徽、浙江、湖北、江西、湖南、台湾、广东、海南、广西、四川、贵州、云南；越南（Lin，2002；Zorn & Bezděk，2016）。

墨绿异丽金龟 *Anomala cypriogastra* Ohaus，1938

Anomala cypriogastra Ohaus，1938：264.

主要特征：体长 14~17mm，体宽 8~9.5mm。体背、臀板和各足胫跗节墨绿色，带强金属光泽，腹面和股节深红褐色；有时臀板、腹面和股节红褐色，间或后胫暗红褐。臀板疏被不密细长竖毛。

体椭圆形，体背隆拱。唇基宽横梯形，前缘近直，上卷弱。前胸背板光滑，刻点疏细，后角圆；后缘沟线完整，通常在小盾片前较浅弱。小盾片圆三角形，刻点细密。鞘翅刻点行不低陷，宽行距平，布细密刻点。臀板密布细横刻纹。前胫 2 齿，后足胫跗节强纺锤形。雄性外生殖器阳基侧突近长方形，端部稍向内缘斜直（Lin，2002）。

观察标本：1♂，福建，崇安，三港，1965-Ⅵ-23，刘胜利。

分布：我国福建、江西、湖南、台湾、广东（Zorn & Bezděk，2016）。

福建异丽金龟 *Anomala fukiensis* Machatschke，1955（图版X，1）

Anomala fukiensis Machatschke，1955b：501.

主要特征：长 12~15mm，体宽 6~8mm。体红棕色，具弱光泽。腹面被毛弱。

体椭圆形，体背隆拱。头部刻点浅细；唇基宽横而短，边缘上卷甚强，前角圆，表面通常强烈凹陷如匙状；额唇基缝弱后弯。前胸背板布颇密粗浅刻点；具中纵沟；侧缘中部近前弯突，后段近直，前角弱锐角、前伸，后段通常略弯缺，后角直角形；后缘沟线完整，在小盾片前较浅弱。小盾片三角形，侧缘弯突，端钝，刻点细密。鞘翅背面（鞘缝和肩突之间）有 7 条粗刻点深沟行，行 2 通常基部刻点散乱；窄行距隆拱较弱。臀板隆拱，疏布毛和浅刻点。足不甚发达，前胫 2 齿，基齿细弱；前、中足大爪分裂。雄性外生殖器阳基侧突不对称，左叶较短；底片发达，端半部变窄。

观察标本：1♂，Kuatun（2 300m）27.40n. Br. 117.40ö. L. J. Klapperich. 1938-Ⅴ-11（Fukien）（CZPC）；1♂，福建，武夷山市，桐木村，三港，灯诱，2018-Ⅴ-26，736m，27°44′58″（N），117°40′44″（E），路园园、陈炎栋，IOZ（E）2080221。

分布：我国福建（Zorn & Bezděk，2016）。

毛绿异丽金龟 *Anomala graminea* Ohaus，1905（图版Ⅹ，2）

Anomala graminea Ohaus，1905：86.

主要特征：体长13~15mm，体宽6.5~8mm。体背暗草绿色，无光泽，臀板、腹面和足近黑色，股节带弱绿光泽。背面密被黄色短细伏毛，前臀板后缘、臀板、腹面和股节密被白色更密长毛。

体长椭圆形，体背隆拱。唇基半圆形，上卷强；触角鳃片部长于前5节总和。前胸背板布浓密颇粗横刻纹，具宽显中纵沟，后角钝角状；后缘沟线中断。鞘翅表面革状，沟行浅，窄行距弱隆，侧缘无镶边。臀板表面沙革状。前胸腹板后缘中央、前足基节间后方具1向后下伸展疣状突。足细长，前胫2齿；后足胫节强纺锤形。雄性外生殖器阳基侧突裂为2细长叶，外叶端缘回弯（Lin，2002）。

观察标本：未见该产地标本，根据文献记录添加至此（Lin，2002）。

分布：我国福建、湖南、广东、广西（Zorn & Bezděk，2016）。

等毛异丽金龟 *Anomala hirsutoides* Lin，1996（图版Ⅹ，3）

Anomala hirsutoides Lin，1996a：159.

主要特征：体长11~14mm，体宽6~8.5mm。体褐色或暗红褐色，胫跗节黑褐色。背腹面被较密短细伏毛，底色可见，胸部腹面和臀板端部被较长毛。

体长椭圆形，体背隆拱。唇基宽横梯形，前缘稍弯突，上卷不强，前角宽圆，皱刻粗深；额部布颇密粗深刻点，点间隆起相接，头顶部刻点较疏细；触角鳃片部长于其前5节总长。前胸背板密布颇粗刻点；侧缘中部稍前圆弯突，前角锐角前伸，后角近直角；后缘沟线全缺。小盾片圆三角形，宽胜于长，表面刻点如前胸背板。鞘翅刻点颇粗而密，背面有6条深沟行，行距圆脊状强隆，亚鞘缝行距1条略浅而宽深沟行，不达端部。臀板隆拱，密布细横刻纹。腹部基部4节侧缘具强脊边。足不发达，前胫2齿；前、中足大爪分裂；后足股节发达。雄性外生殖器不对称；阳基侧突端部向下弯折如长刺，内侧稀被短毛；左侧阳基侧突较短，底面内缘具1小齿突；内囊端部具多种发达的刺状结构。

观察标本：2♂2♀，福建，武夷山市，桐木村，龙渡，2016-Ⅶ-24，611m，27°43′39.19″（N），117°42′15.12″（E），灯诱，路园园、陈炎栋；1♂，福建，崇安，星村，三港，740m，诱，1960-Ⅵ-28，张毅然，IOZ(E)1966493；1♂，福建，武夷山，三港，740m，1997-Ⅶ-28，姚建，IOZ(E)1966494。

分布：我国福建、安徽、浙江、江西、广东（Lin，2002）。

挂墩异丽金龟 *Anomala kuatuna*（Machatschke，1955）（图版Ⅹ，4）

Mimela kuatuna Machatschke，1955b：506.

Anomala kuatuna：Zorn，2011：311.

主要特征：体长14~18mm，体宽8~10mm。头、前胸背板、小盾片、臀板基部中央黑褐色，前胸背板侧缘、鞘翅、臀板大部分和腹面红褐色，鞘翅中央、特别在小盾片附近泛暗褐，后足胫跗节深红褐。腹面被毛不发达。

体椭圆形，体背隆拱。唇基横梯形，前缘稍弯突，上卷弱，前角宽圆，皱刻颇粗；额头顶部刻点粗而浓密，前半皱。前胸背板浓布略横行粗刻点，点间线状；侧缘均匀弯突，前角锐角，前伸，后角钝角状；后缘沟线全缺。小盾片圆三角形，布浓密粗刻点。鞘翅表面布浓密粗浅刻点，沟行深，行距窄，圆脊状隆起。臀板布浓密浅细横刻纹。前胸腹突不甚发达。无中胸腹突。腹部基部4节侧缘具强脊边。足细长，前胫2齿，后胫弱纺锤形。雄性外生殖器阳基侧突窄，端部上弯（Lin，1993）。

观察标本：1♂3♀，福建，武夷山，七里桥，800m，2000-Ⅶ-31，张平飞、费正清，IOZ（E）2080109、2080110、2080111、2080112；1♀，福建，崇安，星村，三港，500～1 370m，1960-Ⅶ-7，马成林，IOZ（E）2080113；1♀，福建，崇安，星村，三港，740m，1960-Ⅵ-26，张毅然，IOZ（E）2080114；1♀，福建，崇安，星村，三港，740m，1960-Ⅵ-24，张毅然，IOZ（E）2080115；1♀，福建，崇安，星村，挂墩，950～1 210m，1960-Ⅵ-12，左永，IOZ（E）2080116；1♀，福建，崇安，星村，挂墩，1 140m，1960-Ⅶ-2，蒲富基，IOZ（E）2080117；7♀，福建，武夷山，三港，740m，2000-Ⅶ-29，张平飞、费正清，IOZ（E）2080118-124。

分布：我国福建、广东、广西（Zorn & Bezděk，2016）。

圆脊异丽金龟 *Anomala laevisulcata* Fairmaire，1888（图版 X，5）

Anomala laevisulcata Fairmaire，1888：19.

Anomala holcoptera Fairmaire，1889：26. Synonymized by Zorn，2004：308.

主要特征：体长8～15mm，体宽4.5～7mm。体浅黄褐至褐色，有时浅红褐，少数暗褐，或仅鞘翅颜色深，前胸背板通常具2个或小或大、浅或深色斑，头顶部偶有2暗色小斑。

体椭圆形，体背不甚隆拱。唇基横梯形，前缘弯突，上卷弱，前角宽圆，皱刻细密；额头顶部刻点细密。前胸背板匀布浅细而密刻点，常具浅或深窄中纵沟；侧缘中部弯突，后部弯缺，前角锐角，后角钝角，后角内侧常具1斜陷线；后缘沟线完整。鞘翅布颇密细刻点，鞘翅至肩突内侧之间有6条近等距刻点深沟行，行距窄脊状隆起，布颇密细横皱。臀板密布颇粗横刻纹。足不发达；前胫2齿，基齿细弱；后足胫节中部弱膨。雄性外生殖器阳基侧突渐窄，端部角状。

观察标本：1♂，福建，崇安，星村，三港，720～850m，1960-Ⅵ-4，姜胜巧，IOZ（E）1966496；1♂，福建，武夷山，挂墩，900m，2001-Ⅵ-2，葛斯琴，IOZ（E）1966497；1♀，福建，崇安，星村，三港，740m，1960-Ⅴ-27，张毅然，IOZ（E）1966498。

分布：我国福建、安徽、浙江、江西（Zorn & Bezděk，2016）。

素腹异丽金龟 *Anomala millestriga asticta* Lin，2002（图版 X，6）

Anomala millestriga asticta Lin，2002：401.

主要特征：体长14～16mm，体宽8～10mm。体背碧绿色，臀板基半部和各足胫跗节暗绿，带强烈金属光泽，前胸背板侧缘窄边、臀板端半部、腹面和各足股节浅黄褐色，偶有腹面暗红褐。腹面被毛弱。

体卵圆形，体背隆拱。唇基横梯形，前缘近直，上卷弱，前角宽圆，皱褶颇粗；额部刻点浓密而粗，有时皱，头顶部刻点如额部或较疏；触角鳃片部长于前5节总长之和。前胸背板布颇密刻点，点间通常窄于点径；侧缘中部偏前圆弯突，前角锐角略前伸，后角钝角；后缘沟线中断，长达小盾片侧。小盾片圆三角形，刻点较前胸背板疏细。鞘翅刻点行散布粗刻点，勉强可分辨，行距间密布细刻点；肩突和端突不发达。臀板密布细刻点，基部两侧及端部疏布长细毛。足不甚发达，前胫具2齿，前跗略粗；后足股节发达，后胫弱纺锤形，布浓密粗长刻点；前、中足大爪分裂。雄性外生殖器阳基侧突三角形，端部粗壮发达。

与指名亚种的区别为：本亚种体型较小，前胸背板侧缘浅色边窄，分界明显，腹部侧缘无浅色斑，腹部和股节无绿色金属光泽。

观察标本：1♂，正模，福建，武夷山，1985-Ⅵ，曾虹（IZGAS）；1♂，福建，崇安，星村，三港，720~850m，1960-Ⅵ-4，姜胜巧，IOZ（E）1966496；1♂，福建，武夷山，挂墩，900m，2001-Ⅵ-2，葛斯琴，IOZ（E）1966497；1♀，福建，崇安，星村，三港，740m，1960-Ⅴ-27，张毅然，IOZ（E）1966498；2♀，福建，武夷山市，桐木村，麻粟，灯诱，1265m，27°45′38.87″（N），117°44′37.07″（E），2016-Ⅶ-26，路园园、陈炎栋，IOZ（E）2080229、230。

分布：我国福建、河南、湖北、湖南、广东（Zorn & Bezděk，2016）。

斜沟异丽金龟 *Anomala obliquisulcata* Lin，2002

Anomala obliquisulcata Lin，2002：402.

主要特征：体长 14~17mm，体宽 7~9.5mm。头部、前胸背板（具浅黄褐侧边）和小盾片碧绿色，带强金属光泽，鞘翅草绿有时苹绿色，具强漆光，臀板黑褐，带绿色金属光泽，端半部浅黄褐或红褐；腹面和足黑褐色，有时不同部位及股节浅褐，偶有腹部和后胫红褐。前臀板后部密被短细伏毛，臀板被颇密长伏毛，腹面侧缘被毛较密。

体椭圆形，有时长椭圆，体背隆拱。唇基横梯形，前缘近直，上卷弱，前角宽圆，皱刻细密；额部刻点密而颇粗，通常皱，头顶部刻点细密。前胸背板刻点细密有时颇粗；后角前具 1 深斜陷，有时较短浅；侧缘中部弯突，前角直角或近锐角、前伸，后角钝角形，端圆；后缘沟线中断，长达小盾片侧。小盾片正三角形，侧缘弯突，刻点细密。鞘翅表面光滑，布细小不甚密刻点，背面刻点行明晰，宽行距布细刻点；侧缘镶边圆脊状，长达后缘角端部。臀板隆拱，布颇粗密横刻纹。前胫 2 齿；前、中足大爪分裂；后足股节宽，前缘弧形弯突，胫节近纺锤形。雄性外生殖器阳基侧突宽而短，端圆，腹面具 1 小齿突；底片端半部宽横，前缘浅弯缺（Lin，2002）。

观察标本：1♂，副模，福建，武夷山，1982-Ⅵ-14~29，郑智刚（IZGAS）。

分布：我国福建、山东、浙江、湖北、江西、湖南、广东、海南、广西、贵州（Lin，2002）。

哑斑异丽金龟 *Anomala opaconigra* Frey，1972（图版Ⅹ，7）

Anomala opaconigra Frey，1972：247.

主要特征：体长 13~14mm，体宽 7~7.5mm。背腹黄褐色，带漆光；头部（唇基和额部暗褐色）、前胸背板 2 大斑（有时扩展融合甚至仅留基部中央为黄褐色）、鞘翅周缘、鞘缝、肩突和端突、有时近侧缘 1 纵条、臀板基部中央 1 个大斑，黑褐色；各足跗节、后胫和前中胫端深红褐色（Lin，2002）。

体长椭圆形，体背不甚隆拱。唇基宽横梯形，前缘近直，上卷强，前角宽圆，表面密布粗刻点，中部呈横皱，有时两侧凹陷；额部呈半圆形强凹陷；头顶部刻点较疏细；触角鳃片部长于前 5 节之和。前胸背板刻点浓密，表面沙革状，中纵沟深显，通常不达基部；侧缘中部弯突，前角近直角，端不尖，后角直角形，端圆；后缘沟线完整。小盾片三角形，侧缘弯突，刻点细密。鞘翅粗刻点行明晰，宽行距布颇密粗刻点，窄行距细窄；肩突较发达，端突不发达。臀板隆拱，密布粗刻点。腹面基部 2 节侧缘具弱脊边。前胫 2 齿；前、中足大爪分裂；后足瘦长，后胫强纺锤形。雄性外生殖器阳基侧突端部 1/3 处收窄，端圆。

观察标本：1♂1♀，Kuatun（2 300m）27.40n. Br. 117.40ö. L. J. Klapperich. 1938-Ⅴ-17（Fukien）；1♂，Kuatun（2 300m）27.40n. Br. 117.40ö. L. J. Klapperich. 1938-Ⅴ-13（Fukien）；2♂2♀，Kuatun（2 300m）27.40n. Br. 117.40ö. L. J. Klapperich. 1938-Ⅴ-26（Fukien）；1♂，Kuatun（2 300m）27.40n.Br. 117.40ö. J. Klapperich. 1938-Ⅴ-3（Fukien）；1♂，Kuatun（2 300m）27.40n.Br. 117.40ö. L.J. Klapperich. 1938-Ⅴ-5（Fukien）；3♂，Kuatun（2 300m）27.40n. Br. 117.40ö. L. J. Klapperich. 1938-Ⅴ-7（Fukien）；

4♀，Kuatun（2 300m）27. 40n. Br. 117. 40ö. L. J. Klapperich. 1938-V-6（Fukien）；1♀，Kuatun（2 300m）27. 40n. Br. 117. 40ö. L. J. Klapperich. 1938-V-29（Fukien）；1♀，Kuatun（2 300m）27. 40n. Br. 117. 40ö. L. J. Klapperich. 1938-V-24（Fukien）；1♂，Kuatun（2 300m）27. 40n. Br. 117. 40ö. L. J. Klapperich. 1938-V-1（Fukien）；1♀，Kuatun（2 300m）27. 40n. Br. 117. 40ö. L. J. Klapperich. 1938-V-26（Fukien）；2♂，福建，三港，1981-V-25，汪家社。

分布：我国福建（Zorn & Bezděk，2016）。

红脚异丽金龟 *Anomala rubripes rubripes* Lin，1996（图版Ⅹ，8）

Anomala rubripes rubripes Lin，1996b：302.

主要特征：体长21~28mm，体宽11.5~15mm。背面草绿色，带漆光，鞘翅侧缘窄边暗绿或红色，唇基前部、前胸背板侧边、有时连鞘翅侧缘具强烈红或红金色泽；臀板带强烈金属绿色光泽，有时两侧略带红色光泽，偶有呈红褐色；腹面和足通常红色、火红或枣红色，各足胫跗节色较深，有时腹面各腹节中部具火红色反光；偶有鞘翅紫红，腹面浅铜色（Lin，2002）。

体椭圆形，体背隆拱强。唇基上卷弱，密布细刻点；额部密布细刻点。前胸背板刻点细密，两侧刻点较粗，后缘沟线中断。鞘翅匀布密而略粗刻点，刻点行略可辨认。臀板浓布细小横刻纹。雄性外生殖器阳基侧突端部内弯；底片从中部两裂，两叶平行。

观察标本：1♂，福建，建阳，坳头，1964-Ⅶ-10，李耀泉、罗裕良（IZGAS）。

分布：我国福建、安徽、浙江、湖北、江西、湖南、广东、海南、广西、贵州、云南（Lin，2002）。

黑足异丽金龟 *Anomala rufopartita* Fairmaire，1889（图版Ⅹ，9~10）

Anomala rufopartita Fairmaire，1889：27.

Anomala ebenina var. *colorata* Reitter，1903：58. Synonymized by Zorn，2004：312.

主要特征：体长11~12.5mm，体宽6~6.5mm。体黑色，带漆光，鞘翅中部具1波曲状浅黄褐色横带。

体椭圆形，体背隆拱。唇基近横方形，向前略收狭，前缘近直，上卷弱，前角宽圆，皱刻粗密；额唇基缝不明显；额部密布粗刻点，头顶部刻点疏细；触角鳃片部长于前5节之和。前胸背板密布粗刻点，多数刻点横形，点间宽于点径；侧缘中部弯突，后部略弯缺，前角直角形，后角直角形；后缘沟线甚短，远不达小盾片端。小盾片宽三角形，长宽比1:2，侧缘弯突，端尖，散布粗刻点。鞘翅光滑，刻点行不低陷，行距平，宽行距密布细刻点；肩突和端突不发达。臀板密布同心圆式粗横刻纹。足细长，前胫2齿，基齿细弱；前、中足大爪分裂；后胫中部宽膨。雄虫外生殖器不对称，左侧阳基侧突末端细长，并向内弯折，右侧不发达，末端为1骨化较弱的短刺。

观察标本：1♂1♀，Kuatun（2 300m）27. 40n. Br. 117. 40ö. L. J. Klapperich. 1938-Ⅳ-30（Fukien）；1♂，Kuatun（2 300m）27. 40n. Br. 117. 40ö. L. J. Klapperich. 1938-Ⅵ-5（Fukien）；1♂，Kuatun（2 300m）27. 40n. Br. 117. 40ö. L. J. Klapperich. 1938-V-1（Fukien）；1♂，Kuatun（2 300m）27. 40n. Br. 117. 40ö. L. J. Klapperich. 1938-Ⅶ-5（Fukien）；1♀，Kuatun（2 300m）27. 40n. Br. 117. 40ö. L. J. Klapperich. 1938-V-12（Fukien）；1♂，Kuatun（2 300m）27. 40n. Br. 117. 40ö. L. J. Klapperich. 1938-V-5（Fukien）；1♀，Kuatun（2 300m）27. 40n. Br. 117. 40ö. L. J. Klapperich. 1938-V-11（Fukien）。

分布：我国福建、四川、云南（Zorn & Bezděk，2016）。

皱唇异丽金龟 *Anomala rugiclypea* Lin，1989（图版Ⅹ，11）

Anomala rugiclypea Lin，1989：89.

主要特征：体长15~19mm，体宽8~11mm。体背深红褐色至黑褐色，带绿色金属光泽，腹面和足红褐色或深红褐色，胫跗节色深或黑褐色。臀板被不密甚长竖毛，胸部腹面浓被细长毛，前中足股节和腹部两侧疏被颇长毛。

体椭圆形，体背隆拱。唇基近横方形，向前略收狭，前缘直，上卷通常弱，有时颇强，前角宽圆，匀布细皱褶；额唇基缝中部后弯，两侧陷；额部密布粗刻点，头顶部细刻点颇密；复眼大；触角鳃片部长于前5节之和。前胸背板匀布颇密细小刻点，点间宽于点径；侧缘中部圆弯突，前角锐角，后角钝角、端圆；后缘沟线通常中断，有时近完整，仅中点较弱。小盾片正三角形，侧缘弯，布颇密细刻点。鞘翅刻点行清晰，不低陷，此外布甚密微小细刻点；宽行距中央均有1列刻点行，其中亚鞘缝行距刻点行前端散布刻点，不成行；肩突和端突不发达。臀板密布细横刻纹。腹部各节侧缘具强脊边。足发达，前胫2齿，基齿细弱；前、中足大爪分裂；后足股节发达，后胫圆柱形。雄虫外生殖器阳基侧突长，端部向中央及腹面弯折。

观察标本：Holotype，1♂，福建，崇安，星村，三港，740m，诱，1960-Ⅵ-23，张毅然；Paratype，1♀，福建，崇安，星村，三港，710m，诱；1♂，福建，崇安，星村，三港，740m，诱，1960-Ⅶ-15，张毅然，IOZ（E）1966517；1♀，福建，武夷山，1982-Ⅵ-14~29，郑智刚（IZGAS）；2♂，福建，武夷山市，桐木村，三港，灯诱，27°45′09.96″（N），117°40′26.38″（E），787m，2016-Ⅶ-21，杨海东、路园园、陈炎栋，IOZ(E)2080231、232。

分布：我国福建、陕西、湖北、江西、湖南、广东、海南、广西、四川、云南（Lin，1989，Zorn & Bezděk，2016）。

蓝盾异丽金龟 *Anomala semicastanea* Fairmaire，1888（图版Ⅹ，12）

Anomala semicastanea Fairmaire，1888：21.

Aprosterna castaneipennis Fairmaire，1891b：cciv. Synonymized by Ohaus，1916：345.

主要特征：体长12.5~16mm，体宽7~10mm。体背面和腹面红褐色，有时色较深，光泽弱，腹部具极弱的绿色光泽；头、小盾片、中后胸腹面和足深褐色，带强烈墨绿色至蓝紫色金属光泽，前胸背板红褐色，或深或浅具紫蓝光泽，有时深蓝色，有时前胸背板中央近前缘具2个黑色圆斑点，后缘色较深。额部两侧疏被不长竖毛，胸部腹面疏被长毛。

体长椭圆形，体背不甚隆拱。唇基横梯形，前缘近直，前角宽圆，边缘上卷强，表面皱刻粗密；额部三角形平塌，密布粗大刻点，点间皱，有时隆起；头顶部刻点疏细，点间光滑。前胸背板近横方形，匀布浅细刻点，近侧缘中部具2个圆形小凹坑；侧缘近前部斜直，前角锐角前伸，近后部略弯缺，后角钝角，端圆；后缘沟线完整。小盾片宽三角形，光滑，基部布少许细刻点。鞘翅平滑，刻点行不低陷，宽行距刻点细；侧缘前半部具明显宽平边。臀板隆拱较弱，密布细刻点，基半部刻点横形。足部发达，前胫2齿；后足胫节纺锤形。雄虫外生殖器阳基侧突长，端部向外弯折，呈"L"形（Lin，1988）。

观察标本：1♂，福建，崇安，星村，三港，740m，诱，1960-Ⅴ-17，张毅然，IOZ（E）1966518；1♂，福建，崇安，星村，三港，740m，1960-Ⅴ-25，马成林，IOZ（E）1966519；1♂，福建，崇安，星村，三港，740m，诱，1960-Ⅴ-27，张毅然，IOZ（E）1966520；1♂，福建，武夷山市，桐木村，麻粟，灯诱，1 265m，27°45′38.87″（N），117°44′37.07″（E），2016-Ⅶ-26，路园园、陈炎栋，IOZ（E）2080200；1♀，福建，武夷山市，桐木村，七里桥到挂墩，834~1 204m，

27°44′02.81″(N)，117°38′26.82″(E)，2016-Ⅶ-19，杨海东、路园园、陈炎栋，IOZ(E)2080201。

分布：我国福建、陕西、江苏、上海、安徽、浙江、江西、湖南、广东、香港、广西；越南（Zorn & Bezděk，2016）。

窝唇异丽金龟 *Anomala spatuliformis* Lin，2002

Anomala spatuliformis Lin，2002：397.

主要特征：体长 13.5~15mm，体宽 7~8.5mm。体浅棕色，带漆光。腹面被毛弱。

体椭圆形，体背隆拱。头部刻点颇粗密，偶有浅细；唇基宽横而短，边缘上卷甚强，前角圆，表面通常强烈凹陷如匙状；额唇基缝后弯。前胸背板刻点细密，具浅弱中纵沟；侧缘中部近前弯突，前段直，前角弱锐角、前伸，后段通常略弯缺，后角直角形；后缘沟线完整。小盾片三角形，侧缘弯突，端钝，刻点细密。鞘翅背面（鞘缝和肩突之间）有 7 条粗刻点深沟行，行 2 通常基部或过中部刻点散乱；窄行距强脊状隆起。臀板隆拱，布甚细密而浅横刻纹。足不甚发达，前胫 2 齿，基齿细弱；前、中足大爪分裂。雄性外生殖器阳基侧突形状复杂，左右叶不对称，左叶较短，内外缘具尖齿列；底片侧扁细长，中部下缘具 1 角状齿，端部膨大，具 1 上弯小钩（Lin，2002）。

观察标本：1♂，正模，福建，武夷山，1985-Ⅵ，曾虹（IZGAS）；1♂，副模，福建，崇安，星村，三港，740~850m，1960-Ⅵ-4，姜胜巧；1♀，副模，福建，三港，1981-Ⅵ-15，柳晶莹（IZGAS）；1♂，副模，福建，三港，1981-Ⅵ-10，汪江；1♂，Kuatun（2 300m）27.40n. Br. 117.40ö. L. J. Klapperich. 1938-Ⅴ-21（Fukien）；3♀，Kuatun（2 300m）27.40n. Br. 117.40ö. L. J. Klapperich. 1938-Ⅴ-30（Fukien）（NMPC）；1♂，福建，武夷山市，桐木村，三港，灯诱，2018-Ⅴ-28，773m，27°45′09″(N)，117°40′29″(E)，路园园、陈炎栋，IOZ(E)2080222。

分布：我国福建（Zorn & Bezděk，2016）。

斑翅异丽金龟 *Anomala spiloptera* Burmeister，1855

Anomala spiloptera Burmeister，1855：500.

Anomala densestrigosa Fairmaire，1888：20. Synonymized by Zorn，2004：313.

主要特征：体长 13~17.5mm，体宽 7.5~10mm。体色多变，通常全体墨绿色，背面带绿色金属光泽，每鞘翅近中部横排 3 浅黄色斑，有时色斑连接成横带；或体浅褐色，额头顶部和前胸背板（浅色宽侧边除外）墨绿色，多数臀板和腹部褐色，有时腹部大部分黑褐，两侧和后部浅黄褐，后足胫跗节，有时连前、中足跗节红褐色，有时鞘翅单数窄行距、肩突和外侧暗褐色；有时背面浅褐色（额头顶部暗褐色除外）（Lin，2002）。

体椭圆形或长椭圆形，体背隆拱。唇基上卷颇强。前胸背板刻点粗密，通常略呈横行，后角直角形；无后缘沟线。鞘翅刻点细密，杂布横刻纹和横皱，沟行深显，行距圆脊状强隆。臀板密布粗横刻纹。足细长。雄性外生殖器阳基侧突不对称，均细长，左叶长于右叶；底片细长，末端稍膨大，浅裂。

观察标本：未见该产地标本，根据文献记录添加至此（Lin，2002）。

分布：我国福建、浙江、江西、广东、四川、贵州；印度（Zorn & Bezděk，2016）。

弱脊异丽金龟 *Anomala sulcipennis*（Faldermann，1835）（图版Ⅺ，1）

Idiocnema sulcipennis Faldermann，1835：378.

Anomala sulcipennis：Burmeister，1855：497.

主要特征：体长 7~11mm，体宽 4~5.5mm。体浅黄褐，有时带弱绿色金属光泽，各足跗节

（有时仅各足端部）褐或浅褐色；有时体褐色或深褐，前胸背板两侧和臀板及腹面不定部位浅黄褐；有时额头顶部、前胸背板中部、鞘翅和臀板具暗色斑纹（Lin，2002）。

体长形，两侧近平行，或长椭圆形。唇基宽横梯形，前缘近直，上卷不强，前角宽圆，表面皱刻粗密；额部密布粗深刻点，点间窄于点径，头顶部刻点略稀疏；触角鳃片部略长于其前5节总和。前胸背板匀布细密刻点；侧缘中部圆弯突，前角直角，后角圆；后缘沟线完整。小盾片圆三角形，宽略胜于长，密布粗刻点。鞘翅匀布细小颇密刻点，刻点行浅陷，行距弱隆；侧缘镶边宽，长达后圆角。臀板隆拱弱，密布细横刻纹。足不发达，前足胫节外缘2齿，基齿细弱；前、中足大爪分裂；后胫中部略宽膨。雄性外生殖器阳基侧突分叉，内侧部分凹陷，外侧部分末端内弯。

观察标本：1♂，福建，武夷山，三港，740m，1997-Ⅷ-17，李文柱，IOZ（E）1966522；1♂，福建，崇安，星村，七里桥，840m，1960-Ⅵ-25，左永，IOZ（E）1966523；1♂，福建，崇安，星村，三港，800m，1960-Ⅵ-30，蒲富基，IOZ（E）1966524；1♂，福建，南平市，武夷山，三港，桃源裕，2009-Ⅵ-28，杨秀帅，IOZ（E）1966525。

分布：我国福建、河北、河南、陕西、江苏、浙江、湖北、湖南、广东、广西、四川、贵州（Lin，2002）。

三带异丽金龟 *Anomala trivirgata* Fairmaire，1888（图版Ⅺ，2）

Anomala trivirgata Fairmaire，1888：20.

Anomala trivergata var. *bifasciata* Benderitter，1929：103. Synonymized by Zorn，2004：313.

Anomala biguttata Frey，1971：114. Synonymized by Zorn，2004：313.

主要特征：体长14~17mm，体宽8~9.5mm。体黄褐，带漆光，偶有臀板和腹部暗红褐，偶或后足胫、跗节红褐。体表具黑或暗褐色斑带，具体如下：前胸背板具3条纵带，偶有色甚浅；鞘翅中部略前、近鞘缝每鞘翅各有1圆斑，有时两斑相接，圆斑远外侧、肩突后方1小斑，通常臀板基角和侧缘中部各具1圆斑；腹部背侧面各节相接处具1大斑。臀板端被颇密长毛。

体椭圆形，体背隆拱强。唇基近横方形，向前略窄，上卷颇强，前角宽圆，皱刻细密；额部刻点粗密，有时皱，头顶部刻点粗密；触角鳃片部发达，长于前5节之和。前胸背板刻点密而颇粗，两侧刻点粗，通常具细窄中纵沟；侧缘中部靠后缓弯突，前角直角，后角端角形，端圆；后缘沟线全缺。小盾片圆三角形，密布粗刻点。鞘翅刻点粗而颇密，夹杂极细微刻点；刻点行浅，行距弱隆。臀板布浓密浅细横刻纹。足不甚发达，前胫2齿；前、中足大爪分裂；后足股节发达，后胫中部略宽膨。雄性外生殖器阳基侧突不对称，左侧细长针状，端部回折约总长的1/3，右侧缺失，仅基部可见。

观察标本：1♂1♀，福建，武夷山市，星村镇，桐木村，大竹岚，2018-Ⅵ-1，路园园、陈炎栋，IOZ（E）2080227、228。

分布：我国福建、山西、陕西、甘肃、湖北、江西、四川、贵州、云南；越南，尼泊尔，不丹。

大绿异丽金龟 *Anomala virens* Lin，1996（图版Ⅺ，3）

Anomala virens Lin，1996b：307.

主要特征：体长21~29mm，体宽12~17mm。体背和臀板草绿色，带强烈金属光泽（有时前胸背板泛珠泽），鞘翅带强烈漆光或珠光；腹面和各足基节强金属绿色，腹面各节基缘泛蓝泽，胫、跗节蓝黑色，前者带强金属绿泽；偶有全体玫瑰红色。

体椭圆形，体背隆拱强。唇基横梯形，前缘近直，上卷甚弱，前角宽圆，皱刻细密；额部刻点粗密，有时皱，头顶部刻点细密；触角鳃片部短于前5节之和。前胸背板刻点细密；侧缘中部弯突，前角直角，后角端角形，端圆；后缘沟线中断，长达小盾片侧。鞘翅表面光滑，刻点细而颇密，刻点行隐约可辨；肩突和端突不发达；鞘翅后侧缘扩阔。臀板浓密细横刻纹。腹部基部两节侧缘角状。足粗壮，前胫2齿，端齿细弱；前、中足大爪分裂；后足股节发达，后胫中部略宽膨。雄性外生殖器阳基侧突三角形，端部向内弯；底片发达，前缘近直，后半部分侧缘强烈内弯，中央具中纵沟。

观察标本：1♂，Kuatun（2 300m）27. 40n. Br. 117. 40ö. L. J. Klapperich. 1938-IX-24（Fukien）。

分布：我国福建、山西、山东、河南、浙江、湖北、江西、湖南、广东、海南、广西、四川、贵州、云南（Zorn & Bezděk，2016）。

脊纹异丽金龟 Anomala viridicostata Nonfried，1892（图版XI，4）

Anomala viridicostata Nonfried，1892：86.

主要特征：体长14.5~18mm，体宽7.5~10mm。头、前胸背板、有时小盾片和臀板基部墨绿色，唇基、前胸背板宽侧边、臀板、胸部腹面和各足股节浅黄褐色，鞘翅单数窄行距、肩突和端突及侧缘宽纵条墨绿色，各足胫、跗节红褐（后足的色深），腹部红褐，有时各腹节基部黑褐，两侧和端部浅黄褐；有时鞘翅墨绿色，在第3、第5、第7窄行距中部各具1浅黄斑，外侧斑长形（Lin，2002）。

体长椭圆形，体背隆拱。唇基宽横梯形，前缘直，上卷颇强，前角宽圆，皱刻粗密；额部皱刻粗密如唇基，头顶部刻点略细密；触角鳃片部长于其前5节总长。前胸背板布颇粗密横形刻点；侧缘中部弯突，前角锐角，前伸，后角钝角；无后缘沟线。小盾片三角形，宽胜于长，刻点颇粗密，略横形。鞘翅布浓密粗刻点和横刻纹，刻点行强陷，窄行距脊状隆起。臀板隆拱，密布粗横刻纹。足不发达，前胫2齿，基齿细弱；前、中足大爪分裂；后足股节发达。雄性外生殖器阳基侧突后半部分长如针状，末端略上弯。

观察标本：1♂，福建，武夷山，三港，740m，1997-VIII-11，李文柱，IOZ（E）1966521；1♀，福建，武夷山，桐木村，七里桥到挂墩，2016-VII-19，834~1 204m，27°44′02. 81″（N），117°38′26. 82″（E），2016-VII-19，杨海东、路园园、陈炎栋，IOZ（E）2080235；1♀，福建，武夷山市，桐木村，三港，灯诱，787m，27°45′09. 96″（N），117°40′26. 38″（E），2016-VII-22，路园园、陈炎栋，IOZ（E）2080236；1♂，福建，武夷山，三港，740m，1997-VII-28，姚建，IOZ（E）2080237。

分布：我国福建、安徽、浙江、湖北、江西、湖南、广东、广西、四川、贵州、云南（Zorn & Bezděk，2016）。

毛额异丽金龟 Anomala vitalisi Ohaus，1914（图版XI，5）

Anomala vitalisi Ohaus，1914b：207.

主要特征：体长12~13.5mm，体宽6~6.5mm。体黑色或黑褐，头、前胸背板和小盾片带强绿色金属光泽。额部被不密短细竖毛，前臀板后缘和臀板疏被短伏毛，腹部被颇密短伏毛，侧缘毛密，股节被颇密长毛（Lin，2002）。

体长椭圆形，体背不甚隆拱。唇基宽横梯形，前缘近直，上卷强，前角宽圆，皱刻粗密颇深；额唇基缝明显；额部皱刻粗密，头顶部刻点粗，略稀疏；触角鳃片部发达，长于其前5节总长。前胸背板刻点浓密粗深，略横行，侧区部分刻点融合，具深显中纵沟；侧缘中部靠前弯突，后部弯缺，前角锐角，前伸，后角钝角，端尖；后缘沟线中断。小盾片近半圆形，外缘具光滑宽平边，内部刻点如前胸背板，部分刻点融合。鞘翅匀布细小颇密刻点，粗刻点行强陷；宽行距平，密布粗大刻点，窄行距脊状隆起。臀板不甚隆拱，浓布颇粗横刻纹。腹部侧缘3节脊状隆起。足细长，不发达；前胫 2 齿；前、中足大爪分裂；后足粗壮。雄性外生殖器阳基侧突端部细长均向内弯折；底片小，形状似阳基侧突。

观察标本：1♂，Kuatun（2 300m）27.40n. Br. 117.40ö. L. J. Klapperich. 11. 5. 1938（Fukien）。

分布：我国福建、江西、广东；越南（Zorn & Bezděk，2016）。

矛丽金龟属 *Callistethus* Blanchard，1851

主要特征：椭圆或长椭圆形，背面光裸。唇基横形，前缘近直，前角圆。前胸背板后缘中部向后圆弯，后缘沟线短或缺。小盾片三角形或圆三角形。鞘翅长，盖过前臀板，点行明显。中胸腹突发达，伸过中足基节。前足胫节外缘具 2 齿，内缘具 1 距，前、中足大爪分裂（Lin，1981）。

分布：东洋区和新热带区，少量分布于古北区、非洲区和澳洲区。福建武夷山分布 1 种。

蓝边矛丽金龟 *Callistethus plagiicollis plagiicollis*（Fairmaire，1886）（图版XI，6）

Spilota plagiicollis Fairmaire，1886：329.

Paraspilota impictus Bates，1888：374.

Callistethus plagiicollis plagiicollis：Machatschke，1957：93.

主要特征：体长 11~16mm，体宽 6~9mm。体背红褐有时黄褐，通常头部和臀板色略深，腹面和足暗褐色，前胸背板侧缘暗蓝色。

体长椭圆形，体背不甚隆拱。唇基近横方形，向前略收狭，上卷弱，表面光滑；额部光滑无刻点，头顶部中央光滑，两侧疏布极细微刻点；触角鳃片部发达，长于其前 5 节总长。前胸背板光滑，布颇密细微浅刻点，后角大于直角，无后缘沟线。鞘翅刻点行明晰，宽行距布颇密细刻点，窄行距无刻点。臀板光滑，布颇密细小浅刻点。中胸腹突尖长。足细长，不甚发达；前胫 2 齿，基齿细弱；前、中足大爪分裂；后足股节发达，后胫弱纺锤形。雄虫外生殖器阳基侧突短，长约为宽的 2 倍，端部宽圆。

观察标本：1♂1♀，福建，崇安，星村，桐木关，850~970m，1960-Ⅶ-8，张毅然，IOZ（E）2080198、2080201；1♂，福建，崇安，桐木，关坪，800~900m，1960-Ⅵ-20，张毅然，IOZ（E）2080199；1♂，福建，武夷山市，桐木村，麻粟，灯诱，1 265m，2016-Ⅶ-26，路园园、陈炎栋，IOZ（E）2080200；1♀，福建，崇安，星村，三港，诱，710m，1960-Ⅵ-25，张毅然，IOZ（E）2080202；1♀，福建，武夷山，桐木村，七里到挂墩，834~1 204m，27°44′02.81″（N），117°38′26.82″（E），2016-Ⅶ-19，杨海东、路园园、陈炎栋，IOZ（E）2080203。

分布：我国福建、辽宁、河北、山西、陕西、河南、江苏、安徽、浙江、江西、湖北、湖南、广东、广西、四川、贵州、云南、西藏；蒙古国，俄罗斯，朝鲜，韩国，越南。

珂丽金龟属 *Callistopopillia* Ohaus，1903

主要特征：体中型，椭圆或宽椭圆，体背通常不甚隆拱。体色甚耀亮，带钢蓝色或金绿色、有时暗红色泽。唇基近半圆形或横梯形，边缘上卷强或颇强，额唇基缝深显。触角 9 节。前胸背板向前明显收狭，后缘沟线全缺，后缘在小盾片前弱弯缺。小盾片通常近正三角形，侧缘弯，端不尖。鞘翅长，盖过前臀板；通常光滑，在鞘翅和肩突之间有 7 条纵刻点行，有时具沟行和窄肋，两侧在肩突后略低陷。臀板隆拱，光滑，端部具疏长毛。中胸腹突发达前伸。后足基节尖长后伸；前足胫节外缘 2 齿，基齿细弱或消失；后胫近柱形；前、中足大爪分裂。

雄性：前足胫节端齿尖短，前足跗节大爪宽扁。末节腹板后缘中央弯缺，弯缺部分具膜质区。外生殖器阳基侧突细长，两裂。

雌性：前足胫节端齿宽长而钝，鞘翅侧缘在肩突后方至中部具发达长圆脊条，末节腹板中部弯突（Lin，1999）。

分布：东洋区。福建武夷山分布1种，为福建省首次分布记录。

硕蓝珂丽金龟 *Callistopopillia davidis*（Fairmaire，1878）

Callistethus davidis Fairmaire，1878：101.

Callistopopillia davidis：Ohaus，1903：221.

Callistethus compressidens Fairmaire，1887：112. Synonymized by Ohaus，1903：221.

主要特征：体长11.5~14.5mm，体宽6.5~9mm。全体钢蓝色，或墨绿色仅鞘翅有时连足钢蓝色，除鞘翅周缘和中线及跗节外，通常带十分强烈金绿色金属光泽，有时每鞘翅中部具1火红色条纹。

体椭圆形至宽椭圆形，体背不甚隆拱。唇基半圆形，边缘上卷颇强，皱刻粗密；额部刻点较粗密；头顶部刻点疏细。前胸背板十分光滑无刻点；侧缘中部弯突，前角锐角，前伸，后角近直角。小盾片近半椭圆形，十分光滑。鞘翅刻点行刻点细小，近内侧两行近端部沟陷；行间窄，平滑无刻点。臀板隆拱强，中部光滑几无刻点，两侧布颇细小刻点。前胫2齿，基齿细小或几不见。雄性外生殖器阳基侧突细长，近端部外侧具1直角小齿（Lin，1999）。

观察标本：1♂，福建，武夷山，黄岗山，1 700~1 800m，1997-Ⅷ-6，姚建，IOZ（E）1966216；3♂4♀，福建，武夷山，黄岗山，1 700~2 158m，1997-Ⅷ-6，章有为，IOZ（E）1966318、IOZ（E）1966319、IOZ（E）1966320、IOZ（E）1966324、IOZ（E）1966325、IOZ（E）1966326、IOZ（E）1966327；2♂1♀，福建，武夷山，黄岗山，2 150m，1997-Ⅷ-6，吴焰玉，IOZ（E）1966321、IOZ（E）1966322、IOZ（E）1966328。

分布：我国福建、湖北、广西、四川、贵州、云南、西藏（Zorn & Bezděk，2016）。

黑丽金龟属 *Melanopopillia* Lin，1980

主要特征：体中型，椭圆形，背面通常不甚隆拱。唇基缝明显；复眼不甚发达；触角9节，鳃片部通常略长于鞭部（第2~6节）。前胸背板宽胜于长，基部最宽；后缘向后均匀圆弯，有时在两侧微缓弯缺；后缘沟线全缺，或甚短仅见于后角附近。小盾片宽三角形。鞘翅短，宽胜于长或宽长相等，通常露出前臀板后部；左右鞘翅各有1或深或浅的窝陷，在小盾片后方斜向肩疣；后缘圆，缝角具1小齿，缘膜正常，肩疣发达，鞘翅点行明显。腹面被毛不密。中胸腹突竖扁而短，通常高胜于长，向下隆凸。腹部各腹节具1横列毛。前足胫节外缘具2齿，内缘具1距，前中足大爪分裂，中、后足胫节各具2列带刺毛斜脊，后足较粗壮。

雄：臀板隆拱强；腹部末节后缘中央弯缺；前足胫节端齿尖短，跗节较粗，大爪宽扁。

雌：臀板隆拱较弱；腹部末节后缘均匀弯突；前足胫节端齿宽长，跗节和大爪细长；后足粗壮（Lin，1980）。

分布：我国福建、江西、湖南、广东、海南、广西。

华南黑丽金龟 *Melanopopillia praefica*（Machatschke，1971）

Callistethus praefica Machatschke，1971：199.

Melanopopillia praefica：Lin，1980：299.

主要特征：体长11~15mm，体宽7~9mm。全体黑色，带漆光。唇基横梯形，通常上卷弱。前胸背板密布细（雄）或略粗（雌）刻点，后角钝角状。鞘翅刻点行低陷，窄行距弱圆脊状隆起，宽行距布颇粗密刻点。小盾片圆三角形，布颇密细刻点。臀板隆拱不甚强（雄）或弱（雌），布浓密细横刻纹。腹部侧缘圆角状，无脊状褶边。后足粗壮，胫节纺锤形（Lin，1980）。

观察标本： 1♂，福建，武夷山，桐木村，七里桥到挂墩，27°43.767′（N）117°39.215′（E），835~1 025m，2015-Ⅶ-9，李莎；1♂，福建，建阳，黄坑，坳头，950m，1973-Ⅵ-5，虞佩玉；1♂，福建，崇安，桐木，790~1 155m，1960-Ⅵ-25，金根桃、林扬明；1♂，福建，崇安，星村，三港，740m，1960-Ⅵ-18，张毅然；1♂，福建，崇安，星村，三港，800m，1960-Ⅵ-28，左永；1♂，福建，崇安，星村，七里桥，840m，1960-Ⅵ-25，姜胜巧；1♂，福建，崇安，桐木，790~1 155m，1960-Ⅵ-29，金根桃、林扬明；1♀，福建，崇安，桐木，790~1 155m，1960-Ⅵ-20，金根桃、林扬明；1♂，福建，崇安，桐木，790~1 155m，1960-Ⅵ-26，金根桃、林扬明；1♂，福建，武夷山，1982-Ⅵ-14~29，郑智刚（IZGAS）；1♂，福建，崇安，星村，三港，740m，1960-Ⅵ-28，张毅然；2♂，福建，崇安，星村，龙渡，580m，1960-Ⅵ-26，姜胜巧；3♂，福建，崇安，星村，三港，740m，诱，1973-Ⅵ-10，虞佩玉；1♂，福建，崇安，星村，三港，720~750m，1973-Ⅵ-12，虞佩玉。

分布： 我国福建、江西、湖南、广西（Lin，2002）。

彩丽金龟属 *Mimela* Kirby，1823

主要特征： 体卵形、长卵形，甚少近圆形，通常带强金属光泽。唇基横梯形，横方形或近半圆形；唇基和额布刻点或皱刻，头顶通常刻点疏细；触角9节。前胸背板一般基部最宽，侧缘中部弯突，后缘向后圆弯；后缘沟线通常中断。小盾片三角形或圆三角形。鞘翅长，后部较宽，表面通常光滑；缘膜发达。腹面在前足基节间有1向下片状突出物，称前胸腹突，通常端部向前弯折，从侧面可见。中胸腹突有或无。足部通常较粗壮；前胫外有1~2齿，内缘具1距；前、中足大爪通常分裂；后股通常宽阔。

分布： 东洋区、古北区、非洲区，少数分布于澳洲区；福建武夷山分布13种。

分种检索表

1. 中足大爪分裂 ………………………………………………………………………………… **2**
   中足大爪简单 ……………………………………………………… 闽绿彩丽金龟 *Mimela fukiensis*
2. 臀板不被毛 …………………………………………………………………………………… **3**
   臀板密被短毛或被长毛 ……………………………………………………………………… **11**
3. 后足股节后缘不内弯 ………………………………………………………………………… **4**
   后足股节后缘强内弯 ………………………………………………………………………… **10**
4. 体背墨绿色，带强烈金属光泽 ……………………………………………………………… **5**
   体背草绿、黄绿、黄褐或红褐色 …………………………………………………………… **8**
5. 腹部侧缘正常，不隆起 ……………………………………………………………………… **6**
   腹部侧缘脊状隆起 ………………………………… 拱背彩丽金龟 *Mimela confucius confucius*
6. 各足股节黄褐色，胫跗节黑褐色，无金属光泽 ……………… 棕腹彩丽金龟 *Mimela fusciventris*
   各足红褐色，具强烈绿色金属光泽 ………………………………………………………… **7**
7. 前胸背板后缘沟线中断；有时具细弱中纵沟 ………………………… 小黑彩丽金龟 *Mimela parva*
   前胸背板后缘沟线完整；中纵沟明显 ……………………………… 墨绿彩丽金龟 *Mimela splendens*
8. 体背和臀板草绿色，具漆光；鞘翅表面光滑，刻点行不明显 …… 浅草彩丽金龟 *Mimela seminigra*
   体浅黄褐色，带绿色金属光泽；鞘翅表面刻点行明显，表面不平整，窄行距弱脊状隆起或刻点行低陷 ……… **9**
9. 前胸背板中纵沟明显；鞘翅无杂色条纹；腹部侧缘正常 ………… 背沟彩丽金龟 *Mimela specularis*
   前胸背板无中纵沟；鞘翅中央1宽纵条纹；腹部基部3节侧缘具褶边 …… 眼斑彩丽金龟 *Mimela sulcatula*
10. 体背和臀板草绿色，具漆光 ……………………………………… 亮绿彩丽金龟 *Mimela dehaani*

拱背彩丽金龟 Mimela confucius confucius Hope，1836（图版Ⅺ，7）

Mimela confucius Hope，1836：112.

Mimela flexuosa Lin，1966：144. Synonymized by Lin，1990：26.

主要特征：体长 19.5~22mm，体宽 11~13mm。体背墨绿色，带强烈金属光泽；腹面和足红褐至深红褐色；有时臀板端半部和各足股节、前足基节和胸部腹面（除中部外），间或前胸背板侧缘窄边浅红褐色。

　　体宽椭圆形，后部较宽，体表甚隆拱。唇基表面隆拱，宽横梯形，前缘略弯突，上卷弱，前角宽圆，皱刻细；额部刻点细密，略皱，头顶部刻点细密；触角鳃片部与其前 5 节之和相等。前胸背板宽横，刻点细密，此外表面布极纤细浓密刻点；通常具明显中纵沟，有时弱而短；侧缘中部稍后弯突不强，前角强锐角，前伸，后角圆；后缘沟线短，达小盾片侧，沟线有时短或近消失。小盾片宽圆三角形，布颇密细小刻点。鞘翅甚隆拱，粗刻点行明显，内侧 3 行近端部沟陷，宽行距布粗密刻点。臀板隆拱强，密布粗浅脐状刻点。前胸背板薄犁状，后角钝角形。中胸腹突甚短。腹部基部 4 节侧缘具强棱脊边。前胫 2 齿，基齿细小；前、中足大爪分裂；后足股节发达，后胫近纺锤形。雄性外生殖器阳基侧突短粗，两侧平行，末端向内斜弯；底片发达，基部侧面呈直角（Lin，1993）。

　　观察标本：1♂，福建，武夷山，1980-Ⅵ-10~18，夏石养（IZGAS）；1♂，福建，武夷山，麻粟，1 260m，2000-Ⅶ-30，张平飞、费正清，IOZ（E）2090000；1♂，福建，武夷山，先锋岭，1 200m，2000-Ⅶ-25，张平飞、费正清，IOZ（E）2080164~165；1♂，福建，武夷山市，桐木村，三港，灯诱，787m，27°45′09.96″（N），117°40′26.38″（E），2016-Ⅶ-22，路园园、陈炎栋，IOZ（E）2080166；1♂，福建，武夷山市，桐木村，三港，灯诱，787m，2016-Ⅶ-21，路园园、陈炎栋，IOZ（E）2080167；1♂，福建，武夷山，三港，740m，1997-Ⅶ-27，李文柱，IOZ（E）2080168；1♂，福建，武夷山，三港，740m，1997-Ⅶ-28，姚建，IOZ（E）2080169；1♀，福建，武夷山，黄岗山，1 100~1 700m，1997-Ⅷ-6，章有为，IOZ（E）2080170。

　　分布：我国福建、河北、山西、陕西、安徽、浙江、湖北、江西、湖南、广东、海南、广西、四川、贵州、云南；越南（Zorn & Bezděk，2016）。

亮绿彩丽金龟 Mimela dehaani（Hope，1839）（图版Ⅺ，8）

Euchlora dehaani Hope，1839：71.

Anomala dehaani：Burmeister，1844：284.

Mimela dehaani：Paulian，1959：106.

Anomala decipiens Hope，1841：66. Synonymized by Paulian，1959：108.

Mimela dulcissima Bates，1891：78. Synonymized by Zorn，2004：315.

主要特征：体长 18~24mm，体宽 11~19mm。体背和臀板草绿色，具漆光；触角深红褐色，腹面和足深红褐色或黑褐色，通常带十分强烈金绿色光泽，腹面各腹节基部带蓝色闪光。

体椭圆形，体背隆拱。唇基表面隆拱，横梯形，前缘近直，上卷颇强，前角宽圆，刻点细密，略皱；额部布颇密细刻点，头顶部刻点细小而密；触角鳃片部稍长于其前5节总和。前胸背板布颇密细小刻点；有时刻点甚浅细；侧缘缓弯突，前段稍弯缺，前角锐角、前伸，后角圆；后缘沟线全缺，有时具1列甚短浅沟线或粗刻点。小盾片三角形，侧缘弯，无刻点。鞘翅甚光滑，疏布细小或细微刻点，刻点行不明显。臀板隆拱，基部两侧和侧缘中部各具1凹陷，疏布细或细微刻点。前胸腹突宽厚，靴状，底面长椭圆形。中胸腹突长而宽，端圆。足较粗壮，前胫2齿，基齿甚细弱，或仅具齿迹；前、中足大爪分裂；后足粗壮，后足股节宽，后缘近端部强弧弯，后附甚粗壮，短于后胫。雄性外生殖器阳基侧突基部甚宽，右叶盖住左叶（Lin，1993）。

观察标本：1♂，福建，武夷山，三港，诱，740m，1997-Ⅷ-13，章有为，IOZ（E）2080094；1♂1♀，福建，武夷山，三港，诱，740m，1997-Ⅷ-7，章有为，IOZ（E）2080096、2080102；1♂，福建，武夷山，三港，诱，740m，1997-Ⅶ-28，章有为，IOZ（E）2080097；1♂1♀，福建，武夷山，三港，740m，1997-Ⅷ-3，李文柱，IOZ（E）2080098、2080100；1♂1♀，福建，武夷山，黄岗山，1 800m，2000-Ⅶ-28，张平飞、费正清，IOZ（E）2080099、2080108；2♀，福建，武夷山，三港，740m，1997-Ⅷ-11，李文柱，IOZ（E）2080101、2080104；1♀，福建，武夷山，三港，740m，1997-Ⅷ-5，章有为，IOZ（E）2080103；1♀，福建，武夷山，三港，740m，1997-Ⅷ-1，李文柱，IOZ（E）2080105；1♀，福建，崇安，星村，三港，740m，诱，1960-Ⅶ-15，张毅然，IOZ（E）2080106；1♀，福建，武夷山，三港，740m，2000-Ⅶ-28，张平飞、费正清，IOZ（E）2080107。

分布：我国福建、江西、湖南、广西、四川、贵州、云南；印度，不丹（Zorn & Bezděk，2016）。

弯股彩丽金龟 *Mimela excisipes* Reitter，1903（图版 XI，9）

Mimela excisipes Reitter，1903：54.

主要特征：体长13~17mm，体宽8~9.5mm。全体墨绿色、深红褐色或黑褐色，带强烈绿色金属光泽。每腹节具1横列疏细毛，侧缘毛较密。

体椭圆形，有时后部较宽，体背隆拱强。唇基宽横梯形，表面隆拱，前缘近直，上卷不强，前角宽圆，皱刻细；额部皱刻细密，头顶部刻点细密；触角鳃片部长于其前5节总长。前胸背板中部刻点细而颇密；侧缘中部近后弯突，前段稍弯缺，后段圆，前角强锐角、前伸，后角圆；后缘沟线在小盾片前中断。小盾片宽三角形，刻点纤细。鞘翅平滑，细刻点行明显，内侧3行近端部低陷，宽行距疏细刻点。臀板隆拱，光滑，布颇密细刻点。前胸腹突宽，近柱形，端部靴状。中胸腹突甚短，端近平截。腹部基部2节侧缘基半部具褶边。前胫2齿，基齿细；前、中足大爪分裂；后足甚粗壮，股节后缘强内弯，后胫强纺锤形，跗节粗短。雄性外生殖器阳基侧突窄长；底片短，近方形（Lin，1993）。

观察标本：1♂，福建，武夷山，三港，740m，1997-Ⅷ-11，李文柱，IOZ（E）1966535；1♀，福建，崇安，星村，挂墩，900~1 160m，1960-Ⅶ-8，马成林，IOZ（E）1966536；1♂，福建，崇安，星村，先锋岭，850~1 170m，1960-Ⅶ-23，张毅然；1♂，福建，武夷山，三港，740m，1997-Ⅶ-27，李文柱，IOZ（E）2080125；1♂1♀，福建，武夷山，三港，740m，1997-Ⅷ-3，李文柱，IOZ（E）2080126、2080138；1♂，福建，崇安，星村，桐木关，740~850m，1960-Ⅶ-24，张毅然，IOZ（E）2080127；1♂，福建，崇安，星村，桐木关，740~850m，1960-Ⅶ-24，张毅然，IOZ（E）2080128；1♂，福建，崇安，星村，三港，740m，1960-Ⅷ-30，左永，IOZ（E）2080129；2♂，福建，武夷山市，桐木村，三港，灯诱，787m，2016-Ⅶ-21，杨海东、路园园、陈炎栋，IOZ（E）2080133-134；1♀，福建，武夷山，三港，740m，1997-Ⅷ-27，李文柱，IOZ（E）2080140；

1♀，福建，武夷山，三港，740m，1997-Ⅷ-11，李文柱，IOZ（E）2080141；1♀，福建，武夷山，三港，740m，2000-Ⅶ-28，张平飞、费正清，IOZ（E）2080142；1♀，福建，武夷山，七里桥，800m，2000-Ⅶ-31，张平飞、费正清，IOZ（E）2080143；1♀，福建，崇安，星村，七里桥，840m，1963-Ⅶ-14，章有为，IOZ（E）2080144。

分布：我国福建、山东、河南、陕西、江苏、上海、安徽、浙江、湖北、江西、湖南、台湾、广东、四川（Zorn & Bezděk，2016）。

黄裙彩丽金龟 *Mimela flavocincta* Lin，1966

Mimela flavocincta Lin，1966：146.

Mimela kitanoi Miyake，1987：7.

主要特征：体长 17.5~19mm，体宽 10.5~11.5mm。体背草绿色，带漆光，唇基、前胸背板宽侧边、鞘翅宽侧边和端部及臀板后半部浅黄褐色，胸部腹面和各足股节浅红褐色，腹部和前中足胫跗节红褐，后足胫跗节色较深。前臀板后缘和臀板密被短细伏毛；腹部被不甚密十分细短毛，每腹节中部被 1 横列疏短毛。

体椭圆形，近端部较宽，体背隆拱。唇基宽横梯形，前缘近直，上卷弱，前角宽圆，褶皱细密；额头顶部刻点细而颇密，额部弱皱；触角鳃片部长于其前 5 节之和。前胸背板宽横，布颇密细刻点；具细窄中纵沟，不达前后缘；侧缘缓弯突，前角锐角，后角钝角，端圆；后缘沟线全缺。小盾片三角形，侧缘弯，疏布细小刻点。鞘翅刻点粗而颇密，刻点行明显；宽行距密布细刻点。臀板隆拱，横刻纹细密。前胸腹突薄犁状，后角直角形。中胸腹突不前伸。腹部基部 2 节侧缘褶边不强，第 3 节侧缘角状。足细长，前胫 2 齿，前、中足大爪分裂；后足胫节中部略宽膨，胫端长距弯曲。雄性外生殖器阳基侧突呈鸟喙状下弯，端部近平截（Lin，1966，1993）。

观察标本：1♂，福建，武夷山市，桐木村，挂墩，1 258m，2016-Ⅶ-20，杨海东、路园园、陈炎栋，IOZ（E）2080072。

分布：我国福建、浙江、湖北、湖南、台湾（Zorn & Bezděk，2016）。

闽绿彩丽金龟 *Mimela fukiensis* Machatschke，1955（图版Ⅺ，10）

Mimela fukiensis Machatschke，1955b：502.

主要特征：体长 14~16mm，体宽 8~8.5mm。体背暗绿色，臀板墨绿色，带金属光泽；前胸背板窄侧边和臀板边浅红褐色。臀板被中等密长毛，胸部腹面密被长毛。

体椭圆形，有时后部较宽，体背隆拱强。唇基近横方形，向前略收狭，前缘直，上卷不甚强，前角圆，皱刻粗密；额头顶部布浓密粗深刻点，额部皱。前胸背板均匀布浓密粗深刻点，点间隆起网状；侧缘均匀圆弯突，前角锐角，前伸，后角近直角，端圆；后缘沟线完整。小盾片宽三角形，侧缘弯，刻点如前胸背板，边光滑。鞘翅布浓密细皱褶，无光泽；窄行距隆起。臀板隆拱，布浓密横刻点。前胸腹突薄犁状，后角具 1 下伸齿突。无中胸腹突。前胫 2 齿；中足大爪简单；后胫纺锤形，表面粗糙。雄性外生殖器阳基侧突简单，三角形（Lin，1993）。

观察标本：1♂，福建，武夷山，桐木关，1 100m，1997-Ⅶ-28，李文柱，IOZ（E）1966537；2♂，福建，武夷山，三港，灯，740m，1997-Ⅷ-13，章有为，IOZ（E）2080191-192；1♀，福建，武夷山，黄岗山，1 800m，2000-Ⅶ-28，张平飞、费正清，IOZ（E）2080193；1♀，福建，武夷山，麻粟，1 260m，2000-Ⅶ-30，张平飞、费正清，IOZ（E）2080194-195。

分布：我国福建、安徽、浙江、江西、湖南（Zorn & Bezděk，2016）。

棕腹彩丽金龟 *Mimela fusciventris* Lin, 1990 (图版XI, 11)

Mimela fusciventris Lin, 1990: 25.

主要特征: 体长 17.5~20.5mm, 体宽 10~12mm。体背和臀板墨绿色, 带强烈金属光泽; 前胸背板侧缘前角附近通常具 1 不明显窄浅褐边, 腹面红褐色, 各足胫、跗节黑褐色。

体椭圆形, 有时后部稍宽, 体背隆拱。唇基宽横梯形, 前缘直, 上卷颇强, 前角圆, 皱褶浅细, 中央略隆拱; 额部刻点颇粗密, 细皱, 头顶部刻点细密; 触角鳃片部略长于前 5 节总长。前胸背板布颇密细或较粗刻点; 偶具短弱中纵沟; 侧缘圆弯突, 前角强锐角, 外侧具平边, 后角钝角, 端不尖; 后缘沟线通常在中部较浅弱, 有时完整。鞘翅刻点行明显, 宽行距布颇密细或略粗刻点; 侧缘前半部具窄平边。臀板隆拱, 布细刻点和横刻纹。前胸腹突薄犁状, 后角通常直角形。无中胸腹突。前胫 2 齿, 基齿小, 不外伸; 前、中足大爪分裂; 后足颇粗壮, 后胫表面甚粗糙, 密布粗大长刻点。雄性外生殖器阳基侧突末端膨大, 外弯 (Lin, 1993)。

观察标本: 1♂, 福建, 武夷山, 桐木关, 1 100m, 1997-Ⅶ-28, 姚建, IOZ(E) 1966538; 1♂, 福建, 武夷山, 三港, 740m, 1997-Ⅶ-27, 姚建, IOZ(E) 1966539; 1♂, 福建, 武夷山, 泥洋, 570m, 1997-Ⅷ-2, 章为有, IOZ(E) 2080081; 1♂, 福建, 武夷山, 三港, 740m, 2000-Ⅶ-28, 张平飞、费正清, IOZ(E) 2080082; 1♂, 福建, 武夷山, 桐木, 700m, 2001-Ⅵ-10, 葛斯琴, IOZ(E) 2080083; 3♂, 福建, 武夷山, 三港, 740m, 1997-Ⅷ-5, 章有为, IOZ(E) 2080084-085、2080095; 3♀, 福建, 武夷山市, 桐木村, 三港, 787m, 2016-Ⅶ-22, 灯诱, 路园园、陈炎栋, IOZ(E) 2080086、2080089、2080092; 1♀, 福建, 武夷山市, 桐木村, 三港, 787m, 2016-Ⅶ-21, 灯诱, 杨海东、路园园、陈炎栋, IOZ(E) 2080087; 2♀, 福建, 武夷山市, 桐木村, 挂墩, 1 204m, 2016-Ⅶ-19, 灯诱, 杨海东、路园园、陈炎栋, IOZ(E) 2080088、2080090; 1♀, 福建, 武夷山市, 桐木村, 七里到挂墩, 834~1 204m, 2016-Ⅶ-19, 杨海东、路园园、陈炎栋, IOZ(E) 2080088、2080090; 1♀, 福建, 武夷山, 三港, 740m, 1997-Ⅷ-7, 章有为, IOZ(E) 2080093。

分布: 我国福建、广东 (Zorn & Bezděk, 2016)。

小黑彩丽金龟 *Mimela parva* Lin, 1966

Mimela parva Lin, 1966: 146.

主要特征: 体长 10~13.5mm, 体宽 6.5~8mm。全体墨绿色, 体背、臀板和足带金绿色泽, 腹部略具紫蓝色泽; 触角浅红褐色, 有时唇基和股节褐色。腹面被毛细弱, 各腹节具 1 横列疏细毛。

体型小, 椭圆形, 体背隆拱。唇基宽横梯形, 前缘微弯突, 上卷强, 前角宽圆, 皱褶细密; 额部刻点粗密; 头顶部刻点均匀细密; 触角鳃片部约等于其前 5 节总长。前胸背板宽横, 匀布颇密细小刻点; 有时具细弱中纵沟; 侧缘匀弯突, 前角直角形, 略前伸, 后角宽圆; 后缘沟线中断, 长达小盾片侧。小盾片三角形, 刻点细密, 具光滑边缘。鞘翅刻点行明显, 宽行距布颇密细刻点。臀板隆拱, 表面光滑, 布较粗密刻点。前胸腹突薄犁状。中胸腹突短疣状。前胫 2 齿, 基齿细弱; 前、中足大爪分裂; 后足颇粗壮, 后胫强纺锤形, 后跗粗壮。雄性外生殖器阳基侧突鸟喙状下弯, 端尖 (Lin, 1993)。

观察标本: 1♂, Holotype, 福建, 崇安, 桐木, 790~1 155m, 1960-Ⅵ-16, 金根桃、林扬明; 1♂, 福建, 崇安, 星村, 龙渡, 580m, 1960-Ⅵ-26, 姜胜巧, IOZ(E) 1966434; 1♂1♀, 福建, 武夷山, 1982-Ⅵ-14~29, 郑智刚 (IZGAS); 1♂1♀, 福建, 崇安, 星村, 三港, 740m, 1960-Ⅵ-24, 左永, IOZ(E) 1966540、2080077; 1♂1♀, 福建, 武夷山, 三港, 740m, 2000-Ⅶ-29,

张平飞、费正清，IOZ（E）2080073、2080078；1♂，福建，武夷山，三港，740m，1997-Ⅷ-7，章有为，IOZ（E）2080074；1♀，福建，武夷山，泥洋，570m，1997-Ⅷ-2，章有为，IOZ（E）2080075；1♂，福建，武夷山，三港，740m，1997-Ⅷ-5，章有为，IOZ（E）2080076；1♀，福建，崇安，星村，三港，740m，诱，1960-Ⅷ-1，张毅然，IOZ（E）2080079；1♀，福建，崇安，星村，桐木关，740~850m，1960-Ⅶ-24，张毅然，IOZ（E）2080080。

分布：我国福建、江西（Zorn & Bezděk，2016）。

浙草绿彩丽金龟 *Mimela passerinii tienmusana* Lin，1993（图版Ⅺ，12）

Mimela passerinii tienmusana Lin，1993：106.

主要特征：体长18~20.5mm，体宽10~11mm。体背深草绿色，臀板金属绿色，唇基和前胸背板侧边浅黄褐色。额不被毛，臀板被颇密长毛，胸部腹面和股节密被细长毛，腹部被不密长毛、侧缘毛密。

体椭圆形，后部较宽。唇基宽横方形，前缘直，上卷不甚强，前角圆，皱刻粗密；额部刻点较粗密；头顶部刻点细密；触角鳃片部长于前5节总和。前胸背板布较粗密刻点；侧缘中部近前圆弯突，前角弱锐角，前伸，后角略大于直角，端不尖；具后缘沟线。鞘翅密布粗大而深刻点，点间隆起，背面刻点行仍可辨认，鞘翅无浅色边。臀板隆拱不强，表面沙革状细皱。前胸腹突薄犁状，中胸腹突短。前胫通常2齿，基齿细弱，偶或消失，端齿粗；后足胫节较粗壮，表面粗糙。雄性外生殖器阳基侧突端缘直，底片凹度弱，近端缘中部无锐角弯褶。

观察标本：1♂，福建，武夷山，麻粟，1260m，2000-Ⅶ-30，张平飞、费正清，IOZ（E）1966542；11♂1♀，福建，武夷山，七里桥，800m，2000-Ⅶ-31，张平飞、费正清，IOZ（E）2018149、2080151-160、2080163；3♂，福建，武夷山，先锋岭，1 000m，2000-Ⅶ-31，张平飞、费正清，IOZ（E）2080150、2080161-162。

分布：我国福建、浙江。福建首次记录。

浅草彩丽金龟 *Mimela seminigra* Ohaus，1908（图版Ⅻ，1）

Mimela seminigra Ohaus，1908b：640.

主要特征：体长15.5~18mm，体宽10~11.5mm。体背苹果绿色，具漆光，通常前胸背板和鞘翅侧边及臀板浅绿带黄色，触角红褐色，腹面深红褐色，足部近黑褐色腹面被毛弱，各腹节具1横列短细毛。

体宽椭圆形，后部较宽，体背光滑，不甚隆拱。唇基宽横梯形，前缘直，上卷弱，前角圆或宽圆，皱褶细密；额头顶部布颇密细小浅刻点，前半部皱；触角鳃片部略长于前5节总和。前胸背板宽横，基部最宽，表面极纤细皮皱，布颇密疏细浅刻点；侧缘缓弯突，前段稍弯缺，前角锐角，前伸，后角略大于直角，端圆；无后缘沟线。小盾片宽三角形，侧缘宽，质地如前胸背板。鞘翅刻点粗浅，刻点行明显，宽行距布不密粗浅刻点。臀板隆拱，布粗密脐状刻点。前胸腹突薄犁状，后角通常圆。中胸腹突甚短，略为伸突。前胫2齿，基齿细小，不外伸；前、中足大爪分裂；后足颇粗壮，后胫弱纺锤形，布颇密粗大长刻点。雄性外生殖器阳基侧突鸟喙状下弯，端部平截（Lin，1993）。

观察标本：未见到该产地标本，据文献记录添加于此（Lin，2002）。

分布：我国福建、江西、湖南、广东、广西、海南、云南；越南（Zorn & Bezděk，2016）。

绢背彩丽金龟 *Mimela sericicollis* Ohaus，1944（图版XII，2）

Mimela sericicollis Ohaus，1944：86.

主要特征：体长 13~17mm，体宽 7~9mm。体浅褐色，带绿色金属光泽；头部 2 小圆斑、前胸背板 2 大斑和中央纵长斑（通常分界不甚明晰）、臀板基半部黑褐色，后跗褐色。腹面被毛弱，各腹节具 1 横列疏弱短毛。

体椭圆形，体背颇隆拱。唇基宽横梯形，前缘直，上卷弱，前角圆，皱褶细；额部刻点细密，皱；头顶部刻点较疏细，刻点点间杂布浓密纤细刻点；触角鳃片部长于前 5 节总和。前胸背板表面细皮状，刻点细密，点间密布极细微刻点；通常具明显中纵沟；侧缘中部均匀弯突，前角直角，前伸，后角钝角，端圆；后缘沟线全缺。小盾片圆三角形，布颇密细刻点。鞘翅粗刻点沟行明显，窄行距隆起，宽行距布不匀粗刻点，此外密布极细微刻点；侧缘具 1 列粗长刺毛。臀板隆拱，密布粗浅横刻纹，两侧和端部被不密长毛。前胸腹突薄型状，后角直角形。中胸腹突不前伸。前胫 2 齿，基齿细；前、中足大爪分裂；后胫纺锤形。雄性外生殖器阳基侧突窄长（Lin，1993）。

观察标本：1♂，福建，崇安，星村，三港，740m，1960-VII-17，张毅然，IOZ（E）1966543；1♀，福建，崇安，星村，三港，740m，1960-VII-16，张毅然；1♀，福建，崇安，星村，挂墩，900~1 150m，1963-VII-8，章有为，IOZ（E）2080196；1♀，福建，崇安，星村，三港，740m，1960-VII-15，张毅然，IOZ（E）2080197。

分布：我国福建、江西、湖南、广东、广西（Zorn & Bezděk，2016）。

背沟彩丽金龟 *Mimela specularis* Ohaus，1902

Mimela specularis Ohaus，1902：49.

主要特征：体长 11.5~18mm，体宽 7~11mm。体背浅黄褐色，带强烈绿色金属光泽，前胸背板两侧常常各具 1 不明显暗属大斑，臀板和腹面暗褐色，足部浅黄褐；有时全体浅黄褐色，臀板除端部外暗褐色；有时全体褐色，背面带强烈绿色金属光泽。

体椭圆形，后部较宽，体背隆拱。唇基宽横梯形，前缘直，上卷颇强，前角宽圆，皱褶细；额头顶部密布十分微细刻点，额部皱刻细密，头顶部刻点较细密；触角鳃片部略长于前 5 节总和。前胸背板宽横，表面浓布极微细刻点，杂布疏细刻点；两侧通常凹凸不平；中纵沟明显；侧缘通常缓弯突，前角近锐角，前伸，后角钝角，端圆；后缘沟线完整。小盾片圆三角形，刻点如前胸背板。鞘翅粗刻点行明显，宽行距密布粗深刻点。臀板隆拱，布颇粗密刻点。前胸腹突型状，基半部较厚，后角直角形。中胸腹突甚短，小疣状，有时不前伸。足细长，前胫 2 齿；前、中足大爪分裂；后胫纺锤形。雄性外生殖器阳基侧突窄，端部下弯（Lin，1993）。

观察标本：1♂，福建，武夷山，1980-VI-10~18，夏石养（IZGAS）。

分布：我国福建、陕西、广东、海南、广西、四川、贵州；越南（Lin，2002）。

墨绿彩丽金龟 *Mimela splendens*（Gyllenhal，1817）（图版XII，3）

Melolontha splendens Gyllenhal，1817：110.

Euchlora splendens：Hope，1840：351.

Mimela splendens：Burmeister，1855：506.

Mimela concolor Blanchard，1851：196. Synonymized by Arrow，1917：107.

Mimela lucidula var. *corusca* Heyden，1887：253. Synonymized by Zorn，2006：37.

Mimela davidis Fairmaire，1886：330. Synonymized by Paulian，1959：114.

Mimela foveolata Ohaus，1944：84. Synonymized by Lin，1993：63.

Mimela gaschkewitchii Motschulsky，1858：32. Synonymized by Reitter，1903：53.

Mimela lathamii Hope，1836：113. Synonymized by Arrow，1908：248.

Mimela lucidula Hope，1836：113. Synonymized by Reitter，1903：53.

Mimela murasaki Chûjô，1940：76.

Mimela simplex Bates，1866：345. Synonymized by Arrow，1917：107.

Mimela takamurai Sawano & Kometani，1939：205.

主要特征：体长 15~21.5mm，体宽 8.5~13.5mm。全体墨绿色，通常体背带强烈金绿色金属光泽，有时前胸背板和小盾片泛蓝黑色泽或鞘翅泛弱紫红色泽；偶有背面前半部深红褐色，鞘翅和臀板黑褐色，股、胫节红褐色，腹部和跗节深红褐色。腹面被毛弱，各腹节具 1 横列短弱毛。

体宽椭圆形，体背不甚隆拱，甚光滑，布细微刻点。唇基宽横弱梯形，前缘直，上卷颇强，前角圆，皱刻浅细，表面略隆拱；额头顶部刻点细小颇密。前胸背板布颇密细微刻点；中纵沟明显；侧缘均匀弯突，前角锐角，前伸，后角近直角；后缘沟线完整。小盾片宽圆三角形，刻点微细，沿侧缘具 1 浅沟线。鞘翅细刻点行略可辨认，宽行距布细小刻点；侧缘前半部具宽平边。臀板隆拱，布不密细刻点。前胸腹突薄犁状，后角直角形。中胸腹突甚尖短。足部不甚发达，前胫 2 齿；前、中足大爪分裂；后胫纺锤形，后跗颇粗壮。雄性外生殖器阳基侧突简单，端圆（Lin，1993）。

观察标本：1♂，福建，武夷山，挂墩，1 250m，2001-Ⅵ-1，葛斯琴；1♂，福建，崇安，桐木，关坪，850~1 000m，1960-Ⅵ-20，张毅然，IOZ（E）2080171；1♂，福建，崇安，星村，三港，740m，1960-Ⅶ-15，张毅然，IOZ（E）2080172；1♂，福建，崇安，星村，挂墩，950~1 210m，1960-Ⅶ-6，左永，IOZ（E）2080173；1♂，福建，武夷山，挂墩，900m，2001-Ⅵ-2，葛斯琴，IOZ（E）2080174；1♂，福建，武夷山，麻粟，800~1 000m，2001-Ⅵ-6，葛斯琴，IOZ（E）2080175；1♂1♀，福建，武夷山，坳头，1973-Ⅴ-28，IOZ（E）2080176、2080178；1♂，福建，武夷山，坳头，1973-Ⅴ-29，IOZ（E）2080177；1♀，福建，武夷山，桐木，780m，2001-Ⅴ-30，葛斯琴，IOZ（E）2080179；1♀，福建，崇安，星村，桐木关，740~850m，1960-Ⅶ-17，马成林，IOZ（E）2080180；1♀，福建，崇安，星村，三港，720~850m，1960-Ⅵ-4，姜胜巧，IOZ（E）2080181；1♀，福建，崇安，星村，挂墩，950~1 210m，1960-Ⅵ-12，左永，IOZ（E）2080182；1♀，福建，崇安，星村，桐木关，900~1 150m，1960-Ⅶ-10，马成林，IOZ（E）2080183；1♀，福建，崇安，星村，三港，740m，1960-Ⅶ-18，蒲富基，IOZ（E）2080184。

分布：我国福建、浙江、黑龙江、吉林、辽宁、河北、北京、山西、安徽、浙江、湖北、江西、湖南、台湾、广东、广西、四川、贵州、云南；日本，朝鲜，韩国。

眼斑彩丽金龟 *Mimela sulcatula* Ohaus，1915（图版Ⅻ，4）

Mimela sulcatula Ohaus，1915：92.

Mimela klapperichi Machatschke，1955b：504. Synonymized by Lin，1990：26.

主要特征：体长 12~14mm，体宽 6.5~8mm。全体浅黄褐色，带绿色金属光泽；前胸背板 2 长形斑、鞘翅中央 1 宽纵条纹（有时色较浅）、臀板基半部深褐色或黑褐色，后足胫跗节红褐色。腹面被毛细弱，各腹节具 1 横列疏短细毛。

体长椭圆形，体背隆拱，表面布满极浓密细微刻点。唇基宽横，强梯形，前缘稍弯突，上卷弱，前角宽圆，表面和额部皱褶细密；复眼大。前胸背板宽横，杂布不甚明显疏细刻点；侧缘均匀缓弯突，前角锐角，前伸，后角宽圆；后缘沟线完整，边框细窄。小盾片圆三角形。鞘翅刻点行略低陷，刻点浅细，窄行距弱脊状隆起，宽行距布不密细刻点。臀板不甚隆拱，密布粗浅脐形刻点。

前胸腹突薄犁状。无中胸腹突。腹部基部3节侧缘具褶边。前胫2齿，前、中足胫节弱纺锤形。雄性外生殖器阳基侧突两侧平行，端部近直（Lin，1993）。

观察标本：1 ♂，福建，崇安，星村，三港，诱，740m，1960-Ⅶ-12，张毅然，IOZ（E）1966545。

分布：我国福建、江西、湖南、广东、海南、香港、广西、贵州（Zorn & Bezděk，2016）。

齿丽金龟属 *Parastasia* Westwood，1842

主要特征：体小型至大型，长椭圆形。头小，唇基极小，端部具2个上卷的齿；上颚长，突出于上唇之外；上唇尖，前端内弯，内叶具黄色毛；颏伸长，端部轻微两裂，下唇须着生处强烈收窄；下颚坚硬，密布黄色毛，边缘具5~6尖齿；下颚须短，端节膨大；触角10节，短，2~7节甚短，8~10节形成小的鳃片状。足短小；前足胫节具3齿，中足胫节外缘末端具1刺，后足胫节具横脊；中足和后足跗节倒数第2节下面伸长成齿；后足第4跗节腹端上一个具刚毛的长突起。中胸腹突钝，不伸长，有时为尖突起。

分布：东洋区。福建武夷山分布1种，为福建省首次记录。

小褐齿丽金龟 *Parastasia ferrieri* Nonfried，1895 （图版Ⅻ，5）

Parastasia ferrieri Nonfried，1895：289.

主要特征：体长10~15.5mm。体红褐色至黑色。体表密被黄褐色长毛。体椭圆形，唇基前缘直，前缘中央具2齿，端钝，直立。前胸背板布粗密着毛刻点。小盾片半圆形，表面刻点较稀疏。鞘翅表面密布粗刻点，刻点行明显。臀板隆拱。前胫3齿，中齿尖；后足股节前缘形成一个直形突起，后胫整个背面具刺状突起。雄性外生殖器阳基侧突对称，自中部起前后段均向内弯折。

观察标本：1 ♂ 1 ♀，福建，武夷山市，星村镇，桐木村，麻粟，1 265m，27°45′38.87″（N），117°44′37.07″（E），灯诱，2016-Ⅶ-26，路园园、陈炎栋，IOZ（E）1966552、553。

该种下分两亚种，分别为指名亚种及台湾亚种，目前两亚种地位并不清晰，且由于此处为新增分布地，故暂不区分，待进一步比对研究。

分布：我国福建、台湾；韩国，日本（Zorn & Bezděk，2016）。

发丽金龟属 *Phyllopertha* Stephens，1830

主要特征：体中型，长椭圆形。背面部分或全部被毛，刻点或皱刻密；体色暗，鞘翅通常暗褐色或黑色。唇基通常横梯形，边缘上卷；下颚须末节长，端部扩宽，端斜切；触角9节。前胸背板基部显狭于鞘翅，侧缘在中部弯突，后缘沟陷完整。鞘翅长，肩疣甚发达，从背面不见鞘翅外缘基部；缘折长，深达后缘；具缘膜。中胸腹突短，疣状，通常略伸过中足基节。前胫外缘具2齿，内缘具1距；前、中足大爪分裂。

雄虫：触角鳃片部长于鞭部（第2~6节），前跗（特别是第5节）粗壮；前足大爪宽。

雌虫：触角鳃片部短于鞭部；前跗和大爪细长，第1节长形；鞘翅外缘前半部有时增厚成疣条（Lin，1981）。

分布：古北区、少数东洋区；福建武夷山分布1种。

裘毛发丽金龟 *Phyllopertha sublimbata* Fairmaire，1900

Phyllopertha sublimbata Fairmaire，1900：620.

主要特征：雄：体长9mm，体宽4.5mm。体黑色，鞘翅浅黄褐色，鞘缝、侧缘镶边、肩突和端突暗褐色。头和前胸背板密被不甚长浅色半伏细毛，端部被颇长灰黑色长毛；腹面和股胫节密被白色长毛。体椭圆形，唇基宽半圆形，上卷宽而强。下颚须末节长卵圆形，端部近平截。前胸背板布粗密着毛刻点，中纵沟颇宽深；后角直角形，角端角状略外伸；后缘沟线在小盾片前减弱或消失。小盾片宽短，半圆形。鞘翅表面光滑；粗刻点行不低陷；行距平，亚鞘翅行距最宽，前半布颇密粗浅刻点，在后半略成单列，不达端部，其余行距窄，无刻点。臀板隆拱，布细密横刻纹。中胸腹突疣状。前胫2齿，前、中足大爪分裂。

雌：体长 10~11.5mm，体宽 5.5~6mm。体黑色，鞘翅浅黄褐色；或体浅黄褐色，额头顶部、前胸背板（侧边除外）黑色或黑褐色，有时鞘缝、肩突和端突、侧缘镶边、腹面一部分和足大部分暗褐色。前胸背板刻点甚浓密，点间网状，后角钝角。臀板隆拱弱。前胫端齿宽长，后足较粗壮（Lin，2002）。

观察标本：未见该种武夷山产地标本，根据文献记录添加至此（Lin，2002）。

分布：我国福建、云南、贵州（Zorn & Bezděk，2016）。

弧丽金龟属 *Popillia* Dejean，1821

主要特征：体小型，椭圆或短椭圆形，带强烈的金属光泽。唇基横梯形或半圆形，边缘上卷通常强；唇基和额布刻点或皱刻，头顶通常布较疏细刻点；触角9节。前胸背板隆拱强，基部显狭于鞘翅；后缘在小盾片前弧形弯缺。鞘翅短，向后略收狭，露出部分前臀板，后缘圆；具缘膜。臀板通常在基部有2个圆形、三角形或横形毛斑，有时2斑连接成横毛带，有时臀板均匀被密毛。腹面具发达中胸腹突；有时每腹板两侧各具1浓毛斑。足通常粗壮，前胫外缘具2齿，内缘具1距（Lin，1981）。

分布：东洋区、非洲区、少数古北区；福建武夷山分布7种。

分种检索表

1. 臀板光裸，无毛斑 ········· 棉花弧丽金龟 *Popillia mutans*
   臀板具2个左右对称的毛斑 ········· **2**
2. 前臀板沿后缘被密毛 ········· 闽褐弧丽金龟 *Popillia fukiensis*
   前臀板后缘光裸，不被毛 ········· **3**
3. 后足转节尖刺状或长或短后伸，转节与股节后缘相接呈角状弯折 ········· 转刺弧丽金龟 *Popillia semiaenea*
   后足转节正常，与股节后缘匀弯相接 ········· **4**
4. 鞘翅背面分布5条刻点行 ········· 蒙边弧丽金龟 *Popillia mongolica*
   鞘翅背面分布6条刻点行 ········· **5**
5. 唇基半圆形，鞘翅后半部明显收狭 ········· 近方弧丽金龟 *Popillia subquadrata*
   唇基宽梯形或宽横梯形，鞘翅后半部轻微收狭 ········· **6**
6. 后缘沟线极短（图2A） ········· 曲带弧丽金龟 *Popillia pustulata*
   后缘沟线长，几达小盾片侧（图2B） ········· 中华弧丽金龟 *Popillia quadriguttata*

图2 前胸背板的后缘沟线
A 后缘沟线极短（示例：*Popillia pustulata*）
B 后缘沟线长，几达小盾片侧（示例：*Popillia quadriguttata*）

闽褐弧丽金龟 *Popillia fukiensis* Machatschke，1955（图版XII，6）

Popillia fukiensis Machatschke，1955b：508.

主要特征：体长 8~10.5mm，体宽 4.5~6mm。体红褐色，带金属光泽，头、前胸背板部分墨绿色。前臀板沿后缘被密毛，臀板基部有 2 个横三角形大毛斑。唇基宽横梯形，前缘近直，上卷弱。前胸背板刻点细而不密；侧缘中部偏前强弯突，前后端略弯缺，后缘沟线几达斜边半长。鞘翅背面具 7 条等距粗刻点深沟行，行 2 基部点杂乱，行距窄脊状隆起。臀板密布细横刻纹。中胸腹突长，侧扁，端圆。中后足胫节纺锤形。

观察标本：1♂，福建，崇安，星村，七里桥，840m，1960-Ⅶ-26，蒲富基，IOZ（E）2080244；1♂，福建，崇安，星村，七里桥，840m，1960-Ⅶ-30，张毅然，IOZ（E）2080245；1♀，福建，崇安，星村，挂墩，950~1 210m，1960-Ⅶ-25，左永，IOZ（E）2080246；1♀，福建，崇安，星村，挂墩，950~1 210m，1960-Ⅶ-15，左永，IOZ（E）2080247。

分布：我国福建、浙江、江西、广东、广西、贵州（Zorn & Bezděk，2016）。

蒙边弧丽金龟 *Popillia mongolica* Arrow，1913（图版XII，7）

Popillia mongolica Arrow，1913：43.

主要特征：体长 8.5~12mm，体宽 5~7.5mm。体红褐色，带强漆光；头、前胸背板中部和小盾片深红褐色；鞘翅浅褐色，常有浅色纵条纹。臀板有 2 个三角形大毛斑，腹部每腹节具 2 横列毛，侧缘具 1 浓毛斑。唇基宽横梯形，上卷弱。前胸背板光滑，中部刻点细小而疏，后角钝角形，具后缘沟线。鞘翅背面有 5 条等距刻点深沟行，行距圆脊状强隆。臀板布粗密横刻纹。中胸腹突长（Lin，2002）。

观察标本：1♂，福建，建阳，黄坑，长坝，340~370m，1960-Ⅶ-23，马成林；1♂，福建，光泽，740m，1963-Ⅵ-17，章有为。

分布：我国福建、山东、江苏、江西、台湾、广东、香港、广西、贵州、云南；越南，老挝（Lin，1988；Zorn & Bezděk，2016）。

棉花弧丽金龟 *Popillia mutans* Newman，1838（图版XII，8）

Popillia mutans Newman，1838：337.

Popillia indigonacea Motschulsky，1854a：47. Synonymized by Lin，1988：15.

Popillia relucens Blanchard，1851：199. Synonymized by Machatschke，1972：230.（未明确指明）Syn. accettata in Lin，1988：15.

主要特征：体长 9~14mm，体宽 6~8mm。体蓝黑、蓝、墨绿色、暗红色或红褐色，带强烈金属光泽。臀板无毛斑。唇基近半圆形，前缘近直，上卷弱。前胸背板甚隆拱，中部光滑无刻点；后角宽圆，后缘沟线甚短。鞘翅背面有 6 条粗刻点沟行，行距宽，稍隆起，具明显横陷。臀板密布粗横刻纹。中胸腹突长，端圆。中、后足胫节强纺锤形。

观察标本：3♂，福建，崇安，星村，三港，740m，1960-Ⅷ-30，马成林，IOZ（E）2080252、2080253、2080254；1♂，福建，武夷山市，桐木村，三港，2016-Ⅶ-25，723m，27°44′31.66″（N），117°40′43.13″（E），飞阻、路园园、陈炎栋，IOZ（E）2080238；1♀，福建，武夷山，桐木村，七里到挂墩，834~1 204m，27°44′02.81″（N），117°38′26.82″（E），2016-Ⅶ-19，杨海东、路园园、陈炎栋，IOZ（E）2080239。

分布：我国福建、黑龙江、吉林、辽宁、内蒙古、北京、河北、山西、山东、河南、陕西、宁夏、甘肃、江苏、安徽、浙江、湖北、江西、湖南、台湾、广东、海南、广西、四川、贵州、云南；俄罗斯，朝鲜，韩国（Zorn & Bezděk，2016）。

曲带弧丽金龟 *Popillia pustulata* Fairmaire，1887（图版XII，9）

Popillia pustulata Fairmaire，1887：114.

Popillia pustulata var. *brunnipennis* Kraatz，1892：250.

Popillia pustulata var. *cupricollis* Kraatz，1892：250［HN］.

Popillia pustulata var. *impustulata* Kraatz，1892：250.

主要特征：体长 7~10.5mm，体宽 4.5~6.5mm。体墨绿色，前胸背板和小盾片带强烈金属光泽；鞘翅黑有时红褐，具漆光，每鞘翅中部各有 1 浅褐色曲横带，有时分裂为 2 斑，带、斑有时不明显。臀板有 2 个大毛斑，腹部各节侧缘具 1 浓毛斑。唇基宽横梯形，上卷弱。前胸背板中部刻点甚疏细，后角圆，后缘沟线极短。鞘翅背面有 6 条刻点深沟行，行距脊状隆起。臀板布细密横刻纹。中胸腹突长（Lin，2002）。

观察标本：1♂1♀，福建，武夷山市，桐木村，挂墩，2016-VII-20，1 258m，27°43′58.91″（N），117°38′11.16″（E），杨海东、路园园、陈炎栋，IOZ（E）2080240、241。

分布：我国福建、山东、陕西、江苏、安徽、浙江、湖北、江西、湖南、广东、广西、四川、贵州、云南；越南（Zorn & Bezděk，2016）。

中华弧丽金龟 *Popillia quadriguttata*（Fabricius，1787）（图版XII，10）

Trichius quadriguttata Fabricius，1787：377.

Scarabaeus quadriguttata：Linnaeus，1790：1586.

Rutela quadriguttata：Schönherr，1817：155.

Popillia quadriguttata：Burmeister，1844：310.

Trichius biguttatus Fabricius，1794：499. Synonymized by Burmeister，1844：310.

Popillia bogdanowi Ballion，1871：345. Synonymized by Kraatz，1892：254.

Popillia castanoptera Hope，1843：63. Synonymized by Arrow，1913：39.

Popillia chinensis Frivaldszky，1890：201. Synonymized by Lin，1979：31.

Popillia dichroa Blanchard，1851：200. Syn. in Kraatz，1892；species valida in Machatschke，1972；syn. in Lin，1988.

Popillia chinensis var. *frivaldszkyi* Kraatz，1892：249.

Popillia chinensis var. *purpurascens* Kraatz，1892：249.

Popillia quadriguttata var. *ruficollis* Kraatz，1892：254. Synonymized by Lin，1988：24.

Popillia chinensis var. *sordida* Kraatz，1892：249.

Popillia straminipennis Kraatz，1892：258. Synonymized by Arrow，1913：39.

Popillia uchidai Niijima & Kinoshita，1923：138.

主要特征：体长 7.5~12mm，体宽 4.5~6.5mm。体色多变：体墨绿色带金属光泽，鞘翅黄褐色带漆光，或鞘翅、鞘缝和侧缘暗褐色；或全体黑色、黑褐色、蓝黑色、墨绿色或紫红色；有时全体红褐色；有时红褐色，头后半、前胸背板和小盾片黑褐色。臀板有 2 个圆毛斑，腹部各节侧缘具 1 浓毛斑。唇基宽梯形，通常上卷甚强，少数中等强。前胸背板中部刻点颇密，后角钝角，具后缘沟线。鞘翅背面有 6 条刻点深沟行，行距隆起。臀板密布横刻纹。中胸腹突不甚长（Lin，2002）。

观察标本：1♂，福建，武夷山，1982-VI-14~29，郑智刚（IZGAS）；2♂，福建，崇安，星

村，三港，740m，1960-Ⅵ-17，张毅然，IOZ（E）2080248、249；1♀，福建，崇安，星村，三港，720m，1960-Ⅵ-24，姜胜巧，IOZ（E）2080250；1♀，福建，崇安，星村，龙渡，580~650m，1960-Ⅶ-26，张毅然，IOZ（E）2080251。

分布：我国福建、黑龙江、吉林、辽宁、内蒙古、宁夏、甘肃、青海、北京、河北、山西、陕西、河南、山东、江苏、上海、安徽、浙江、江西、湖北、湖南、台湾、广东、广西、四川、贵州、云南；俄罗斯，朝鲜，韩国（Zorn & Bezděk，2016）。

转刺弧丽金龟 *Popillia semiaenea* Kraatz，1892（图版XII，11）

Popillia semiaenea Kraatz，1892：251.

Popillia semiaenea var. *aenea* Kraatz，1892：302［HN］.

Popillia semiaenea var. *cupricollis* Kraatz，1892：302［HN］.

Popillia simoni Kraatz，1892：252.

Popillia tesari Sabatinelli，1984：169. Synonymized by Sabatinelli，1993：108.

主要特征：体长6.5~9mm，体宽4~5mm。头、前胸背板和小盾片墨绿色，有时乌红色，带强金属光泽；鞘翅通常红褐色，有时全黑色；臀板和腹面红褐色至黑褐色；足部股、胫节红褐色，跗节色深。臀板有2个大毛斑，每腹节侧缘具1浓毛斑。唇基宽横梯形，上卷弱。前胸背板中部刻点粗浅颇密；侧缘中部强弯突，后角钝角，后缘沟线中断。鞘翅背面有6条刻点深沟行，行距宽，隆起；横陷深显。臀板布横刻纹。中胸腹突颇长。后足转节端部尖刺状后伸（Lin，2002）。

观察标本：1♂，福建，崇安，桐关，250~300m，1960-Ⅴ-17，金根桃、林扬明。

分布：我国福建、香港、广西；印支半岛，泰国（Lin，1988；Zorn & Bezděk，2016）。

近方弧丽金龟 *Popillia subquadrata* Kraatz，1892（图版XII，12）

Popillia subquadrata Kraatz，1892：259.

主要特征：体长8.5~9mm，体宽5~5.5mm。体墨绿色，带强烈金属光泽，鞘翅红褐色或黄褐色，鞘缝和周缘黑色或黑褐色（有时甚窄，有时较宽扩展至肩突），有时鞘翅全黑色。臀板基部有2个横形毛斑，腹部各节侧缘具1浓毛斑。唇基近半圆形，上卷弱。前胸背板前半部刻点粗大而密，后半部光滑；侧缘中部偏前强弯突，后角钝角形；后缘沟线甚短。鞘翅背面颇平坦，有6条粗大刻点深沟行，行距Ⅱ宽，沿中央布颇密粗大刻点，其余行距窄脊状隆起。臀板密布粗横刻纹。中胸腹突大，高胜于长，宽扁（Lin，2002）。

观察标本：2♀，福建，崇安，挂墩，1964-Ⅶ-11，李耀泉，罗裕良（IZGAS）；2♂，福建，德化，上涌，780~800m，1960-Ⅵ-17，蒲富基；1♀，福建，崇安，星村，三港，740m，1960-Ⅶ-10，张毅然。

分布：我国福建、浙江、湖北、江西、湖南、海南、广西、四川、贵州；印度（Lin，1988；Zorn & Bezděk，2016）。

短丽金龟属 *Pseudosinghala* Heller，1891

主要特征：体小型，椭圆形。唇基半圆形或横方形，前角圆，轻微上卷，额唇基缝完整，较清晰。触角9节，雌雄无明显差别。前胸背板隆拱，前窄后宽，小盾片前近直，基部略窄于鞘翅；前角前伸，略尖，后角钝角，端圆。鞘翅短阔，不达臀板，不甚隆拱，有时具低陷，刻点行通常不加深，雌性侧缘通常无镶边，肩突不弯曲，向后迅速变窄，内缘与外缘相接处形成一个尖角，前臀板密布浅刻点，有时刻点马蹄形。臀板强隆拱，盘区无毛。无中胸腹突，足细长，前足胫节2发达尖齿，前、中足大爪分裂，后足大爪简单。

　　雄性：前足跗节大爪宽扁。

　　雌性：前足跗节大爪正常。

　　分布：我国江西、湖南、福建、广东、海南、广西。

横带短丽金龟 *Pseudosinghala transversa*（Burmeister，1855）

Phyllopertha transversa Burmeister，1855：513.

Anomala transversa：Arrow，1917：142.

Pseudosinghala transversa：Machatschke，1955b：507.

Singhala basipennis Fairmaire，1889：28. Synonymized by Ohaus，1897：341.

Singhala immaculata Fairmaire，1893：291.

　　主要特征：体长 5~6mm，体宽 3~3.5mm。体黑色，有时鞘翅中央近基部具 1 黄色横带，有时全黑色，有时除边缘外，鞘翅黄色。唇基近横方形，向前略收狭，前缘中央浅凹缺，上卷颇强。前胸背板密布粗深圆刻点，后角甚宽圆，后缘沟线完整。鞘翅背面粗刻点行略陷，宽行距布颇密粗深刻点，窄行距略隆起。臀板隆拱，刻点粗密（Lin，2002）。

　　观察标本：1♂，福建，大竹岚，1948-Ⅵ-20。

　　分布：我国福建，广东。

斑丽金龟属 *Spilopopillia* Kraatz，1892

　　主要特征：体小型，长椭圆形，背面通常平，腹面稀被毛。体黑色，具金属光泽，鞘翅通常具 4~6 个对称的黄色圆斑点。唇基宽横，前缘近直，轻微上卷，雄性上卷程度强于雌性，额唇基缝不明显。触角 9 节，雌雄无明显差别。前胸背板不甚隆拱，从端部至基部逐渐变宽，基部最宽，约两倍于长，窄于鞘翅基部，后缘沟线全缺；前角锐角，尖，后角锐角或钝角，大于前角。小盾片短，三角形或圆三角形。鞘翅短，后缘有时圆，通常露出前臀板后部，缝角处略弯曲，具一小齿；肩疣发达，外缘略平，具镶边。中胸腹突长，略下伸，端圆。臀板平，不甚隆拱。足部长，前足胫节外缘 2 齿，端齿发达，基齿细弱有时消失。前、中足大爪分裂。

　　雄性：足长于雌性，前足胫节宽，端齿尖短，前足跗节大爪宽扁。

　　雌性：前足胫节端齿宽长而钝，鞘翅侧缘在肩突后方镶边略宽。

　　分布：我国江西、湖南、福建、广东、海南、广西。

短带斑丽金龟 *Spilopopillia sexmaculata*（Kraatz，1892）（图版Ⅻ，13）

Popillia sexmaculata Kraatz，1892：261.

Spilopopillia sexmaculata：Ohaus，1918：151.

Spilopopillia cantonensis Ohaus，1908a：201. Synonymized by Ohaus，1918：151.

　　主要特征：体长 7~9mm，体宽 4~5.5mm。体黑色，每鞘翅基部中央、后部 2/3 处和侧缘中部各具 1 黄色圆斑，侧缘基部至中部具 1 黄色纵条纹；触角除鳃片部外黄褐色，前足胫节端部有时黄褐色。腹面毛稀弱。

　　体椭圆形，体背隆拱强。唇基横梯形，前缘直，上卷强（雄）或弱（雌），表面皱刻粗密；额部密布粗大刻点，部分点融合。前胸背板布密、有时浓密粗刻点，偶有刻点横行；侧缘前半部近直，后半部均匀弱弯突，前角锐角前伸，后角钝角、端角状；无后缘沟线。小盾片圆三角形，光滑，布不均匀粗刻点。鞘翅粗刻点行略深，行 2 刻点不整齐，不达端部，行距略隆。中胸腹突不甚长，端宽圆。臀板隆拱，密布颇粗横刻纹。足部较粗壮，前胫2齿，基齿甚细小（雌）或略现齿迹（雄）；前、中足大爪分裂；后足胫节弱纺锤形（Lin，2002）。

观察标本：无。据福建省昆虫志添加（Lin，2002）。

分布：我国福建、湖北、湖南、广东、海南、香港、广西、四川、云南；越南，老挝，泰国（Lin，2002；Zorn & Bezděk，2016）。

犀金龟亚科 Dynastinae MacLeay，1819

犀金龟亦称独角仙，是一特征鲜明的类群，其上颚多少外露而于背面可见；上唇为唇基覆盖，唇基端缘具2钝齿。触角9~10节，鳃片部3节组成。前足基节窝横向，前胸腹板于基节之间生出柱形、三角形、舌形等垂突。多大型至特大型种类，性二态现象在许多属中显著（除 Phileurini 全部种类，Cyclocephalini 和 Pentodontini 部分种类），其雄虫头面、前胸背板有强大角突或其他突起或凹坑，雌虫则简单或可见低矮凸起。

世界已知约1 670种。广布，主要分布于非洲区和东洋区。

犀金龟的生活习性，根据活动规律，多为夜出和日夜都活动2种类型。夜间活动的占多数，如双叉犀金龟 Allomyrina dichotoma；日夜都活动的则少，如阔胸禾犀金龟 Pentodon mongolicus，但该种主要还是夜间活动，白天仅见少数个体爬行，且不飞翔。

我国犀金龟种类虽然不多，但其经济意义重大。有些种类为重要的农林牧业害虫，如蔗犀金龟属（Alissonotum）严重为害甘蔗；异爪犀金龟属（Heteronychus）一些种类在云南严重为害水稻、湿润秧苗和甘蔗等。另一方面，犀金龟亚科还有待开发的药用甲虫资源，如双叉犀金龟（Allomyrina dichotoma）入药疗疾已近千年，它独具的独角仙素："Dichostatin" 对实体瘤 W-256 癌瘤有很高活性，对 P-388 淋巴白血病则具有边缘活性。此外，犀金龟由于个体巨大，雄虫角突发达，是很受欢迎的观赏昆虫。人工养殖，积极开发它的观赏价值，也能创造很大的经济效益。

武夷山分布犀金龟4属4种。

分种检索表

1. 颏宽大，盖住下唇须基部 ·················· 中华晓扁犀金龟 Eophileurus (Eophileurus) chinensis
   颏较狭，不盖住下唇须基部 ·· 2
2. 后足跗节第1节简单、圆柱形 ·················· 双叉犀金龟指名亚种 Trypoxylus dichotoma dichotoma
   后足跗节第1节扩大呈三角形或喇叭形 ·· 3
3. 后足胫节末端近平截 ····························· 阔胸禾犀金龟 Pentodon quadridens mongolicus
   后足胫节端缘具或长或短的齿突数枚 ··· 蒙瘤犀金龟 Trichogomphus mongol

双叉犀金龟指名亚种 Trypoxylus dichotoma dichotoma（Linnaeus，1771）（图版ⅩⅢ，1）

Scarabaeus dichotoma Linnaeus，1771：529.

Trypoxylus septentrionalis Kôno，1931：160.

Trypoxylus politus Prell，1934：58.

主要特征：体长35~60mm，体宽19.5~32.5mm。体红棕色、深褐色至黑褐色。体被柔弱茸毛。体型极大，粗壮，长椭圆形。性二态现象明显。头较小，唇基前缘侧端齿突形。前胸背板边框完整。小盾片短阔三角形，具明显中纵沟。鞘翅肩突、端突发达。臀板十分短阔，两侧密布具毛刻点。足粗壮，前足胫节外缘3齿。雄虫头部具一强大双分叉角突，分叉部分后弯；前胸背板十分隆拱，表面刻纹致密似沙皮，中央具一短角突，端部燕尾状分叉，指向前方。雌虫头部无角突，额顶部隆起，横列 3 个小丘突，中高侧低；前胸背板刻纹粗大褶皱，具短毛，无角突，中央前半部分具"Y"形洼纹。雄虫个体发育差异大，角突有时不甚明显。

观察标本： 1 ♂ 1 ♀，福建，武夷山，三港，700m，2006-Ⅶ-25～26，杨超，IOZ（E）2080225、2080226。

分布： 我国福建、吉林、辽宁、甘肃、河北、山西、陕西、河南、山东、江苏、安徽、浙江、江西、湖北、湖南、台湾、广东、海南、广西、四川、贵州、云南；朝鲜，韩国，日本，老挝。

中华晓扁犀金龟 *Eophileurus*（*Eophileurus*）*chinensis*（Faldermann，1835）

Phileurus chinensis Faldermann，1835：370.

Phileurus morio Faldermann，1835：371.

Trionychus poteli Fairmaire，1898：384.

Eophileurus irregularis Prell，1913：122.

主要特征： 体长 18～27mm，体宽 8.5～12mm。体深褐色至黑色。体狭长椭圆形，背腹甚扁圆。头面略呈三角形，唇基前缘钝角形，前缘尖而弯翘，上颚大而端尖，向上弯翘。前胸背板横阔，密布粗大刻点。鞘翅长，侧缘近平行，表面具刻点沟行。臀板短阔。足较粗壮，前足胫节外缘具 3 齿，中、后足第 1 跗节末端外延成指状突。雄虫头部中央具一竖生圆锥形角突，前胸背板盘区有略呈五边形凹陷，前足大爪内侧宽扁。雌虫头部为一短锥突，前胸背板盘区为一宽浅纵凹。

分布： 我国福建、黑龙江、吉林、辽宁、内蒙古、甘肃、河北、山西、河南、山东、江苏、安徽、浙江、江西、湖北、湖南、台湾、广东、海南、广西、四川、贵州、云南；俄罗斯，朝鲜，韩国，日本，不丹。

阔胸禾犀金龟 *Pentodon quadridens mongolicus* Motschulsky，1849

Scarabaeus quadridens mongolicus Motschulsky，1849：111.

Pentodon patruelis Frivaldszky，1890：202.

Pentodon gobicus Endrödi，1965：198.

主要特征： 体长 17～25.5mm，体宽 9.5～14mm。体黑褐色或红褐色，腹面着色常较淡。体短状卵圆形，背面十分隆拱。头阔大，唇基长梯形，密布刻点，前缘平直，两端各呈一上翘齿突，侧缘斜直；额唇基缝明显，中央有 1 对疣突。前胸背板宽，十分圆拱，散布圆大刻点，侧缘圆弧形，后缘无边框。鞘翅纵肋隐约可辨。臀板短阔微隆，散布刻点。前胸垂突柱状。足粗壮，前足胫节宽扁，外缘 3 齿，基齿中齿间具 1 小齿，基齿以下有 2～4 个小齿；后足胫节端缘有刺 17～24 枚。

此次调查中未发现本种标本，依据原有记录列于此处。

分布： 我国福建、黑龙江、吉林、辽宁、内蒙古、宁夏、甘肃、青海、新疆、河北、山西、陕西、河南、山东、安徽、浙江、江西、湖北、湖南；蒙古国。

蒙瘤犀金龟 *Trichogomphus mongol* Arrow，1908 （图版ⅩⅢ，2）

Trichogomphus martabani Burmeister，1847：220.（nec Guérin-Méneville）

Trichogomphus mongol Arrow，1908：347.

主要特征： 体长 32～52mm，体宽 17～26mm。体黑色，被毛褐红色。体长椭圆形。头小，唇基前缘双齿形。小盾片短阔三角形，基部布粗大具毛刻点。鞘翅两侧近平行，除基部、端部及侧缘布粗大刻点外，表面光滑，背面可见 2 条浅弱纵沟纹。臀板甚短阔，上部密布具毛刻点。前足胫节外缘 3 齿，内缘距发达。雄虫头部有一前宽后狭、向后上弯的强大角突，前胸背板前部呈一斜坡，后部强隆升呈瘤突，瘤突前侧方有齿状突起 1 对，前侧、后侧十分粗皱。雌虫头部简单，密布粗大刻点，头顶具一矮小结突，前胸背板无隆凸，近前缘中部有浅弱凹陷。

观察标本：1♂，福建，武夷山，星村镇，桐木村，三港，2016-Ⅶ-18，路园园、陈炎栋，IOZ(E)2080223；1♂，福建，武夷山，星村镇，桐木村，三港，灯诱，2016-Ⅶ-28，路园园、陈炎栋，IOZ(E)2080224。

分布：我国福建、内蒙古、河北、浙江、江西、湖北、湖南、台湾、广东、海南、广西、四川、贵州、云南；越南，缅甸，柬埔寨，老挝。

鳃金龟亚科 Melolonthinae Leach，1819

体长 3~60mm，体色常为红棕色或黑色，有些种类带蓝色金属光泽或绿色光泽，或身体上带些许鳞毛。体表被显著刚毛或鳞毛。头部常无角突。眼分开，小眼为晶锥眼。上唇位于唇基之下，或与唇基前缘愈合，横向的，窄形或圆锥形。触角窝从背面不可见，触角 11、10、7 节或更少；触角鳃片部 3~7 节；鳃片部从椭圆形到长形，光滑或略带刚毛；*Rhizotrogus bellieri* 两侧的触角节数不对称，分别为 10 节和 11 节。上颚发达，几丁质化，从背侧看不到或只能看到少许。胸部和前胸背板无角突。小盾片外露。中胸后侧片被鞘翅基部所覆盖。爪简单，分裂，齿状或梳状。后足爪常成对，等大或仅单爪（*Hopliini*）。后足胫节端部有 1~2 根刺，相邻或被跗节基部分开。中胸气门完整，节间片严重退化。鞘翅边缘直，肩部后侧无凹陷。翅基第一腋片前背侧边缘强烈弧形，后背侧表面中部明显变窄。腹部常有功能性腹气门 7 对（第 8 对明显退化），有时候气门数量减少至 5 对或 6 对（*Gymnopyge*）；第 1 和第 2、第 1~4、第 1~5 或第 1~6 对位于肋膜，其他的气门位于腹板，或第 7 气门位于腹板和背板的愈合线上，或在背板上（*Hoplia*）；1 对气门暴露在鞘翅边缘下。5 个或 6 个可见腹板愈合，愈合线经常至少在侧面可见。第 6 腹板可见时，常部分或完全缩入第 5 腹板。臀板可见。雌雄二型性不是很明显。

世界已知 750 属 11 000 余种，分布于各大动物地理区，以热带、亚热带地区种类最为丰富。中国目前记录 74 属 895 种。武夷山地区目前记录 22 属 66 种。

分属检索表

1. 后足跗节仅单爪 ·· **2**
   后足跗节两爪 ··· **3**
2. 前臀板全部或几乎全部不为鞘翅所覆盖，鞘翅后部具刚毛簇 ············ 平爪鳃金龟属 *Ectinohoplia*
   前臀板全部或几乎全部为鞘翅所覆盖，鞘缝后部无刚毛簇 ················· 单爪鳃金龟属 *Hoplia*
3. 体长不超过 10mm，中、后足胫节端距仅一枚 ············· 长角塞鳃金龟属 *Metaceraspis*
   体长超过 10mm，中、后足胫节具 2 端距 ·· **4**
4. 后胸前侧片宽 ··· **5**
   后胸后侧片窄 ··· **10**
5. 雄虫触角鳃片部 3 节 ··· **6**
   雄虫触角鳃片部 7 节 ··· **8**
6. 体背具光泽 ··· 台湾鳃金龟属 *Taiwanotrichia*
   体背不具光泽 ··· **7**
7. 体背密被白色鳞毛，常盖住底色，上唇不对称，右半强烈肿大前突 ·········· 歪鳃金龟属 *Cyphochilus*
   体浅褐色至深褐色，鞘翅被鳞毛组成的条带或白斑，上唇正常 ·········· 雅鳃金龟属 *Dedalopterus*
8. 体背面被各式白或乳白色鳞片组成的斑纹 ······················· 云鳃金龟属 *Polyphylla*
   体背面无乳白色鳞片组成的斑纹 ·· **9**

9. 体中到大型，全体被绒毛，唇基前缘无中凹 ·············· 等鳃金龟 *Exolontha*
   体中到大型，体背被细密鳞毛，唇基前缘中凹使得上唇背面部分可见 ·············· 绒鳃金龟属 *Tocama*
10. 胸腹板被密绒毛 ·············· **11**
   胸腹板光裸无毛 ·············· **12**
11. 全体被毛，体长卵圆形 ·············· 婆鳃金龟属 *Brahmina*
   体表多光裸无毛，如被毛，毛则短且多倒伏 ·············· 黄鳃金龟属 *Pseudosymmachia*
12. 体表面具光泽，体长大于 15mm ·············· 褐鳃金龟 *Bunbunius*
   体表颜色暗淡，体长 10~15mm ·············· **13**
13. 爪前端分裂 ·············· 索鳃金龟属 *Sophrops*
   爪前端不分裂 ·············· 爪索鳃金龟属 *Onychosophrops*

七角鳃金龟族 Heptophyllini S. I. Medvedev，1951

台湾鳃金龟属 *Taiwanotrichia* Kobayashi，1990

主要特征：体筒形，唇基半圆形，前缘无中凹。眼大，突出。触角 10 节，鳃片部 3 节，雄虫鳃片部长于余节之和。前胸背板宽大于长，中部最宽。足细长，前足跗节外侧 3 齿。爪在近端部弯曲。

分布：本属目前世界已知 6 种，均分布于我国，福建武夷山分布 1 种。

中华台湾鳃金龟福建亚种 *Taiwanotrichia sinocontinentalis fujianensis* Keith，2009

Taiwanotrichia sinocontinentalis fujianensis Keith，2009：234.

主要特征：体长 11mm，鞘翅和臀板浅黄色，头部、胸部和足颜色较深，体背具光泽。唇基半圆形，前缘上翻。额区密布粗大刻点，眼大而突出。触角 10 节，鳃片部 3 节，雄虫鳃片部长于余节之和。前胸背板宽大于长，后缘弧形，中部略向后凸出。小盾片近三角形，端角圆，基部弧形内凹。足细长，前足跗节外侧 3 齿，基部的齿较为退化。爪在近端部弯曲。

观察标本：未见该种武夷山产地标本，据该种模式标本记录添加至此（Keith，2009：234）。

分布：我国福建（武夷山）。

中文名：本种之前并无中文名，由于拉丁学名"*sinocontinentalis*"为中国大陆和亚种名"*fujianensis*"为福建，故名"中华台湾鳃金龟福建亚种"。

单爪鳃金龟族 Hopliini Latreille，1829

平爪鳃金龟属 *Ectinohoplia* Redtenbacher，1867

主要特征：触角 10 节，鳃片部 3 节。前胸背板最阔点于中部，最宽长度窄于鞘翅基部，前角为前伸之锐角，后角为钝角近弧。鞘翅较短，常仅覆盖至前臀板前缘，最阔点于基部，前后几同宽，背面较平整不隆拱，缝角处有刺毛，亦少见缺刺毛者。前足胫节 3 外缘齿且无距；前、中足为异长之 2 爪，小爪长度约为大爪 2/3~3/4，大小爪末端上沿均可见分裂；后足仅 1 爪。

分布：世界已知 43 种，主要分布于整个古北和东洋区。我国已知 24 种，福建武夷山分布 3 种。

分种检索表

1. 鞘翅缝角处缺刺毛 ·············· 挂墩平爪鳃金龟 *Ectinohoplia kuatunensis*

挂墩平爪鳃金龟 *Ectinohoplia kuatunensis* Tesař，1963

Ectinohoplia kuatunensis Tesař，1963：97.

主要特征：体长 7.5~8.5mm。体表呈黑色，足呈棕黑色。头部背面布粗点刻，疏被浅色毛，布圆形深褐色鳞片。唇基呈矩形，前缘与侧缘连成弧且略向上翘起。触角 10 节，鳃片部 3 节。前胸背板最阔点于中部，最宽长度窄于鞘翅基部，前角前伸近直角，后角为成弧之钝角，布椭圆形深褐色鳞片，亦有卵形灰黄色鳞片构成之图案，疏被短毛。小盾片布椭圆形深褐色鳞片，夹杂卵形灰黄色鳞片。鞘翅最阔点于基部，背面平整不凸起，布椭圆形深褐色鳞片，亦有卵形灰蓝色鳞片构成之图案。臀板大，与前臀板后半部分及腹面密布卵形黄色或灰黄色鳞片，后足腿节尤密；前足胫节三齿，第 3 齿不明显；前爪分大小，小爪长度约为大爪之 1/5，大小爪末端均可见分裂；后爪单爪，分裂。

观察标本：1♂，福建，崇安，星村，龙渡，580~640m，1960-V-21，张毅然。

分布：我国福建（崇安）、甘肃、浙江。

丽纹平爪鳃金龟 *Ectinohoplia puella* Endrödi，1952

Ectinohoplia puella Endrödi，1952：47.

主要特征：体长 7~7.5mm，体宽 3mm。体小型，背侧通体黑色，腹面深褐色。唇基半圆形，前缘几乎不上翻。头部背侧密布粗大刻点，部分刻点内被直立刚毛，无鳞片。前胸背板长宽几等，强烈隆起，中部最宽，前角强烈突出，后缘弧形。前胸背板表面密布黑色直立短刚毛和小而圆的黑色鳞片。小盾片三角形。鞘翅基部各具一横线模糊斑点，背侧被密短刚毛，中缝与边缘被淡灰色刚毛。腹板的圆形鳞片略密，前臀板和臀板鳞片与体背鳞片相似，但较稀。足部鳞片较长，灰绿色具金属光泽。前、中足跗节两爪几对称，后足跗节仅单爪（Endrödi，1952）。

观察标本：未见该种武夷山产地标本，据该种模式标本记录添加至此（Endrödi，1952：48）。

分布：我国福建（崇安）。

姊妹平爪鳃金龟 *Ectinohoplia soror* Arrow，1921

Ectinohoplia soror Arrow，1921：270.

主要特征：体长 10.5~11.5mm。体表呈黑色，足呈棕黑色。头部背面布粗点刻，疏被黑色毛，偶可见散布黄色或灰黄色鳞片。唇基呈梯形，前缘与侧缘连成弧且略向上翘起。触角 10 节，鳃片部 3 节。前胸背板最阔点于中部，最宽长度窄于鞘翅基部，前角为前伸之锐角，后角为成弧之钝角，布黑色鳞片，亦有心形黄色或灰黄色鳞片构成之图案，不被毛或鳞片间偶见黑色短毛。小盾片布心形黄色或灰黄色鳞片。鞘翅最阔点于基部，背面平整不凸起，布黑色鳞片，亦有心形黄色或灰黄色鳞片构成之图案，缝角处有刺毛。臀板大，与前臀板后半部分及腹面密布心形黄色或灰黄色鳞片。足被毛，布椭圆形黄色或灰黄色鳞片，鳞片多集中于腿节，胫节及跗节处亦可见细长蓝灰色鳞片；前足胫节三齿，具纵向脊；前爪分大小，小爪长度约为大爪的 4/5，大小爪末端均可见分裂；后足仅 1 个简单的爪。

观察标本：未见该种武夷山产地标本，据该种模式标本记录添加至此（Arrow，1921：270）。

分布：我国福建（崇安）。

单爪鳃金龟属 *Hoplia* Illiger，1803

主要特征：触角 9 或 10 节，鳃片部 3 节。前胸背板最阔点于中部，最宽长度窄于鞘翅基部，前角为锐角或直角，后角为直角或钝角。鞘翅常覆盖大部分前臀板，背面较隆拱，缝角处无刺毛。前足胫节 2 或 3 外缘齿且无距；前、中足等长或异长之 2 爪，后足 1 爪，各爪均可见分裂或不分裂。

分布：亚洲、欧洲、北美洲、非洲。本属目前世界已知 400 余种，主要分布于整个古北和东洋区及非洲区。目前我国已知 69 种，福建武夷山分布 6 种。

分种检索表

1. 触角 10 节，背面具鳞片构成不清晰斑纹 ⋯⋯⋯⋯⋯⋯⋯⋯⋯⋯⋯ 超纹单爪鳃金龟 *Hoplia excellens*
   触角 9 节 ⋯⋯⋯⋯⋯⋯⋯⋯⋯⋯⋯⋯⋯⋯⋯⋯⋯⋯⋯⋯⋯⋯⋯⋯⋯⋯⋯⋯⋯⋯⋯⋯⋯⋯⋯⋯⋯ 2
2. 腹部各腹节被一横向毛列 ⋯⋯⋯⋯⋯⋯⋯⋯⋯⋯⋯⋯⋯⋯⋯⋯⋯⋯⋯⋯⋯⋯⋯⋯⋯⋯⋯⋯⋯⋯ 3
   腹部有长毛散布 ⋯⋯⋯⋯⋯⋯⋯⋯⋯⋯⋯⋯⋯⋯⋯⋯⋯⋯⋯⋯⋯⋯⋯⋯⋯⋯⋯⋯⋯⋯⋯⋯⋯⋯ 5
3. 前胸背板前角为锐角，后角几呈直角 ⋯⋯⋯⋯⋯⋯⋯⋯⋯⋯⋯⋯⋯ 简纹单爪鳃金龟 *Hoplia gracilis*
   前胸背板前角近直角，后角为钝角 ⋯⋯⋯⋯⋯⋯⋯⋯⋯⋯⋯⋯⋯⋯⋯⋯⋯⋯⋯⋯⋯⋯⋯⋯⋯⋯⋯ 4
4. 体表大部分呈红棕色，背面布圆形黄褐或深褐鳞及浅色鳞斑纹 ⋯⋯⋯⋯⋯ 柯氏单爪鳃金龟 *Hoplia klapperichi*
   体表呈黑色，背面布椭圆形深色鳞及银白鳞斑纹 ⋯⋯⋯⋯⋯⋯⋯⋯ 宽缝单爪鳃金龟 *Hoplia latesuturata*
5. 前胸背板中央具 2 个较暗斑点 ⋯⋯⋯⋯⋯⋯⋯⋯⋯⋯⋯⋯⋯⋯⋯⋯ 中华单爪鳃金龟 *Hoplia chinensis*
   前胸背板两侧具若干亮色纵向斑纹 ⋯⋯⋯⋯⋯⋯⋯⋯⋯⋯⋯⋯⋯⋯ 福建单爪鳃金龟 *Hoplia fukiensis*

中华单爪鳃金龟 *Hoplia chinensis* Endrödi，1952

Hoplia chinensis Endrödi，1952：60.

主要特征：体长 8.5mm，体宽 4mm。体小型，细长，两侧平行，略扁平，背侧深棕色。唇基短阔，宽为长的 2.5 倍，前缘平直，侧缘上翻。头部密被暗淡棕色圆形鳞片，间杂直立长刚毛。前胸背板与鞘翅几等宽，前角突出，后角钝角，表面密布较暗的椭圆形鳞片，盘区具两纵沟。鞘翅长，两侧近平行，端部略圆。表面布淡褐色鳞片。鞘翅各布一深褐色鳞片组成的大斑，占整个鞘翅后半部。腹板、前臀板和臀板颜色较深。前足胫节外侧 3 齿，前、中足跗节两爪几对称，后足跗节仅单爪（Endrödi，1952）。

观察标本：未见该种武夷山产地标本，据该种模式标本记录添加至此（Endrödi，1952：61）。

分布：我国福建（崇安）。

超纹单爪鳃金龟 *Hoplia excellens* Endrödi，1952

Hoplia excellens Endrödi，1952：55.

主要特征：体长 9mm，体宽 5mm。体小型，背侧深棕色至黑色，仅跗节和触角颜色较浅。唇基短阔，宽为长的 3 倍，前角圆，边缘微弱上翻。头部被圆形、略带光泽的黄绿色鳞片，头后部刚毛较前部密。前胸背板长宽几等，常窄于鞘翅，侧缘在后部强烈弯曲。前角略突出，后角强烈直角。前胸背板表面布黑色鳞片，或多或少间杂黄绿色鳞片，侧缘布圆形黄绿色鳞片。小盾片近半圆形，表面鳞片与前胸背板相似。鞘翅宽，表面布暗淡黄绿色或黑色鳞片，在翅端各具一黑斑。腹板、前臀板和臀板具圆形鳞片，具强烈光泽。雄虫前足胫节外缘 2 齿，雌虫 3 齿，雄虫跗节比雌虫强壮，前、中足跗节两爪几对称，后足跗节仅单爪。触角 10 节（Endrödi，1952）。

观察标本：未见该种武夷山产地标本，据该种模式标本记录添加至此（Endrödi，1952：57）。

分布：我国福建（崇安）。

福建单爪鳃金龟 *Hoplia fukiensis* Endrödi，1952

Hoplia fukiensis Endrödi，1952：59.

主要特征：体长 8mm，体宽 3.5mm。体小型，长圆形，棕褐色，仅前足腿节和触角颜色较浅。唇基宽为长的 2 倍，前角圆，前缘横直，前缘和侧缘微弱上翻。头部被圆形、具金属光泽的绿色鳞片，间杂黄色直立刚毛。前胸背板宽大于长，窄于鞘翅。侧缘弧形，中部偏后处最宽，前角直角，后角圆。表面密被深褐色和浅色圆鳞片，浅色鳞片主要分布于侧缘和基部。小盾片三角形。鞘翅各具一大深色斑点，被浅色鳞片包围。腹板、前臀板和臀板密被白绿色鳞片。前足胫节外缘 3 齿，前、中足跗节两爪几对称，后足跗节仅单爪。触角 9 节（Endrödi，1952）。

观察标本：未见该种武夷山产地标本，据该种模式标本记录添加至此（Endrödi，1952：60）。

分布：我国福建（崇安）。

简纹单爪鳃金龟 *Hoplia gracilis* Endrödi，1952

Hoplia gracilis Endrodi，1952：57.

主要特征：体长 5.5~6.5mm。体表呈红棕色。头部背面布圆形金黄色鳞片。唇基呈矩形，前缘向上翘起。触角 9 节，鳃片部 3 节。前胸背板最阔点于中部，前角为前伸之锐角，后角近直角，布圆形金黄色鳞片，被短毛。小盾片布圆形白金黄鳞片。鞘翅最阔点于中部，布圆形金黄色鳞片，被短伏毛。臀板大，与体腹面密布圆形银白色鳞片，被短毛。足粗壮，布椭圆形银白色鳞片，被短毛；前足胫节三齿；前爪 2 爪长度相近，末端上沿均可见分裂；后足仅 1 个简单的爪。

观察标本：未见该种武夷山产地标本，据该种模式标本记录添加至此（Endrödi，1952：58）。

分布：我国福建（崇安）、广西、云南。

柯氏单爪鳃金龟 *Hoplia klapperichi* Endrödi，1952

Hoplia klapperichi Endrödi，1952：53.

主要特征：体长 8.0~10.0mm。体表呈红棕色，头部额顶区呈黑色。头部背面布圆形黄褐色或深褐色鳞片。唇基呈矩形，前缘向上翘起。触角 9 节，鳃片部 3 节。前胸背板最阔点于基部，前角为直角，后角为钝角，布圆形黄褐色或深褐色鳞片，亦具浅色鳞片构成之纵向斑纹，疏被浅色毛。小盾片布圆形黄褐色或深褐色鳞片。鞘翅最阔点于中部偏上，布圆形黄褐色或深褐色鳞片，具浅色鳞片构成之斑纹，鳞片间被短伏毛。臀板大，与腹面布圆形灰白色鳞片，被短毛。足粗壮，布椭圆灰白色鳞片，被短毛；前足胫节三齿；前爪分大小，小爪长度约为大爪的 4/5，两爪末端上沿均可见分裂；后足仅 1 个简单的爪。

观察标本：未见该种武夷山产地标本，据该种模式标本记录添加至此（Endrödi，1952：54）。

分布：我国福建（崇安）、湖南、广西。

宽缝单爪鳃金龟 *Hoplia latesuturata*（Fairmaire，1900）

Ectinohoplia latesuturata Fairmaire，1900：620.

Hoplia latesuturata：Endrödi，1952：49.

主要特征：体长 7.5~9.0mm。体表呈黑色。头部背面散布细椭圆形银白色鳞片。唇基呈矩形，前缘向上翘起。触角 9 节，鳃片部 3 节。前胸背板最阔点于基部，前角为直角，后角为钝角，布构成斑纹之椭圆形银白色鳞片，斑纹间布椭圆形深色鳞片，被极短毛。小盾片密布椭圆形深色鳞片。

鞘翅最阔点于中部偏上，布构成斑纹之椭圆形银白色鳞片，斑纹间布椭圆形深色鳞片，鳞片间鲜被极短伏毛。臀板大，与腹面密布具光泽的椭圆形银绿色鳞片，被短毛。足粗壮，布具光泽的椭圆形银绿色鳞片，后足腿节尤密，被短毛；前足胫节三齿。前爪分大小，小爪长度约为大爪的2/3，两爪末端上沿均可见分裂；后足仅1个简单的爪。

观察标本： 1♂，福建，武夷山，黄岗山，2004-V-21，苑彩霞、李静。

分布： 我国福建（崇安）、四川。

白鳞鳃金龟族 Leucopholini Burmeister，1855

歪鳃金龟属 *Cyphochilus* Waterhouse，1867

主要特征： 体中型到大型，狭长。体背除被毛刻点外，还密被白色鳞片，常盖住底色，腹面棕色至黑色，无金属光泽。上唇不对称，右半强烈肿大前突。触角10节，鳃片部3节，长大（雄）或短小（雌）。前胸背板短阔，侧缘显著弯阔，前后角皆钝角形。鞘翅缝肋及4条纵肋明显，背面2条纵肋常为具鳞刻点列一分为三。足较纤弱，前足胫节外缘2~3齿，内缘距发达。

分布： 本属目前世界已知13种，主要分布于我国和东洋区。目前我国已知11种，福建武夷山分布1种。

尖歪鳃金龟 *Cyphochilus apicalis* Waterhouse，1867

Cyphochilus apicalis Waterhouse，1867：144.

主要特征： 体表被长椭圆形白鳞毛，足黄褐色，眼间具微弱凹窝。唇基前部圆，前缘适度上翻。额区中部及眼间均具凹陷，眼突出，触角鳃片部长于余节长度之和。前胸背板前缘无凹陷，后缘具两凹陷，分别位于小盾片两侧，盘区后部具凹窝。鞘翅两侧近平行，端部略宽；翅缝隆起，鞘翅上具纵肋，第3纵肋不甚明显。前胸腹板覆盖灰软毛，腹板密布片状鳞毛。足被椭圆形白鳞毛，腿节细，被一至多列细刚毛，胫节与跗节亦被椭圆形白鳞毛与细刚毛。臀板三角形，雄虫较尖，被薄黄鳞毛。

观察标本： 1♂，福建，建阳，黄坑，桂林，290~600m，1960-IV-7，蒲富基；1♂，福建，邵武，城关，150~225m，1960-III-23，姜胜巧。

分布： 我国福建（建阳，邵武）。

雅鳃金龟属 *Dedalopterus* Sabatinelli & Pontuale，1998

主要特征： 体浅褐色到深褐色，鞘翅被鳞毛组成的条带或白斑，臀板与腹面无金属光泽。眼大，颊大而平，无中脊。触角10节，雌雄触角鳃片部均为3节，雄虫鳃片部长于余节长度之和。前胸背板侧缘在后角附近具深凹。爪长，基部窄，端部不分裂。阳基侧突简单，不对称。

分布： 本属目前世界已知7种，均分布于我国。福建武夷山分布1种。

福建雅鳃金龟 *Dedalopterus fujianensis*（Zhang，1990）

Malaisius fujianensis Zhang，1990：192.

Dedalopterus fujianensis：Sabatinelli & Pontuale，1998：69.

主要特征： 体长：雄17~19.5mm，雌22mm；体阔：雄7.4~8mm，雌10.3mm。体中型到大型，狭长，鞘翅于肩后明显弧形扩出，雌体大于雄体。体近栗色，雌体及腹面色较深，光泽较弱。头较短阔，唇基短，似梯形，侧缘斜弧形，边缘强烈上翻，匀被乳黄针尖状卧毛，头面粗糙皱褶，均被乳黄针尖状卧毛。复眼内侧有一近三角形白斑，额凹较深显，下颚须末节背面削痕明显。前胸背板最阔点明显前于中点，除乳白条斑及斑点外，密被乳黄色针尖形卧毛。小盾片半椭圆形。鞘翅狭长，背面二纵肋为乳黄色披针形到卵圆形鳞片列一分为三，由翅基直达端凸，以中央一条小纵肋较高较宽，肋间带密叠大型椭圆乳白鳞片，成乳白纵带，雌体外侧间带也密叠鳞片，组成鲜明的乳白纵带。雄虫臀板侧缘直，末端尖，并略见延伸；雌虫则短阔，末端弧圆。前足胫节外缘3齿，基齿退化。爪较细弱，爪下齿接近中位。雄虫外生殖器阳基侧突较短而微见下弯，左片明显大于右片，左片末端略呈钩形。雌体背面除乳白纵带、斑点外，被乳黄色披针形鳞片。

观察标本：Holotype：1♂，福建，建阳，桂林，1980-Ⅵ-8，吴志江；Paratype：1♀，福建，建阳，坳头，1973-Ⅴ-26，虞佩玉；1♀，福建，崇安，挂墩，1981-Ⅵ-6。

分布：我国福建（建阳）。

中文名：此种此前并无中文名，根据其种本名"*fujianensis*"为地名名，故名"福建雅鳃金龟"。

双缺鳃金龟族 Diphycerini S. I. Medvedev，1952

长角塞鳃金龟属 *Metaceraspis* Frey，1962

主要特征：体小型。触角10节。后足与中足爪简单，前足爪分裂。

分布：本属目前世界已知1种，分布于我国。福建武夷山也有分布。

中文名：在Frey1962年的文章中，建立本属的特征即是，触角长于塞鳃金龟属 *Ceraspis*，故，本种中文名为"长角塞鳃金龟属"。

福建长角塞鳃金龟 *Metaceraspis fukiensis* Frey，1962

Metaceraspis fukiensis Frey，1962a：63. TL：China，Fujian（Kuatun）.

主要特征：体长6~8mm。体背侧和腹侧黑褐色至黑色，触角和足深褐色，鞘翅偶尔亮棕色。头部和前胸背板被适度密直立深色刚毛，鞘翅散布刚毛。唇基短，前缘横直。头部表面具褶皱，额唇基缝横直，额区前1/3光滑平坦。前胸背板表面密布刻点。小盾片表面密被白色刚毛，中部光裸。鞘翅密布粗刻点，布些许褶皱，鞘翅基部具2~3条纵沟槽，长度约为小盾片长度的3/4，形成模糊纵肋。臀板平，密布刻点，间布白色直立软毛。

观察标本：未见该种武夷山产地标本，据该种模式标本记录添加至此（Frey，1962a：63）。

分布：我国福建（崇安）。

中文名：此种此前并无中文名，根据其种本名"*fukiensis*"为地名，故名"福建长角塞鳃金龟"。

鳃金龟族 Melolonthini Leach，1819

等鳃金龟属 *Exolontha* Reitter，1902

主要特征：体中到大型。全体密布刻点，点间具褶皱，被绒毛。唇基近半圆或梯形，前缘无中凹。触角10节，鳃片部7节。前胸背板前、后缘常无边框。每鞘翅有纵肋4条。后胸腹板前部无腹突，腹节侧方无鳞毛斑。前足胫节外缘2或3齿，内缘距发达。后足胫节中部无明显横脊，后足跗节第1节短于第2节，爪发达。

分布：本属目前世界已知15种，分布于我国和东洋区各国，我国已知14种。福建武夷山分布2种。

分种检索表

1. 体红褐色，鞘翅纵肋不明显，前足胫节外缘 3 齿 ·································· **大等鳃金龟** *Exolontha serrulata*

   体黑褐色，纵肋明显，纵肋Ⅲ较弱，前足胫节外缘 2 齿 ·················· **影等鳃金龟** *Exolontha umbraculata*

大等鳃金龟 *Exolontha serrulata* (Gyllenhal，1817)

Melolontha serrulata Gyllenhal，1817：168.

Exolontha serrulata：Li *et* Yang，1994：54.

Melolontha manillarum Blanchard，1851：160. Synonymized by Burmeister，1855：418.

主要特征：体长 26.2~31.5mm，体宽 12.7~16.7mm，长卵圆形，红褐色，密被绒毛。唇基短阔，前角圆，前缘近横直，边缘微上翻。额唇基缝不明显。触角鳃片部 7 节，2~7 节等长。前胸背板中部最宽，前缘具边框，密布具毛缺刻。小盾片心形，上具光滑中纵线。鞘翅褐色，纵肋不明显。臀板发达，臀板端缘中央有"^"形凹缺（♂）或端中部微隆似鼻（♀）。前足胫节外缘 3 齿，内缘距发达。

观察标本：未见该种武夷山产地标本，根据文献记录添加至此（Chang Y. W.，1965：226）。

分布：我国福建（崇安）、浙江、江西、湖南、广东、香港；印度。

影等鳃金龟 *Exolontha umbraculata* (Burmeister，1855)

Melolontha umbraculata Burmeister，1855：418.

Exolontha umbraculata：Reitter，1902：269.

主要特征：体长 21.0~25.0mm，体宽 9.5~11.0mm。长卵圆形，黑褐色，密被绒毛。头较长大，唇基横长方形，前角圆，前缘几乎横直，边缘微上翻。触角鳃片部 7 节，3~6 节等长，其余各节均渐短。前胸背板侧缘前段直形，布稀疏微缺刻，后段向内弯，缺刻深而密。小盾片心形，上具光滑中纵线。鞘翅褐色，纵肋明显，纵肋Ⅲ较弱，鞘翅前半部有心形具光泽的淡褐色毛斑，其后为深褐色"V"形宽毛带，毛带后缘模糊，端部深浅色相间，致端部色较浅。臀板发达，中央有较显著的纵沟纹，前足胫节外缘 2 齿，内缘距发达，后足胫节两端距差异较大，后足跗节第 1 节显著短于第 2 节，爪细长。

观察标本：未见该种武夷山产地标本，根据文献记录添加至此（Chang Y. W.，1965：226）。

分布：我国福建（崇安）、江苏、浙江、湖北、湖南、香港、广西、四川。

云鳃金龟属 *Polyphylla* Harris，1841

主要特征：体大型，体背被有各式白或乳白色鳞片组成的斑纹。唇基宽大，触角 10 节，雄虫鳃片部 7 节，雌虫鳃片部 6 节，胸下绒毛厚密。爪发达。

分布：本属目前世界已知 200 余种，主要分布于整个古北和东洋区以及非洲区。目前我国已知 23 种，福建武夷山分布 1 种。

霉云鳃金龟 *Polyphylla* (*Polyphylla*) *nubecula* Frey，1962

Polyphylla nubecula Frey，1962b：614.

主要特征：通体红褐色，具黄色毛斑。头部与前胸背板被黄色具毛刻点。触角鳃片部 7 节，长度超过余节的 2 倍。唇基前缘适度上翘，中部微凹，上密布具毛刻点，刻点内被短刚毛。眼周具长密黄软毛。额唇基缝不明显，额区密被具毛刻点。前胸背板密被浅刻点，盘区略疏。小盾片被密具毛刻点，中部至后缘光滑无刻点。鞘翅长为宽的 3 倍，鞘翅外缘中部均具纵凹。胸腹板密被弱长黄毛，中胸腹板中部具一深纵凹。腹板密布具毛刻点，每节后缘中部光滑。腿节扁宽，足密布具毛刻点，臀板近三角形，表面密布被毛刻点。雄虫爪对称。

观察标本：1♂，福建，崇安，三港，1979-Ⅶ-4，宋士美。

分布：我国福建、浙江、广东、广西。

根鳃金龟族 Rhizotrogini Burmeister，1855

婆鳃金龟属 *Brahmina* Blanchard，1851

主要特征：体小到中型，长卵圆形，全体被毛。触角 10 节，鳃片部 3 节。前胸背板布浅大刻点。胸下被密绒毛。前足胫节外缘 3 齿，爪细长，爪下中部有 1 个弱小斜生爪齿。二阳基侧突对称。

分布：本属目前世界已知 100 余种，主要分布于整个古北和东洋区。目前我国已知 38 种，福建武夷山分布 1 种。

简单婆鳃金龟 *Brahmina simplex* Frey，1972

Brahmina simplex Frey，1972a：115. TL：China，Fujian（Guadun）.

主要特征：体长 12mm。通体背侧和腹侧均为红褐色，触角黄褐色，带些许斑点，足褐色，背侧散布鳞毛。眼眦、前胸背板前缘和臀板边缘被浅黄色刚毛。胸腹板被密长黄刚毛，腹板末两节稀布细刚毛，余节光滑无毛。唇基明显短，前缘横直，侧缘微扩，中部布些许细刻点，侧缘附近密布粗刻点。触角 10 节，鳃片部 3 节，长度约与随后的 5 节长度相当。前胸背板后缘横直，前缘略锯齿状。小盾片散布刻点。鞘翅分别具两条清晰刻点行。腹板无粗大刻点，中部光滑。腹板倒数第 2 节具褶皱，密布粗大刻点，最后一节具一排横向刻点。

观察标本：未见该种武夷山产地标本，据该种模式标本记录添加至此（Frey，1972：115）。

分布：我国福建（崇安）。

中文名：此种此前并无中文名，根据其种本名"*simplex*"为"简单的"，故名"简单婆鳃金龟"。

褐鳃金龟属 *Bunbunius* Nomura，1970

主要特征：雄虫唇基前缘微凹，雌虫近横直。雄虫头部被软毛，鞘翅和腹板光裸。雄虫臀板适度隆起，雌虫微弱隆起。雄虫腹板无凹陷，末两节侧缘具粉状鳞毛。触角 10 节，鳃片部 3 节，长度约为余节 5~7 节长。雄虫爪端部裂，雌虫具一个垂直着生的齿。雌虫前足胫节外侧 3 齿，雄虫 2 齿或第 3 齿退化。后足跗节的末节短于相近一节。

分布：本属目前世界已知 18 种，主要分布于中国和东洋区。目前我国已知 16 种分布，福建武夷山分布 2 种。

分种检索表

1. 通体褐色，唇基无中凹，额区具瘤突 ················ 胼额褐鳃金龟 *Bunbunius bicallosifrons*
   通体黄褐至红褐色，唇基中部微凹，额区无瘤突 ········ 网褐鳃金龟 *Bunbunius reticulatus*

胼额褐鳃金龟 *Bunbunius bicallosifrons*（Frey，1972）

Holotrichia bicallosifrons Frey，1972a：115. TL：China，Fujian（Guadun）.

Bunbunius bicallosifrons：Keith，2005a：97.

主要特征：体长 19mm。体背侧、腹侧、足和触角褐色，头部和前胸背板黑褐色，小盾片褐色，适度具光泽。鞘翅光裸，臀板端部具短而稀缘毛，胸腹板被长而密的刚毛。唇基强烈短，前缘弧形，表面粗糙，具褶皱和刻点。额区有两个明显的瘤突。前胸背板前缘微凹，前、后角均钝角，表面刻点在盘区和边缘较为密集。小盾片前缘光滑，其余部分刻点似前胸背板。鞘翅各具两列分散刻点行。臀板密布粗大刻点，顶部光滑。腹板布密集且均匀刻点，刻点相比鞘翅较细。雌虫触角鳃片部约为余节长度之半。

观察标本：未见该种武夷山产地标本，据该种模式标本记录添加至此（Frey，1972：116）。

分布：我国福建（崇安）。

网褐鳃金龟 *Bunbunius reticulatus*（Murayama，1941）

Holotrichia reticulatus Murayama，1941：39. TL：China，Fujian（Guadun）.

Bunbunius reticulatus：Nomura，1970：65.

主要特征：体长 17~19mm。通体黄褐色至红褐色，背侧红褐色至黑褐色，体表具光泽。雄虫唇基前缘微凹，雌虫近横直。雄虫头部被软毛。雄虫触角短，鳃片部 3 节，长度与余节等长。下颚须第 2 节长度是端节的 1.5 倍。鞘翅和腹板光裸。雄虫臀板适度隆起，雌虫微弱隆起。雄虫腹板无凹陷，末两节侧缘具粉状鳞毛。雄虫后足的爪分裂。

观察标本：未见该种武夷山产地标本，据该种模式标本记录添加至此（Murayama，1941：39）。

分布：我国福建（崇安）、黑龙江、湖南、广东、广西、四川；韩国。

中文名：本种之前并无中文名，根据其拉丁学名"*reticulatus*"含义为"网状的"，故中文名为"网褐鳃金龟"。

脊鳃金龟属 *Miridiba* Reitter，1902

主要特征：体中、小型，长卵圆形，体棕色或红棕色，有光泽；唇基弓形，边缘常上翘；上唇中部极度凹陷；唇基和额区密布刻点，唇基宽于额；头部额区隆脊发达；触角 9~10 节，鳃片部 3 节，鳃片部多不长于触角 2~6（或 7）长度之和。前胸背板前缘有宽边框；背板多布细刻点。小盾片半圆形或近三角形。前、中足第 1~4 跗节每节端部腹面具 1 簇浓密短毛；前足胫节内缘前端具 1 发达距，中、后足胫节具 2 端距；中、后足胫节外侧具 1 完整或中断横脊；后足基节外后角近直角；跗节端部爪发达，爪中部垂直着生 1 发达齿。腹板外露，可见腹板 6 节，雄虫第 5 腹板具横缢或横向凹陷。

分布：古北区、东洋区。福建武夷山分布 2 种。

分种检索表

1. 触角 10 节 ·· 华脊鳃金龟 *Miridiba sinensis*
   触角 9 节 ·· 挂脊鳃金龟 *Miridiba kuatunensis*

挂脊鳃金龟 *Miridiba kuatunensis* Gao & Fang，2018（图版Ⅷ，3）

Miridiba kuatunensis Gao & Fang，2018：4.

主要特征：体长 17.3~18.5mm，体宽 7.6~8.5mm。体被密布刻点及短毛，头、前胸背板、小盾片和足红棕色，鞘翅和腹部棕色。唇基光滑无毛，密布刻点，前缘双瓣状，触角 9 节，鳃片部 3 节，雄虫鳃片比触角 2~6 节之和略长，雌虫等长。前胸背板密布刻点及短毛；前缘具边框，边框前缘有短毛；侧缘具密钝齿，前半部分上折；前角近直角，后角钝。小盾片具短毛和小刻点。鞘翅具稀疏刻点和短毛，缘折具毛但不达顶端。中、后足胫节外侧具完整横脊，背外缘具1齿，背内缘具4齿。

观察标本： 1♂，福建，崇安，挂墩，1963-Ⅶ-10，章有为；1♀，福建，崇安，1980-Ⅵ-9；1♀，福建，建阳，坳头，1963-Ⅵ-30，章有为；1♀，福建，崇安，三港，星村，740m，1960-Ⅵ-28，左永。

分布： 我国福建、湖南、广东、广西、海南、浙江。

华脊鳃金龟 *Miridiba sinensis*（Hope，1842）（图版XIII，4）

Holotrichia sinensis Hope，1842：60.

Miridiba sinensis：Nomura，1977：88.

Ancylonycha sinae Blanchard，1850：139. Synonymized by Burmeister，1855：316.

Rhizotrogus cribellatus Fairmaire，1891：200. Synonymized by Keith，2006：43.

主要特征： 体长19.3~22.4mm，体宽8.3~10.7mm。体红棕色，光滑无毛（或仅刻点具微毛）。唇基密布刻点，平，短于额，两侧斜；前缘近双瓣状，中部极度宽凹；额密布刻点，隆脊发达但不尖锐；触角10节，鳃片部3节。前胸背板密布刻点，刻点具微毛；前缘具边框无毛；后缘平滑无毛；侧缘于最宽处具4~6个弱齿，齿间具短毛，其余部分平滑，前半段上折；前角近直角，后角圆钝。鞘翅散布刻点，刻点具微毛；缘折近基部1/2部分具毛。中、后足胫节外侧具完整横脊；后足背内缘具4齿。

观察标本： 1♂，福建，南平，上洋，1963-Ⅵ-9，章有为；1♂，福建，南平，夏道，1963-Ⅴ-26，章有为。

分布： 我国福建、海南、湖北、湖南、广东、广西、贵州、江苏、江西、山东、四川、台湾、浙江。

齿爪鳃金龟属 *Holotrichia* Hope，1837

主要特征： 体中型，长卵圆形，体褐色或棕褐色，头部、前胸背板和小盾片多色深。唇基宽于或等于额，触角10节，鳃片部3节。前胸背板横阔，前缘具边框，侧缘多具齿；中、后胸腹板多密布长毛。小盾片三角形或半圆形。鞘翅缝肋发达，每个鞘翅具4条纵肋。前足胫节内缘前端具1距，中、后足胫节具2端距。跗节端部爪发达，爪中部垂直着生1发达齿。腹板外露，可见腹板6节，雄虫第5腹板具横缢或横向凹陷。

分布： 古北区、东洋区。福建武夷山分布4种。

分种检索表

1. 体油亮，无粉层 ·· 华南大黑鳃金龟 *Holotrichia sauteri*
   体表布蓝灰色粉层 ··· 2
2. 唇基宽于额 ·· 宽齿爪鳃金龟 *Holotrichia lata*
   唇基与额等宽 ··· 3
3. 前胸背板前缘边框具长毛 ······························· 挂墩齿爪鳃金龟 *Holotrichia kwatungensis*
   前胸背板前缘边框无长毛 ································· 蓝灰齿爪金龟 *Holotrichia ungulate*

挂墩齿爪鳃金龟 *Holotrichia*（*Holotrichia*）*kwatungensis* Chang，1965（图版XIII，5）

Holotrichia kwatungensis Chang，1965：46.

主要特征： 体长17.8~17.5mm，体宽9.7~9.5mm。体深褐色，油亮；体背略显蓝色粉层。唇基与额区等宽，前缘中部深凹，侧缘外扩并上翘；唇基密布粗糙刻点；额区布大刻点，部分刻点具毛；触角10节，鳃片部3节。前胸背板布刻点（较额区的小），前缘边框前侧具长毛；侧缘具钝齿；前、后侧角均呈钝角。小盾片三角形，散布小刻点，中纵带无刻点。鞘翅纵肋清楚；缘折近基部着生少量长毛。中足胫节具中断横脊，后足胫节外侧具完整横脊；后足跗节第1节长于第2节。爪长大，爪齿后缘不斜截。

观察标本： 未见武夷山产地标本，据该种模式标本记录添加至此（Chang，1965：47）。

分布： 我国福建（武夷山）。

宽齿爪鳃金龟 *Holotrichia*（*Holotrichia*）*lata* **Brenske，1892**

Holotrichia lata Brenske，1892：163.

Holotrichia pruinosa Niijima & Kinoshita，1923：51.

主要特征： 体长20.0～28.8mm，体宽11.9～16.6mm。体长19.3～22.4mm，体宽8.3～10.7mm。体棕色、褐色或棕褐色，头部、前胸背板色略深，体被铅灰色粉层。唇基宽于额，前缘双瓣状，两侧略上翘；触角10节，鳃片部3节。前胸背板散布稀疏刻点，侧缘前半段具钝齿；前缘具边框，前角近直角，后角钝。小盾片三角形，长约为宽的1.8倍，中纵带无刻点。鞘翅4纵肋可见，纵肋端部浅。第Ⅱ～Ⅵ腹板散布小刻点。

观察标本： 未见该种武夷山产地标本，根据文献记录添加至此（Zhang & Luo，2002：445）。

分布： 我国福建（武夷山）、江苏、安徽、湖北、浙江、江西、湖南、台湾、广西、四川、云南、贵州、香港；越南，缅甸（Matsumoto，2017）。

华南大黑鳃金龟 *Holotrichia*（*Holotrichia*）*sauteri* **Moser，1912**（图版ⅩⅢ，6～7）

Holotrichia sauteri Moser，1912：436.

主要特征： 体长18.0～24.0mm，体宽9.2～12.1mm。体褐色或红褐色，油亮；体背部光滑无毛。唇基宽于额，前缘弓形，两侧缘明显上翘；触角10节，鳃片部3节。前胸背板散布粗刻点；前、后侧角钝；侧缘具钝齿；后缘有成列刻点。小盾片三角形，散布小刻点。鞘翅第Ⅱ、第Ⅲ条纵肋末端不明显；缘折近基部着生少量毛。中、后足胫节外侧具完整横脊；后足跗节第1节短于第2节。腹板散布小刻点；第Ⅵ腹板中间有长椭圆形凹陷。臀板隆起顶点在中上部。

观察标本： 未见该种武夷山产地标本，根据文献记录添加至此（Zhang & Luo，2002：445）。

分布： 我国福建（武夷山、建阳）、浙江、江西、台湾、贵州（Zhang & Luo，2002）。

蓝灰齿爪鳃金龟 *Holotrichia*（*Holotrichia*）*ungulate* **Chang，1965**（图版ⅩⅢ，8）

Holotrichia ungulate Chang，1965：47.

主要特征： 体长17.2～18.0mm，体宽8.9～9.2mm。体深褐色，略被蓝灰色粉层，体背光滑无毛。唇基与额区等宽，密布刻点，前缘弓形，中部微凹；额区刻点较唇基的稀疏；触角10节，鳃片部3节。前胸背板被稀疏小刻点；前缘边框无毛；侧缘前半段具钝齿。小盾片近三角形，具稀疏小刻点。鞘翅纵肋清晰；缘折基部具少许毛。中、后足胫节具完整横脊，后足跗节第1节长于第2节；跗节端部爪齿接近爪端，后缘端部有斜截。腹板被蓝灰色粉层，第Ⅱ腹板具稀疏短毛。

观察标本： 未见武夷山产地标本，据该种模式标本记录添加至此（Chang，1965：47）。

分布： 我国福建（武夷山）。

爪索鳃金龟属 *Onychosophrops* Frey，1972

主要特征：体细长，近圆柱形，背侧近乎无毛或少量短毛。触角 10 节，鳃片部 3 节，唇基宽，前角圆。与 *Sophrops* 属相比，本属爪不分裂，仅具一个斜的齿。基部的爪弯曲，端部略尖。

分布：本属目前世界已知 2 种，均分布于我国。福建武夷山分布 1 种。

命名：由于本属名前缀 "*Onych*" 为 "爪"，指与索鳃金龟相比，本属爪不分裂，故名爪索鳃金龟属。

短毛爪索鳃金龟 *Onychosophrops brevisetosa*（Frey，1972）

Sophrops（*Onychosophrops*）*brevisetosa* Frey，1972a：114. TL：China，Fujian（Shaowu）.

Onychosophrops brevisetosa：Nomura，1977：94.

主要特征：体长 11~12mm。通体背侧和腹侧均为褐色，头部、前胸背板和触角颜色较深，触角鳃片部黄色。背侧具光泽，腹侧近中胸和腹板具光泽。侧缘和腹板最后两节具灰色刚毛，臀板则被少许刚毛。除头部外，背侧、腹侧和臀板均匀被直立短刚毛和细浅棕色刚毛。唇基短，梯形，前缘横直上翻。额区无细密刻点。触角 10 节，鳃片部 3 节，长度约为余节长度的一半。前胸背板前后缘横直，前角近直角，前后缘附近均有一个凹陷。前胸背板密布脐状刻点，刻点着生刚毛。小盾片散布刻点，中部光裸。鞘翅光裸。臀板被适度密的刚毛。后足胫节 1、2 节几等长，后足跗节外侧 3 齿。

观察标本：未见该种武夷山产地标本，据该种模式标本记录添加至此（Frey，1972：114）。

分布：我国福建（邵武）。

中文名：本种之前并无中文名，根据其拉丁学名 "*brevisetosa*" 含义为 "短毛"，故中文名为 "短毛爪索鳃金龟"。

黄鳃金龟属 *Pseudosymmachia* Dalla Torre，1912

主要特征：体表多光裸无毛，如被毛，毛则短且多倒伏，而非直立。多数种类触角 9 节，部分为 10 节，触角鳃片部 3 节。唇基前缘直或稍呈波状。胸部腹面具黄色长毛，腹部光亮，前足基节后方具一板状凸起。跗节爪端部呈两叶状。阳基侧突平伸，与阳基等长或长于阳基，腹面骨化，两阳基侧突片于背面完全愈合。

分布：本属目前世界已知 25 种，主要分布于整个古北和东洋区。目前我国已知 24 种，福建武夷山分布 3 种。

分种检索表

1. 体黑褐色，背侧具光泽 ·· 黑褐黄鳃金龟 *Pseudosymmachia excisa*
   体黄褐色，背侧光泽较弱或无光泽 ·· **2**
2. 鞘翅刻点散布，体背无光泽，仅头部具弱光泽 ··············· 头黄鳃金龟 *Pseudosymmachia callosiceps*
   鞘翅具两列明显刻点行，体背具弱光泽，额唇基缝附近具一块不规则光滑区域 ··················
   ·· 福建黄鳃金龟 *Pseudosymmachia fukiensis*

额突黄鳃金龟 *Pseudosymmachia callosiceps*（Frey，1972）

Metabolus callosiceps Frey，1972：110.

Pseudosymmachia callosiceps：Smetana & Smith，2006：51.

主要特征：体长 12mm。通体背侧和腹侧均为黄褐色，体背被细密黄毛。头部颜色较深，略带光泽，头顶被少许刚毛。胸腹板被密长刚毛，腹板中部光裸具光泽。唇基明显短，前缘近横直且上翻，背侧具粗大刻点。额区与唇基相同，被粗大刻点，背侧具两明显凸起。触角9节，鳃片部3节，与相接的5节等长。前胸背板前缘横直，后缘微弱中凹，前角钝角，侧缘中部扩阔，背侧表面密布不均匀刻点。小盾片表面刻点散布，表面具光泽。鞘翅刻点散布。臀板被适度密的具毛刻点。后足跗节外侧3齿。

观察标本： 未见该种武夷山产地标本，据该种模式标本记录添加至此（Frey，1972：110）。

分布： 我国福建（崇安）。

中文名： 本种之前并无中文名，根据其拉丁学名"*callosiceps*"含义为"硬的"和"头部"，应指额区背侧的突起，故中文名为"额突黄鳃金龟"。

黑褐黄鳃金龟 *Pseudosymmachia excisa*（Frey，1972）

Metabolus excisa Frey，1972a：110.

Pseudosymmachia excisa：Smetana & Smith，2006：51.

主要特征： 体长13mm。体背侧、腹侧、臀板和足均为褐色至黑褐色，背侧具光泽，触角黄褐色至褐色。胸部侧缘、中胸腹板和腹板后两节的部分暗淡被鳞毛，腹板后两节中部被些许刚毛，臀板边缘被毛。唇基短，前缘弧形且上翻，中部微凹，后缘微锯齿状，表面被极密粗大刻点。触角9节，鳃片部3节，与相接的5节等长。前胸背板前缘横直，后缘微弱锯齿状，前角突出近直角，后角钝角近圆形，背侧表面密布脐状刻点，基部侧缘具微弱突起。小盾片表面布细刻点，中部光裸。鞘翅近翅肋处具一宽一窄俩刻点行。臀板被粗大刻点。后足跗节外侧3齿。

观察标本： 未见该种武夷山产地标本，据该种模式标本记录添加至此（Frey，1972：111）。

分布： 我国福建（崇安）。

中文名： 本种之前并无中文名，体色为不同于本属其他种类的黑褐色，故名"黑褐黄鳃金龟"。

福建黄鳃金龟 *Pseudosymmachia fukiensis*（Frey，1972）

Metabolus fukiensis Frey，1972a：108.

Pseudosymmachia fukiensis：Smetana & Smith，2006：51.

主要特征： 体长12~13mm。体背侧和腹侧均为黄褐色，具弱光泽，头部颜色较深，背侧与臀板光裸。胸腹板密被直立长毛，腹板被细刚毛，中部光滑无毛，后两节刚毛较长。唇基短，宽4倍于长，前缘几乎不弯曲且适度上翻，表面布均匀大刻点。触角9节，鳃片部3节，与相接的5节等长。额唇基缝附近具一块不规则光滑区域，无刻点。前胸背板前后角均为钝角，背侧表面刻点似头部。小盾片表面散布不规则细刻点。鞘翅具两列连续刻点行，刻点粗大，末端具突起，还有一列刻点行从鞘翅中部达翅端。臀板刻点似鞘翅。后足跗节外侧3齿，爪分裂、弯曲，内侧爪明显比外侧强壮。

观察标本： 未见该种武夷山产地标本，据该种模式标本记录添加至此（Frey，1972：109）。

分布： 我国福建（崇安）。

中文名： 本种之前并无中文名，根据其拉丁学名"*fukiensis*"为地名，故中文名为"福建黄鳃金龟"。

索鳃金龟属 *Sophrops* Fairmaire，1887

主要特征： 体细长，近圆柱形，背侧近乎无毛或少量短毛。触角10节，鳃片部3节，唇基宽，前角圆。爪端部分裂，前端斜状。阳基侧突短。

分布：本属目前世界已知45种，主要分布于整个古北区和东洋区。目前我国已知33种，福建武夷山分布3种。

分种检索表

1. 通体深红褐色至黑褐色，每片鞘翅具四弱隆脊，鞘翅外侧隆脊仅剩一半。中胸腹板中部具一明显纵凹 …………
……………………………………………………………………………………………… 宽索鳃金龟 *Sophrops lata*
　通体深褐色至黑色，鞘翅刻点行模糊或散乱 ……………………………………………………………… 2
2. 腹板与臀板被软毛，前胸背板前后角均为钝角 ………………………………… 罗氏索鳃金龟 *Sophrops roeri*
　腹板与臀板被灰色鳞毛，前胸背板前角为锐角，后角为钝角 ………… 皱翅索鳃金龟 *Sophrops rugipennis*

宽索鳃金龟 *Sophrops lata* Frey，1972

Sophrops lata Frey，1972a：113. TL：China, Fujian（Guadun）.

主要特征：体长17~18mm，体宽9mm。通体深红褐至黑褐色，体筒形。头部、前胸背板、臀板及足（除跗节外）被密刻点，内着生倒伏黄毛。鞘翅密布刻点，刻点外缘黄色。触角鳃片部3节，长度约为余节的1/2。唇基前缘微凹，上密布刻点，刻点内被倒伏黄毛。额唇基缝明显而完整，额区密被刻点，刻点内被倒伏黄毛。前胸背板被浅刻点。小盾片密被刻点，刻点内被倒伏黄毛。鞘翅长为宽的3倍，每片鞘翅具四弱隆脊，鞘翅外侧隆脊仅剩一半。中胸腹板中部具一明显纵凹。腹板密布刻点。腿节强壮，中部具一列刺指向体末，侧缘被些许刚毛指向体末。跗节光滑，结合部具一圈刺毛列。臀板近三角形，表面密被刻点。

观察标本：1♂，福建，建宁，1986-V，张汉龙。

分布：我国福建。

罗氏索鳃金龟 *Sophrops roeri* Frey，1972

Sophrops roeri Frey，1972a：112.

主要特征：体背侧为深褐色至褐色，具光泽，腹侧褐色，胸腹板、腹板和臀板均无光泽，腹板和臀板被软毛。唇基短，前缘弧形且中部具微凹，表面布适度密大刻点。额区刻点粗大，似唇基。前胸背板前后缘横直，前后角均为钝角，背侧表面不均匀布大脐状刻点，侧缘刻点更密。小盾片表面刻点似鞘翅，中部光裸。鞘翅具两列模糊刻点行。臀板密布粗大刻点，似鞘翅。后足跗节外侧3齿，爪分裂、弯曲，内侧爪明显比外侧强壮。

观察标本：未见该种武夷山产地标本，据该种模式标本记录添加至此（Frey，1972：113）。

分布：我国福建。

中文名：本种之前并无中文名，由于拉丁学名"roeri"为人名，故名"罗氏索鳃金龟"。

皱翅索鳃金龟 *Sophrops rugipennis*（Frey，1972）

Metabolus rugipennis Frey，1972a：111. TL：China, Fujian（Guadun）.

Sophrops rugipennis：Gu & Zhang，1995：4.

主要特征：体背侧和腹侧均为深褐色，背侧具光泽，散布刚毛，触角与足褐色。腹板与臀板大部分被灰色鳞毛及些许淡灰色直立短刚毛，胸腹板中部光裸无毛具光泽。唇基适度宽，前缘弧形，侧缘半圆形，表面密布均匀刻点。触角9节，鳃片部短于余节之长。前胸背板后缘横直，前缘微凹，前角伸出为锐角，后角钝角，背侧表面密布刻点，具褶皱。小盾片表面布粗刻点，中部光裸。鞘翅具粗糙褶皱，褶皱间密布脐状刻点。臀板布不均匀脐状刻点。后足跗节外侧3齿。

观察标本：未见该种武夷山产地标本，据该种模式标本记录添加至此（Frey，1972：113）。
分布：我国福建。
中文名：本种之前并无中文名，由于其鞘翅具粗糙褶皱，故名"皱翅索鳃金龟"。

说明

以下种类为章有为和罗肖南两位先生在福建昆虫志中记载鳃金龟，但经查证存疑的种类，存疑的种类分为四类：

第一类是分布地不明，仅在原始文献中记录为 China 或 Chine，之后并无明确记录，古北区名录分布记录也仅为 China，因此无法确定该种在福建武夷山地区是否分布；

第二类分布地有误，如分布区为古北区，但福建有分布，这样的种类可能存在鉴定错误，建议剔除；

第三类是福建有分布，但武夷山地区无记录或暂未看到记录；

第四类是该物种在中国甚至于古北区无分布，但被误定为此种。

1. 分布地不明（第一类）：
***Holotrichia*（*Holotrichia*）*geilenkeuseri* Reitter，1902**

Holotrichia geilenkeuseri Reitter，1902b：175.
分布：我国。

2. 分布地有误（第二类）：
***Cyphochilus farinosus* Waterhouse，1867**

Cyphochilus farinosus Waterhouse，1867：143.
分布：我国福建、东北；俄罗斯（远东地区），朝鲜，韩国，日本。

***Holotrichia*（*Holotrichia*）*kiotonensis* Brenske，1894**

Holotrichia kiotonensis Brenske，1894a：68.
Lachnosternain elegans Lewis，1895c：396.
Holotrichia waterhousei Brenske，1894a：68.
分布：我国东北、上海；朝鲜，韩国。

***Holotrichia*（*Holotrichia*）*picea* Waterhouse，1875**

Holotrichia picea Waterhouse，1875：103.
Holotrichia infantula S. I. Medvedev，1951：308. Synonymized by Kalinina，1977：792.
Holotrichia izuensis Nomura，1969：73.
Holotrichia rufopicea Waterhouse，1875：103. Synonymized by S. I. Medvedev，1951：299.
分布：我国黑龙江；俄罗斯（远东地区），朝鲜，韩国，日本。

***Holotrichia*（*Holotrichia*）*diomphalia*（**Bates，1888**）**

Lachnosterna diomphalia Bates，1888b：373.
Holotrichia diomphalia：Reitter，1902：176.
分布：我国北京、吉林、黑龙江、山东；蒙古，俄罗斯（远东地区），朝鲜，韩国，日本。

Holotrichia simillima **Moser，1912**

Holotrichia simillima Moser，1912：434.

说明：章有为（1965）描述了该种在武夷山挂墩有分布，但是和模式标本比对后发现其并非 *H. simillima*，所以此种不建议加入。

Ectinohoplia guttaticollis **Fairmaire，1900**

Ectinohoplia guttaticollis Fairmaire，1900：620.

分布：我国四川。

Brahmina（*Brahminella*）*rubetra*（**Faldermann，1835**）

Melolontha rubetra Faldermann，1835：376.

Brahmina rubetra：Reitter，1902：182.

分布：我国辽宁、北方；朝鲜，韩国。

Hoplia ingrata **Fairmaire，1888**

Hoplia ingrata Fairmaire，1888a：18.

分布：我国重庆。

Sophrops nigra **Frey，1972**（查无此种）

说明：可能指 *Ancylonycha nigra* Redtenbacher，1867，该种现为 *Sophrops planicollis*（Burmeister，1855）的异名，江西有分布，但福建无分布。

3. 福建有分布，武夷山地区无记录或暂未看到（第三类）

Ectinohoplia sulphuriventris **Redtenbacher，1867**

Ectinohoplia sulphuriventris Redtenbacher，1867：63.

分布：我国福建、上海、香港；日本。

Cyphochilus testaceipes **Fairmaire，1902**

Cyphochilus testaceipes Fairmaire，1902：316.

分布：我国福建、江西。

Dichelomorpha limbata（**Fairmaire，1900**）

Sinochelus limbata Fairmaire，1900：618. TL：China，Fujian（Fuzhou）.

Dichelomorpha limbata：

分布：我国福建。

Polyphylla（*Granida*）*jessopi* **Dewailly，1993**

Polyphylla jessopi Dewailly，1993：12. TL：China，Fujian（Foochow）.

分布：我国福建、广西。

***Cyphochilus insulanus* Moser，1918**

Cyphochilus insulanus Moser，1918a：242.

分布：我国福建、台湾。

***Brahmina nuda* Moser，1915**

Brahmina nuda Moser，1915a：140.

分布：我国福建。

4. 在中国或古北区无记录（第四类）

***Lepidiota stigma* Fabricius，1798**（*Melolontha stigma* Fabricius，1798）

古北区无记录

绢金龟族 Sericini Kirby，1837

主要特征：体中型，5~25mm。多数种类体表颜色较暗淡，密被刚毛，少数种类体表光裸具光泽。上唇与唇基愈合为上唇基，下唇退化，中唇舌与侧唇舌愈合并退化。触角多毛，雄虫触角鳃片部3~7节不等。前胸背板和鞘翅侧缘密布或具些许长刚毛。前足基节圆柱状，后足基节加宽。

分布：分布于除澳大利亚、南美洲南部和苏拉威西东南部地区外的其他所有热带和温带地区。福建武夷山分布7属34种。

分属检索表

1. 眼眦退化，眼微弱凸起 ··	**2**
眼眦正常 ··	**4**
2. 后足腿节前缘毛向后弯曲··································	**胖绢金龟属 *Pachyserica***
后足腿节前缘毛向前（头部方向）弯曲 ··	**3**
3. 臀板隆起，不全被鞘翅遮盖 ····························	**臀绢金龟属 *Gastroserica***
臀板完全被鞘翅遮盖 ··	**新绢金龟属 *Neoserica***
4. 中足基节间腹板宽度是中足腿节宽度的一半到2/3 ···	**5**
中足基节间腹板宽度与中足腿节等宽或更宽 ··	**6**
5. 后足胫节外缘具锯齿状脊 ······························	**鳞绢金龟属 *Lasioserica***
后足胫节外缘无锯齿状脊 ·································	**绢金龟属 *Serica***
6. 雌雄虫触角鳃片部均为3节····························	**码绢金龟属 *Maladera***
雄虫触角鳃片部多于3节 ································	**小绢金龟属 *Microserica***

臀绢金龟属 Gastroserica Brenske，1897

主要特征：触角鳃片部雄性四节，雌性三或四节。颏圆。前胸背板前角不外凸，前背折缘向腹侧凸出。中足基节间的中胸腹板与中足腿节几同宽。臀板长，端部凸出，不完全为鞘翅遮盖。后足胫节侧缘具纵凹，密布大小适中刻点，腹侧边缘具锯齿。前跗节短，二齿，爪等大。

分布：本属目前世界已知44种，分布于整个东亚及东南亚地区。目前我国已知29种，福建武夷山分布4种。

分种检索表

1. 上唇基基部最宽，侧缘前部窄 ··············	**黑带臀绢金龟 *Gastroserica nigrofasciata***
上唇基中部最宽，侧缘在中部之后变窄 ··	**2**

2. 前胸背板盘区具浅纵凹 ································· **赫氏臀绢金龟 *Gastroserica herzi***
前胸背板盘区无浅纵凹 ·· **3**
3. 眼眦短，其长度与眼直径之比<0.33，雌虫触角鳃片部为3节，前胸背板基部最宽 ·········
··································· **尼氏臀绢金龟 *Gastroserica nikodymi***
眼眦长，其长度与眼直径之比为>0.42，雌雄触角鳃片部均为4节，前胸背板中部到基部几等宽 ·········
··································· **广东臀绢金龟 *Gastroserica guangdongensis***

广东臀绢金龟 *Gastroserica guangdongensis* Ahrens，2000

Gastroserica guangdongensis Ahrens，2000a：90.

主要特征：体长8.0~9.1mm，体宽4.1~4.6mm，鞘翅长5.8~6.6mm。体栗褐色具光泽，前胸背板和鞘翅深褐色。上唇基短宽，近长方形，中部宽，基部或多或少明显变窄或近平行，侧缘略弯。额上唇基沟微弱隆起，眼眦适度长。触角棕色，雄性和雌性触角鳃片部均为4节，雄性鳃片长度约等于非鳃片部触角节长度之和。前胸背板基部最宽，深褐色具刻点，几等大。盘区无压痕。小盾片近正三角形，中央光裸且凸起，近边缘布大小不等刻点。鞘翅长椭圆形，中部最宽，肩角突出；刻点行明显，行间弱突起。鞘翅边缘无短毛。臀板圆锥形，被短刚毛，间布长刚毛，布细密刻点。足浅棕色，中足基节窝间距与中足腿节最宽处近相等，后足腿节扁平，后缘具粗刚毛。后足跗节第1节与第2、第3节长度之和相等，约为胫节外侧端距2倍长，背侧无毛，布细微刻点，腹侧具粗壮锯齿状脊，各节端部具环形排列细刺。前跗节短，2枚齿，爪对称。雄虫外生殖器左侧阳基侧突强烈弯曲延长，尖端几乎和右侧的阳基侧突相接，右侧的阳基侧突背侧的叶状无中突，阳基尖端平，左侧阳基侧突非拱形。

观察标本：1♂，福建，武夷山，白虎溪，1997-Ⅵ-11，汪家社；2♂♂，福建，武夷山，桐木，610m，2001-Ⅵ-10，葛斯琴；3♂♂，福建，武夷山，黄溪洲，2004-Ⅴ-27，苑彩霞、李静（HBUM）；3♂♂，福建，武夷山，三港，2004-Ⅴ-16~28，苑彩霞、李静（HBUM）。

分布：我国福建、湖北、广东、广西、四川。

赫氏臀绢金龟 *Gastroserica herzi*（Heyden，1887）

Serica herzi Heyden，1887：264.

Gastroserica herzi：Brenske，1897a：414.

主要特征：体长：6.1~6.6mm，体宽：3.3~3.8mm，翅长：4.2~4.6mm。体型微长椭形，体色多样，除了不清楚的红色斑点，前胸背板均为黑色至米黄色（多数为雄性）。上唇基短宽，前缘横直中部具浅凹陷。额上唇基沟不明显且向外弯呈钝角。额区密布粗刻点。触角10节，黄褐色，鳃片部深褐色，雄性触角鳃片部4节，雌性3节，各节近等长，雄性鳃片长度明显长于于非鳃片部触角节长度之和。前胸背板基部最宽。后角钝角，前缘中部具凹刻，表面布粗浅刻点，被细绒毛。盘区中部无深沟，近后缘距后角1/4处各有1条明显压痕。小盾片长三角形，中央光裸，近边缘布大小不等浅刻点，被绒毛。鞘翅椭圆形，行间弱突起，刻点分散，刻点内被刚毛。鞘翅边缘无短毛。臀板适度隆起，圆锥形，密布刻点被长刚毛。后足跗节第1节与第2、第3节长度之和相等，约为胫节外侧端距2倍长，背侧无毛，布细微刻点，腹侧具粗壮锯齿状脊，各节端部具环形排列细刺。前跗节短，2枚齿，爪不对称。

观察标本：1♂，福建，建阳，黄坑，坳头，800~950m，1960-Ⅴ-5，蒲富基；3♂♂，福建，建阳，黄坑，坳头，800~950m，1960-Ⅴ-5，蒲富基；1♂，福建，崇安，星村，三港，750m，1960-Ⅴ-26，姜胜巧。

分布：我国福建、浙江、江西、湖南、广西、海南、四川、贵州、云南；韩国。

尼氏臀绢金龟 *Gastroserica nikodymi* Ahrens，2000

Gastroserica nikodymi Ahrens，2000a：102. TL：China, Fujian（Shaowu）.

主要特征：体长 7.3~7.4mm，体宽 3.7~3.8mm，鞘翅长 4.6mm；体卵形，黄褐色，鞘翅部分为黑色，体表光滑。上唇基短宽，近长方形，前缘微弱上翘，中部宽，基部或多或少明显变窄或近平行。额上唇基沟微弱隆起，眼眦短宽。触角黄色，雄性触角鳃片部 4 节，鳃片长度略等于非鳃片部触角节长度之和，雌性 3 节，鳃片长度短于非鳃片部触角节长度之和。前胸背板中部到基部几等宽，具适度密刻点，几等大。盘区无压痕。小盾片近正三角形，中央光裸且凸起，近边缘布大小不等刻点。鞘翅短，中部最宽，肩角突出；刻点行明显，行间弱突起。鞘翅边缘被短毛。臀板圆锥形，被短刚毛，间布长刚毛，布细密刻点。足浅棕色，中足基节窝间距与中足腿节最宽处近相等，后足腿节扁平，后缘具短刚毛。后足跗节第 1 节与第 2、第 3 节长度之和相等，约为胫节外侧端距 2 倍长，背侧无毛，布细微刻点，腹侧具粗壮锯齿状脊，各节端部具环形排列细刺。前跗节短，2 枚齿，爪对称。雄虫外生殖器阳基尖端右侧有长而尖的愈合的骨突。

模式标本检视：Holotype：♂，China prov. Fujian bor. Occ. Shaowu env. 25km road Shaowu-Taining 1991-Ⅵ-23~27 M. Nikodym lgt.（SMTD）. Paratype：1 ♂，China prov. Fujian bor. Occ. Shaowu env. 25km road Shaowu-Taining 1991-Ⅵ-23~27 M. Nikodym lgt.（ANPC）；1 ♂，China prov. Fujian bor. Occ. Shaowu env. 25km road Shaowu-Taining 1991-Ⅶ-15~18 M. Nikodym lgt.（NMPC）；6 ♀♀，China prov. Fujian bor. Occ. Shaowu env. 25km road Shaowu-Taining 1991-Ⅵ-13~16 M. Nikodym lgt.（ANPC, NMPC, DAPC）；1 ♂，Fukien S. China：Shaowu Tachuland 1942-Ⅵ-20/T. C. Maa Collector Bishop Mus.（BPBM）；1 ♂，Fukien S. China：Shaowu Tachuland 1942-Ⅵ-13/T. C. Maa Collector Bishop Mus.（BPBM）；1 ♂，Fukien S. China：Shaowu Tachuland［d］1 000m T. C. Maa/1942-Ⅶ-8（BPBM）；1 ♂，Fukien S. China：Shaowu Tachuland［d］1 000m T. C. Maa/1942-Ⅶ-8（BPBM）；1 ♂，Fukien S. China：Shaowu Tachuland 1 000m 1942-Ⅶ-11 T. C. Maa（BPBM）.

分布：我国福建、江西。

黑带臀绢金龟 *Gastroserica nigrofasciata* Liu，Ahrens，Bai *et* Yang，2011

Gastroserica nigrofasciata Liu，Ahrens，Bai *et* Yang，2011：32.

主要特征：体长 3.6~8.0mm，鞘翅长 4.1~5.1mm，宽 3.2~4.1mm。体卵圆形，鞘翅表面具黄色浓密纤细的短刚毛及直立散布的长刚毛。上唇基短，近距形，基部最宽，前缘和侧缘直，前缘微上翘，上唇基中央微隆且具有光泽，稀布粗糙刻点和直立长刚毛。额上唇基沟强烈弯曲，眼眦短粗。触角褐色，10 节，雄性触角鳃片部 4 节，第 1 节稍短，鳃片部稍长于触角余节之和。前胸背板矩形，长为宽之半，前缘近直，具有明显的细边框，基部边缘较弯无边框，表面密布细刻点和微刚毛，中部具有两个黑斑，中后部具有一个稍微隆起的横向隆突，前背折缘基部边缘强烈向腹面延伸，在基部之前有一个明显横向的沟。小盾片近三角形，端部稍弧形，密布被微刚毛细刻点。鞘翅椭圆形，中部最宽，条纹沟深且密布细刻点；沟间带微隆拱，表面细而稀疏的刻点沿沟分布；奇数沟间带具有单个粗糙的刻点和强壮竖直刚毛；偶数沟间带褐色至黑色。腹面晦暗，密被具毛粗大刻点。臀板长，端部延伸且强烈隆拱，密被具毛细刻点和具粗刚毛大刻点，无光滑中线。足淡黄色至黄褐色，较细长，具光泽。腿节具有细密刻点及两纵向排列的刚毛，后足腿节前缘尖锐，后缘微凸，中部有一些细刚毛，腹面端部加宽，背面锯齿状，具短刚毛。后足胫节较宽，在中部加宽，背面具尖锐的脊和两组刺，基部的刺在后足胫节 1/3 处，端部的刺在 2/3 处。后足跗节背面具纵向刻痕，腹面有一个锯齿状的脊，侧面有一个纵向的隆突，第一后足跗节长度与后两个跗节长度之和相等，是其外端距长的 2 倍；前足胫节外缘 2 齿；前足跗爪对称。

观察标本：1♂，福建，崇安，星村，三港，740~900m，1960-Ⅴ-17，马成林。

分布：我国福建、江西、湖南、广西、贵州。

鳞绢金龟属 *Lasioserica* Brenske，1896

主要特征：体椭圆形，红褐至深褐色，有时带金属光泽，背侧颜色暗淡，部分被白色厚鳞片和刚毛，上唇基与额区光裸。雄虫触角鳃片部 4 节，雌虫 3 节。前背折缘基部隆起。前胸背板前角明显前突，鞘翅端部边缘被细毛。后足腿节前缘具连续锯齿状刻纹。后足胫节适度细长，背侧具明显锯齿状脊，侧缘具纵向突起，腹侧缘锯齿状。

分布：本属目前世界已知 36 种，分布于整个东亚及东南亚地区。目前我国已知 9 种分布，福建武夷山分布 1 种。

中文名：本属之前并无中文名，由于本属鞘翅上常覆盖一层白色厚鳞片，故名"鳞绢金龟属"。

挂墩鳞绢金龟 *Lasioserica kuatunica* Ahrens，1996

Lasioserica kuatunica Ahrens，1996：25. TL：China，Fujian（Kuatun）.

主要特征：体长 7mm，体宽 4.2mm，鞘翅长 5.5mm。体深棕绿色，体表具金属光泽，体表被黄刚毛。上唇基短宽，梯形，基部最宽，表面布粗糙刻点和直立长刚毛。额上唇基沟明显且略弯。额区密布粗糙刻点和直立长刚毛。触角 10 节，鳃片部黄色；雄性触角鳃片部 4 节，鳃片长度约为非鳃片部触角节长度两倍，雌性 3 节，鳃片长度等于非鳃片部触角节长度之和。前胸背板与鞘翅被刚毛。小盾片中央光裸且凸起，近边缘布大小不等刻点。臀板基部强烈隆起，被短刚毛，中部有光滑线。足浅棕色，中足基节窝间距窄于中足腿节最宽处，后足腿节扁平，后缘无锯齿，近端部加厚。后足跗节第 1 节长于第 2、第 3 节长度之和。

模式标本检视：Holotype：♂，Kuatun（2 300m）27，40n. Br. 117，40 ö. L. J. Klapperich 1938-Ⅴ-27（Fukien）（ZSM）. Paratype：1♂+1♀，Kuatun（2 300m）27，40n. Br. 117，40 ö. L. J. Klapperich 1938-Ⅵ-1（Fukien）（ZSM）；3♂♂，Kuatun（2 300m）27，40n. Br. 117，40 ö. L. J. Klapperich 1938-Ⅴ-26（Fukien）（ZSM）；1♀，Kuatun（2 300m）27，40n. Br. 117，40 ö. L. J. Klapperich 1938-Ⅴ-31（Fukien）（ZSM）；2♀♀，Kuatun（2 300m）27，40n. Br. 117，40 ö. L. J. Klapperich 1938-Ⅵ-1（Fukien）（ZFMK）；1♀，Kuatun（2 300m）27，40n. Br. 117，40 ö. L. J. Klapperich 1938-Ⅵ-6（Fukien）（ZFMK）；1♀，Kuatun（2 300m）27，40n. Br. 117，40 ö. L. J. Klapperich 1938-Ⅵ-2（Fukien）（ZFMK）；1♂，Kuatun（2 300m）27，40n. Br. 117，40 ö. L. J. Klapperich 1938-Ⅴ-18（Fukien）（ZFMK）.

分布：我国福建、浙江。

中文名：本种之前并无中文名，由于其拉丁种本名"*kuatunica*"为其模式标本产地挂墩，故名"挂墩鳞绢金龟"。

码绢金龟属 *Maladera* Mulsant *et* Rey，1871

主要特征：体椭圆形，大小不一（4.5~12mm），体色由黑色，红棕至黄褐，颜色多样。鞘翅有时具黑斑或弱绿色光泽。背侧暗淡或具强烈光泽，有些种类具多彩闪光。大多数种类光滑无毛，部分种类密布刚毛。触角 10 节，鳃片部 3 节，多数种类触角短。前胸背板适度宽，前角明显前伸。

前背折缘基部隆起。足在大部分种类中短宽。后足胫节末端与跗节接合处具深或浅凹陷。

分布：本属目前世界已知 523 种，分布于整个全北区和东洋区。目前我国已知 83 种，福建武夷山分布 9 种。

分种检索表

1. 阳基微弱弯曲，背侧凸起，阳基侧突之间的阳基背侧无凹陷和锯齿 ⋯⋯⋯⋯⋯⋯⋯⋯⋯⋯⋯⋯⋯ **2**
   阳基背侧微弱凸起，阳基侧突之间的阳基背侧具弱凹陷 ⋯⋯⋯⋯⋯⋯⋯⋯⋯⋯⋯⋯⋯⋯⋯⋯⋯ **5**
2. 体色黄褐色、红褐色或棕色 ⋯⋯⋯⋯⋯⋯⋯⋯⋯⋯⋯⋯⋯⋯⋯⋯⋯⋯⋯⋯⋯⋯⋯⋯⋯⋯⋯⋯ **4**
   体色深棕色或黑色 ⋯⋯⋯⋯⋯⋯⋯⋯⋯⋯⋯⋯⋯⋯⋯⋯⋯⋯⋯⋯⋯⋯⋯⋯⋯⋯⋯⋯⋯⋯⋯⋯ **3**
3. 右侧阳基侧突扩阔为肿块状 ⋯⋯⋯⋯⋯ 多样码绢金龟 *Maladera*（*Cephaloserica*）*diversipes*
   右侧阳基侧突不扩阔 ⋯⋯⋯⋯⋯⋯⋯ 阔胫码绢金龟 *Maladera*（*Cephaloserica*）*verticalis*
4. 上唇基前缘几不上翻，无中凹；雄虫触角鳃片部短于余节；后足胫节内侧具 5 根长刺 ⋯⋯⋯⋯⋯
   ⋯⋯⋯⋯⋯⋯⋯⋯⋯⋯⋯⋯⋯⋯⋯⋯ 棕色码绢金龟 *Maladera*（*Cephaloserica*）*fusca*
   上唇基前缘微弱上翻，具微弱中凹；雄虫触角鳃片部长于余节；后足胫节内侧具 3 根长刺 ⋯⋯⋯⋯
   ⋯⋯⋯⋯⋯⋯⋯⋯⋯⋯⋯⋯⋯⋯⋯⋯⋯⋯⋯⋯⋯⋯ 勒伟码绢金龟 *Maladera levis*
5. 阳基侧突之间的阳基无硬化叶状突，仅凸起 ⋯⋯⋯⋯⋯⋯⋯⋯⋯⋯⋯⋯⋯⋯⋯⋯⋯⋯⋯⋯⋯ **6**
   阳基具一硬化叶状突，位于阳基侧突之间 ⋯⋯⋯⋯⋯⋯⋯⋯⋯⋯⋯⋯⋯⋯⋯⋯⋯⋯⋯⋯⋯⋯ **7**
6. 体背红褐色，雄虫触角鳃片部与余节长 ⋯⋯⋯⋯⋯ 阔足码绢金龟 *Maladera*（*Aserica*）*cruralis*
   体背黄褐色，雄虫触角鳃片部为余节 1.3 倍 ⋯⋯⋯⋯⋯⋯ 光胫码绢金龟 *Maladera liotibia*
7. 体中型（体长于 8cm），触角 9 节，后足腿节细 ⋯⋯⋯⋯⋯ 木色码绢金龟 *Maladera*（*Omaladera*）*lignicolor*
   体小型（体短于 7.5cm），触角 10 节，后足腿节正常或加宽 ⋯⋯⋯⋯⋯⋯⋯⋯⋯⋯⋯⋯⋯⋯ **8**
8. 体背被适度密黄褐色长或短刚毛，前胸背板约 2/3 处最宽，后足正常 ⋯⋯⋯⋯ 祖先码绢金龟 *Maladera atavana*
   体背被些许黄褐色短刚毛，前胸背板中部最宽，后足加宽 ⋯⋯⋯⋯⋯⋯ 刺猬码绢金龟 *Maladera senta*

阔足码绢金龟 *Maladera*（*Aserica*）*cruralis*（Frey，1972）（图版XIV，1-2）

Autoserica cruralis Frey，1972b：170. TL：China，Fujian（Kuatun）.

Maladera（*Aserica*）*cruralis*：Ahrens，2006b：234.

主要特征：体长 7.5~9.0mm，体宽 4.2~5.0mm。体红褐色，无光泽，腹板、臀板、足与触角褐色。上唇基前部光裸无毛，鞘翅被黄褐色刚毛。上唇基梯形，前缘上翻，中部具微凹，表面中部微隆，密布刻点。前胸背板基部最宽，表面布细密刻点，被小刚毛。触角 10 节，鳃片部 3 节组成，雄虫鳃片部约与余节等长，雌虫鳃片部短于余节。小盾片刻点与前胸背板相似。鞘翅具褶皱，具 4 条刻点沟，沟间带隆起。臀板刻点与前胸背板相似。胸腹板密布粗糙刻点，腹板每节中部具刺毛列。后足腿节外缘无锯齿脊。后足胫节加宽，内侧具 5 根强壮刺。

观察标本：1♂，福建，崇安，星村，三港，740~910m，1960-Ⅶ-18，马成林；1♂，福建，崇安，星村，七里桥，840m，1963-Ⅶ-19，章有为；1♂，福建，崇安，星村，三港，740~900m，1960-Ⅷ-1，马成林；1♂，福建，建阳，黄坑，坳头，800~950m，1960-Ⅴ-6，1960-Ⅷ-8，姜胜巧。

分布：我国福建、浙江、江西、广西、贵州；日本。

中文名：本种之前并无中文名，由于其拉丁种本名 "*cruralis*" 为 "大腿" 之意，因后足胫节加宽故名 "阔足码绢金龟"。

多样码绢金龟 *Maladera*（*Cephaloserica*）*diversipes* Moser，1915

Maladera diversipes Moser，1915b：346. TL：China，Fujian（Kuatun）.

主要特征：体长 6.5mm，体宽 4.5mm。体小型，近长椭圆形，体红棕色，触角鳃片部淡黄褐色。体表较粗糙，刻点散乱，有丝绒般闪光。头较短阔，上唇基滑亮，密布刻点，侧缘微弧形，额上唇基缝弧形。触角 10 节，鳃片部 3 节组成。前胸背板明显短阔，基部最宽，密布刻点，侧缘后段不内弯。腹部每腹板有 1 排整齐刺毛。前足胫节外缘 2 齿，后足胫节甚扁阔，光滑，几无刻点，2 端距着生于胫端两侧。

观察标本：1♂，福建，建阳，黄坑，坳头，950m，1960-V-2，张毅然。

分布：我国福建、浙江、江西、广东。

中文名：本种之前并无中文名，由于其拉丁种本名词根 "*diversus*" 为 "不同、各式各样" 之意，故名 "多样码绢金龟"。

棕色码绢金龟 *Maladera*（*Cephaloserica*）*fusca*（**Frey，1972**）（图版XIV，3-4）

Autoserica fusca Frey，1972b：170. TL：China，Fujian（Kuatun）.

Maladera fusca：Nomura，1974：113.

主要特征：体长 8~9mm。体深红褐色，头部颜色较深无光泽，上唇基具光泽，腹板和臀板褐色，触角黄褐色。前胸背板、鞘翅、腹板和足表面被黄褐色直立刚毛。上唇基梯形，前缘微弱上翻，中部无凹，表面中部微隆，密布刻点。前胸背板在基部最宽，表面布细密刻点，被小刚毛。触角 10 节，鳃片部 3 节组成，雄虫和雌虫鳃片部均短于余节。小盾片刻点与前胸背板相似，中部光裸无刻点。鞘翅具褶皱，具 4 条刻点沟，刻点内着生小刚毛，沟间带隆起。臀板上布不规则粗刻点。后足腿节宽，后缘具一列细刚毛列。后足胫节加宽，内侧具 5 根强壮刺。后足跗节第 1 节明显长于第 2 节。

模式标本检视：Holotype ♂，Kuatun（2 300m）27，40n. Br. 117，40 ö. L. J. Klapperich 1938-VI-8（Fukien）/Autoserica fusca G. Frey 1972/Autoserica fusc（ZFMK）.

观察标本：2♂♂，福建，崇安，星村，挂墩，950~1 210m，1963-VII-10~11，章有为。

分布：我国福建、江西、河南、广东、广西、台湾。

中文名：本种之前并无中文名，由于其拉丁种本名 "*fusca*" 为 "棕色" 之意，故名 "棕色码绢金龟"。

阔胫码绢金龟 *Maladera*（*Cephaloserica*）*verticalis*（**Fairmaire，1888**）

Serica verticalis Fairmaire，1888b：118.

Maladera castanea koreana Kim et Kim，2003b：90. Synonymized by Ahrens，2007a：5.

Maladera（*Cephaloserica*）*verticalis*：Ahrens，2007a：5.

主要特征：体长 6.7~9mm，体宽 4.5~5.7mm。体小型，长卵圆形，体浅棕或棕红色，体表颇平，刻点均匀，有丝绒般闪光。头阔大，上唇基近梯形，布较深但不匀刻点，有较明显纵脊；额上唇基缝弧形，额上布浅细刻点。触角 10 节，鳃片部 3 节组成，雄虫鳃片部长大，长于非鳃片部触角节之倍。前胸背板短阔，侧缘后段直，后缘无边框。小盾片长三角形。鞘翅有 9 条清楚刻点沟，沟间带弧隆，有少量刻点，后侧缘有较显折角。胸下杂乱被有粗短绒毛。腹部每腹板有 1 排短壮刺毛。前足胫节外缘 2 齿，后足胫节十分扁阔，表面几乎光滑无刻点，2 端距着生在跗节两侧。

观察标本：1♂，福建，崇安，星村，三港，740m，1960-VIII-2，张毅然。

分布：我国福建、北京、河北、山西、辽宁、吉林、黑龙江、浙江、山东、陕西、甘肃；蒙古，韩国。

木色码绢金龟 *Maladera*（*Omaladera*）*lignicolor*（Fairmaire，1887）

Serica lignicolor Fairmaire，1887：110.

Autoserica laboriosa Brenske，1897a：399. Synonymized by Ahrens，2007a：4.

Aserica fusiana Murayama，1934：35. Synonymized by Ahrens，2007a：4.

Aserica laboriosa Murayama，1938：12. Synonymized by Ahrens，2007a：4.

Serica laboriosa Murayama，1954：43. Synonymized by Ahrens，2007a：4.

Serica fusiana Murayama，1954：38. Synonymized by Ahrens，2007a：4.

Maladera laboriosa Nomura，1965：142. Synonymized by Ahrens，2007a：4.

Serica tenebrosa Frey，1972b：166. Synonymized by Ahrens，2007a：4.

Maladera fusiana Kim *et* Lee，1997：134. Synonymized by Ahrens，2007a：4.

Maladera（*Omaladera*）*lignicolor*：Ahrens，2007a：4.

主要特征：体长 8~9mm。体背侧、腹板、足和臀板黑褐色，表面具褶皱，触角黄褐色，前胸背板和鞘翅散布细毛，臀板端部具些许刚毛，腹板密布粗刻点，腹板每节着生褐色粗长刚毛列。上唇基梯形，前缘上翻，中部具弱缺刻，表面几乎不隆起。前胸背板侧缘近平行，后 1/4 处略向内收，表面布粗刻点，刻点内着生的刚毛长短不一。触角 9 节，鳃片部 3 节组成，雄虫鳃片部等于余节之长，雌虫短于余节之长。小盾片刻点比前胸背板更密。鞘翅具 4 条刻点沟，刻点大小不一，沟间带隆起。臀板上布不规则刻点。后足腿节细，近边缘着生两列稀疏刚毛。

模式标本检视：1♂，Kuatun（2 300m）27，40n. Br. 117，40 ö. L. J. Klapperich 1938-Ⅳ-29（Fukien）/Type *Autoserica tenebrosa* G. Frey 1972（ZMFK）；1♀，Kuatun（2 300m）27，40n. Br. 117，40 ö. L. J. Klapperich 1938-Ⅳ-7（Fukien）/Paratype *Autoserica tenebrosa* G. Frey 1972（ZMFK）；1♂，Kuatun（2 300m）27，40n. Br. 117，40 ö. L. J. Klapperich 1938-Ⅳ-17（Fukien）/Paratype *Autoserica tenebrosa* G. Frey 1972（ZMFK）；1♂，Kuatun（2 300m）27，40n. Br. 117，40 ö. L. J. Klapperich 1938-Ⅴ-12（Fukien）/Paratype *Autoserica tenebrosa* G. Frey 1972（ZMFK）.

观察标本：5 ex. China：Fujian Province：Mt. Liang-shan-ding, Wuping county, 2009-Ⅶ-2~13 local collectors Ankauf via Li Jingke 2010（ZFMK），1 ex. S. Korea 1990-Ⅴ Jangsungpo K. Zahradka lgt.（DAPC），1 ex. Kuatun（2 300m）27，40n. Br. 117，40 ö. L. J. Klapperich 1938-Ⅳ-29（Fukien）/ex. Coll. V. Balthasar National Museum Prague, Czech Republic（NMPC），1 ex. Kuatun（2 300m）27，40n. Br. 117，40 ö. L. J. Klapperich 1938-Ⅴ-8（Fukien）/ex. Coll. V. Balthasar National Museum Prague, Czech Republic（NMPC）.

分布：我国福建、浙江、湖北、四川、台湾；韩国。

中文名：本种之前并无中文名，由于其拉丁种本名"*lignicolor*"为"木色"之意，故名"木色码绢金龟"。

祖先码绢金龟 *Maladera atavana*（Brenske，1899）（图版ⅩⅣ，5~7）

Autoserica atavana Brenske，1899：415.

Maldera atavana：Pope，1960：550.

主要特征：体长 6~7.3mm，体宽 4.2~5mm。体小型，近卵圆形，体红褐、深红褐或棕色，头部颜色较深无光泽，上唇基具光泽，腹板和臀板黄褐色，触角黄褐色。前胸背板与鞘翅表面密布刻点，内着生短刚毛。腹板表面被黄褐色直立刚毛。上唇基梯形，前缘几不上翻，中部具微凹，表面中部微隆，密布刻点。前胸背板近基部最宽，表面布细密刻点，被短刚毛。触角 10 节，鳃片部 3

节组成，雄虫鳃片部约与余节等长，雌虫鳃片部短于余节。小盾片刻点与前胸背板相似。鞘翅具褶皱，具4条刻点沟，沟间带隆起。胸腹板密布粗糙刻点，腹板每节中部具刺毛列。后足腿节外缘无锯齿脊。后足胫节正常，内侧具3根强壮刺。

观察标本：1♂，福建，建阳，黄坑，270~300m，1960-Ⅵ-20，左永。

分布：我国福建、广西、四川、贵州、云南；老挝、柬埔寨。

中文名：本种之前并无中文名，由于其拉丁种本名"atavana"为"祖先"之意，故名"祖先码绢金龟"。

勒伟码绢金龟 *Maladera levis*（Frey，1972）

Serica levis Frey，1972b：169. TL：China，Fujian（Kuatun）.

Maladera levis：Nomura，1974：106.

主要特征：体长9~10mm。体深红褐色，头部颜色较深无光泽，上唇基具光泽，腹板和臀板褐色，触角黄褐色。前胸背板、鞘翅、腹板和足表面被黄褐色直立刚毛。上唇基梯形，前缘不上翻，中部无凹，表面平坦，密布刻点。前胸背板在中部最宽，遂向后弯，表面布细密刻点，被小刚毛。触角10节，鳃片部3节组成，雄虫鳃片部长于余节，雌虫鳃片部余节等长。小盾片刻点与前胸背板相似，中部光裸无刻点。鞘翅具弱褶皱，具4条刻点沟，刻点内着生小刚毛，沟间带明显隆起。臀板上布不规则粗刻点。后足腿节适度宽，后缘具一列细刚毛列，后足跗节第1节明显长于第2节。

模式标本检视：Holotype：♂，Kuatun（2 300 m）27，40n. Br. 117，40 ö. L. J. Klapperich 1938-Ⅵ-11（Fukien）/Type Serica levis G. Frey 1972（ZMFK）. Paratypen：1♂，Kuatun（2 300m）27，40n. Br. 117，40 ö. L. J. Klapperich 1938-Ⅵ-11（Fukien）/Paratype Serica levis G. Frey 1972（ZMFK）；1♀，Kuatun（2 300m）27，40n. Br. 117，40 ö. L. J. Klapperich 1938-Ⅵ-8（Fukien）/Paratype Serica levis G. Frey 1972（ZMFK）.

分布：我国福建（崇安）。

中文名：本种之前并无中文名，由于其拉丁种本名"levis"为人名Levi"勒伟"之意，故名"勒伟码绢金龟"。

光胫码绢金龟 *Maladera liotibia* Nomura，1974

Maladera liotibia Nomura，1974：110.

主要特征：体长7.6~8.5mm，体宽4.1~4.7mm。体黄褐色，上唇基、胫节和跗节红褐色。体表无光泽，上唇基、触角、胫节和跗节具光泽。上唇基前缘中部微凹，布稀疏粗糙刻点，中部具纵脊。额区布粗糙细刻点，额唇基缝后具一列刚毛，共6根。触角10节，鳃片部3节组成，雄虫触角鳃片部长大，约为余节长1.3倍，雌虫鳃片部与余节等长。前胸背板前缘具少量刚毛。小盾片中部密布粗刻点。鞘翅有10条刻点沟，沟间带微隆拱，散布刻点。前足胫节外缘2齿；后足腿节前缘无锯齿脊，胫节较狭厚，布少数刻点，胫端2距着生于跗节两侧。

观察标本：1♂，Kuatun（2 300m）27，40n. Br. 117，40 ö. L. J. Klapperich 1938-Ⅴ-3（Fukien）（ZFMK）.

分布：我国福建、台湾。

中文名：本种之前并无中文名，由于其拉丁种本名"liotibia"为"平滑的胫节"之意，故名"光胫码绢金龟"。

刺猬码绢金龟 *Maladera senta*（Brenske，1897）（图版XIV，8-9）

Autoserica senta Brenske，1897a：405.

Maladera senta：Nomura，1974：110.

主要特征：体长 6~7.3mm，体宽 4~5mm。体小型，近卵圆形，体红褐、深红褐或棕色，头部颜色较深无光泽。上唇基具光泽，腹板和臀板褐色，触角黄褐色。前胸背板与鞘翅表面密布刻点，内着生长或短刚毛。腹板表面被黄褐色直立刚毛。上唇基梯形，前缘几不上翻，中部具微凹，表面中部微隆，密布刻点。前胸背板约 2/3 处最宽，表面布细密刻点，被短刚毛或黄长刚毛。触角 10 节，鳃片部 3 节组成，雄虫鳃片部约与余节等长，雌虫鳃片部短于余节。小盾片刻点与前胸背板相似。鞘翅具褶皱，具 4 条刻点沟，沟间带隆起。胸腹板密布粗糙刻点，腹板每节中部具刺毛列。后足腿节宽，后缘无细刚毛列。后足胫节加宽，内侧具 3 根强壮刺。后足跗节第 1 节并不明显长于第 2 节。

观察标本：2♂♂，福建，光泽，1963-VI-17，1 900m，章有为。

分布：我国福建、上海、广东、云南、台湾。

中文名：本种之前并无中文名，由于其拉丁种本名"senta"为"多刺的"之意，指前胸背板、鞘翅、腹板、腿节和胫节等部位上多被刺毛，如刺猬，故名"刺猬码绢金龟"。

小绢金龟属 *Microserica* Brenske，1894

主要特征：触角 10 节，雄虫鳃片部 3、4、5、6 或 7 节，雌虫 3 节。体短，卵圆形，4~7mm，体色多样。鞘翅黄到红褐色，有时黑色，布椭圆形斑。鞘翅端部边缘非膜质，无绒毛缘饰。后足胫节短且扁圆。臀板具明显雌雄二型：雄虫臀板刻点正常，适度弯曲，无光泽；雌虫臀板密布刻点，强烈弯曲，具光泽。前足胫节 2 齿，爪简单，对称。

分布：本属目前世界已知 28 种，主要分布于东亚、东南亚和南亚。目前我国已知 13 种，福建武夷山分布 2 种。

中文名：本属之前并无中文名，由于体型较小，且拉丁名"Micro-"意为"小"，故名"小绢金龟属"。

分种检索表

1. 前胸背板无黑斑，鞘翅黄色 ·· 福建小绢金龟 *Microserica fukiensis*

   前胸背板具黑斑，鞘翅具黑色纵肋 ·································· 艳尾小绢金龟 *Microserica nitidipyga*

福建小绢金龟 *Microserica fukiensis*（Frey，1972）

Gastroserica fukiensis Frey，1972b：174. TL：China，Fujian（Kuatun）.

Microserica inornata Nomura，1974：98. Synonymized by Ahrens，2002a：59.

Microserica fukiensis：Ahrens，2002a：59.

主要特征：体长 5~5.3mm，宽 2.8~3.2mm。体卵圆形，红褐或黄褐色，头部黑色至沥青色，触角鳃片部沥青色。雄虫上唇基，腹部，肛板，后胸腹板和臀板两侧黄褐色或沥青色；雌虫上唇基红褐色，腹面红褐或黄褐色。体表淡黄色、上唇基、触角和足具光泽。上唇基表面微隆拱，具粗密刻点，前缘无中凹，两侧近平行，宽是长的 1.7 倍。额上唇基沟弧形向前拱起。额区具稀疏的刻点，前缘稀布直立刚毛。触角 10 节，雄性触角鳃片部 4 节，长度为余节的 1.5 倍，雌性鳃片部 3 节，长度与余节近等。前胸背板宽是长不足两倍，基部最宽，表面稀布被毛刻点。小盾片三角形，稍长于宽，表面稀布具毛刻点。鞘翅在近基部具两到三个不规则的刻点列，刻点列间微隆成脊，脊上几无刻点。雄性臀板隆拱，雌性微隆拱，端部散布刚毛。腹板每节具稀疏的刻点，侧面具横向成排短刚毛，中部散布刚毛，雄性后两个腹板具纵沟。后足腿节长是宽的2.5倍，中部最宽，后缘端部三分之一锯齿状；后足胫节长是宽的3倍，几无刚毛。

模式标本检视：Holotype：♂，Kuatun（2 300m）27，40n. Br. 117，40ö. L. J. Klapperich 1938-Ⅴ-20（Fukien）/Type Gastroserica fukiensis G. Frey 1971（NHMB）. Paratype：1♂1♀，Kuatun（2 300m）27，40n. Br. 117，40ö. L. J. Klapperich 1938-Ⅴ-20（Fukien）/Paratype Gastroserica fukiensis G. Frey 1971（NHMB）.

观察标本：1♂，福建，武夷山，三港，2004-Ⅴ-16~28，苑彩霞、李静（HBUM）。

分布：我国福建、浙江、江西、湖北、广西、海南、贵州、台湾。

中文名：本种之前并无中文名，由于其拉丁种本名"*fukiensis*"为模式产地"福建"之意，故名"福建小绢金龟"。

艳尾小绢金龟 *Microserica nitidipyga* Nomura，1974

Microserica nitidipyga Nomura，1974：98.

Gastroserica taiwanna Kobayashi，1991b：217. Synonymized by Ahrens，2002a：60.

主要特征：体长5.5~6.5mm，体宽3.4~3.6mm。体卵圆形，黄褐至红褐色，具光泽，雄虫头部黑色，上唇基红褐色，前胸背板具两黑斑，腹侧大部分、后足基节前部及部分臀板黑色。上唇基短宽，中部微弱隆起，布粗刻点，稀被短刚毛。额区被中等密度细刻点，中部具一纵向光滑线。触角10节，鳃片部黑色，雄虫鳃片部4节，鳃片部为余节长度的1.8倍，雌性3节，鳃片部等于余节长度之和。前胸背板阔，表面布粗刻点，被短刚毛。小盾片三角形，中部隆起，密布被毛细刻点。鞘翅沟间带不隆拱，密布细刻点，被软毛。臀板端部适度隆起，密布细刻点，无中部光滑线。后足腿节前缘无锯齿状线，后缘微弱隆起，被少许长刚毛。后足跗节适度窄而长。

标本检视：1♀，Kuatun（2 300m）27，40n. Br. 117，40ö. L. J. Klapperich 1938-Ⅴ-12（Fukien）/G. herzi Heyd. det. G. Frey 1972（NHMB）.

分布：我国福建、台湾、广西。

中文名：由于本种颜色较为丰富，变化较多，尤其鞘翅端部和臀板常为亮黑色或亮砖红色，在台湾被称作"艳尾小绢金龟"，故本种也选择采用此名。

新绢金龟属 *Neoserica* Brenske，1894

主要特征：体椭圆形，体色浅褐色至黑色，有时具绿色闪光。除上唇基，跗节和爪，其他部分背侧均暗淡，密被白色直立小刚毛。触角10节，雄性鳃片部4节，长于触角余部长度之和；雌性3节等或短于余部长度之和。颏前部平坦，后部隆起。后足腿节前缘无齿状边缘线。后足跗节背侧具纵凹，侧面具一明显纵凸。

分布：本属目前世界已知162种，分布于整个东亚及东南亚地区。目前我国已知31种，福建武夷山分布6种。

分种检索表

1. 头部在眼后加宽或至少不变窄，后足腿节前缘毛部分或全部指向臀板方向 ………………………………… **2**
   头部在眼后变窄，后足腿节前缘毛指向头部方向 ……………………………………………………………… **3**
2. 雌虫触角鳃片部多于3节 ………………………………… 暗腹新绢金龟 *Neoserica*（*Neoserica*）*obscura*
   雌虫触角鳃片部3节 ……………………………………… 裸背新绢金龟 *Neoserica*（*Neoserica*）*calva*
3. 奇数翅肋具刚毛 ………………………………………… 亮额新绢金龟 *Neoserica*（*Neoserica*）*lucidifrons*

福建新绢金龟 *Neoserica*（*Neoserica*）*fukiensis*（**Frey，1972**）

Lasioserica fukiensis Frey，1972b：176. TL：China，Fujian（Kuatun）.

Neoserica fukiensis：Ahrens，2003：208.

主要特征：体长 7mm。体表褐色，头部黑色，具微弱光泽，前胸背板深褐色，鞘翅褐色至黑色，体表的斑点、鞘翅沟间带、臀板和腹板深褐色，足和触角黄褐色。头部散布长刚毛，体表被白色刚毛。臀板散布刚毛，具中部光滑带。上唇基长宽几等，前缘微上弯，表面几不隆起，适度布不规则刻点。触角 9 节，雄虫触角鳃片部 4 节，长于余节长度之和，雌虫鳃片部 3 节，等于余节长度之和。前胸背板和小盾片布适度密被毛刻点，前胸背板两侧缘近平行。鞘翅具 4 条刻点沟，刻点被刚毛，沟间带隆拱。臀板平坦，密布细刻点。后足胫节具边框，腿节细长。

模式标本检视：Holotype：Kuatun 2 300m 27.4n. Br. 117.4 ö. L. J. Klapperich 1938-Ⅴ-3（Fukien）（ZFMK）. Paratype：2 ♂♂ 9 ♀♀，Kuatun 2 300 m 27.4n. Br. 117.4 o. L. J. Klapperich 1938-Ⅴ-3（Fukien）（ZFMK）.

分布：我国福建。

中文名：本种之前并无中文名，由于其拉丁种本名"*fukiensis*"为模式产地"福建"之意，故名"福建新绢金龟"。

亮额新绢金龟 *Neoserica*（*Neoserica*）*lucidifrons* **Ahrens，2003**

Neoserica lucidifrons Ahrens，2003：214.

主要特征：体长 6.3~6.4mm，体宽 3.7~3.8mm，鞘翅长 4.4~4.8mm。体卵圆形，背侧强烈隆起，黄褐至亮红褐色，头部色深，偶尔被金属光泽，足颜色较淡，背侧较亮，被密短毛，其间被长刚毛。上唇基横形，短宽，近矩形，基部最宽，中部明显隆起，密布细刻点，内被短刚毛，间布有少量长刚毛。额上唇基缝较浅细，明显隆起，眼眦长且细；额区具金属光泽，被中等密度细刻点。触角 10 节，黄褐色，雄虫鳃片部 4 节，鳃片长度等于非鳃片部触角节长度之和，各鳃片几相等，雌性 3 节，鳃片长度短于非鳃片部触角节长度之和。前胸背板阔，强烈隆起，基部最宽，表面密布粗刻点，被短刚毛。小盾片窄三角形，密布细刻点，着生细毛。鞘翅在近端部 1/3 处最宽，沟浅，沟间带不隆拱，密布细刻点，缘折无纤毛。臀板端部适度隆起，密布细刻点，无中部光滑线。中足基节窝间距与中足腿节最宽处等宽。后足腿节前缘无锯齿状线，后缘微弱隆起，少许长刚毛。后足跗节适度宽而长，第 1 节短于第 2、第 3 节长度之和，约为胫节外侧端距 2 倍长，背侧布细微刻点，腹侧具粗壮锯齿状脊，具 5 根长刺，各节端部具环形排列细刺。前跗节短，2 枚齿，爪对称。

观察标本：1♂，福建，建阳，黄坑，桂林，290~310m，1960-Ⅳ-17，蒲富基；1♀，福建，建阳，黄坑，桂林，270m，1960-Ⅳ-11，马成林；1♀，福建，建阳，三坑，大竹岚-先锋岭，950~1 170m，1960-Ⅴ-2，马成林；1♂，福建，武夷山，三港，2004-Ⅴ-16~28，苑彩霞、李静（HBUM）。

分布：我国福建、广西、越南。

中文名：本种之前并无中文名，由于其拉丁种本名"*lucidifrons*"为"明亮的额头"之意，故名"亮额新绢金龟"。

三港新绢金龟 *Neoserica*（*Neoserica*）*sangangana* Ahrens，2003

Neoserica sangangana Ahrens，2003：206. TL：China，Fujian（Sangang，Xingcun）．

主要特征：体长5.9~8.3mm，体宽4.0~4.7mm，鞘翅长4.3~4.7mm。体短，卵圆形，红褐色，除胫节、跗节与头前部，其他部分或有金属光泽。上唇基非常宽，近矩形，前部或基部最宽，中部微弱隆起，密布刻点，内被短刚毛，间布有少量长刚毛。额上唇基缝较浅细，强烈隆起，眼眦短且细；额区前1/4具金属光泽，刻点中等密度。触角10节，雄虫鳃片部4节，鳃片长度等于非鳃片部触角节长度之和，雌性3节，鳃片长度短于非鳃片部触角节长度之和。前胸背板阔，强烈隆起，基部最宽，表面密布刻点，侧缘被些许长刚毛。小盾片宽三角形，密布细刻点，基部中央光滑。鞘翅短，中部最宽，沟间带不隆拱，密布细刻点，缘折无纤毛。臀板适度隆起，密布刻点，无中部光滑线。中足基节窝间距与中足腿节最宽处等宽。后足腿节前缘无锯齿状线，后缘微弱隆起，无长刚毛。后足跗节细长，第1节等于第2、第3节长度之和，约为胫节外侧端距2倍长，背侧布细微刻点，腹侧具粗壮锯齿状脊，具5根长刺，各节端部具环形排列细刺。前跗节短，2枚齿，爪对称。

模式标本检视：Paratype：1♀，China prov. Fujian bor. occ. Sangang env. 1991-Ⅶ-3~5 road SangangXingcun M. Nikodym lgt.（DAPC）；1♂1♀，China prov. Fujian bor. occ. Shaowu env. 25km road Shaowu- Taining 1991-Ⅵ-13~16 . M. Nikodym lgt.（DAPC）；2♀♀，China prov. Fujian bor. occ. Shaowu env. 25 km road Shaowu-Taining 1991-Ⅵ-23~27，M. Nikodym lgt.（DAPC）．

观察标本：1♂，福建，崇安，星村，740m，1960-Ⅵ-25，章有为。

分布：我国福建、江西。

中文名：本种之前并无中文名，由于其拉丁种本名"*sangangana*"为模式产地"福建三港"之意，故名"三港新绢金龟"。

单色新绢金龟 *Neoserica*（*Neoserica*）*unicolor*（**Frey，1972**）

Lasioserica unicolor Frey，1972b：175. TL：China，Fujian（Kuatun）．

Neoserica unicolor：Ahrens，2003：191.

主要特征：体长9mm。体表与腹板深褐色，除头部外其他部分无光泽，上唇基刚毛较短，前胸背板被较长刚毛。腹板、足和臀板密被暗色刚毛。上唇基长宽几等，前缘微上弯，表面几不隆起，密布不规则刻点。触角10节，雄虫触角鳃片部4节，约为余节长度2倍，雌虫鳃片部3节，等于余节长度之和。前胸背板两侧缘近平行。小盾片刻点似前胸背板，中部无光滑区。鞘翅具4条刻点沟，刻点被刚毛，沟间带隆拱。臀板刻点似前胸背板。

模式标本检视：Paratype：1♂1♀，Kuatun 2 300m，27.4n. Br. 117.4 ö. L. J. Klapperich 2./1938-Ⅴ-3（Fukien）（NHMB）；4♀♀，Kuatun 2 300m，27.4n. Br. 117.4 ö. L. J. Klapperich 2./1938-Ⅴ-3（Fukien）（ZFMK）．

分布：我国福建。

中文名：本种之前并无中文名，由于其拉丁种本名"*unicolor*"为"单色"之意，指本种通体仅为一种颜色，故名"单色新绢金龟"。

裸背新绢金龟 *Neoserica*（*Neoserica*）*calva*（**Frey，1972**）

Trichoserica calva Frey，1972b：173. TL：China，Fujian（Kuatun）．

Neoserica（*Neoserica*）*calva*：Liu *et al.*，2014：51.

主要特征：体长 6.1mm，体宽 3.6mm，鞘翅长 4.7mm。体卵圆形，深红褐色，背侧颜色暗淡，几光裸，上唇基和额区的前 2/3 具光泽。上唇基近方形，中部最宽，表面微弱隆起，密布刻点，被些许短刚毛。额上唇基缝明显，微弱隆起，眼眦适度狭长；额上刻点较稀较浅，头顶中部具光滑线。触角 10 节，黄褐色，雄虫鳃片部 4 节，强烈弯曲，鳃片长度等于非鳃片部触角节长度之和的 2.3 倍。前胸背板短阔，基部最宽，表面密布细刻点。前背折缘明显隆起。小盾片长三角形，密布细刻点，光裸无毛。鞘翅近端部 1/3 处最宽，沟间带微隆拱，密布细刻点，缘折具纤毛。臀板微弱隆起，密布刻点，中部无光滑线。中足基节窝间距等于中足腿节最宽处。后足腿节前缘无锯齿状线，后缘光裸。后足跗节细长，第 1 节等于第 2、第 3 节长度之和，约为胫节外侧端距 1.5 倍长，背侧布细微刻点，腹侧具粗壮锯齿状脊，具 3 根长刺，各节端部具环形排列细刺。前跗节短，2 枚齿，爪对称。

模式标本检视：Holotype：♂，Kuatun 2 300m 27，40n. Br. 117，40 ö. L. J. Klapperich 1938-Ⅳ-18（Fukien）/*Ophthalmoserica* Type *calva* G. Frey 1972/*Trichoserica calva*（ZFMK）。Paratype：1 ♂，Kuatun 2 300m 27，40n. Br. 117，40 ö. L. J. Klapperich 1938-Ⅳ-28（Fukien）/*Ophthalmoserica* Paratype *calva* G. Frey 1972"（ZFMK）；1 ♂，Kuatun 2 300m 27，40n. Br. 117，40 ö. L. J. Klapperich 1938-Ⅳ-15（Fukien）/*Ophthalmoserica* Paratype *calva* G. Frey 1972（ZFMK）。

观察标本：1 ♂，福建，建阳，黄坑，坳头，1960-Ⅴ-2，张毅然；1 ♂，福建，三港，1981-Ⅳ-17，汪家社。

分布：我国福建。

中文名：本种之前并无中文名，由于其拉丁种本名"*calva*"为"无毛，光滑的"之意，指本种体背侧几光裸，故名"裸背新绢金龟"。

暗腹新绢金龟 *Neoserica*（*Neoserica*）*obscura*（**Blanchard，1850**）

Omaloplia obscura Blanchard，1850：79.

Neoserica obscura：Frey 1972a：212.

Microserica roeri Frey，1972b：171. Synonymized by Ahrens 2006：239.

Aserica chinensis Arrow，1946b：268. Synonymized by Ahrens 2006：234.

主要特征：体长 5.6mm，鞘翅长 3.9mm，宽 3.6mm。体短卵圆形，鞘翅红棕色，背面除上唇基晦暗外，前胸背板和鞘翅均具光泽。上唇基短宽近梯形，基部最宽，前缘中部微上弯，密布粗刻点和竖直刚毛。额唇基沟不明显。触角 10 节，触角鳃片部 4 节，长度等于余节之和。前胸背板扩阔，基部最宽，前缘直，具细而完整的边线，前背折缘基部明显脊状，没有延伸到腹侧。小盾片三角形，密布小刻点。鞘翅短卵圆形，中后部最宽，具细深刻点沟，沟间带微隆拱，除奇数沟间带具有一列短刚毛之外，无刚毛。腹面晦暗，密布小刻点。腹板密被细刻点和 1 排粗糙刻点，刻点被短粗刚毛，最后一节腹板长度是倒数第 2 节之半。后足基节无毛，中足基节间中胸腹板宽度和中足腿节等长，具一被长刚毛的半圆形脊。臀板晦暗，较隆凸，密布细刻点，无光滑中线。足短，腿节较亮，具两纵列刚毛和稀疏的细刻点。后足胫节短阔，背侧具尖锐的脊和两组刺，近基部的刺在后足胫节长度的 1/3 处，近端部在 3/4 处，基部具短刚毛；腹侧边缘微锯齿状，具三个粗壮等距的刚毛。后足跗节第 1 节与其后两节长度之和相等，且稍长于背侧端距；前足胫节短，具 2 个齿。爪对称。

模式标本检视：Lectotype：1 ♂ Kuatun（2 300m）27，40n. Br. 117，49 ö. L. J. Klapperich 1938-Ⅵ-17（Fukien）/Type Microserica roeri n. sp. G. Frey 1971（ZFMK）。

观察标本：8 ex.，China Fujian prov. Sangang env. 1991-Ⅴ-3 M. Nikodým leg.（ZFMK）；1 ex. China，N Fujian，2005-Ⅴ-8~25，V. Wuyi Shan mts. ~ 10km W Xingcun pitfall traps，27.65N 117.85E Jaroslav Turna leg.，（ZFMK）.

分布：我国福建、广东、广西。

中文名：本种之前并无中文名，由于其拉丁种本名"*obscura*"为"暗淡的、昏暗的"之意，指本种体腹面颜色晦暗，故名"暗腹新绢金龟"。

胖绢金龟属 *Pachyserica* Brenske，1897

主要特征：体中型，椭圆形，深褐色，部分种类红褐色，具绿色光泽。触角浅黄色，10 节，鳃片部 3 节。背侧除上唇基外暗淡，密被白鳞毛斑及直立长刚毛。前胸背板宽，基部最宽，侧缘外凸，前缘中部外凸。前背折缘基部强烈隆起。足细长，后足胫节背侧具明显脊，着生两组刺。前跗节 2 齿。后足腿节近前缘无锯齿。

分布：本属目前世界已知 20 种，主要分布于东亚和南亚。目前我国已知 9 种，福建武夷山分布 2 种。

分种检索表

1. 体深褐色具绿色光泽，上唇基前缘微弱上翻，雄虫触角鳃片部与余节等长 ······················
······················ 红基胖绢金龟 *Pachyserica rubrobasalis*
 体红褐色，上唇基前缘不上翻，雄虫触角鳃片部为余节长度的 2.5 倍 ··· 白鳞胖绢金龟 *Pachyserica squamifera*

红基胖绢金龟 *Pachyserica rubrobasalis* Brenske，1897

Pachyserica rubrobasalis Brenske，1897a：420.

主要特征：体长 11.3mm，鞘翅长 8.3mm，体宽 6.9mm。体长椭圆形，深褐色具绿色光泽，触角黄褐色，体背被密白色直立刚毛。上唇基中部最宽，前缘近直形，中部有微弱凹陷，边缘微弱上翻。额上唇基沟不明显，强烈向外弯曲。触角黄色，10 节，鳃片部 3 节，雄虫触角鳃片部与余节等长。前胸背板适度密布细小浅刻点，前背折缘基部具隆起。小盾片短阔三角形，密布粗刻点，中部光滑，被细短鳞毛。鞘翅纵肋不明显。臀板适度凸起，适度布微刻点，被短倒伏鳞毛和长刚毛。后足腿节前缘具锯齿状线，后缘具短刚毛。后足跗节细，第 1 节等于第 2、第 3 节长度之和，约为胫节外侧端距 2 倍长，背侧布细微刻点，腹侧具 3 根长刺。前跗节长，2 枚齿，爪对称。

观察标本：1 ex. Chine 1946-Ⅴ-22 Kuatun，Fukien leg. Tschung-Sen（DAPC）.

分布：我国福建、浙江、江西。

中文名：本种之前并无中文名，由于其拉丁种本名"*rubrobasalis*"为"红色的基部"之意，指本种阳基为红色，故名"红基胖绢金龟"。

白鳞胖绢金龟 *Pachyserica squamifera*（Frey，1972）

Serica squamifera Frey，1972b：162. TL：China，Fujian（Kuatun）.

Pachyserica squamifera：Ahrens，2006：518.

主要特征：体长 8.3mm，鞘翅长 6.3mm，体宽 4.6mm。体长椭圆形，红褐色，触角黄褐色，体背被密白色鳞毛，鞘翅无直立刚毛。上唇基小，矩形，中部最宽，中部有微弱凹陷，边缘不上翻，表面隆起，布大刻点和长直立刚毛。额上唇基沟不明显，微弱隆起。眼眦窄且长。触角黄色，10 节，鳃片部 3 节，雄虫触角鳃片部为余节长度的 2.5 倍。前胸背板宽，近梯形，适度密布细小浅刻点，前背折缘基部具隆起。小盾片短阔三角形，密布粗刻点，中部光滑，被细短毛。鞘翅纵肋不明显，端部被软微毛。臀板强烈凸起，密布细刻点，被短倒伏鳞毛和长刚毛。后足腿节前缘具锯齿状线，后缘具短刚毛。后足跗节细，第1节等于第2、第3节长度之和，约为胫节外侧端距1.3倍长，背侧布细微刻点，腹侧具3~4根长刺。前跗节长，2枚齿，爪对称。

模式标本检视： Paratype：1 ♂，Kuatun 2 300m 27，40n. Br. 117，40 ö. L. J. Klapperich 1938（Fukien）/*Serica* Type *squamifera* G. Frey 1972/*Serica squamifera*（ZFMK）.

分布： 我国福建。

中文名： 本种之前并无中文名，由于其拉丁种本名"*squamifera*"为"有鳞的野兽"之意，指本种体背被密白鳞毛，故名"白鳞胖绢金龟"。

绢金龟属 *Serica* MacLeay，1819

主要特征： 体长6~12mm，常红色、黄色或黑褐色、偶尔黑色，背侧暗淡或有光泽，光滑、具稀疏刚毛或密布刚毛。触角9~10节，雌雄鳃片部均为3节，雄虫鳃片部更长且外翻。前背折缘基部不伸出，与前胸背板基部形成一个锐角，前胸背板前角前伸为锐角。足细长，后足跗节侧面或具脊。

分布： 本属目前世界已知194种，主要分布于整个古北区，在印度支那的高山地区和新北区有少量种类分布。目前我国已知121种，福建武夷山分布10种。

分属检索表

1. 鞘翅端部两侧各具一明显黑斑 ⋯⋯ 2
   鞘翅端部两侧无明显黑斑 ⋯⋯ 5
2. 上唇基前缘中部具强烈凹刻 ⋯⋯ 似白鳞绢金龟 *Serica parasquamosa*
   上唇基前缘中部具浅凹刻 ⋯⋯ 3
3. 前胸背板侧缘近基部明显收窄 ⋯⋯ 白鳞绢金龟 *Serica squamosa*
   前胸背板侧缘近基部微弱或不收窄 ⋯⋯ 4
4. 上唇基基部被白色鳞片 ⋯⋯ 黑斑绢金龟 *Serica nigroguttata*
   上唇基基部无白色鳞片 ⋯⋯ 异爪绢金龟 *Serica pulvinosa*
5. 体背侧较暗淡无光泽或仅微弱光泽，具多个不规则黑斑 ⋯⋯ 6
   体背侧不具黑斑或无明显黑斑 ⋯⋯ 9
6. 鞘翅棕褐色至棕黑色，上唇基近矩形，短宽 ⋯⋯ 达氏绢金龟 *Serica*（*Serica*）*dathei*
   鞘翅黄褐色，上唇基长宽几等 ⋯⋯ 7
7. 体小到中型（体长小于8mm），雄虫触角鳃片部长度约为余节的2倍或以上 ⋯⋯ 8
   体中型（体长9mm），体背侧几无光泽，雄虫触角鳃片部与余节等长 ⋯⋯ 狭长绢金龟 *Serica longula*
8. 体小型（体长6mm），唇基前缘上翻，雄虫触角鳃片部长度约为余节的2.5倍 ⋯⋯ 臀黄斑绢金龟 *Serica excisa*
   体小到中型（体长7~7.5mm），唇基前缘微弱上翻，雄虫触角鳃片部长度约为余节的2倍 ⋯⋯ 克氏绢金龟 *Serica klapperichi*
9. 体大型（体长10.1mm），雄虫触角鳃片部长度约等于余节之和，后足胫节内侧具3根长刺 ⋯⋯ 亮背绢金龟 *Serica brunnescens*
   体中型（体长8~9.5mm），雄虫触角鳃片部长于余节之和，后足胫节内侧具4根长刺 ⋯⋯ 明亮绢金龟 *Serica nitens*

达氏绢金龟 *Serica*（*Serica*）*dathei* Ahrens，2005

Serica（*Serica*）*dathei* Ahrens，2005：113. TL：China, Fujian（Kuatun）.

主要特征： 体长10.3mm，鞘翅长7.8mm，宽5.7mm。体椭圆形，棕黑色，触角微黄色，足红棕色，鞘翅有不规则黑斑，背面晦暗，几乎无刚毛。上唇基近矩形，短宽，前缘中部波状，表面具光泽，密布粗刻点，具短横褶皱和大量直立细刚毛；额唇基沟明显。触角9节，触角鳃片部3节，为余节长度之和的1.5倍。前胸背板梯形，表面密布粗刻点，刻点被白色刚毛，中部具光滑窄线，前背折缘基部无脊。小盾片细长三角形，密布粗糙刻点，中后部光滑无毛。鞘翅椭圆形，中后部最宽，刻点沟细而深，密布粗糙刻点；沟间带平直，具细密被毛刻点，稀布白鳞毛。腹面晦暗，密布粗刻点和刚毛，腹板每节具一横排被短粗刚毛的粗刻点，倒数第2节腹板中部无隆起。中足基节间中胸腹板宽为中足腿节之半。臀板强烈隆拱，密布粗刻点和或短或长的直立刚毛，具宽光滑中线。足非常细长，腿节有两纵列刚毛。后足胫节细长，背面有两组刺，近基部刺在中央，近端部刺在后足胫节长度四分之三处。跗节腹面被稀疏短刚毛，后足第1跗节稍短于后两节长度之和，长于外侧端距之3倍，中足跗节背面有明显的刻痕。前足胫节较长，具2齿，外缘中部加宽。

模式标本检视：Holotype：♂，Kuatun（2 300m）27，40n. Br. 117，40 ö. L. J. Klapperich 1938-Ⅴ-3（Fukien）/*Serica nigromaculosa* Fairm. det. G. Frey，1972（NHMB）.

分布：我国福建。

中文名：本种之前并无中文名，由于其拉丁种本名"*dathe*"为其人名，故名"达氏绢金龟"。

黑斑绢金龟 *Serica nigroguttata* **Brenske，1897**

Serica nigroguttata Brenske，1897a：389.

Pachyserica nigroguttata：Nomura，1974：97, 98. Synomised by Ahrens，2002a：62

主要特征：体长8.1～8.9mm，体宽4.7～5.2mm，鞘翅长6.2～6.4mm。体长卵圆形，黄褐至深褐色，部分带墨绿光泽，足黄褐至红褐色，除臀板与上唇基颜色较暗淡，其他部分有金属光泽，鞘翅具黑斑。上唇基强烈阔，近矩形，基部最宽，表面几乎不隆起，密布细刻点，内被短刚毛，间布有少量长刚毛。额上唇基缝较弱，隆起，眼眦短而窄；额上被细密刻点。触角9节，黄色，雄虫鳃片部3节，鳃片长度为非鳃片部触角节长度之和的1.3倍，雌性3节，鳃片长度等于非鳃片部触角节长度之和。前胸背板阔，几乎不隆起，基部最宽，表面密布刻点。小盾片三角形，长而窄，具金属光泽，密布细刻点，被短毛。鞘翅中部最宽，沟间带几乎不隆拱，密布细刻点，缘折具纤毛。臀板强烈隆起，密布刻点，仅中部具一光滑线。中足基节窝间距等于中足腿节最宽处。后足腿节扁平，前缘无锯齿状线，后缘具短刚毛。后足跗节细长，第1节等于第2、第3节长度之和，约为胫节外侧端距2倍长，背侧布细微刻点，腹侧具粗壮锯齿状脊，具2根长刺。前跗节短，2枚齿，爪对称。

观察标本：1♂，福建，建阳，长坝，黄坑，1960-Ⅳ-18，340～370m，姜胜巧。

分布：我国福建、上海、江西、山东、广西、四川、台湾、香港。

中文名：本种之前并无中文名，由于其拉丁种本名"*nigroguttata*"指鞘翅具黑斑，尤其是鞘翅近端部各具一明显黑斑，故名"黑斑绢金龟"。

似白鳞绢金龟 *Serica parasquamosa* **Ahrens，2007**

Serica parasquamosa Ahrens，2007b：23.

主要特征：体长6.9～7.9mm，体宽4.6～4.8mm，鞘翅长5.3～5.6mm。体长卵圆形，深褐色至红褐色，部分带墨绿光泽，足黄褐至红褐色，除臀板与上唇基颜色较暗淡，其他部分有金属光泽，鞘翅具黑斑。上唇基强烈阔，近矩形，基部最宽，表面平坦，密布细刻点，内被短刚毛，间布有少量长刚毛。额上唇基缝较弱，隆起，眼眦长而窄；额上被细密刻点，被密短毛和直立刚毛。触角10节，黄色，雄虫鳃片部3节，鳃片长度长于非鳃片部触角节长度之和。前胸背板阔，近梯形，几乎不隆起，基部最宽，表面密布刻点。小盾片三角形，长而窄，具金属光泽，密布细刻点，被短毛。鞘翅中部最宽，沟间带微弱隆拱，密布细刻点，缘折具纤毛。臀板端部强烈隆起，密布刻点，仅中部具一光滑线。中足基节窝间距等于中足腿节最宽处。后足腿节前缘具锯齿状线，后缘具短刚毛。后足跗节细长，第1节短于第2、第3节长度之和，约为胫节外侧端距2倍长，背侧布细微刻点，腹侧具粗壮锯齿状脊，具3根长刺。前跗节短，2枚齿，爪对称。

模式标本检视： 1 ♂，Kuatun（2 300m）27，40n. Br. 117，40 ö. L. J. Klapperich 1938 - Ⅵ - 4（Fukien）（ZFMK）.

分布： 我国福建、广西、四川。

中文名： 本种之前并无中文名，由于其拉丁种本名"*parasquamosa*"指本种与"*squamosa*"相似，故名"似白鳞绢金龟"。

异爪绢金龟 *Serica pulvinosa* Frey，1972

Serica pulvinosa Frey，1972b：168. TL：China，Fujian（Kuatun）.

Serica albosquamosa Frey，1972b：163. Synonymized by Ahrens，2002a：63.

Pachyserica taiwana Nomura，1974：97. Synonymized by Ahrens，2002a：63.

Pachyserica pulvinosa：Ahrens，2002a：63.

主要特征： 体长7~7.8mm，体宽4~4.7mm，鞘翅长5.6mm。体长卵圆形，红褐色，部分带墨绿光泽，足黄褐至红褐色，除上唇基颜色较暗淡，体背侧被密短毛，鞘翅些许直立刚毛。上唇基宽，表面平坦，具光泽，密布细刻点，内被短刚毛，间布有少量短刚毛。额上唇基缝较弱，微弱隆起，眼眦短，端部三角形；额上被细密刻点，被密短毛和直立短刚毛。触角10节，黄色，雄虫鳃片部3节，鳃片长度等于非鳃片部触角节长度之和。前胸背板短，基部最宽，表面密布刻点。小盾片短，三角形，中部与基部光滑，密布细刻点。鞘翅基部略宽，沟间带微弱隆拱，密布细刻点，缘折具纤毛。臀板端部强烈隆起，密布刻点，仅中部具一光滑线。后足腿节前缘具锯齿状线，后缘具短刚毛。后足跗节细长，第1节约为第2、3节长度之和，约为胫节外侧端距2倍长，背侧布细微刻点，腹侧具粗壮锯齿状脊，具2根长刺。前跗节短，2枚齿，爪不对称。

模式标本检视： Holotype，Kuatun（2 300m）27，40n. Br. 117，40 ö. L. J. Klapperich 1938 - Ⅴ - 27（Fukien）/Type *Serica albosquamosa* G. Frey 1972（ZFMK）. Paratype：1 ♀，Kuatun（2 300m）27，40n. Br. 117，40 ö. L. J. Klapperich 1938 - Ⅴ - 27（Fukien）/Type *Serica albosquamosa* G. Frey 1972（ZFMK）；1 ♀，Kuatun（2 300m）27，40n. Br. 117，40 ö. L. J. Klapperich 1938 - Ⅴ - 24（Fukien）/Paratype *Serica albosquamosa* G. Frey 1972（ZFMK）；1 ♀，Kuatun（2 300m）27，40n. Br. 117，40 ö. L. J. Klapperich 1938 - Ⅵ - 1（Fukien）/Paratype *Serica albosquamosa* G. Frey 1972（ZFMK）.

分布： 我国福建、浙江、湖北、台湾。

中文名： 本种之前并无中文名，由于其拉丁种本名"*pulvinosa*"意为"小垫子，小枕"，指其前跗节爪不对称，故名"异爪绢金龟"。

白鳞绢金龟 *Serica squamosa* Ahrens，2007

Serica squamosa Ahrens，2007b：27.

主要特征： 体长7.5~7.9mm，体宽4.4~4.6mm，鞘翅长5.6~6.1mm。体长卵圆形，黄褐至红褐色，部分带墨绿光泽，足黄褐至红褐色，体表除上唇基和臀板颜色较暗淡，体背侧被密白色鳞毛，鞘翅黄褐至深褐色，些许直立刚毛。上唇基强烈宽，基部最宽，表面几乎不隆起，密布细刻点，内被短刚毛，间布有少量短刚毛。额上唇基缝较弱，隆起，眼眦短且窄；额区被细密刻点，被密短毛，在眼和额上唇基缝附近被些许直立刚毛。触角10节，黄色，雄虫与雌虫鳃片部均为3节，雄虫鳃片部长度长于非鳃片部触角节长度之和，雌虫鳃片部长度约等于非鳃片部触角节长度之和。前胸背板强烈宽，梯形，基部最宽，表面密布刻点。小盾片窄长，三角形，具光泽，中部与基部光滑，密布细刻点，被细短毛。鞘翅具黑斑，中部最宽，沟间带几乎不隆拱，密布细刻点，缘折具纤毛。臀板端部强烈隆起，密布刻点，仅中部具一光滑线。中足基节窝间距等于中足腿节最宽处。后足腿节前缘具锯齿状线，后缘具短刚毛。后足跗节细长，第1节约为第2、第3节长度之和，约为胫节外侧端距2倍长，背侧布细微刻点，腹侧具粗壮锯齿状脊，具2根长刺。前跗节短，2枚齿，爪对称。

模式标本检视： Paratype：1 ♂，Kuatun（2 300m）27, 40n. Br. 117, 40 ö. L. J. Klapperich 1938-Ⅵ-4（Fukien）（ZFMK）；1 ♀，Kuatun（2 300m）27, 40n. Br. 117, 40 ö. L. J. Klapperich 1938-Ⅴ-25（Fukien）（ZFMK）.

分布： 我国福建、江西。

中文名： 本种之前并无中文名，由于其拉丁种本名"*squamosa*"意为"有鳞的"，指本种体背侧被密白色鳞毛，故名"白鳞绢金龟"。

亮背绢金龟 *Serica brunnescens* Frey，1972

Serica brunnescens Frey，1972b：166. TL：China, Fujian（Kuatun）.

主要特征： 体长10.1mm，体宽6.0mm，鞘翅长7.0mm。体长卵圆形，棕色至红褐色，背侧表面具光泽，头部暗淡光裸。上唇基近梯形，基部最宽，表面明显隆起，密布细刻点，内被短刚毛。前缘微弱上翻，中央具一宽而模糊的缺刻。额唇基缝不明显，眼眦适度细长；额区被细密刻点，被密短毛。触角10节，黄色，雄虫鳃片部均为3节，鳃片部长度等于非鳃片部触角节长度之和。前胸背板窄，基部最宽，表面密布刻点。小盾片宽，三角形，密布细刻点，光裸。鞘翅中部后最宽，沟间带强烈隆拱，密布细刻点，缘折具纤毛。臀板端部适度隆起，密布刻点，中部无光滑线。腹板具光泽，每节具一刺毛列，倒数第2节末端具一光滑具光泽几丁质区域，长度约为腹板的1/4。中足基节窝间距略宽于中足腿节最宽处。足适度细长，腿节具光泽。后足腿节前缘无锯齿状线，后缘具短毛。后足跗节细长，第1节明显短于第2、第3节长度之和，约为胫节外侧端距1.3倍长，背侧布细微刻点，内侧具粗壮锯齿状脊，具3根长刺。

模式标本检视： Holotype：♂，Kuatun 2 300m 27, 40n. Br. 117, 40 ö. L. J. Klapperich 1938（Fukien）/*Serica* Type *brunnescens* G. Frey 1972/*Serica brunnescens*（ZFMK）.

观察标本： 1♂1♀，福建，崇安星村，挂墩，950~1 210m，1963-Ⅶ-9，章有为。

分布： 我国福建。

中文名： 本种之前并无中文名，由于其背侧表面具光泽，故名"亮背绢金龟"。

臀黄斑绢金龟 *Serica excisa*（Frey，1972）

Trichoserica excisa Frey，1972b：172. TL：China, Fujian（Kuatun）.

Serica excisa：Nomura，1972：110.

主要特征： 体长6mm。头部黑色，前胸背板、小盾片、鞘翅黄褐色，前胸背板具不明显深色斑点，鞘翅具或多或少深色斑点，体背具微弱光泽。臀板褐色，散布黄色斑点。前足腿节或多或少黄褐色，前足余节和中、后足及腹面黑褐色，具光泽。上唇基长宽几等，前缘上翻，后半部平坦，具微弱光泽。额区布不规则刻点，被密短毛，眼大。触角9节，雄虫触角鳃片部均为3节，鳃片部长度约为余节长度的2.5倍，雌虫鳃片部与余节长度几等。前胸背板表面密布不规则刻点，中部最宽，雌虫前胸背板侧缘微弱"S"形。小盾片短，密布刻点，中部光裸。鞘翅密布粗刻点，沟间带几乎不隆拱。臀板密布刻点，着生直立刚毛。

模式标本检视：Holotype：♂，Kuatun 2 300m 27，40n. Br. 117，40 ö. L. J. Klapperich 1938（Fukien）/*Ophthalmoserica* Type *excisa* G. Frey 1972/*Trichoserica excisa*（ZFMK）。

观察标本：1♂，福建，崇安，桐木关，关坪，800~900m，1960-V-22，姜胜巧。

分布：我国福建。

中文名：本种之前并无中文名，由于其臀板散布黄色斑点，故名"臀黄斑绢金龟"。

克氏绢金龟 *Serica klapperichi*（Frey，1972）

Trichoserica klapperichi Frey，1972b：173. TL：China，Fujian（Kuatun）。

Serica klapperichi：Nomura，1972：110.

主要特征：体长 7~7.5mm。体表与腹面黄褐色，体表被密短刚毛，臀板、腹板和足散被刚毛。头部具光泽，前胸背板和鞘翅无光泽，足颜色较深。上唇基长宽几等，前缘几乎上翻，中部具微弱缺刻。额区平坦，布粗大刻点，眼大。触角 9 节，雄虫触角鳃片部均为 3 节，鳃片部长度约为余节长度的 2 倍，雌虫鳃片部与余节长度几等。前胸背板表面密布细刻点，着生刚毛。鞘翅密布脐状刻点，沟间带几乎不隆拱。臀板刻点似前胸背板。后足腿节细长，密布刻点和长刚毛。

模式标本检视：Holotype：♂，Kuatun 2 300m 27，40n. Br. 117，40 ö. L. J. Klapperich 1938（Fukien）/*Ophthalmoserica* Type *klapperichi* G. Frey 1972/*Trichoserica klapperichi*（ZFMK）。

分布：我国福建、广西。

中文名：本种之前并无中文名，由于其拉丁种本名"*klapperichi*"意为采集人 Klapperich，故名"克氏绢金龟"。

狭长绢金龟 *Serica longula* Frey，1972

Serica longula Frey，1972b：165. TL：China，Fujian（Kuatun）。

主要特征：体长 9mm，体宽 5mm。体黄褐色，体表暗淡，上唇基、触角、跗节和腹板褐色，额区深褐色。前胸背板和鞘翅具黑斑。上唇基长宽几等，前缘上翻，表面几乎无光泽。额上布粗大密刻点。触角 9 节，雄虫鳃片部 3 节，鳃片长度与余节等长。前胸背板中部最宽，表面布细密深色刻点。小盾片密布不规则刻点。鞘翅布脐状刻点，沟间带光滑。臀板刻点与前胸背板类似。后足腿节细长，密布刻点。腹板每节具刚毛列。

模式标本检视：Paratype：1♂ Kuatun 2 300m 27，40n. Br. 117，40 ö. L. J. Klapperich 1938（Fukien）/*Serica* Type *longula* G. Frey 1972/*Serica longula*（ZFMK）。

观察标本：1♂，福建，武夷山，三港，270~500m，2004-V-16~21，苑彩霞、李静（HBUM）；1♂1♀，福建，建阳，黄坑，桂林，270~500m，290~600m，1960-IV-5~14，蒲富基、张毅然；1♂，福建，武夷山，黄溪洲，2004-V-27，苑彩霞、李静（HBUM）。

分布：我国福建。

中文名：本种之前并无中文名，由于其拉丁种本名"*longula*"意为"长的"，指本种体狭长，故名"狭长绢金龟"。

明亮绢金龟 *Serica nitens* Moser，1915（图版XIV，10~11）

Serica nitens Moser，1915a：117. TL：China，Fujian（Fokien）。

主要特征：体长 8~9.5mm，体宽 4.5~5.5mm。体长卵圆形，红褐色，背侧、腹侧与足表面多具光泽，头部较暗淡。上唇基近梯形，基部最宽，表面明显隆起，密布细刻点，被短刚毛。额区被粗糙刻点，被密短毛。触角 10 节，黄色，雌雄虫鳃片部均为 3 节，雄鳃片部长于非鳃片部触角节长度之和。前胸背板窄，基部最宽，表面密布刻点。小盾片宽三角形，表面散布粗糙刻点。鞘翅中部后最宽，沟间带强烈隆拱，密布细刻点，缘折具纤毛。臀板端部适度隆起，密布刻点，中部无光滑线。腹板每节被一列褐色短刚毛。中足基节窝间距宽于中足腿节最宽处。足细长，表面多被黄色刚毛。后足腿节前缘无锯齿状线，前缘和后缘各具一列黄色倒伏短毛。后足跗节细长，第 1 节明显短于第 2、第 3 节长度之和，约为胫节外侧端距 1.3 倍长，背侧布细微刻点，内侧具粗壮锯齿状脊，具 4 根长刺。

观察标本：1♂，福建，武夷山，挂墩，2004-Ⅴ-22~23，苑彩霞、李静（HBUM）。

分布：我国福建。

中文名：本种之前并无中文名，由于其拉丁种本名"nitens"意为"光明、整洁、放光的"，指本种背侧、腹侧与足表面多具光泽，故名"明亮绢金龟"。

说明

以下种类为章有为和罗肖南两位先生在福建昆虫志中记载绢金龟，但经查证存疑的种类，存疑的种类分为四类：

第一类是分布地不明，仅在原始文献中记录为 China 或 Chine，之后并无明确记录，古北区名录分布记录也仅为 China，因此无法确定该种在福建武夷山地区是否分布；

第二类分布地有误，如分布区为古北区，但福建有分布，这样的种类可能存在鉴定错误，建议剔除；

第三类是福建有分布，但武夷山地区无记录或暂未看到记录；

第四类是该物种在中国甚至于古北区无分布，但被误定为此种。如两位先生在福建昆虫志中记录了日本玛绢金龟 *Maladera japonica* (Motschulsky, 1860)，然而目前该种仅在日本有记录，而福建昆虫志中给的分布包括我国福建、湖北、浙江、湖南四省和日本，所以福建昆虫志鉴定正确与否目前存疑。

第二类分布地有误：

Maladera rufodorsata (Fairmaire, 1888)

Homaloplia rufodorsata Fairmaire, 1888a: 19.

Maladera rufodorsata: Ahrens, 2004: 234.

分布：我国福建、江西、云南。

Maladera (_Omaladera_) _cariniceps_ (Moser, 1915)

Autoserica cariniceps Moser, 1915b: 341.

Maladera (*Omaladera*) *cariniceps*: Ahrens 2007a: 21.

观察标本：2 ex. Chine 1946-Ⅳ-21 Kuatun, Fukien leg. Tschung-Sen（MHNG），1 ex. Chine 1946-Ⅴ-4 Kuatun, Fukien leg. Tschung-Sen（MHNG），1 ex. Chine 1946-Ⅴ-18 Kuatun, Fukien leg. Tschung-Sen（MHNG），1 ex. Chine 1946-Ⅴ-26 Kuatun, Fukien leg. Tschung-Sen（MHNG）.

分布：我国福建、北京；韩国，日本。

第三类分布地有误：

Gastroserica marginalis (Brenske, 1894)

Serica marginalis Brenske, 1894: 10.

Gastroserica marginalis：Brenske，1897a：413.

Gastroserica marginalis var. *puncticollis* Brenske，1897a：413. Synonymized by Moser，1908a：331.

观察标本：1♀，福建，将乐，龙栖山，1991-VI-26，杨龙龙；6♀♀，福建，九仙山，1984-VII-26（NWAFU）。

分布：我国福建、上海、浙江、江西、山东、湖北、湖南、广东、广西、海南、四川、贵州、香港；越南，老挝。

Maladera（*Cephaloserica*）*ovatula*（**Fairmaire，1891**）

Serica ovatula Fairmaire，1891：195.

Maladera（*Cephaloserica*）*ovatula*：Kim，1981：344.

观察标本：1♂，福建，福安，社口，1963-VIII-28，章有为。

分布：我国福建、河北、山西、内蒙古、辽宁、吉林、黑龙江、江苏、浙江、安徽、山东、河南、广东、海南、四川、贵州；韩国。

Maladera（*Omaladera*）*orientalis*（**Motschulsky，1858**）

Serica orientalis Motschulsky，1858：33.

Maladera cavifrons Reitter，1896：188. Synonymized by Nikolajev & Puntsagdulam，1984：251.

Maladera diffinis Reitter，1896：188. Synonymized by Nikolajev，1977：269.

Serica famelica Brenske，1897a：391. Synonymized by Nikolajev & Puntsagdulam，1984：251.

Serica pekingensis Brenske，1897a：366. Synonymized by Nikolajev & Puntsagdulam，1984：251.

Maladera（*Omaladera*）*orientalis*：Ahrens，2006a：14.

分布：我国福建、北京、河北、山西、内蒙、辽宁、吉林、上海、江苏、浙江、安徽、山东、湖北、湖南、广东、海南、甘肃、宁夏、台湾；蒙古，俄罗斯，韩国，日本。

Neoserica（*Neoserica*）*ursina*（**Brenske，1894**）

Serica ursina Brenske，1894：10.

Neoserica ursina：Ahrens，2003：187.

观察标本：1♂，福建，将乐，龙栖山，1991-V-16，李文柱。

分布：我国福建、上海、浙江、江西、四川、贵州。

Neoserica（*Neoserica*）*silvestris* **Brenske，1902**

Neoserica silvestris Brenske，1902：61.

分布：我国福建、浙江、山东、湖北、四川、贵州、云南、陕西。

参考文献

锹甲科

Arrow GJ, 1937. Dimorphism in the males of stag-beetles [J]. *Transactions of the Royal Entomological Society of London*, 86 (13): 239-246.

Arrow GJ, 1943. On the genera and nomenclature of the lucanid Coleoptera, and descriptions of a few new species [J]. *Proceedings of the Royal Entomological Society of London* (B), 12 (9-10): 133-143.

Arrow GJ, 1950. *The Fauna of India Including Pakistan, Ceylon, Burma and Malaya. Coleoptera, Lamellicornia, Lucanidae and Passalidae* [M]. Volume IV. London: Taylor & Francis Ltd.

Bartolozzi L, Sprecher-Uebersax E, 2006. Lucanidae. In: Catalogue of Palaearctic Coleoptera [M]. Vol. 3: Scarabaeoidea-Scirtoidea-Dascilloidea-Buprestoidea-Byrrhoidea, I. Lobl & A. Smetana edit. Stenstrup: Apollo Books.

Bates HW, 1866. On a collections of coleoptera from Formosa, sent home by R. Swinhoe, Esq., H. B. M. Consul, Formosa [J]. *Proceedings of the Zoological Society of London*, 23: 339-355.

Benesh B, 1950. Descriptions of new species of stag beetles from Formosa and the Philippines [J]. *Pan-Pacific Entomologist*, 26 (1): 11-18.

Benesh B, 1960. Lucanidae [J]. *Coleopterorum Catalogus, Supplementa*, 8 (2): 1-178.

Boileau H, 1899a. Description de Lucanides nouveaux [J]. *Bulletin de la Société Entomologique de France*, 48: 111-112.

Boileau H, 1899b. Descriptions sommaires d'*Aegus* nouveaux [J]. *Bulletin de la Société Entomologique de France*, 48: 319-322.

Bomans HE, 1989. Inventaire d'une collection de Lucanides récoltés en Chine continentale, avec descriptions d'espèces nouvelles [J]. *Nouvelle Revue d'Entomologie* (N. S.), 6 (1): 3-23.

Cao YY, Webb MD, Bai M, Wan X, 2016. New synonymies and records of the stag-beetle genus *Aegus* Macleay from Chinese fauna (Coleoptera: Lucanidae) [J]. *Zoological Systematics*, 41 (3): 261-272.

De Lisle M, 1955. Description d'un Lucanide nouveau [J]. Bulletin de la Société Entomologique de France, 60 (1): 6-8.

De Lisle M, 1973. Description de trois Coléoptères Lucanides nouveaux [J]. *Nouvelle Revue d'Entomologie* (*Nouvelle Série*), 3 (2): 137-142.

Didier R, 1925. Description d'une espèce nouvelles de Lucanides [J]. *Bulletin de la Société entomologique de France*: 262-266.

Didier R, 1928. Études sur les Coléoptères Lucanides du Globe [J]. I-V. M. Mendel Ed., *Paris Fascicule*, 1-4: 1-101.

Didier R, 1930. Étude sur les Coléoptères Lucanides du Globe [J]. VII-X. *Paris Fascicule*, 6-7: 125-159.

Didier R, 1931. Étude sur les Coléoptères Lucanides du Globe [J]. XI-XV. *Paris Fascicule*, 8-9: 160-232.

Didier R, Séguy E, 1952. Notes sur quelques espèces de Lucanides et descriptions de formes nouvelles [J]. *Revue Francaise d'Entomologie*, 19: 220-233.

Didier R & Séguy E, 1953. Catalogue illustré des Lucanides du Globe [J]. Texte. *Encyclopédie Entomologique Serie A*, 27: 1-223.

Gravely FH, 1915. A catalogue of the Lucanidae in the collection of the Indian Museum [J]. *Records of the Indian Museum*, 11: 407-431.

Hope FW, 1842. [*Lucanus confucius*] [J]. *Proceedings of the Entomological Society London* (1841): 60.

Hope FW, Westwood JO, 1845. *A Catalogue of the Lucanoid Coleoptera in the collection of the Rev. F. W. Hope, together with descriptions of the new species therein contained* [M]. London: *J. C. Bridgewater.*, South Molton Street, Oxford Street.

Huang H, Chen CC, 2010. *Stag beetles of China* I [M]. Taipei: Formosa Ecological Company.

Huang H, Chen CC, 2013. *Stag beetles of China* II [M]. Taipei: Formosa Ecological Company.

Huang H, Chen CC, 2017. *Stag beetles of China* III [M]. Taipei: Formosa Ecological Company.

Ikeda H, 2001. A new species of the genus *Dorcus* from Shaanxi Province, China [J]. *Lucanus World*, 25: 31.

Jakowleff BE, 1896b. Description d'une espèce nouvelle de la famille des Lucanides [J]. *Horae Societatis Entomologicae Rossicae*, 30: 457-460.

Krajcik M, 2001. *Lucanidae of the world. Catalogue-Part I. Checklist of the Stag Beetles of the World* (*Coleoptera: Lucanidae*) [M]. Most: Privately published.

Kriesche R, 1921. Über *Eurytrachelus titanus* Boisd. und seine Rassen [J]. *Archiv für Naturgeschichte* (A), 86 (8) [1920]: 114-119.

Kriesche R, 1922. Zur Kenntnis der Lucaniden [J]. *Stettiner Entomologische Zeitung*. Stettin, 83: 115-137.

Kriesche R, 1926. Neue Lucaniden [J]. *Stettiner Entomologische Zeitung*, 87: 382-385.

Kriesche R, 1935. Ueber paläarktisch-chinesische. Lucaniden [J]. *Koleopterologische Rundschau*, 21: 169-174.

Kurosawa Y, 1974. A stag-beetle new to the Formosan fauna [J]. *Bulletin of the National Science Museum. Series A: Zoology*, 17 (2): 103-104.

Lacroix JP, 1988. Descriptions de Coleoptera Lucanidae nouveaux ou peu connus (6eme note) [J]. *Bulletin de la Société Sciences Nat*, 59: 5-7.

Lewis G, 1883. On the Lucanidae of Japan [J]. *Transactions of the Entomological Society of London*, 31: 333-342.

Leuthner F, 1885. A monograph of the Odontolabini, a subdivision of the coleopterous family Lucanidae [J]. *Transactions of the Zoological Society of London*, 11 (1): 385-491.

Li JK, 1992. *The Coleoptera fauna of Northeast China* [M]. Jilin: Jilin Education Publishing House.

Maes JM, 1992. Lista de los Lucanidae del Mundo [J]. *Revista Nicaraguense de Entomologia*, 22: 1-121.

Miwa Y, 1929. A new stag-beetle belonging to the genus *Dorcus* from Formosa [J]. *Transactions of the Natural History Society of Formosa*, 19 (103): 350-354.

Mizunuma T, Nagai T, 1991. A revisional synopsis of *Prosopocoilus oweni* (Hope and Westwood) and its allied species [J]. *Gekkan-Mushi*, 243: 16-22.

Mizunuma T, Nagai T, 1994. *The Lucanid beetles of the world* [M]. Mushi-sha Iconographic series of Insects. H. Fujita Ed., Tokyo: Mushi-Sha.

Möllenkamp W, 1901. Beitrag zur Kenntniss der Lucaniden-Fauna [J]. *Insektenbörse*, 18 (46): 363.

Möllenkamp W, 1902. Beitrag zur Kenntniss der Lucaniden-Fauna [J]. *Insektenbörse*, 19 (45): 353-354.

Möllenkamp W, 1912. H. Sauter's Formosa Ausbeute. Lucanidae [J]. *Entomologische Mitteilungen*, 1: 6-8.

Nagel P, 1925. Neues über Hirschkäferarten [J]. *Entomologische Mitteilungen*, 14: 166-176.

Nagel P, 1941. Neues über Hirschkäfers [J]. *Deutsche Entomologische Zeitschrift*: 54-75.

Nomura S, 1960. List of the Japanese Scarabaeoidea [J]. *Toho-Gakuho. Tokyo*, 10: 39-79.

Parry FJS, 1864. A catalogue of lucanoid Coleoptera, with illustrations and descriptions of various new and interesting species [J]. *Transactions of the Entomological Society of London*, 3 (2): 1–113.

Parry FJS, 1870. A revised catalogue of the Lucanoid Coleoptera with remarks on the nomenclature, and descriptions of new species [J]. *Transactions of the Royal Entomological Society of London*: 53–118.

Parry FJS, 1873. Characters of seven nondescript Lucanoid Coleoptera, and remarks upon the genus *Lissotes*, *Nigidius* and *Figulus* [J]. *Transactions of the Royal Entomological Society of London*: 335–345.

Planet LM, 1899. Description d'une varieté nouvelle du *Metopodontus blanchardi* Parry [J]. *Annales de la Société Entomologique de France*, 68: 385–387.

Reiche L, 1853. Notes synonymiques sur les espèces de la famille des Pectinicornes décrites dans le 5e vol. de l'Handbuch der Entomologie par M. H. Burmeister [J]. *Annales de la Société entomologique de France*. Paris, 3 (1): 67–86.

Sakaino H, 1997. Descriptions of two new subspecies of *Dorcus striatipennis* (Motschulsky) from central China and Taiwan [J]. *Gekkan-Mushi*, 316: 9–13.

Saunders WW, 1854. Characters of undescribed Lucanidae, collected in China by R. Fortune, Esq [J]. *Transactions of the Entomological Society of London*, 2: 45–55.

Schenk KD, 1999. Beschreibung eine neuen art der gattung *Lucanus* und eine neu subart von *Prosopocoilus forticula* aus China [J]. *Entomologische Zeitschrift*, 109 (3): 114–118.

Schenk KD, 2000. Beschreibung einer neuen Art der Gattung *Hemisodorcus* Thomson, 1862, aus Myanmar (Coleoptera: Lucanidae) [J]. *Entomologische Zeitschrift*, 110 (3): 79–82.

Schenk KD, 2008. Beitrag zur Kenntnis der Hirschkäfer Asiens und Beschreibung mehrerer neuer Arten [J]. *Beetles World*, 1: 1–12.

Schenk KD, 2012. Notes to the Lucanidae of Asia and description of new taxa of the genus *Neolucanus* [J]. *Beetles World*, 6: 2–8.

Schenk KD, 2014. Description of a new species of the genus *Neolucanus* Thomson, 1862 [J]. *Beetles World*, 10: 1–38.

Séguy E, 1954. Les hemisodorcites du Museum de Paris [J]. *Revue Francaise d'Entomologie*, 21 (3): 184–194.

Thomson J, 1856. Description de quatre Lucanides nouveaux de ma collection, précédée du catalogue des Coléoptères lucanoïdes de Hope (1845), et de l'arrangement méthodique adopté par Lacordaire pour sa famille des Pectinicornes [J]. *Revue et magasin de zoologie pure et appliquée*, 8 (2): 516–528.

Thomson J, 1862. Catalogue des Lucanides de la collection de M. James Thomson, suivi d'un appendix renfermant la description des coupes génériques et spécifiques nouvelles [J]. *Annales de la Société Entomologique de France*, 2 (4): 389–436.

Van Roon G, 1910. *Coleopterorum Catalogus Lucanidae* [M]. Schenkling S. (ed.). Berlin: W. Junk.

Waterhouse CO, 1874. Descriptions of five new Lucanoid Coleoptera [J]. *Entomologist's Monthly Magazine*, 11: 6–8.

Westwood JO, 1848. *The Cabinet of Oriental Entomology*; being a selection of some of the rarer and more beautiful species of insects, natives of India and the adjacent islands, the greater portion of which are now for the first time described and figured [M]. London: William Smith, 113, Fleet Street.

刘静, 曹玉言, 万霞, 2019. 鞘翅目: 锹甲科[M]//吴鸿, 王义平, 杨星科, 杨淑贞, 等. 天目山动物志: 第六卷. 杭州: 浙江大学出版社.

黑蜣科

Arrow GJ, 1950. *The fauna of India, including Pakistan, Ceylon, Burma and Malaya*. 4. (*Coleoptera Lamellicornia-Lucanidae & Passalidae*) [M]. London: Taylor & Francis Eds.

Endrödi S, 1955. *Ophrygonius cantori chinensis* n. subsp [J]. *Bonner Zoologische Beiträge*, 6 (3–4): 232–234.

Fabricius JC, 1801. *Systema Eleutheratorum secundum ordines, genera, species: adiectis synonymis, locis, observation-*

ibus, *descriptionibus*. *Tomus* II［M］. Kiliae：Bibliopoli Academici Novi.

Kaup J, 1868. Prodromus zu einer Monographie der Passaliden［J］. *Coleopterologische Hefte*, 3：4-32.

Kaup J, 1871. Monographie der Passaliden［M］. *Berliner Entomologische Zeitschrift* 15 (Jahrg. Supplement)：1-125.

Kon M & Bezděk A, 2016. Family Passalidae Leach, 1815［M］//Löbl I, & Löbl D. (eds.)：*Catalogue of Palaearctic Coleoptera. Volume* 3. *Scarabaeoidea - Scirtoidea - Dascilloidea - Buprestoidea - Byrrhoidea. Revised and updated edition*. Leiden：Brill. 52-53.

Kuwert A, 1891. Systematische Uebersicht der Passaliden - Arten und Gattungen［J］. *Deutsche Entomologische Zeitschrift*, 1：161-192.

Kuwert A, 1898. Die Passaliden dichotomisch bearbeitet. 2ter Theil. - Die Arten［J］. *Novitates Zoologicae*, 5：259-349.

Schuster JC, 2001. Passalidae Leach 1815, Bess beetles［J/OL］(URL：http：//unsm-ento. unl. edu/Guide/Scarabaeoidea /Passalidae /Passalidae-Overview/Passalidae O. html). In, B. C. Ratcliffe and M. L. Jameson (eds.), Generic Guide to New World Scarab Beetles (URL：http：//unsm-ento. unl. edu/Guide/Guide-introduction/Guideintro. html). Accessed on：Mar. 2019.

Stoliczka F, 1873. A contribution towards a Monograph of the Indian Passalidae［J］. *Journal of the Asiatic Society of Bengal*, 42 (2)：149-162.

Westwood JO, 1842. Insectorum novorum centuria. Decadis primae Coleopterorum synopsis［J］. *The Annals and Magazin of Natural History*, 8：123-125.

Zang R, 1904. Parapelopides und Ophrygonius zwei neue Gattungen der Passaliden (Coleoptera)［J］. *Zoologischer Anzeiger*, 27：694-701.

粪金龟科

Balthasar V, 1942. Die Coprophagen der chinesischen Provinz Fukien［J］. *Entomologische Blätter*, 38：113-125.

Fairmaire L, 1891. Description de coléoptères de l'intérieur de la Chine (Suite, 6e partie)［J］. *Bulletin ou Comtes Rendus des Séances de la Société Entomologique de Belgique*：vi-xxiv.

Jameson ML, 2005. Geotrupidae. In：Ratcliffe B. & Jameson ML (eds)：*Generic Guide to New World Scarab Beetles*［J/OL］. http：//museum. unl. edu/ research/entomology/Guide/Scarabaeoidea/［accessed：February 2017］.

Král D, Malý V & Schneider J, 2001. Revision of the genera *Odontotrupes* and *Phelotrupes* (Coleoptera：Geotrupidae)［J］. *Folia Heyrovskyana*, *Supplementum*, 8：1-178.

Krikken J, Li CL, 2013. Taxonomy of the Oriental genus *Bolbochromus*：a generic overview and descriptions of four new species (Coleoptera：Geotrupidae：Bolboceratinae)［J］. *Zootaxa*, 3731：495-519.

Li CL, Wang CC, Masumoto K, et al., 2008. Review of the Tribe Bolboceratini s. l. from Taiwan (Coleoptera：Scarabaeoidea：Geotrupidae) with a Key to the Eurasian Genera［J］. *Annals of the Entomological Society of America*, 101 (3)：474-490.

Jameson ML, 2005. Geotrupidae Latreille 1802, Earth-boring dung beetles［J/OL］(http：//unsm-ento. unl. edu/ Guide/Scarabaeoidea/Geotrupidae/Geotrupidae - Overview/GeotrupidaeO. html). In, B. C. Ratcliffe and M. L. Jameson (eds.), Generic Guide to New World Scarab Beetles (URL：http：//unsm-ento. unl. edu/Guide/Guide-introduction /Guideintro. html). Accessed on：Mar. 2018.

Masumoto K, 1995. New and little-known Geotrupine species (Coleoptera, Geotrupidae) from Central and Western China［J］. *Special Bulletin of the Japanese Socity of Coleopterology*, 4：381-387.

Nikolajev GV, Král D & Bezděk A, 2016. Family Geotrupidae［M］//Löbl I. & Löbl D. (eds.)：*Catalogue of Palaearctic Coleoptera. Volume* 3. *Scarabaeoidea - Scirtoidea - Dasciloidea - Buprestoidea - Byrrhoidea. Revised and updated edition*. Leiden：Brill. 33-52.

Ochi T, Kon M, Bai M, 2010. For New Species of the Genus *Phelotrupes* (Coleoptera：Geotrupidae) from China［J］.

Entomological Review of Japan, 65（1）：141-150.

Ochi T, Masumoto K, Lan YC, 2017：A New Species of the Genus *Phelotrupes*（Coleoptera, Geotrupidae）from Taiwan, with Notes on the Taiwanese Geotrupidae Species［J］. *Elytra, Tokyo, New Series*, 7（1）：115-122.

Zhang YW, Luo XN, 2002. Geotrupidae［M］//Huang BK（ed.）：*Fauna of Insects of Fujian Province of China. Volume* 6. Fuzhou：Fujian Science and Technology Press. 427-428.［章有为, 罗肖南, 2002. 粪金龟科 Geotrupidae［M］//黄邦侃. 福建昆虫志：第六卷. 福州：福建科学技术出版社. 427-428.］

绒毛金龟科

Hawkins SJ, 2007. Glaphyridae MacLeay, 1819, Bumble bee scarabs［J/OL］（http：//unsm-ento. unl. edu/Guide/Scarabaeoidea/Glaphyridae/Glaphyridae - Overview/Glaphyridae O. html）. In, B. C. Ratcliffe and M. L. Jameson（eds.）, Generic Guide to New World Scarab Beetles（URL：http：//unsm - ento. unl. edu/Guide/Guide - introduction /Guideintro. html）. Accessed on：Mar. 2019.

Li CL, 2011.［new taxon］. In：Li C-L, Wang C-C & Chen H-J：Synopsis of the genus *Amphicoma* Latreille（Coleoptera：Glaphyridae）of Taiwan with species reference to the male genitalia［J］. *Zootaxa*, 2790：23-34.

Endrödi S, 1952. Monographie der Gattung Anthypna Latr［J］. *Folia Entomologica Hungarica*（N. S.）, 5：1-40.

Bezděk A, Nikodým M, Hawkins SJ, 2004. Nomenclatural notes on the genera *Amphicoma* and *Anthypna*（Coleoptera：Scarabaeidae：Glaphyridae）［J］. *Folia Heyrovskyana*, 12（4）：205-211.

金龟科

Ratcliffe BC & Jameson ML, 2005. Scarabaeidae（Latreille, 1802）, Scarab beetles［J/OL］（http：//unsm-ento. unl. edu/Guide/Scarabaeoidea/Scarabaeidae/Scarabaeidae - pages/Scarabaeidae - Overview/ScarabaeidaeO. html）. In, B. C. Ratcliffe and M. L. Jameson（eds.）, Generic Guide to New World Scarab Beetles（URL：http：//unsm-ento. unl. edu/Guide/Guide-introduction /Guideintro. html）. Accessed on：Mar. 2019.

蜉金龟亚科

Balthasar V, 1942. Die Coprophagen der chinesischen Provinz Fukien［J］. *Entomologische Blätter*, 38：113-125.

Balthasar V, 1945. De uno genero et nonnullis Aphodiinarum speciebus novis. Contributio n. ad cognitionem Scarabaeidarum（Col.）［J］. *Časopis Československé Společnosti Entomologické*, 42：104-115.

Balthasar V, 1953. Coprophagní Scarabaeidae čínské provincie Fukien（II. díl）. Die Coprophagen der chinesischen Provinz Fukien（II. Teil）（87. Beitrag zur Kenntnis der Scarabaeiden.（Col.）［J］. *Sborník Entomologického Oddělení Národního Musea v Praze*, 28［1952］：223-236.

Balthasar V, 1961. Neue Arten der Gattung*Aphodius* Ill. aus der palaearktischen Region［J］. *Sborník Entomologického Oddělení Národního Musea v Praze*, 34：359-381.

Balthasar V, 1964. *Monographie der Scarabaeidae und Aphodiidae der palaearktischen und orientalischen Region. Coleoptera Lamellicornia. Band* 3. *Aphodiidae*［M］. Prag：Verlag der Tschechoslowakischen Akademie der Wissenschaften.

Bezděk, 2016a. Tribe Eupariini［M］//Löbl I & Löbl D（eds.）：*Catalogue of Palaearctic Coleoptera. Volume* 3. *Scarabaeoidea - Scirtoidea - Dasciloidea - Buprestoidea - Byrrhoidea. Revised and Updated Edition*. Leiden：Brill. 156-158.

Bezděk, 2016b. Tribe Rhyparini［M］//Löbl I & Löbl D（eds.）：*Catalogue of Palaearctic Coleoptera. Volume* 3. *Scarabaeoidea - Scirtoidea - Dasciloidea - Buprestoidea - Byrrhoidea. Revised and Updated Edition*. Leiden：Brill.

165-166.

Bordat P, Dellacasa G, 1996. *Aphodius* (*Aganocrossus*) *postpilosus* Reitter, 1895, bona species [J]. *Bolletino della Società Entomologica Italiana*, 128 (2): 143-150.

Červenka R, 2000. A contribution to knowledge of the Aphodiidae. IV. Review of the *Aphodius* Illiger species of the subgenus *Carinaulus* Tesař with a description of 11 new species from the Palaearctic and Oriental regions [J]. *Časopis Moravského Musea v Brně*, 85: 29-51.

Dellacasa G, 1983. Taxonomic studies on Aphodiinae. X. Revision of Subgenus *Loboparius* A. Schmidt with description of a new species [J]. *Annali del Museo Civico di Storia Naturale "Giacomo Doria"*, 84: 245-268.

Dellacasa M, Dellacasa G, 2003. Review of the genus *Aphodius* (Coleoptera: Aphodiidae) [J]. *Folia Heyrovskyana*, 11 (3-4): 173-202.

Dellacasa M, Dellacasa G, 2016. Systematic revision of the genus *Phaeaphodius* Reitter, 1892 (Coleoptera: Scarabaeidae: Aphodiinae) [J]. *Zootaxa*, 4162 (1): 143-163.

Dellacasa M, Dellacasa G, Král D, et al., 2016. Tribe Aphodiini [M]. // Löbl I & Löbl D (eds.): *Catalogue of Palaearctic Coleoptera. Volume 3. Scarabaeoidea-Scirtoidea-Dasciloidea-Buprestoidea-Byrrhoidea. Revised and Updated Edition*. Leiden: Brill. 98-154.

Král D, Šípek P, 2013. Aphodiinae (Coleoptera: Scarabaeidae) of the Goa, Maharashtra and Rajasthan (India) with description of *Aphodius* (*Gilletianus*) *rajawatorum* sp. nov. [J]. *Acta Entomologica Musei Nationalis Pragae*, 53 (2): 633-648.

Král D, 1997. A review of Chinese *Aphodius* species (Coleoptera: Scarabaeidae). Part 5: subgenus *Aphodius* [J]. *Acta Societatis Zoologicae Bohemicae*, 61 (3): 199-217.

Král D, Rakovič M & Mencl L, 2014. Two new *Gilletianus* species (Coleoptera: Scarabaeidae: Aphodiinae: Aphodiini) from Sulawesi, Indonesia [J]. *Studies and Reports, Taxonomical Series*, 10 (1): 113-126.

Masumoto K, Kiuchi M & Wang TC, 2018. A new *Carinaulus* species (Scarabaeidae, Aphodiinae, Aphodiini) from Taiwan [J]. *Miscellaneous Reports of the Hiwa Museum for Natural History*, 59: 123-127.

Mencl L, Rakovič M & Král D, 2013. A new species of the genus *Rhyparus* (Coleoptera: Scarabaeidae: Aphodiinae: Rhyparini) from the Oriental region having an accessory costa on each elytron [J]. *Studies and Reports, Taxonomical Series*, 9 (2): 487-498.

Ochi T, Kawahara M & Kon M, 2006. A new species of the genus *Teuchestes* (Coleoptera, Aphodiidae) from China [J]. *Kogane, Tokyo*, 7: 37-40.

Ochi T, Kon M & Kawahara M, 2018. Four new species of the genus *Rhyparus* from Laos (Coleoptera: Scarabaeidae: Aphodiinae: Rhyparini) [J]. *Kogane, Tokyo*, 21: 15-31.

Stebnicka Z, 1986. Notes on the taxonomic status of the genus *Caelius* Lewis (Coleoptera, Scarabaeidae, Aphodiinae) [J]. *Acta Zoologica Cracoviensia*, 29 (14): 339-354.

Stebnicka Z, 1990. New synonymies and notes on some Aphodiinae (Coleoptera: Scarabaeidae) [J]. *Revue Suisse de Zoologie*, 97 (4): 895-899.

Zhang YW & Luo XN, 2002. Aphodiidae [M]//Huang BK (ed.): *Fauna of Insects of Fujian Province of China. Volume 6*. Fuzhou: Fujian Science and Technology Press. 453-456. [章有为, 罗肖南, 2002. 蜉金龟科 Aphodiidae [M]//黄邦侃, 福建昆虫志: 第六卷. 福州: 福建科学技术出版社. 453-456.]

蜣螂亚科

Arrow GJ, 1931. *The Fauna of British India including Ceylon and Burma. Coleoptera Lamellicornia. Part III (Coprinae)* [M]. London: Taylor and Francis.

Arrow GJ, 1933: Notes on coprid Coleoptera, with descriptions of a new genus and a few new species [J]. *The Annals and Magazine of Natural History*, 10 (12): 421-430.

Balthasar V, 1934. Neue Coprinen−Arten und Abarten [J]. *Entomologische Blätter*, 30 (4): 146−149.

Balthasar V, 1935. Onthophagus−Arten Chinas, Japans und der angrenzenden Ländern, mit Beschreibung von 14 neuen Arten und einer Unterart [J]. *Folia Zoologica et Hydrobiologica*, 8: 303−353.

Balthasar V, 1939. Neue Arten der palaearktischen und neotropischen coprophagen Scarabaeiden [J]. *Entomologické Listy*, 2: 41−47.

Balthasar V, 1942a. Die Coprophagen der chinesischen Provinz Fukien [J]. *Entomologische Blätter*, 38: 113−125.

Balthasar V, 1942b. Nové rody a druhy coprophagních Scarabaeidü. Neue Arten und Gattungen der coprophagen Scarabaeiden. 75. Beitrag zur Kenntnis der Scarabaeiden (Col.) [J]. *Acta Entomologica Musei Nationalis Pragae*, 20: 188−205.

Balthasar V, 1944. Čtyři nové druhy rodu Onthophagus Latr. Vier neue Arten der Gattung Onthophagus Latr [J]. *Sborník Entomologického Oddělení Zemského Musea v Praze*, 21−22 [1943−1944]: 90−94.

Balthasar V, 1952. Několik nových druhučeledi Scarabaeidae z východní Asie. Quelques Scarabaeidae nouveaux de l'Asie orientale (88ème contribution à la connaissance des Scarabaeidae−Col.) [J]. *Časopis Československé Společnosti Entomologické*, 49 (4): 222−228.

Balthasar V, 1953. Coprophagní Scarabaeidae čínské provincie Fukien (II. díl). Die Coprophagen der chinesischen Provinz Fukien (II. Teil) 87. Beitrag zur Kenntnis der Scarabaeiden. (Col.) [J]. *Sborník Entomologického Oddělení Národního Musea v Praze*, 28 [1952]: 223−236.

Balthasar V, 1958. Eine neue Untergattung und einige neue Arten derGattung Copris [J]. *Sborník Entomologického Oddělení Národního Musea v Praze*, 32: 471−480.

Balthasar V, 1960a. Neue Onthophagus−Arten. 97. Beitrag zur Kenntnis der Scarabaeidae (Col.) [J]. *Entomologische Blätter*, 55 [1959]: 186−196.

Balthasar V, 1960b. Einige neue Arten der Familie Scarabaeidae. 106. Beitrag zur Kenntnis der Fam. Scarabaeidae, Col [J]. *Entomologische Blätter*, 56: 88−94.

Balthasar V, 1963. *Monographie der Scarabaeidae und Aphodiidae der palaearktischen und orientalischen region. Coleoptera: Lamelicornia. Band 2. Coprinae (Onitini, Oniticellini, Onthophagini)* [M]. Prag: Verlag der Tschechoslowakischen Akademie der Wissenschaften.

Blanchard CÉ, 1853. Description des Insectes. In: Hombros J. & Jacquinot H. : *Zoologie, Tome quatrième.* In: Dumont−d'Urville J. : *Voyage au pôle Sud et dans l'Océanie sur les corvettes l'Astrolabe et la Zélée, executé par ordre du Roi pendant les années 1837−1838−1839−1840, sous le commandement de M. J. Dumont−d'Urville, capitaine de vaisseau, publié par ordre du gouvernement, sous la direction supérieure de M. Jacquinot capitaine de vaisseau commandant de la Zélée* [M]. Paris: Gide et J. Baudry.

Boucomont A, Gillet AJJE, 1921. Faune entomologique de l'Indochine francaise. Famille Scarabaeidae Laparosticti (Coleopteres) Portail [J]. *Saigon*, 4: 1−76.

Boucomont A, 1912. Genre nouveaux et espèces nouvelles de Coprophages (Col.) du Yunnan [J]. *Bulletin de la Société Entomologique de France*: 275−278.

Boucomont A, 1914. Les Coprophages de l'Archipel Malais [J]. *Annales de la Société Entomologique de France*, 83 [1914−1915]: 238−350.

Boucomont A, 1929. A list of the coprophagous Coleoptera of China [J]. *Lingnam Science Journal* 7: 759−794.

Fairmaire L, 1888. Coléoptères de l'intérieur de la Chine (Suite) [J]. *Annales de la Société Entomologique de Belgique*, 32: 7−46.

Felsche C, 1910. Über coprophage Scarabaeiden [J]. *Deutsche Entomologische Zeitschrift*: 339−352.

Gillet JJE, 1911. Scarabaeidae: Coprinae I. Coleopterorum Catalogus auspicis et auxilio W. Junk A. Schenkling [J]. *Berlin*, 38: 1−100.

Harold E von, 1877. Enumération des Lamellicornes Coprophages rapportés de l'Archipel Malais, de la Nouvelle Guinée et de l'Australie boréale par MM. J. Doria, O. Beccari et L. M. D'Albertis [J]. *Annali del Museo Civico di Storia Na-*

turale di Genova, 10: 38-110.

Janssens A, 1940. Monographie des Scarabaeus et genres voisins [J]. *Mémoires de l'Musée Royal des Sciences Naturelles de Belgique*, 2 (16): 1-81.

Kabakov ON, 2014. [new taxa]. In: Kabakov O. N. & Shokhin I. V.: Contribution to the knowledge of the subfamily Scarabaeinae (Coleoptera) from China with nomenclatural notes. Kpoznaniyu podsemeystva Scarabaeinae (Coleoptera) iz Kitaya snomenklaturnymi zamechaniyami [J]. *Kavkazskiy Entomologicheskiy Byulleten*, 10 (1): 47-59.

Kabakov ON, Napolov A, 1999. Fauna and ecology of Lamellicornia of subfamily Scarabaeinae (Coleoptera, Scarabaeidae) of Vietnam and some parts of adjacent countries: South China, Laos and Thailand [J]. *Latvijas Entomologs*, 37: 58-96.

Kollar V, Redtenbacher L, 1844. Aufzählung und Beschreibung der von Carl Freiherrn von Hügel auf seiner Reise durch Kaschmir und das Himalayagebirge gesammelten Insecten [M]// Hügel KF von. (ed.): *Kaschmir und das Reich der Siek. Vierter Band. Zweite Abtheilung*. Stuttgart: Hallbergerische Verlag. 393-564, 582-585.

Lansberge JW van, 1883. Révision des *Onthophagus* de l'archipel Indo-Neérlandais, avec description des espèces nouvelles [J]. *Notes from the Leyden Museum*, 5: 41-82.

Motschulsky V de, 1860. Voyages et excursions entomologiques [J]. *Etudes Entomologiques*, 8 [1859]: 6-15.

Ochi T, 1985. Notes on the genus *Onthophagus* Latreille, from Taiwan (Coleoptera, Scarabaeidae) [J]. *Entomological Review of Japan*, 40 (1): 49-51.

Simonis A, 1985. Un nuovo genere e tre nuove specie di Drepanocerina (Coleoptera, Scarabaeidae: Oniticellini) [J]. *Revue suisse de Zoologie*, 92 (1): 93-104.

Waterhouse CO, 1890. Further descriptions of the Coleoptera of the family Scarabaeidae in the British Museum [J]. *The Annals and Magazine of Natural History*, 6 (5): 409-413.

Westwood JO, 1839. Description of insects figured in plates 9 and 10 [M]//Royle JF (ed.): *Illustrations of the Botany and other branches of the natural history of the Himalayan Mountains and of the Flora of Cashmere*. London: W. H. Allen & Co. Ed. Pp. lii-lv.

Zhang YW, Luo XN, 2002. Scarabaeidae [M]//Huang BK (ed.): *Fauna of Insects of Fujian Province of China. Volume* 6. Fuzhou: Fujian Science and Technology Press. 428-436. [章有为, 罗肖南, 2002. 金龟科 Scarabaeidae [M]// 黄邦侃. 福建昆虫志: 第六卷. 福州: 福建科学技术出版社. 428-436.]

臂金龟亚科

Deyrolle H, 1874b. Revue du groupe des Euchirides de la famille des Mélolonthides et description d'une espèce nouvelle [J]. *Annales de la Société Entomologique de France*, 5 (8): 443-450.

Jordan K, 1898. Some new Coleoptera in the Tring Museum [J]. *Novitates Zoologicae*, 5: 419-420.

Medvedev SI, 1960. *Plastinchatousye (Scarabaeidae), podsem. Euchirinae, Dynastinae, Glaphyrinae, Trichiinae. Fauna SSSR, zhestkokrylye, tom* 10, *vyp.* 4 [M]. Moskva, Leningrad: Izdatel'stvo Akademii Nauk SSSR.

Muramoto R, 2012. A catalogue of Euchirinae [J]. *Kogane*, *Tokyo*, 13: 87-102.

Pouillaude I, 1913. Note sur Eucheirinae avec description d'espèces nouvelles [J]. *Insecta*, 3: 463-478.

Wu L, Wu ZQ, 2008. *Propomacrus davidi fujianensis* ssp. nov., a new Euchirinae from Fujian (Coleoptera, Euchiridae) [J]. *Acta Zootaxonomica Sinica*, 33 (4): 827-828.

Young RM, 1989. Euchirinae of the world: Distribution and Taxonomy [J]. *The Coleopterists Bulletin*, 43 (3): 205-236.

Yu ST, 1936. An undescribed *Propomacrus* in China (*Propomacrus nankinensis* sp. nov.) [J]. *Insekta Interesa*, 2: 1-11.

花金龟亚科

Arrow GJ, 1910. *The Fauna of British India*, *including Ceylon and Burma. Coleoptera Lamellicornia* (*Cetoniinae and Dynastinae*) [M]. London: Taylor and Francis.

Bourgoin A, 1916a. Diagnoses préliminaires de Cétonides nouveaux de l'Indochine (Col. Scarabaeidae) [J]. *Bulletin de la Société Entomologique de France*: 109-112.

Bourgoin A, 1916b. Descriptions de trois Macronota nouveaux (Col. Scarabaeidae) [J]. *Bulletin de la Société Entomologique de France*: 133-137.

Bourgoin A, 1926. Descriptions et diagnoses de Cétonides nouveaux (Col. Scarabaeidae) [J]. *Bulletin de la Société Entomologique de France*: 69-72.

Burmeister HCC, 1842. *Handbuch der Entomologie. Dritter Band. Coleoptera Lamellicornia Melitophila* [M]. Berlin: Theod. Chr. Friedr. Enslin.

Chûjô M, 1938. Description of a new species of Scarabaeidae from Formosa [J]. *Transactions of the Natural History Society of Formosa*, 28: 444-445.

Endrödi S, 1952. Neue und bekannte Hopliinen und Valginen aus der Fukien-Ausbeute des Herrn J. Klapperich [J]. *Folia Entomologica Hungarica* (N. S.), 5 (2): 41-71.

Endrödi S, 1953. Neue und bekannte Lamellicornien aus Fukien, China [J]. *Entomologische Blätter*, 49 (3): 153-168.

Erichson WF, 1834. Coleoptera. In: Erichson WF, Burmeister CHC. (eds): Beiträge zur Zoologie, gesammelt auf einer Reise um die Erde, von Dr. F. J. F. Meyen. Sechste Abhandlung. Insekten. Bearbeitet von Herrn W. Erichson und Herrn H. Burmeister, mit fünf Kupfertafeln [J]. *Nova Acta Physico-Medica Academiae Caesareae Leopoldino-Carolinae*, *Naturae Curiosorum*, 16 [1832] Supplement, 1: 219-308.

Fairmaire L, 1878. [new taxa]. In: Deyrolle H. & Fairmaire L.: Descriptions de Coléoptères recueillis par M. l'abbé David dans la Chine centrale [J]. *Annales de la Société Entomologique de France*, 8 (5): 87-140.

Fairmaire L, 1887. Coléoptères des voyages de M. G. Révoil chez les Somâlis et dans l'intérieur du Zanguebar [J]. *Annales de la Société Entomologique de France*, 7 (6): 69-186.

Fairmaire L, 1889. Coléoptères de l'intérieur de la Chine. (5e partie) [J]. *Annales de la Société Entomologique de France*, 9 (6): 5-84.

Fairmaire L, 1891. Description de Coléoptères de l'intérieur de la Chine [J]. *Annales de la Société Entomologique de Belgique*, 35: 6-24.

Fairmaire L, 1893. Coléoptères du Haut Tonkin [J]. *Annales de la Société Entomologique de Belgique* 37: 303-325.

Fairmaire L, 1898. Descriptions de Coléoptères d'Asie et de Malaisie [J]. *Annales de la Société Entomologique de France*, 67: 382-400.

Faldermann F, 1835. Coleopterorum ab illustrissimo Bungio in China boreali, Mongolia, et Montibus Altaicis collectorum, nec non ab ill. Turczaninoffio et Stchukino e provincia Irkutsk missorum illustrationes [J]. *Mémoires de l'Académie Impériale des Sciences de St. Pétersbourg. Sixième Série. Sciences Mathematiques*, *Physiques et Naturelles*, 3 (1): 337-464.

Gory HL, Percheron AR, 1833. *Monographie des Cétoines et genres voisins*, *formant dans les familles naturelles de Latreille la division des Scarabées Mélitophiles* [M]. Paris: Baillière.

Guérin-Méneville FE, 1840. Cétonides nouvelles, découvertes dans les Indes orientales par M. Adolphe Delessert [J]. *Revue Zoologique*, 1: 79-82.

Herbst JFW, 1790. *Natursystem aller bekannten in-und ausländischen Insekten*, *als eine Fortsetzung der von Büffonschen Naturgeschichte. Der Käfer*, *dritter Theil* [M]. Berlin: Joachim Pauli.

Hope FW, 1831. Synopsis of the new species of Nepaul insects in the collection of Major-General Hardwicke [J]. *Zoo-*

logical Miscellany, 1: 21-32.

Hope FW, 1841. Description of some new lamellicorn Coleoptera from Northern India [J]. *Transactions of the Entomological Society of London*, 3 [1841-1843]: 62-67.

Janson OE, 1883. Notices of new or little known Cetoniidae. No. 8 [J]. *Cistula entomologica*, 3: 63-64.

Janson OE, 1890. Descriptions of two new species of Asiatic Cetoniidae [J]. *Notes from the Leyden Museum*, 12: 127-129.

Kraatz G, 1879. Ueber die Scarabaeiden des Amur-Gebietes [J]. *Deutsche Entomologische Zeitschrift*, 23: 229-240.

Kraatz G, 1889. Cetonia brevitarsis Lewis var. nov [J]. Fairmairei. *Deutsche Entomologische Zeitschrift*, 1889: 379-380.

Kraatz G. 1893. Zwei neue Arten der Cetoniden-Gattung Euselates Thomson [J]. *Deutsche Entomologische Zeitschrift*, 71-74.

Krajčík M, 2006. A new *Trichius* Fabricius from Hainan Island (Coleoptera, Scarabaeoidea, Trichiinae) [J]. *Animma. x*, 14: 24-27.

Krajčík M, 2011. Illustrated catalogue of Cetoniinae, Trichiinae and Valginae of China (Coleoptera: Cetoniidae) [J]. *Animma. x* (Plzeň) suppl., 1: 1-113.

Krajčík M, 2012. Description of new taxa of Cetoniidae from SE Asia and Mexico (Coleoptera, Scarabaeoidea) [J]. *Animma. x* (Plzeň), 48: 1-20.

Kriesche R, 1920. Einige neue Cetonidenformen [J]. *Archiv für Naturgeschichte*, 86 (8): 122-124.

Krikken J, 1972. Species of the East Asian Bifasciatus group in the genus *Trichius* [J]. *Zoologische Mededelingen Leyden*, 47 (40): 481-496.

Krikken J, 1977. The Asian genus *Pleuronota* Kraatz and allied forms: a clarification (Coleoptera: Cetoniidae) [J]. *Zoologische Mededelingen*, 51 (13): 199-209.

LeConte JL, 1863. New species of North American Coleoptera. Prepared for the Smithsonian Institution. Part I [J]. *Smithsonian Miscellaneous Collections*, 6 (167): 1-180.

Lewis G, 1887. On the Cetoniidae of Japan, with notes of new species, synonymy, and localities [J]. *The Annals and Magazine of Natural History*, 19 (5): 196-202.

Li CL, Yang PS, Hsu KS, et al., 2008. A review of the genus *Epitrichius* Tagawa, with an analysis of the internal sac armature of the male genitalia (Coleoptera: Scarabaeidae: Cetoniinae) [J]. *Zootaxa*, 1895: 10-24.

Lichtenstein AAH, 1796. *Catalogus Musei Zoologici Ditrissimi Hamburgi 3. Febr. 1796 Auctionis lege distrahendi. Sectio Tertia: Insecta* [M]. Edition 1. Hamburg: G. F. Schniebes.

Ma WZ, 1992. Coleoptera: Cetoniidae, Trichiidae, Valgidae [M]//Peng JW, Liu YQ (eds): *Iconography of forest insects in Hunan, China*. Changsha: Hunan Science and Technology Press. 437-457. [马文珍, 1992. 花金龟科, 斑金龟科, 弯腿金龟科[M]//彭建文, 刘友樵. 湖南森林昆虫图鉴. 长沙: 湖南科学技术出版社. 437-457.]

Ma WZ, 2002. Cetoniidae [M]//Huang BK (ed.): *Fauna of Insects of Fujian Province of China*. Volume 6. Fuzhou: Fujian Science and Technology Press. 364-382. [马文珍, 2002. 花金龟科 Cetoniidae [M]//黄邦侃. 福建昆虫志: 第六卷. 福州: 福建科学技术出版社. 364-382.]

Medvedev SI, 1964. *Plastinchatousye (Scarabaeidae), podsem. Cetoniidae, Valginae. Fauna SSSR, zhestkokrylye, tom 10, vyp. 5* [M]. Moskva, Leningrad: Izdatel'stvo Akademii Nauk SSSR.

Mikšić R, 1963. Zweiter Beitrag zur Kenntnis der Protaetia-Arten. Die Protaetien der Philippinischen Inseln. 39. Beitrag zur Kenntnis der Scarabaeiden [J]. *Entomologische Abhandlungen und Berichte aus dem Staatlichen Museum für Tierkunde in Dresden*, 29 [1963-1964]: 333-452.

Mikšić R, 1967. Revision der Gattung *Rhomborrhina* Hope (53. Beitrag zur Kenntnis der Scarabaeiden) [J]. *Entomologische Abhandlungen und Berichte aus dem Staatliches Museum für Tierkunde in Dresden*, 35 [1966-1967]: 267-335.

Mikšić R, 1974. Revision der Gattung Euselates Thomson [J]. *Mitteilungen aus dem Zoologischen Museum Berlin*, 50 (1): 55-129.

Mikšić R, 1976. *Monographie der Cetoniinae der paläarktischen und orientalischen Region. Coleoptera: Lamellicornia. Band 1. Allgemeiner Teil. Systematischer Teil: Gymnetini (Taenioderina, Chalcotheina)* [M]. Sarajevo: Forstinstitut in Sarajevo.

Mikšić R, 1977. Monographie der Cetoniinae der Palaearktischen und Orientalischen region II [J]. *Forstinstitut in Sarajevo*, 2: 1-399.

MiyakeY, Iwase K, 1991. A new genus and a new species of Trichiini from Southeastern Asia (Coleoptera, Scarabaeidae) [J]. *Entomological Review of Japan*, 46 (2): 187-193.

Miyake Y, 1994. A new genus and species of Trichiini from the Oriental region (Coleoptera, Scarabaeidae) [J]. *Entomological Review of Japan*, 49 (1): 47-54.

Moser G, 1911. Beitrag zur Kenntnis der Cetoniden [J]. *Annales de la Société Entomologique de Belgique*, 55 (4): 119-129.

Moser J, 1902. Neue Cetoniden - Arten aus Tonkin, gesammelt von H. Fruhstorfer [J]. *Berliner Entomologische Zeitschrift*, 46 [1901]: 525-538.

Moser J, 1904. Neue Cetoniden-Arten [J]. *Berliner Entomologische Zeitschrift*, 48 [1903-1904]: 315-320.

Moser J, 1908. Beitrag zur Kenntnis der Cetoniden [J]. *Annales de la Société Entomologique de Belgique*, 52: 252-261.

Motschulsky V de, 1860. Insectes nouveaux ou peu connus des bassins de la Méditerranée et de la mer Noire jusqu' à la mer Caspienne [J]. *Etudes Entomologiques*, 8 [1859]: 119-144.

Motschulsky V de, 1861. Entomologie spéciale. Insectes du Japon [J]. *Etudes Entomologiques*, 9 [1860]: 4-39.

Newman E, 1838. Entomological notes [J]. *The Entomological Magazine*, 5: 168-182.

Niijima Y, Matsumura S, 1923. *Popillia comma*. In: Niijima Y. & Kinoshita E.: Die Untersuchungen über Japanische Melolonthiden II. Melolonthiden Japans und ihre Verbreitung [J]. *Research Bulletins of the College Experimental Forests, College of Agriculture, Hokkaido Imperial University, Sapporo, Japan*, 2 (2): 1-243.

Nonfried AF, 1889. Beschreibung einiger neuer Käfer [J]. *Verhandlungen der Kaiserlich-Königlichen Zoologisch-Botanischen Gesellschaft in Wien*, 39: 533-534.

Paulian R, 1960, Coléoptères Scarabéides de l'Indochine (Rutélines et Cétonines) [J]. *Annales de la Société Entomologique de France*, 129: 1-87.

Qiu JY, Xu H, 2013. [new taxa]. In: Qiu JY, Xu H, Hu CL: Revision of the subgenus *Cosmiomorpha* (*Cosmiomorpha*) (Coleoptera: Scarabaeidae: Cetoniinae) [J]. *Zootaxa*, 3745 (4): 401-434.

Qiu JY, Xu H, Chen L, 2019a. A revision of the rare flower beetle genus*Macronotops* Krikken (Coleoptera: Scarabaeidae: Cetoniinae) from Asia with biological notes [J]. *Zootaxa*, 4556 (1): 1-65.

Qiu JY, Xu H, Chen L, 2019b. Coloration variability of the Oriental genus*Agnorimus* Miyake & Iwase, 1991 (Coleoptera: Scarabaeidae, Cetoniinae) with synonymic notes [J]. *Zootaxa*, 4585 (3): 531-545.

Redtenbacher L, 1868. *Reise der Österreichischen Fregatte Novara um die Erde in den Jahren* 1857, 1858, 1859 *unter den Befehlen des Commodore B. von Wüllerstorf-Urbair. Zoologischer Theil. Zweiter Band: Coleopteren (Abth. I A*, 1) [M]. Wien: Kaiserlich-Königliche Hof-und Staatsdruckerei.

Reitter E, 1899a. Bestimmungs-Tabelle der Melolonthidae aus der europäischen Fauna und den angrenzenden Ländern, enthaltend die Gruppen der Dynastini, Euchirini, Pachypodini, Cetonini, Valgini und Trichiini [J]. *Verhandlungen des Naturforschenden Vereins in Brünn*, 37 [1898]: 21-111.

Ricchiardi E, Li S, 2017. Revision of Chinese mainland *Hybovalgus* Kolbe, 1904, with description of a new species, and *Excisivalgus* Endrödi, 1952 reduced to synonymy with *Hybovalgus* (Coleoptera: Scarabaeidae) [J]. *European Journal of Taxonomy*, 340: 1-32.

Ricchiardi E, 2018. Notes on the genus *Epitrichius* Tagawa, 1941 in Vietnam, with description of a new species and a new synonym [J]. *Fragmenta Entomologica*, 50 (2): 131-136.

Ruter G, 1965. Contribution à l'étude des Cetoniinae asiatiques (Col., Scarabaeidae.) [J]. *Bulletin de la Société Entomologique de France*, 70 (7-8): 194-206.

Saunders WW, 1852. Characters of undescribed Coleoptera, brought from China by R. Fortune, Esq [J]. *Transactions of the Entomological Society of London* (N. S.), 2: 25-32.

Sawada H, 1939. The Valginae of Japanese Empire (Coleoptera, Scarabaeidae) [J]. *Transactions of the Kansai Entomological Society*, 8: 81-91.

Schaum HR, 1848. Two decades of new Cetoniidae [J]. *Transactions of the Entomological Society of London*, 5: 64-76.

Schein H, 1953. Ein neuer Bombodes und Bombodes - Tabelle (Col. Ceton.) [J]. *Entomologische Blätter*, 49: 118-119.

Schenkling S, 1921. Coleopterorum Catalogus auspiciis et auxilio W. Junk. Scarabaeidae: Cetoninae. editus S [J]. *Schenkling Pars*, 72: 1-431.

Schoch G, 1895. *Die Genera und Species meiner Cetonidensammlung* [M]. *I. Teil. Trib. Goliathidae, Gymnetidae, Madagassae, Schizorrhinidae*. Zürich: E. Zwingli.

Schürhoff PN, 1933. Weitere Beiträge zur Kenntnis der Cetoniden (Col.) [J]. *Mitteilungen der Deutschen Entomologischen Gesellschaft*, 4 (7): 97-102.

Schürhoff PN, 1934. Beiträge zur Kenntnis der Cetoniden (Col.) VI [J]. *Entomologisches Nachrichtenblatt*, 8: 53-60.

Schürhoff PN, 1935. Beiträge zur Kenntnis der Cetoniden (Col.) VII [J]. *Mitteilungen der Deutschen Entomologischen Gesellschaft*, 6 (3-4): 21-28.

Snellen van Vollenhoven SC, 1864. Description de quelques espèces nouvelles de Coléoptères [J]. *Tijdschrift voor Entomologie*, 7: 145-170.

Tauzin P, 2000. Le genre Aleurosticticus Contribution à sa connaissance et précision sur la distribution des espèces [J]. *L'Entomologiste*, 56 (6): 231-281.

Tesař Z, 1952. Neue orientalische Trichius [J]. *Opuscula Entomologica*, 17: 60-62.

Thomson J, 1857. Description de trente-trois espèces de Coléoptères [J]. *Archives d'Entomologie*, 1: 109-127.

Thomson J, 1878. *Typi Cetonidarum suivis de typi Monommidarum et de typi Nilinoidarum Musaei Thomsoniani* [M]. Paris: E. Deyrolle.

Westwood JO, 1854. Supplemental descriptions of species of African, Asiatic and Australian Cetoniidae [J]. *Transactions of the Entomological Society of London* (N. S.), 3: 61-74.

丽金龟亚科

Arrow GJ, 1899. On sexual dimorphism in beetles of the family Rutelidae [J]. *Transactions of the Entomological Society of London*: 255-269.

Arrow GJ, 1908. On some new species of the coleopterous genus *Mimela* [J]. *The Annals and Magazin of Natural History*, 8 (1): 241-248.

Arrow GJ, 1913. Notes on the lamellicorn genus *Popillia* and description of some new Oriental species in the British Museum [J]. *The Annals and Magazine of Natural History*, 8 (12): 38-54.

Arrow GJ, 1917. *The Fauna of British India, including Ceylon and Burma. Coleoptera Lamellicornia part II (Rutelinae, Desmonycinae, and Euchirinae)* [M]. London: Taylor & Francis.

Ballion E von, 1871. Eine Centurie neuer Käfer aus der Fauna des russischen Reiches [J]. *Bulletin de la Société Impériale des Naturalistes de Moscou*, 43 (3-4) [1870]: 320-353.

Bates HW, 1866. On a collection of Coleoptera from Formosa sent home by R. Swinhoe, Esq. H. B. M. Consul, Formosa

［J］. *Proceedings of the Scientific Meetings of the Zoological Society of London*, 23: 339-355.

Bates HW, 1888. *Pectinicornia and Lamellicornia*. In: Godwin FD & Salvin O (eds): *Biologia Centrali-Americana. Class Insecta. Coleoptera. Vol. II. Part 2* ［M］. ［1886—1890］. London: Taylor & Francis.

Bates HW, 1891. Coleoptera collected by Mr. Pratt on the Upper Yang-Tsze, and on the borders of Tibet. Second Notice. Journey of 1890 ［J］. *The Entomologist*, 24 (Supplement): 69-80.

Benderitter E, 1929. Contribution à l'étude des Rutelides du Tonkin ［J］. *Annales de la Société Entomologique de France*, 98: 101-109.

Blanchard CÉ, 1851. Ier Famille-Scarabaeidae. In: Milne-Edwards H, Blanchard CÉ & Lucas H: *Catalogue de la Collection Entomologique du Muséum d'Histoire Naturelle de Paris. Classe des Insectes. Ordre des Coléoptères* ［M］. *I*, *Deuxième livraison*. Paris: Gide et Baudry.

Burmeister HCC, 1844. *Handbuch der Entomologie. Vierter Band, Erste Abtheilung. Coleoptera Lamellicornia Anthobia et Phyllophaga systellochela* ［M］. Berlin: Theod. Chr. Fr. Enslin.

Burmeister HCC, 1855. *Handbuch der Entomologie. Vierter Band. Besondere Entomologie. Fortsetzung. Zweite Abtheilung. Coleoptera Lamellicornia Phyllophaga chaenochela* ［M］. Berlin: Theod. Chr. Friedr. Enslin.

Chûjô M, 1940. Some new and hithertho unrecorded species of the Scarabaeid beetles from Formosa ［J］. *Nippon no Kôchû*, 3: 75-77.

Fabricius JC, 1787. *Mantissa insectorum sistens species nuper detectas adiectis synonymis, observationibus, descriptionibus, emendationibus* ［M］. *Tom. II*. Hafniae: Christ. Gottl. Proft.

Fabricius JC, 1794. *Entomologia systematica emendata et aucta. Sécundum classes, ordines, genera, species adjectis synonimis, locis, observationibus, descriptionibus* ［M］. *Tom. IV*. ［Appendix specierum nuper detectarum: pp. 435-462］. Hafniae: C. G. Proft, Fil. et Soc. .

Fairmaire L, 1878. ［new taxa］. In: Deyrolle H. & Fairmaire L. : Descriptions de Coléoptères recueillis par M. l'abbé David dans la Chine centrale ［J］. *Annales de la Société Entomologique de France*, 8 (5): 87-140.

Fairmaire L, 1886. Descriptions de Coléoptères de l'intérieur de la Chine ［J］. *Annales de la Société Entomologique de France*, 6 (6): 303-356.

Fairmaire L, 1887. Coléoptères de l'intérieur de la Chine ［J］. *Annales de la Société Entomologique de Belgique*, 31: 87-136.

Fairmaire L, 1888. Coléoptères de l'intérieur de la Chine (Suite) ［J］. *Annales de la Société Entomologique de Belgique*, 32: 7-46.

Fairmaire L, 1889. Coléoptères de l'intérieur de la Chine. (5e partie) ［J］. *Annales de la Société Entomologique de France*, 6 (9): 5-84.

Fairmaire L, 1891a. Description de Coléoptères de l'intérieur de la Chine (Suite, 6e partie) ［J］. *Bulletin ou Comtes Rendus des Séances de la Société Entomologique de Belgique*: vi-xxiv.

Fairmaire L, 1891b. Coléoptères de l'intérieur de la Chine (Suite: 7e partie) ［J］. *Bulletin ou Comptes-Rendus des Séances de la Société Entomologique de Belgique*: clxxxvii-ccxix.

Fairmaire L, 1893. Note sur quelques Coléoptères des environs de Lang-Song ［J］. *Annales de la Société Entomologique de Belgique*, 37: 287-302.

Fairmaire L, 1900. Descriptions de Coléoptères nouveaux recueillis en Chine par M. De Latouche ［J］. *Annales de la Société Entomologique de France*, 68 ［1899］: 616-643.

Faldermann F, 1835. Coleopterorum ab illustrissimo Bungio in China boreali, Mongolia, et Montibus Altaicis collectorum, nec non ab ill. Turczaninoffio et Stchukino e provincia Irkutsk missorum illustrationes ［J］. *Mémoires de l'Académie Impériale des Sciences de St. Pétersbourg. Sixième Série. Sciences Mathematiques, Physiques et Naturelles*, 3 (1): 337-464.

Frey G, 1971. Neue Ruteliden und Melolonthiden aus Indien und Indochina (Col.) ［J］. *Entomologische Arbeiten aus dem Museum G. Frey*, 22: 109-133.

Frey G, 1972. Neue Ruteliden（Col., Scarab.）aus China, Indochina und Westafrika［J］. *Entomologische Arbeiten aus dem Museum G. Frey*, 23：247-254.

Frivaldszky J von, 1890. Coleoptera. In Expeditione D. Comitis Belae Széchenyi in China, praecipue boreali, a Dominis Gustavo Kreitner et Ludovico Lóczy Anno 1879 collecta［J］. *Termeszetrajzi Füzetek*, 12［1889］：197-210.

Frivaldszky J von, 1892. Coleoptera in expeditione D. Comitis Belae Széchenyi in China, praecipue boreali, a Dominis Gustavo Kreitner et Ludovico Lóczy Anno 1879 collecta.（Pars secunda）［J］. *Természetrajzi Füzetek* 15：114-125.

Gautier des Cottes C, 1870. Petites nouvelles［J］. *Petites Nouvelles Entomologiques*, 1［1869-1875］：104.

Gyllenhal L, 1817.［new taxa］. In：Schönherr C. J.：*Synonymia Insectorum, oder Versuch einer Synonymie aller bisher bekannten Insecten; nach Fabricii Systema Elautheratorum etc. geordnet. Erster Band. Eleutherata oder Käfer. Dritter Theil. Hispa-Molorchus*［M］. Upsala：Em. Brucelius.

Heyden LFJD von, 1887. Verzeichniss der von Herrn Otto Herz auf der chinesischen Halbinsel Korea gesammelten Coleopteren［J］. *Horae Societatis Entomologicae Rossicae*, 21：243-273.

Hope FW, 1836. Monograph on *Mimela*, a genus of coleopterous insects［J］. *Transactions of the Entomological Society of London*, 1：108-117.

Hope FW, 1839. *On the entomology of the Himalayas and of India*. In：Royle JF（ed.）：*Illustrations of the Botany and other branches of the natural history of the Himalayan mountains, and of the flora of Cashmere*［M］. *Vol. I.* London：W. H. Allen & Co. Ed.

Hope FW, 1841. Description of some new lamellicorn Coleoptera from Northern India［J］. *Transactions of the Entomological Society of London*, 3［1841-1843］：62-67.

Hope FW, 1843. Descriptions of the coleopterous insects sent to England by Dr. Cantor from Chusan and Canton, with observations on the entomology of China［J］. *The Annals and Magazine of Natural History*, 11：62-66.

Kolbe HJ, 1886. Beiträge zur Kenntnis der Coleopteren - Fauna Koreas, bearbeitet auf Grund der von Herrn Dr. C. Gottsche während der Jahne 1883 und 1884 in Korea veranstalteten Sammlung; nebst Bemerkungen über die zoogeographischen Verhältnisse dieses Faunengebiets und Untersuchungen über einen Sinnesapparat im Gaumen von *Misolampidius morio*［J］. *Archiv für Naturgeschichte*, 52：139-157, 163-240.

Kraatz G, 1892. Monographische Revision der Ruteliden - Gattung Popillia Serville［J］. *Deutsche Entomologische Zeitschrift*：177-192, 225-306.

Kraatz G, 1895. Drei neue Adoretus-Arten［J］. *Wiener Entomologische* Zeitung, 14：250-252.

Krajčík M, 2007. Checklist of Scarabaeoidea of the world 2. Rutelinae（Coleoptera：Scarabaeidae：Rutelinae）［J］. *Animma. X* Supplement, 4：1-139.

Lin P, 1966. New species of the genus *Mimela* Kirby（Scarabaeidae, Rutelinae）［J］. *Acta Zootaxonomica Sinica* 3（1）：138-147.［林平, 1966. 丽金龟亚科的二新种［J］. 动物分类学报, 3（1）：82-84.］

Lin P, 1979. Two new species of the genus *Anomala* from southwest China（Coleoptera, Rutelidae）［J］. *Entomotaxonomia* 1：29-31.［林平, 1979. 异丽金龟（*Anomala*）二新种（鞘翅目：丽金龟科）［J］. 昆虫分类学报, 1：29-31.］

Lin P. 1980：A new genus, *Melanopopillia*, from China（Coleoptera：Rutelidae）［J］. *Entomotaxonomia*, 2（4）：297-301.［林平, 1980. 丽金龟科一新属—黑丽金龟属（鞘翅目：丽金龟科）［J］. 昆虫分类学报, 2（4）：297-301.］

Lin P, 1981. Coleoptera：Rutelidae［M］//*The Series of the Comprehensive Scientific Expedition to the Qinghai-Xizang Plateau. Insects of Xizang. Volume 1*. Beijing：Science Press. 355-387.［林平. 1981. 鞘翅目：丽金龟科［M］//黄邦侃. 西藏昆虫：第一卷. 北京：科学出版社. 355-387.］

Lin P, 1988. *Ilustritaj Cinaj Insekt-Faunoj：I, The Popillia of China*［M］. Yangling：Tianze Eldonejo.［林平, 1988. 中国弧丽金龟属志［M］. 杨凌：天泽出版社.］

Lin P, 1989. New species and subspecies of the genus *Anomala* from Shaanxi［J］. *Entomotaxonomia*, 11（1-2）：83-90.［林平, 1989. 陕西异丽金龟属新种记述［J］. 昆虫分类学报, 11（1-2）：83-90.］

Lin P, 1990. New species of the genus *Mimela* (Coleoptera: Rutelidae) from South and Southwest China [J]. *Entomotaxonomia*, 12: 19–26. [林平, 1990. 彩丽金龟属新种记述（鞘翅目：丽金龟科）[J]. 昆虫分类学报, 12: 19–26.]

Lin P, 1993. *A systematic revision of the China Mimela*: (*Coleoptera: Rutelidae*). Guangzhou: The Publishing Company of Zhong Shan University. [林平, 1993. 中国彩丽金龟属志[M]. 广州：中山大学出版社.]

Lin P, 1996a. New species of *Anomala hirsutula* species group from China and discussion on their taxonomic problems (Coleoptera: Rutelidae) [J]. *Entomotaxonomia*, 18 (3): 157–169. [林平, 1996a. 中国桂毛异丽金龟物种群及其分类问题讨论（鞘翅目：丽金龟科）[J]. 昆虫分类学报, 18 (3): 157–169.]

Lin P, 1996b. *Anomala cupripes* species group of China and a discussion on its taxonomy [J]. *Entomologia Sinica*, 3 (4): 300–313. [林平, 1996b. 中国铜脚异丽金龟组及其分类问题讨论[J]. Entomologia Sinica, 3 (4): 300–313.]

Lin P, 1999. A taxonomic study on the genus *Callistopopillia* (Coleoptera: Rutelidae) in China [J]. *Entomotaxonomia* 21 (4): 275–280. [林平, 1999. 中国珂丽金龟属分类研究（鞘翅目：丽金龟科）[J]. 昆虫分类学报, 21 (4): 275–280.]

Lin P, 2002. Rutelidae [M]//Huang BK (ed.): *Fauna of Insects of Fujian Province of China. Volume 6.* Fuzhou: Fujian Science and Technology Press. Pp. 387–427. [林平, 2002. 丽金龟科 Rutelidae [M]//黄邦侃, 福建昆虫志：第六卷. 福州：福建科学技术出版社. 387–427.]

Machatschke JW, 1955a. Versuch einer Neugliederung der Arten des Genus *Adoretosoma* Blanchard (Coleoptera: Scarabaeidae, Rutelinae) [J]. *Beiträge zur Entomologie*, 5 (3–4): 349–396.

Machatschke JW, 1955b. Zur Kenntnis der Ruteliden Süd – Chinas (Coleoptera: Scarabaeidae, Rutelinae) [J]. *Beiträge zur Entomologie*, 5 (5–6): 500–510.

Machatschke JW, 1957. Coleoptera Lamellicornia Fam. Scarabaeidae Subfam. Rutelinae. Zweiter Teil. In: Wytsman PAG (ed.): *Genera insectorum. Fascicule* 199 [M] (B). Bruxelles: Desmet–Verteneuil.

Machatschke JW, 1971. *Callistethus praefica* n. sp. Eine neue Ruteline aus Fukien (Süd–China) (Coleoptera, Lamellicornia, Melolonthidae, Rutelinae, Anomalini) [J]. *Entomologische Arbeiten aus dem Museum G. Frey*, 22: 198–201.

Machatschke JW, 1972. Superfamilie Scarabaeoidea, Familie Melolonthidae, Subfamilie Rutelinae [J]. *Coleopterorum catalogus*, 66 (1): 1–361.

Miyake Y, 1987. Notes on some Ruteline beetles, tribe Anomalini from Taiwan (Coleoptera, Scarabaeidae) [J]. *Lamellicornia*, 3: 1–9.

Miyake Y, Nakamura S & Kojima K, 1991. The Scarabaeoidea of Taiwan preserved in Hiwa Museum for Natural History, with descriptions of two new species (Coleoptera: Polyphaga) [J]. *Miscellaneous Reports of the Hiwa Museum for Natural History*, 29: 1–41.

Motschulsky V de, 1854a. Diagnoses de Coléoptères nouveaux trouvés, par M. M. Tatarinoff et Gaschkéwitsch aux environs de Pékin [J]. *Etudes Entomologiques*, 2 [1853]: 44–51.

Motschulsky V de, 1854b. Nouveautés [J]. *Etudes Entomologiques*, 2 [1853]: 28–32.

Motschulsky V de, 1858. Entomologie spéciale. Insectes du Japon [J]. *Etudes Entomologiques*, 6 [1857]: 25–41.

Newman E, 1838. New Species of *Popillia* [J]. *The Magazine of Natural History and Journal of Zoology, Botany, Mineralogy, Geology and Meteorology* (N. S.), 2: 336–338.

Niijima Y & Kinoshita E, 1923. Die Untersuchungen über japanische Melolonthiden II. (Melolonthiden Japans und ihre Verbreitung) [J]. *Research Bulletins of the College Experiment Forest, College of Agriculture, Hokkaido Imperial University* (Sapporo), 2: 1–253.

Niijima Y & Kinoshita E, 1927. Die Untersuchungen über japanische Melolonthiden III. (Erster Nachtrag der Melolonthiden Japans und ihre Verbreitung) [J]. *Research Bulletins of the College Experiment Forest, College of Agriculture, Hokkaido Imperial University* (Sapporo), 4: 1–95.

Nonfried AF, 1892. Verzeichnis der um Nienghali in Südchina gesammelten Lucanoiden, Scarabaeiden, Buprestiden und Cerambyciden, nebst Beschreibung neuer Arten [J]. *Entomologische Nachrichten*, 18 (6): 81-95.

Nonfried AF, 1895. Coleoptera nova exotica [J]. *Berliner Entomologische Zeitschrift*, 40 (3): 279-312.

Ohaus F, 1897. Beiträge zur Kenntniss der Ruteliden [J]. *Stettiner Entomologische Zeitung*, 58: 341-440.

Ohaus F, 1902. Neue Ruteliden [J]. *Deutsche Entomologische Zeitschrift*: 49-58.

Ohaus F, 1903. Beiträge zur Kenntniß der Ruteliden [J]. *Deutsche Entomologische Zeitschrift*: 209-228.

Ohaus F, 1905. Beiträge zur Kenntnis der Ruteliden [J]. *Deutsche Entomologische Zeitschrift*: 81-99.

Ohaus F, 1908a. Beiträge zur Kenntnis der Ruteliden [J]. *Annales de la Société Entomologique de Belgique*, 52: 197-204.

Ohaus F, 1908b. Beiträge zur Kenntnis der Ruteliden. (Col.) [J]. *Deutsche Entomologische Zeitschrift*, 1908: 634-644.

Ohaus F, 1914a. Revision der Adoretini. (Col. Lamell. Rutelin.) [J]. *Deutsche Entomologische Zeitschrift*, 1914: 471-514.

Ohaus F, 1914b. XV. Beitrag zur Kenntnis der Ruteliden [J]. *Stettiner Entomologische Zeitung*, 75: 193-217.

Ohaus F, 1915a. XVII. Beitrag zur Kenntnis der Ruteliden (Col. Lamell.) [J]. *Stettiner Entomologische Zeitung*, 76: 88-143.

Ohaus F, 1915b. Beitrag zur Kenntnis der paläarkt. *Anomala*-Arten (Col. Lamell. Rutelin.) [J]. *Stettiner Entomologische Zeitung*, 76: 302-331.

Ohaus F, 1916. XIX. Beitrag zur Kenntnis der Ruteliden (Col. Lamell.) [J]. *Deutsche Entomologische Zeitschrift*: 345-346.

Ohaus F, 1917a. Neue afrikanische Ruteliden (Col. Lamell.) [J]. *Archiv für Naturgeschichte* (A), 82 (3): 1-7.

Ohaus F, 1917b. Neue Geniatinen [J]. *Stettiner entomologische Zeitung* Stettin, 78: 3-53.

Ohaus F, 1918. Scarabaeidae: Euchirinae, Phaenomerinae, Rutelinae [J]. *Coleopterorum Catalogus*, 20: 1-241.

Ohaus F, 1938. XXX. Beitrag zur Kenntnis der Ruteliden (Col. Scarab.) [J]. *Stettiner Entomologische Zeitung*, 99: 258-272.

Ohaus F, 1944. Revision der Gattung *Mimela* Kirby (Col. Scarab. Rutelin.) [J]. *Deutsche Entomologische Zeitschrift*, 1943: 65-88.

Paulian R, 1959. Coléoptères Scarabéides de l'Indochine (Rutélines et Cétonines) (suite) [J]. *Annales de la Société Entomologique de France*, 128: 35-136.

Prokofiev AM, 2012. *Adoretosoma atritarse dalatmontis* subsp. Nova [J]. *Amurian zoological Journal*, 4 (4): 336-339.

Reitter E, 1903. Bestimmungs-Tabelle der Melolonthidae aus der europäischen Fauna und den angrenzenden Ländern enthaltend die Gruppen der Rutelini, Hopliini und Glaphyrini. (Schluss.) [J]. *Verhandlungen des Naturforschenden Vereins in Brünn* XLI, [1902]: 28-158.

Sabatinelli G, 1984. Due nuove *Popillia* Serv. della Birmania e del Tonkino (Scarabaeidae Rutelinae) [J]. *Bollettino della Società Entomologica Italiana*, 116 (8-10): 168-171.

Sabatinelli G, 1993. Taxonomic notes on thirty oriental and palearctic species of the genus *Popillia* (Coleoptera, Scarabaeoidea, Rutelidae) [J]. *Fragmenta entomologica*, 25 (1): 95-116.

Sawano Y & Kometani S, 1939. Description of a new variety of *Mimela splendens* Gyllenhall [J]. *Entomological World*, 7: 205-206.

Schönherr CJ, 1817. *Synonymia Insectorum, oder Versuch eine Synonymie aller bisher bekannten Insekten; nach Fabricii Systema Eleutheratorum etc. geordnet. Erster Band. Eleutherata oder Käfer. Dritter Theil. Hispa ··· Molorchus* [M]. Upsala: Em. Bruzelius.

Waterhouse CO, 1875. On the Lamellicorn Coleoptera of Japan [J]. *Transactions of the Royal Entomological Society of London*: 71-116.

White A, 1844. Descriptions of some new species of Coleoptera and Homoptera from China [J]. *The Annals and Magazine of Natural History*, 1 (14): 422−426.

Wiedemann CRW, 1823. Zweihundert neue Käfer von Java, Bengalen und den Vorgebirgen der Gutten Hoffnung [J]. *Zoologisches Magazin*, 2 (1): 1−133.

Zorn C, 2004. Taxonomical acts initiated during the preparation of the part of Rutelinae, tribe Anomalini (Coleoptera: Scarabaeidae) of the "Catalogue of Palaearctic Coleoptera" [J]. *Acta Societatis Zoologicae Bohemicae*, 68 (4): 301−328.

Zorn C, 2006. Scarabaeidae: Rutelinae: Anomalini [M] //Löbl I, Smetana A. Catalogue of Palaearctic Coleoptera. Vol. 3. Stenstrup: Apollo Books: 251−276.

Zorn C, 2011. New species of the genus *Anomala* Samouelle from mainland South East Asia and South China (Coleoptera: Scarabaeidae: Rutelinae) [J]. *Stuttgarter Beiträge zur Naturkunde A, Neue Serie*, 4: 297−312.

Zorn C & Bezděk A, 2016. Subfamily Rutelinae W. S. Macleay, 1819 [M] // Löbl I, Löbl D. *Catalogue of Palaearctic Coleoptera*. Volume 3. Scarabaeoidea − Scirtoidea − Dascilloidea − Buprestoidea − Byrrhoidea. Revised and updated edition. Leiden: Brill. 317−358.

犀金龟亚科

Arrow GJ, 1908. A contribution to the classification of the coleopterous family Dynastidae [J]. *Transactions of the Entomological Society of London*: 321−358.

Burmeister HCC, 1847. Handbuch der Entomologie. *Fünfter Band. Besondere Entomologie. Fortsetzung. Coleoptera Lamellicornia Xylophila et Pectinicornia* [M]. Berlin: Reimer.

Endrödi S, 1965. Ergebnisse der zoologischen Forschungen von Dr. Z. Kaszab in der Mongolei. 62. Lamellicornia der II [J]. Expedition. *Reichenbachia*, 7: 191−199.

Fairmaire L, 1898b. Descriptions de Coléoptères d'Asie et de Malaisie [J]. *Annales de la Société Entomologique de France*, 67: 382−400.

Faldermann F, 1835b. Coleopterorum ab illustrissimo Bungio in China boreali, Mongolia, et Montibus Altaicis collectorum, nec non ab ill. Turczaninoffio et Stchukino e provincia Irkutsk missorum illustrationes [J]. *Mémoires de l'Académie Impériale des Sciences de St. Pétersbourg. Sixième Série. Sciences Mathematiques, Physiques et Naturelles*, 3 (1): 337−464.

Frivaldszky J von, 1890. Coleoptera. In Expeditione D. Comitis Belae Széchenyi in China, praecipue boreali, a Dominis Gustavo Kreitner et Ludovico Lóczy Anno 1879 collecta [J]. *Termeszetrajzi Füzetek*, 12 [1889]: 197−210.

Kôno H, 1931. Die Trypoxylus−Arten aus Japan und Formosa (Col. Scarabaeidae) [J]. *Insecta Matsumurana* 5: 159−160.

Linnaeus C, 1771. *Mantissa plantarum altera generum editionis* VI. & *specierum editionis* II [M]. Holmiae: Laurentii Salvii.

Motschulsky V de, 1849. Coléoptères reçus d'un voyage de M. Handschuh dans le midi de l'Espagne, énumérés et suivis de notes [J]. *Bulletin de la Société Impériale des Naturalistes de Moscou*, 22 (3): 52−163.

Prell H, 1913. Beiträge zur Kenntnis der Dynastinen (VIII) . Über das Genus Eophileurus Arrow [J]. *Mémoires de la Société Entomologique de Belgique*, 22: 103−124.

Prell H, 1934. Beiträge zur Kenntnis der Dynastinen (XII) . Beschreibungen und Bemerkungen [J]. *Entomologische Blätter*, 30: 55−60.

Zhang YW, Luo XN, 2002. Dynastidae [M]//Huang BK (ed.): *Fauna of Insects of Fujian Province of China. Volume 6*. Fuzhou: Fujian Science and Technology Press. 437 − 438. [章有为, 罗肖南, 2002. 犀金龟科 Dynastidae [M]//黄邦侃. 福建昆虫志: 第六卷. 福州: 福建科学技术出版社. 437-438.]

鳃金龟亚科

Ahrens D, 1996. Revision der Sericini des Himalaya und angrenzender Gebiete. Die Gattungen *Lasioserica* Brenske, 1896 und *Gynaecoserica* Brenske, 1896. (Coleoptera, Scarabaeoidea) [J]. *Schwanfelder Coleopterologische Mitteilungen*, 16: 1-48.

Ahrens D, 1999. Revision der Gattung *Serica* (*s. str.*) MacLeay des Himalaya-Gebiets (Coleoptera, Melolonthidae) [J]. *Fragmenta Entomologica*, 31 (2): 205-332.

Ahrens D, 2000. Synopsis der Gattung *Gastroserica* Brenske, 1897 des ostasiatischen Festlandes (Coleoptera: Melolonthidae: Sericini) [J]. *Entomologische Abhandlungen des Staatlichen Museums für Tierkunde Dresden*, 59 (3): 73-121.

Ahrens D, 2002. Notes on distribution and synonymy of sericid beetles of Taiwan, with descriptions of new species (Coleoptera, Scarabaeoidea: Melolonthidae) [J]. *Annales Historico - Naturales Musei Nationalis Hungarici*, 94: 53-91.

Ahrens D, 2003. Zur Identität der Gattung *Neoserica* Brenske, 1894, nebst Beschreibung neuer Arten (Coleoptera, Melolonthidae, Sericini) [J]. *Koleopterologische Rundschau*, 73: 169-226.

Ahrens D, 2004. *Monographie der Sericini des Himalaya* (*Coleoptera, Scarabaeidae*) [D]. Berlin: Verlag im Internet.

Ahrens D, 2005. A taxonomic review on the *Serica* (*s. str.*) MacLeay, 1819 species of Asiatic mainland (Coleoptera, Scarabaeidae, Sericini) [J]. *Nova Supplemeta Entomologica*, 18: 1-163.

Ahrens D, 2006a. Cladistic analysis of *Maladera* (*Omaladera*): Implications on taxonomy, evolution and biogeography of the Himalayan species (Coleoptera: Scarabaeidae: Sericini) [J]. *Organisms Diversity & Evolution*, 6 (1): 1-16.

Ahrens D, 2006c. subfamily *Sericinae* Kirby, 1837 [M]//Löbl I, Smetana A (Eds.), *Catalogue of Palaearctic Coleoptera, Volume 3. Scarabaeoidea - Scirtoidea - Dascilloidea - Buprestoidea - Byrrhoidea*. Stenstrup: Apollo Books. 229-248.

Ahrens D, 2007a. Type species designations of Afrotropical Ablaberini and Sericini genera (Coleoptera: Scarabaeidae: Melolonthinae) [J]. *Zootaxa*, 1496: 53-62.

Ahrens D, 2007b. Taxonomic changes and an updated catalogue for the Palaearctic Sericini (Coleoptera: Scarabaeidae: Melolonthinae) [J]. *Zootaxa*, 1504: 1-51.

Ahrens D, 2007c. Revision of the *Serica nigroguttata* Brenske, 1897 group (Coleoptera, Scarabaeidae, Sericini) [J]. *Bulletin de l'Institut Royal des Sciences Naturelles de Belgique*, 77: 5-37.

Ahrens D, 2007d. Beetle evolution in the Asian highlands: insight from a phylogeny of the scarabaeid subgenus *Serica* (Coleoptera, Scarabaeidae) [J]. *Systematic Entomology*, 32 (3): 450-476.

Arrow GJ, 1921. A revision of the melolonthine beetles of the genus *Ectinohoplia* [J]. *Proceedings of the Zoological Society of London*: 267-276.

Arrow GJ, 1946a. Notes on *Aserica* and some related genera of melolonthine beetles, with descriptions of a new species and two new genera [J]. *Annals and Magazine of Natural History*, 11 (13): 264-283.

Arrow GJ, 1946b. Entomological results from the Swedish Expedition 1934 to Burma and British India (Coleoptera: Melolonthidae) [J]. *Arkiv för Zoologie*, 38 (9): 1-33.

Blanchard CE, 1850. Ordre des Coleoptera. In: Milne-Edwards H, Blanchard CÉ, Lucus H (Eds.), Muséum d'Histoire Naturelle de Paris. *Catalogue de la Collection Entomologique. Classe des Insectes* [M]. *Volume 1, part 1*. Paris: Gide and Baudry.

Blanchard CE, 1851. [new taxa] [M]//Milne-Edwards H (Ed.), *Catalogue de la Collection Entomologique du Museum d'Histoire Naturelle de Paris. Classe des Insectes. Ordre des Coleopteres. Tome 2*. Paris: Gide et Baudry. 129-240.

Breit J, 1912. Beiträge zur Kenntnis der paläarktischen Coleopterenfauna [J]. *Entomologische Mitteilungen*, 1 (7):

199-203.

Brenske E, 1892c. Ueber einige neue Gattungen und Arten der Melolonthiden [J]. *Entomologische Nachrichten*, 18: 151-159.

Brenske E, 1894. Die Melolonthiden der palaearktischen und orientalischen Region im Königlichen naturhistorischen Museum zu Brüssel. Beschreibung neuer Arten und Bemerkung zu bekannten [J]. *Mémoires de la Société Entomologique de Belgique*, 2: 3-87.

Brenske E, 1896a. Insectes du Bengale. Melolonthidae [J]. *Annales de la Société Entomologique de Belgique*, 40: 150-164.

Brenske E, 1897. Die *Serica*-Arten der Erde 1 [J]. *Berliner Entomologische Zeitschrift*, 42: 345-438.

Brenske E, 1899. Die *Serica*-Arten der Erde 3 [J]. *Berliner Entomologische Zeitschrift*, 44: 161-272.

Brenske E, 1900a. Die *Serica*-Arten der Erde 4 [J]. *Berliner Entomologische Zeitschrift*, 45: 39-96.

Brenske E, 1900b. Die Melolonthiden Ceylons [J]. *Entomologische Zeitung* (*Stettin*), 61: 341-361.

Brenske E, 1902. Die *Serica*-Arten der Erde 7 [J]. *Berliner Entomologische Zeitschrift*, 47: 1-70.

Bunalski M, 2002. Melolonthidae (Coleoptera: Scarabacoidea) of the Palaearctic and Oriental regions. 1. Taxonomic remarks on some genera of Melolonthinae [J]. *Polskie Pismo Entomologiczne*, 71 (4): 401-413.

Burmeister HCC, 1855. *Handbuch der Entomologie* [M]. *Vierter Band. Besondere Entomologie. Fortsetzung* 2. *Abteilung*, *Coleoptera Lamellicornia Phyllophaga chaenochela*. Berlin: T. C. F. Enslin.

Candeze ECA, 1874. Révision de la Monographie de Élatérides [J]. Premier fascicule. *Mémoires de la Société Royale des Sciences de Liege*, 2 (4): 1-218.

Chang YW, 1965. On the Chinese species of the melolonthine genus *Exolontha* (Coleoptera: Scarabaeidae) [J]. *Acta Zootaxonomica Sinica*, 2: 225-232.

Dalla Torre KW, 1912. Fam. Scarabaeidae. Subfam. Melolonthinae 1 [J]. *Coleopterorum Catalogus* 20 (45): 1-84.

Dewailly, 1993. Revision des especes Palearctiques du genre *Polyphylla* Harris (Coleoptera Melolonthidae) (1ere partie) [J]. *Bulletin de la Societe des Sciences Naturelle*, 79: 5-14.

Endrödi S, 1952. Neue und bekannte Hopliinen und Valginen aus der Fukien-Ausbeute des Herm J. Klapperich [J]. *Folia Entomologica Hungarica* (N. S.), 5 (2): 41-71.

Fairmaire L, 1887. Notes sur les Coleopteres des environs de Pekin (1ere partie) [J]. *Revue d' Entomologie*, 6: 312-335.

Fairmaire L, 1887. Coléoptères de l'intérieur de la Chine [J]. *Annales de la Société Entomologique de Belgique*, 31: 87-136.

Fairmaire L, 1888a. Coléoptères de l'intérieur de la Chine (Suite) [J]. *Annales de la Société Entomologique de Belgique*, 32: 7-46.

Fairmaire L, 1888b. Notes sur les Coléoptères des environs de Peking (2 e partie) [J]. *Revue d' Entomologie*, 7: 111-160.

Fairmaire L, 1888c. Trois *Polyphylla* de la Chine [J]. *Bulletin ou Comptes - Rendus des Seances de la Societe Entomologique de Belgique*: 16-17.

Fairmaire L, 1889. Coléoptères de l'intérieur de la Chine (5 e partie) [J]. *Annales de la Société Entomologique de France*, 9: 5-84.

Fairmaire L, 1891. Coléoptères de l'intérieur de la Chine (7) [J]. *Annales de la Société Entomologique de Belgique*, 35: 187-219.

Fairmaire L, 1900. Descriptions de Coleopteres nouveaux recueillis en Chine par M. De Latouche [J]. *Annales de la Societe Entomologique de France*, 68: 616-643.

Fairmaire L, 1902. Descriptions de Coleopteres recueillis en Chine par M. de Latouche [J]. *Bulletin de la Societe Entomologique de France*: 316-318.

Fleutiaux EJB, 1887. Descriptions de Coleopteres nouveaux de l' Annam rapportes par M. le capitaine Delauney [J].

Annates de la Societe Entomologique de France, 6 (7): 59-68.

Frey G, 1962a. Revision der Gattung *Ceraspis* Serv. , nebst Beschreibung einer dazugehorigen neuen Gattung (Col. Melolonth.) [J]. *Entomologische Arbeiten aus dem Museum G. Frey*, 13 (1): 1-66.

Frey G, 1962b. Neue Melolonthiden aus Asien und Ostafrika (Col.) [J]. *Entomologische Arbeiten aus dem Museum G. Frey*, 13: 608-615.

Frey G, 1969. Neue Melolonthinen aus Nepal [J]. *Entomologische Arbeiten aus dem Museum G. Frey*, 20: 518-525.

Frey G, 1972a. Neue chinesische Melolonthiden aus dem Museum Koenig in Bonn und einige neue *Holotrichia* Arten (Col. , Scarab. , Melolonthinae) [J]. *Entomologische Arbeiten aus dem Museum G. Frey*, 23: 108-121.

Frey G, 1972b. Neue Sericinen der Klapperich-Ausbeute aus Fukien des Alexander Koenig Museum in Bonn (Col. , Scarab. , Melolonth.) [J]. *Entomologische Arbeiten aus dem Museum Frey*, 23: 162-177.

Gyllenhal L, 1817. [new taxa]. In: Schonherr CJ (Ed.), *Synonymia Insectorum*, *oder Versuch einer Synonymie aller bisher bekannten Insecten*; *nach Fabricii Systema Elautheratorum etc. geordnet Erster Band. Eleutherata oder Kafer. Dritter Theil. Hispa-i-Molorchus* [M]. Upsala: Em. Brucelius.

Harris TW, 1841. *Report on the Insects of Massachusetts*, *injurious to vegetation* [M]. Cambridge: Folsom, Wells and Thurston.

Heyden L, 1887. Verzeichnis der von Otto Herz auf der chinesichen Halbinsel Korea gesammelten Coleopteren [J]. *Horae Societatis Entomologica Rossicae*, 21: 243-273.

Hirasawa H, 1991. Some new sericid-beetles from Taiwan (Scarabaeidae) [J]. *Entomological Review of Japan*, 46 (2): 171-177.

Hope FW, 1845. On the Entomology of China, with descriptions of the new species sent to England by Dr. Cantor from Chusan and Canton [J]. *Transactions of Entomological Society London*, 4: 4-17.

Illiger JCW, 1803. Verzeichniss der in Portugall einheimischen Kafer. Erste Lieferung [J]. *Magazin für Insektenkunde*, 2: 186-258.

Keith D, 2005a. About some Scarabaeoidea (Coleoptera) of the Palaearctic and Oriental regions [J]. *Bulletin Mensuel de la Societe Linneenne de Lyon*, 74 (3): 93-102.

Keith D, 2005b. Taxonomical comments on some oriental Rhizotroginae and description of new species (Coleoptera Scarabaeoidea Melolonthidae) [J]. *Symbioses*, 12: 23-32.

Keith D, 2009. New species of Asian Melolonthidae and a synonymy in the genus *Miridiba* Reitter, 1901 (Coleoptera, Scarabaeoidea) [J]. *Nouvelle Revue d'Entomologie*, 26 (3): 231-245.

Kim JI, 1981. The faunistic study on the insects from Sudong-myeon, Namyangju-gun, Gyeonggi-do, Korea [J]. *Bull. KACN*, 3: 329-367.

Kim JI & Lee OJ, 1997. Taxonomic study of Korean Sericinae (Melolonthidae, Coleoptera) 2, Genus *Maladera* [J]. *Insecta Koreana*, 14: 119-135.

Kim JI & Kim AY, 2003. Taxonomic review of Korean Sericinae (Coleoptera, Melolonthidae) 2: Genus *Maladera* Mulsant [J]. *Insecta Koreana*, 20 (1): 81-94.

Kirby W, 1837. Part the fourth and last. The insects. In: Richardson, J. (Ed.), *Fauna Boreali-Americana*; *or the Zoology of the northern parts of British America*: *containing descriptions of the objects of natural history collected by the late northern land expedition. under command of Captain Sir John Franklin* [M]. R. N. Norwich: Josiah Fletcher.

Kobayashi H, 1990b. Scarabaeidae from Taiwan (20) [J]. *Gekkan-Mushi*, 230: 18-23.

Kobayashi H, 1990d. Four new scarabaeid beetles (Coleoptera, Scarabaeidae) from Taiwan [J]. *Elytra*, 18 (1): 73-81.

Kobayashi H, 1991. Some new sericid beetles (Coleoptera, Scarabaeidae) from Taiwan [J]. *Elytra*, 19 (2): 211-220.

Kryzhanovskij OL, 1978. Novyy vid roda *Melolontha* F. (Coleoptera, Scarabaeidae) iz Sredney Azii. [A new species of the genus *Melolontha* F. (Coleoptera, Scarabaeidae) from Central Asia] [J]. *Trudy Zoologicheskogo Instituta AN*

SSSR, 61: 133-137.

Latreille PA, 1829. Crustaces, Arachnides et partie des Insectes. In: Cuvier, G. (Ed.), *Le Regne animal distribute d'apres son organisation pour servir de base a l'histoire naturelle des animaux et d'introduction a l'anatomie comparee. Avecfigures dissinees d'apres nature. Nouvelle edition, revue et augmentee* [M]. *Tome IV.* Paris: Chez Déterville, Libraire.

LeConte JL, 1856. Notice of three genera of Scarabaeidae found in the United States [J]. *Proceedings of the Academy of Natural Sciences of Philadelphia*, 8: 19-25.

Lewis G, 1895. On the Lamellicorn Coleoptera of Japan and notices of others [J]. *Annals and Magazine of Natural History*, 6 (16): 374-406.

Linnaeus C, 1758. *Systema Naturae per Regna tria Naturae, secundum classes, ordines, genera, species, cum characteribus, differentiis, synonymis, locis* [M]. *Tomus I. Editio decima, reformata.* Holmiae: Impensis Direct. Laurentii Salvii.

Liu WG, Ahrens D, Bai M, et al., 2011. A key to species of the genus *Gastroserica* Brenske of the China (Coleoptera, Scarabaeidae, Sericini), with the description of two new species and two new records for China [J]. *ZooKeys*, 139: 23-44.

Li CL & Yang PS, 1994. *Taxonomic study on the Melolonthinae of Taiwan (Coleoptera: Melolonthidae)* [D]. Taiwan National University, Master Thesis.

Li CL, Yang PS & Wang CC, 2010. Revision of the *Melolontha guttigera* group (Coleoptera: Scarabaeidae) with a key and an annotated checklist of the East and South-East Asian *Melolontha* groups [J]. *Annals of the Entomological Society of America*, 103 (3): 341-359.

MacLeay WS, 1819. *Horae entomologicae, or essai on the annulose animals. Volume 1, Part 1* [M]. London: S. Bagster.

Mannerheim CG, 1849. Insectes Coleopteres de la Siberie orientale nouveaux ou peu connus [J]. *Bulletin de la Societe Imperiale des Naturalistes de Moscou*, 22 (1): 220-249.

Medvedev SI, 1951. *Plastinchatousye (Scarabaeidae), podsem. Melolonthinae, ch. 1 (chrushchii. Fauna SSSR, zhestkokrylye. Tom 10, vyp. 1* [M]. Moskva, Leningrad: Akad. Nauk SSSR.

Medvedev SI, 1952. *Plastinchatousye (Scarabaeidae), podsem. Melolonthinae 2. Fauna SSSR, Zhestkokrylye. Tom 10 (vyp. 2)* [M]. Moskva, Leningrad: Izdatel'stvo Akademii Nauk SSSR.

Miyake Y, 1986. On the tribe Hopliini from Taiwan (Coleoptera, Scarabaeidae) [J]. *Special Bulletin of the Japanese Society of Coleopterology*, 2: 199-212.

Miyake Y & Yamaya S, 2001. Some scarabaeid beetles belonging to the tribe Sericini (Coleoptera, Scarabaeidae) from highlands of western China, with descriptions of new genera and species [J]. *Bulletin of the Nagaoka Municipal Science Museum*, 36: 35-44.

Moser J, 1908. Verzeichnis der von H. Fruhstorfer in Tonkin gesammelten Melolonthiden [J]. *Annales de la Société Entomologique de Belgique*, 52: 325-343.

Moser J, 1912. Neue arten der Melolonthiden - gattungen Holotrichia und Pentelia [J]. *Annales de la Societe entomologique de Belgique*, 56: 420-449.

Moser J, 1915a. Beitrag zur Kenntnis der Melolonthiden (Col.) 4 [J]. *Deutsche Entomologische Zeitschrift*: 113-151.

Moser J, 1915b. Neue *Serica*-Arten (Col.) [J]. *Deutsche Entomologische Zeitschrift*: 337-393.

Moser J, 1918. Neue Melolonthiden aus der Sammlung des Deutschen Entomologischen Museums zu Berlin Dahlem (Col.) [J]. *Stettiner Entomologische Zeitung*, 79: 209-247.

Moser J, 1919. Beitrag zur Kenntnis der Melolonthiden (Col.) [J]. *Stettiner Entomologische Zeitung* 80: 330-364.

Motschulsky V, 1858. Entomologie spéciale. Insectes du Japon [J]. *Études Entomologiques*, 6: 25-41.

Motschulsky V, 1860. Coléoptères rapportes de la Siberie orientale et notamment des pays situeés sur les bords du fleuve Amour par M. M. Schrenck, Maak, Ditmar, Voznessensky' etc déterminés et décrits par V. de Motschulsky. In:

Schrenck, L. (Ed.), *Reisen und Forschungen im Amur-Lande in den Jahren* 1854-1856 *im Auftrage der Kaiserl. Akademie der Wissenschaften zu St. Petersburg ausgeführt und Verbindung mit mehreren Gelehrten herausgegeben. Band 2, Zweite Lieferung.* [M] *Coleopteren.* St. Petersburg: Eggers & Comp. 80-257.

Mulsant ME, 1842. *Histoire Naturelle des Coléoptères de France. Lamellicornes, Pectinicornes* [M]. Paris: Maison Libraire.

Mulsant ME, Rey C, 1871. *Histoire Naturelle des Coléoptères de France. Lamellicornes, Pectinicornes* [M]. Paris: Deyrolle.

Murayama J, 1934. Une nouvelle espèce de Scarabeide de la Corée [J]. *Journal of Chosen Natural History Society,* 19: 35.

Murayama J, 1938. Revision des Sericines (Col., Scar.) de la Corée [J]. *Annotationes Zoologicae Japonenses,* 17 (1): 7-21.

Murayama J, 1941. Nouvelles espèces de Scarabaeidae du Manchoukuo et de la Corée [J]. *Annotationes Zoologicae Japonenses,* 20 (1): 36-40.

Murayama J, 1954. *Icones of the scarabeid-beetles from Manchuria and Korea* 1 [M]. Nihon Gakjuitsu Sinokai.

Nikolajev GV, 1977. Notes on synonymy of lamellicorn beetles (Coleoptera, Scarabaeidae) from Mongolia and adjacent territories [J]. *Nasekomye Mongolii,* 5: 268-271.

Nikolajev GV, 2002. Obzor vidov podsemeystva Sericinae (Coleoptera, Scarabaeidae) Rossii, Kazakhstana, stran Zakavkaz'ya i Sredney Azii [J]. *Tethys Entomological Research,* 6: 93-106.

Nikolajev GV, Puntsagdulam Z, 1984. Lamellicorns (Coleoptera, Scarabaeoidea) of the Mongolian People's Republic [J]. *Nasekomye Mongolii,* 9: 90-294.

Nomura S, 1965. List of some Formosan Coleoptera collected by the member of Lepidoptological Society of Japan [J]. *Special Bulletin of the Lepidoptological Society of Japan,* 1: 141-146.

Nomura S, 1970. Notes on some scarabaeid-beetles from Loochoos and Formosa [J]. *Entomological Review of Japan,* 22 (2): 61-72.

Nomura S, 1972. On the genus *Serica* from Japan [J]. *Tôhô-Gakuhô,* 22: 109-143.

Nomura S, 1973. On the Sericini of Japan 1 [J]. *Tôhô-Gakuhô,* 23: 119-152.

Nomura S, 1974. On the Sericini of Taiwan [J]. *Tôhô-Gakuhô,* 24: 81-115.

Paulsen MJ, Smith ABT, 2003. Replacement names for the genera *Batesiana* Erwin (Coleoptera: Carabidae) and *Metabolus* Fairmaire (Coleoptera: Scarabaeidae: Melolonthinae) [J]. *The Coleopterists Bulletin,* 57 (3): 254.

Péringuey L, 1907. Descriptive Catalogue of the Coleoptera of South Africa (Lucanidae and Scarabaeidae) [J]. *Transactions of the South African Philosophical Society,* 13: 289-546.

Petrovitz R, 1964. Neue Melolonthidae und Dynastidae aus Europa und Asien [J]. *Reichenbachia* 3 (9): 127-131.

Pope RD, 1960. *Aserica, Autoserica, Neoserica,* or *Maladera* ? (Coleoptera, Melolonthidae) [J]. *Annals and Magazine of Natural History,* 13 (3): 545-550.

Redtenbacher L, 1867. *Reise der Österreichischen Fregatte Novara um die Erde in den Jahren* 1857, 1858, 1859 *unter den Befehlen des Commodore B. von Wüllerstorf-Urbair. Zoologischer Theil. Zweiter Band: Coleopteren (Abth. I A, 1)* [M]. Wien: Kaiserlich-Königliche Hof-und Staatsdruckerei.

Reitter E, 1896. Uebersicht der mir bekannten palaearktischen, mit der Coleopteren-Gattung *Serica* verwandten Gattungen und Arten [J]. *Wiener Entomologische Zeitung,* 15 (4-5): 180-188.

Reitter E, 1902. Bestimmungstabelle der Melolonthidae aus der europäischen Fauna und den angrenzenden Ländern, enthaltend die Gruppen der Pachydemini, Sericini und Melolonthini [J]. *Verhandlungen des naturforschenden Verein zu Brünn,* 40: 92-303.

Sabatinelli G, Pontuale G, 1998. Description of the new genus *Dedalopterus* and notes on genus *Malaisius* Arrow and *Cyphochilus* Waterhouse (Coleoptera, Scarabaeoidea, Melolonthidae) [J]. *Lambillionea,* 98 (1): 60-76.

Scopoli JA, 1772. *Observationes zoologicae. Annus V. Historico-Naturalis.* [M]. Lipsiae: Christ. Gottlob Hilscheri.

Tesar Z, 1963. Beitrag zur Kenntnis der Scarabaeiden (Col.) [J]. *Entomologische Arbeiten aus dem Museum G. Frey*, 14 (1): 91-99.

Thomson J, 1858. Ordre des Coléoptères. In: Voyage au Gabon. Histoire naturelle des Insectes et des Arachides recueillis pendant un voyage fait au Gabon en 1856 et en 1857 par M. Henry C. Deyrolle sous les auspices de MM. Le Comte de Mniczech et James Thomson [J]. *Archives Entomologiques*, 2: 29-256.

Waterhouse CO, 1867. On some new lamellicorn beetles belonging to the family Melolonthidae [J]. *The Entomologist's Monthly Magazine*, 4: 141-146.

Yu CK, Kobayashi H, Chu Y I, 1998. *The Scarabaeidae of Taiwan* [M]. Taipei: Mu-Sheng Ent. Corp.

Zhang YW, 1990. Notes on the genus *Malaisius* Arrow with four new species from China (Coleoptera: Melolonthidae) [J]. *Acta Zootaxonomica Sinica*, 15 (2): 188-195.

Zhang YW & Luo XN, 2002. Melolonthidae [M]//Huang BK (ed.): *Fauna of Insects of Fujian Province of China. Volume* 6. Fuzhou: Fujian Science and Technology Press. 439-453. [章有为, 罗肖南, 2002. 鳃金龟科 Melolonthidae [M]//黄邦侃. 福建昆虫志: 第六卷. 福州: 福建科学技术出版社. 439-453.]

索　引

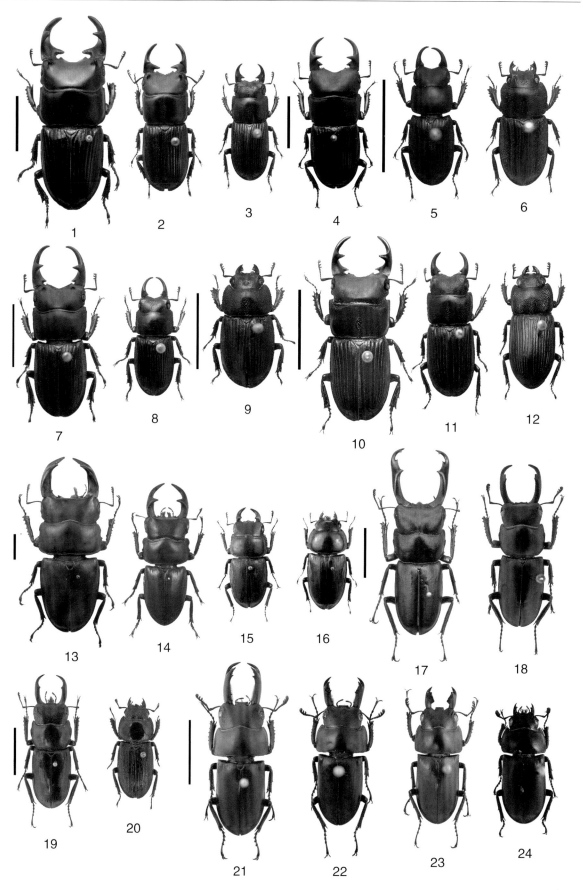

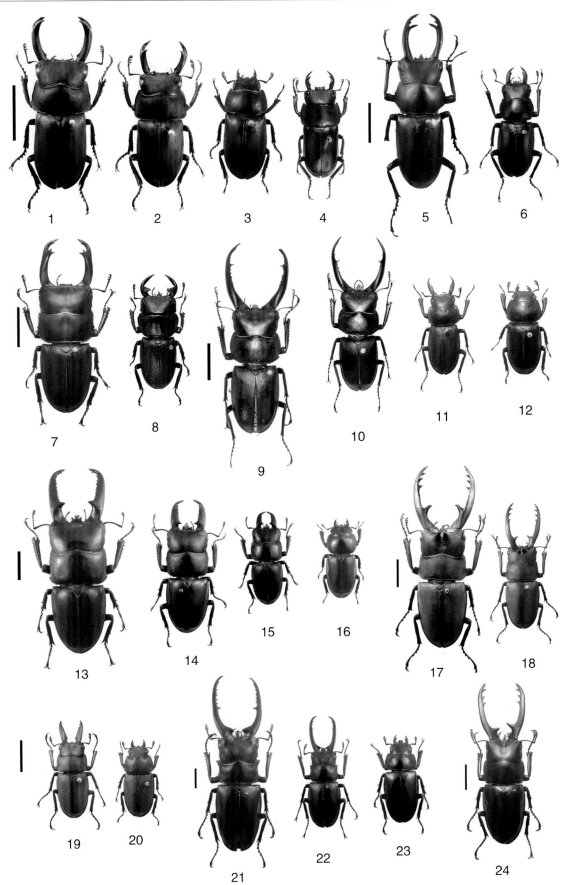

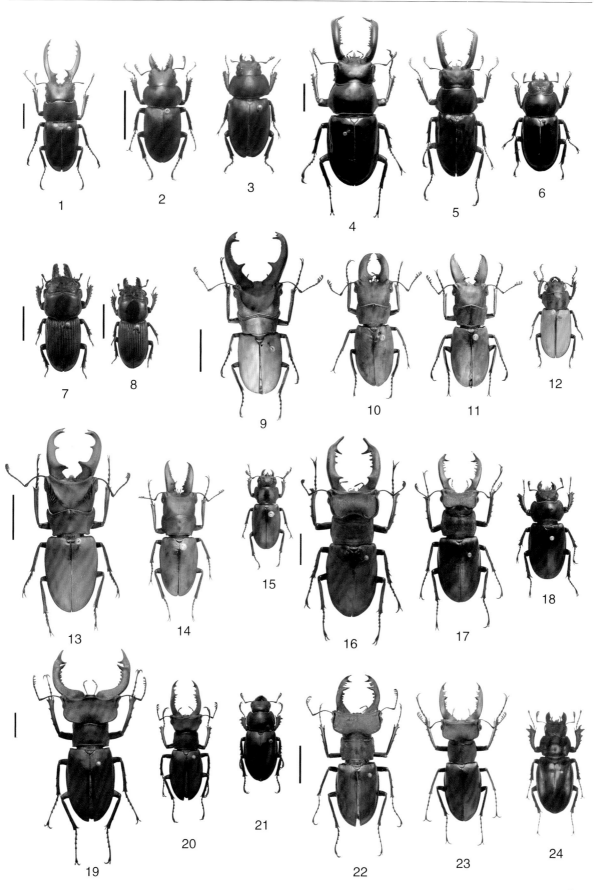

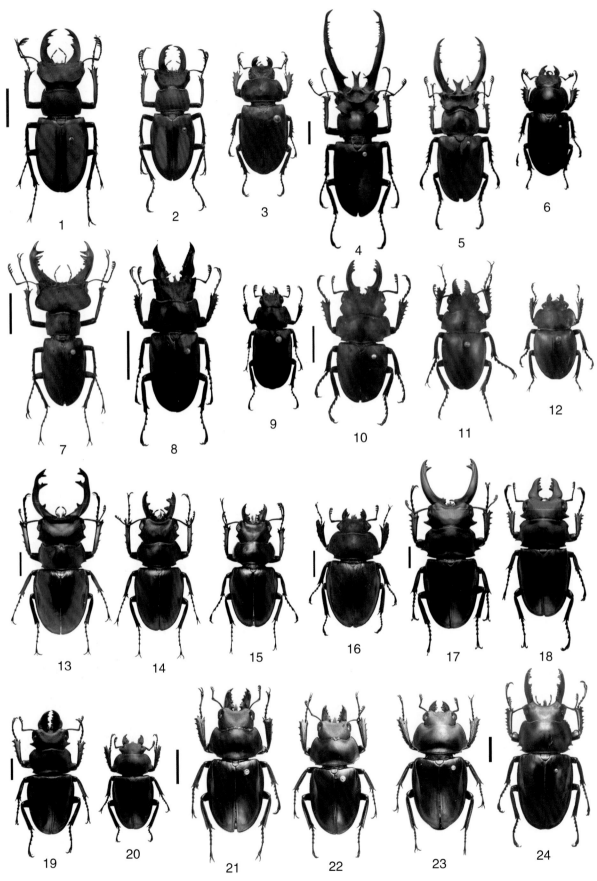

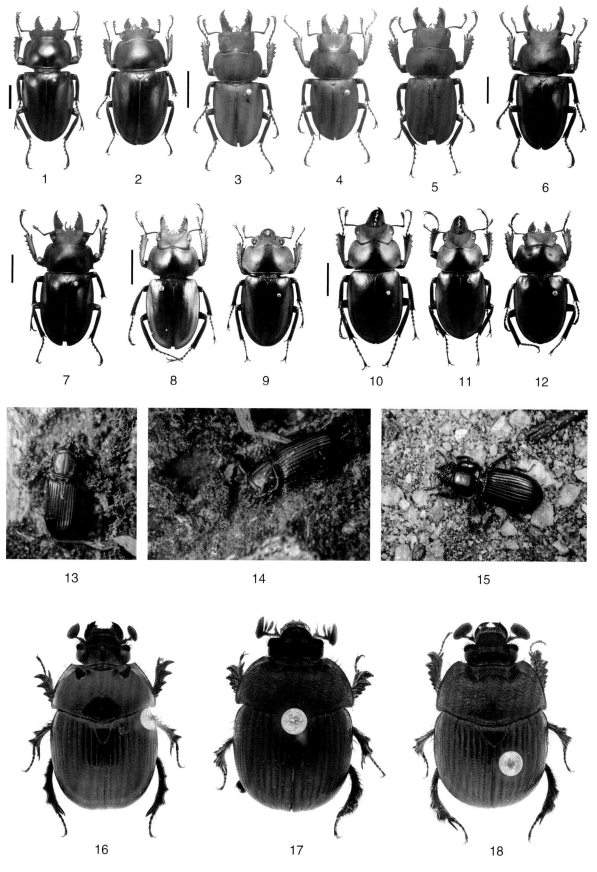

1 2 3 4 5 6

7 8 9 10 11 12

13 14 15

16 17 18

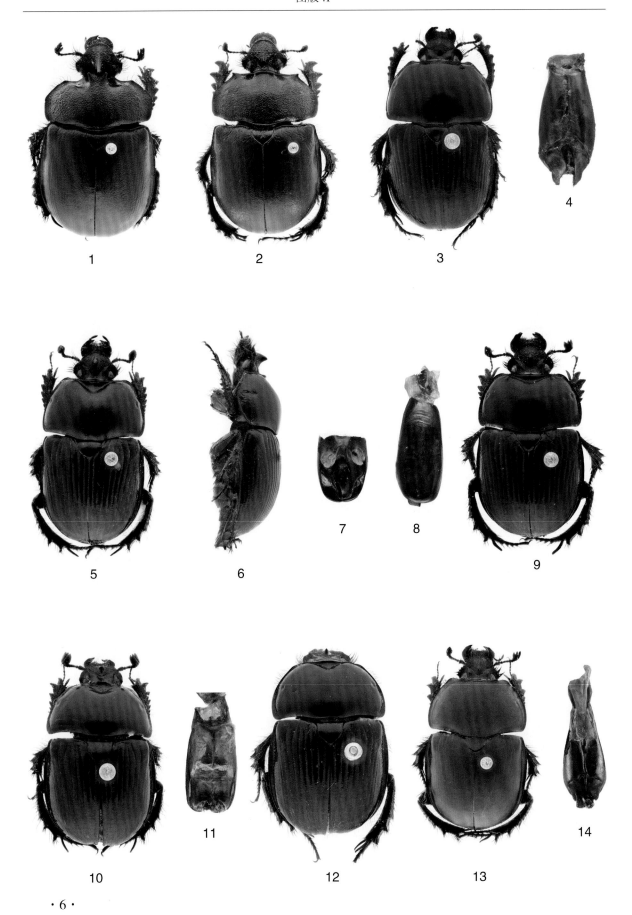

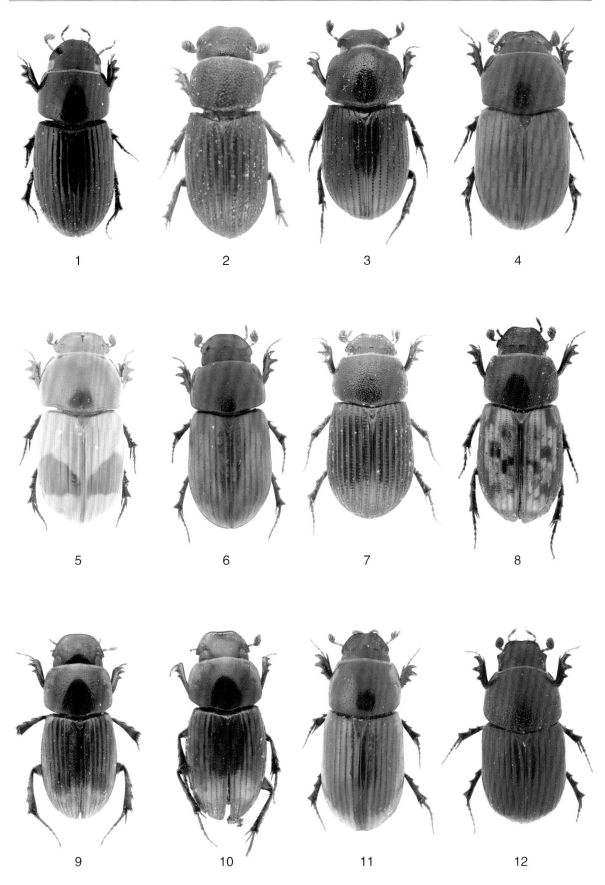

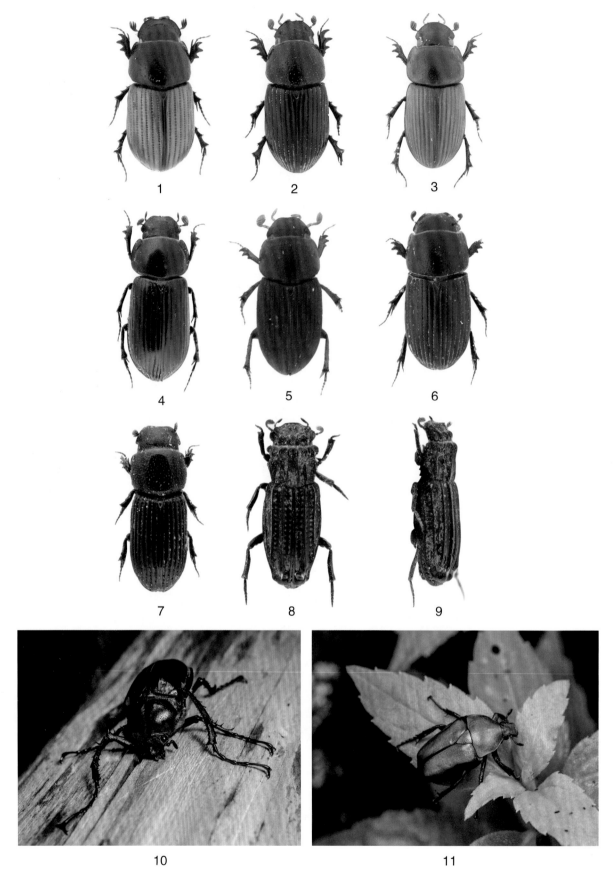

1   2   3

4   5   6

7   8   9

10   11

1

2

3

4

5

6

7

8

9

10

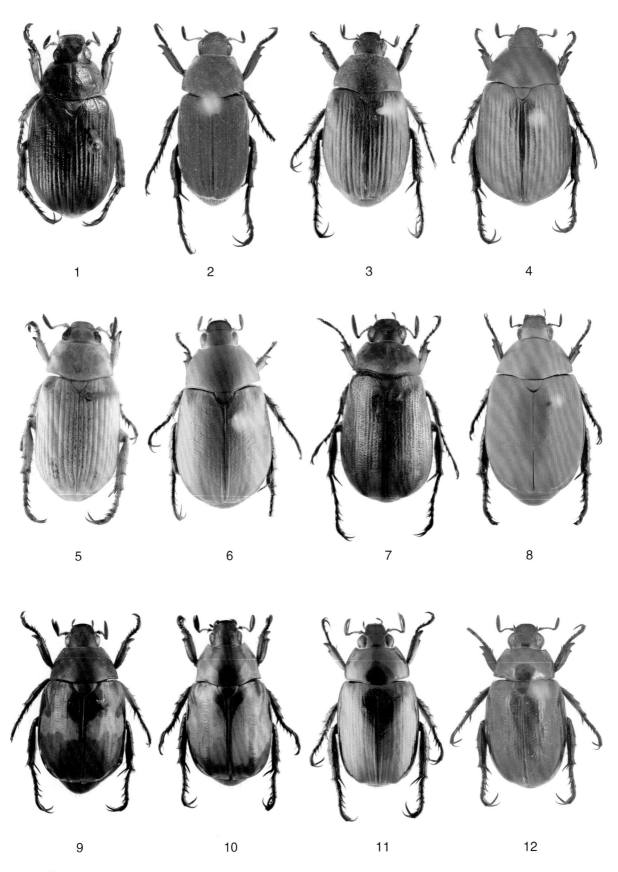

1　　　　　　2　　　　　　3　　　　　　4

5　　　　　　6　　　　　　7　　　　　　8

9　　　　　　10　　　　　　11　　　　　　12

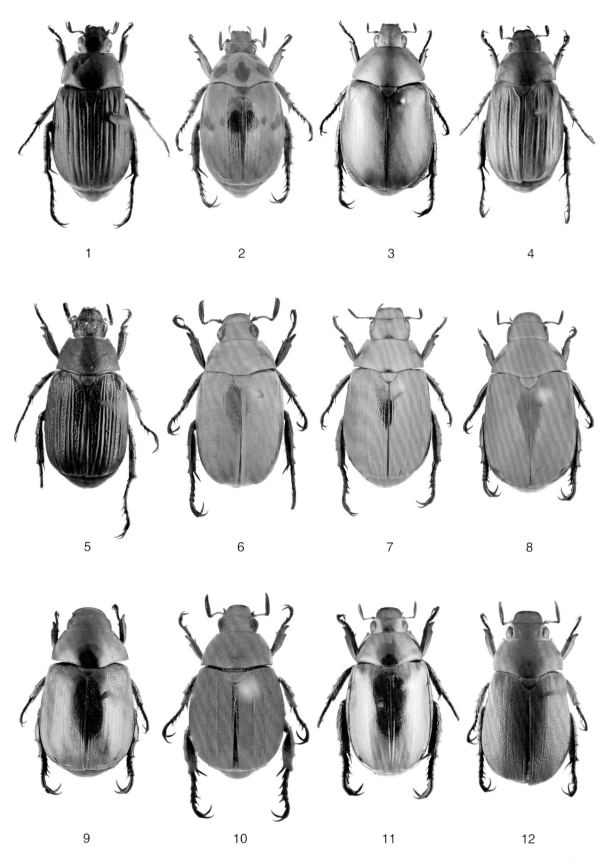

1

2

3

4

5

6

7

8

9

10

11

12

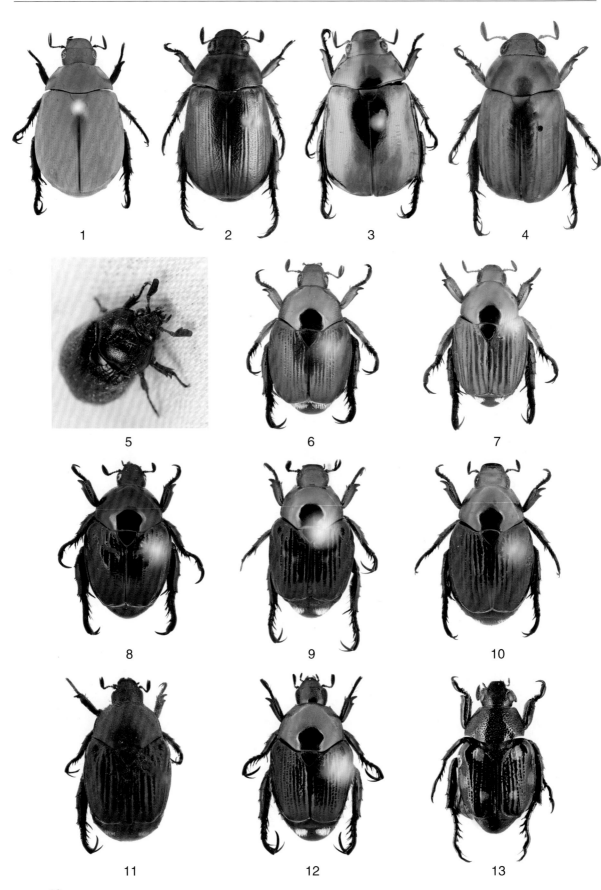

1   2   3   4

5   6   7

8   9   10

11   12   13

1

2

3

4

5

6

7

8

1

2

3

4

5

6

7

8

9

10

11

4 丽色蜉金龟 *Aphodius calichromus*（福建，邵武）

5 雅蜉金龟 *Aphodius elegans*（福建，邵武）

6 细缘蜉金龟 *Bodilopsis aquila*（福建，邵武）

7 脊纹蜉金龟 *Carinaulus pucholti*（福建，峨眉峰）

8 褐斑蜉金龟 *Chilothorax punctatus*（福建，武夷山）

9 屑毛蜉金龟 *Gilletianus commatoides*（福建，邵武）

10 福建蜉金龟 *Gilletianus fukiensis*（福建，武夷山）

11 弱边蜉金龟 *Labarrus sublimbatus*（福建，邵武）

12 小球蜉金龟 *Loboparius globulus*（福建，邵武）

图版VIII

1 九龙蜉金龟 *Phaeaphodius kiulungensis*（福建，邵武）

2 净泽蜉金龟 *Pharaphodius putearius*（福建，邵武）

3 古褐蜉金龟 *Pharaphodius priscus*（福建，邵武）

4 宽缘蜉金龟 *Platyderides klapperichi*（福建，武夷山）

5 莱氏蜉金龟 *Pleuraphodius lewisi*（福建，邵武）

6 澳洲无带蜉金龟 *Ataenius australasiae*（福建，邵武）

7 日本凹蜉金龟 *Saprosites japonicus*（福建，武夷山）

8~9 中华秽蜉金龟 *Rhyparus chinensis*（福建，武夷山）

10 阳彩臂金龟 *Cheirotonus jansoni*（福建，武夷山）

11 横纹伪阔花金龟 *Pseudotorynorrhina fortune*（福建，武夷山）

图版IX

1 宽带丽花金龟短带亚种 *Euselates*（*Euselates*）*tonkinensis trivittata*（福建，武夷山）

2 弧斑驼弯腿金龟 *Hybovalgus tonkinensis*（福建，武夷山）

3 黑跗长丽金龟 *Adoretosoma atritarse atritarse*（浙江）

4 筛点喙丽金龟 *Adoretus*（*Chaetadoretus*）*cribratus*（香港）

5 芒毛喙丽金龟 *Adoretus*（*Lepadoretus*）*maniculus*（海南）

6 毛斑喙丽金龟 *Adoretus*（*Lepadoretus*）*tenuimaculatus*（福建，武夷山）

7 绿脊异丽金龟 *Anomala aulax*（福建，武夷山）

8 铜绿异丽金龟 *Anomala corpulenta*（浙江）

9 筛翅异丽金龟 *Anomala corrugata*（福建，武夷山）

10 毛边异丽金龟 *Anomala coxalis*（浙江）

图版X

1 福建异丽金龟 *Anomala fukiensis*（福建，武夷山）

2 毛绿异丽金龟 *Anomala graminea*（广西）

3 等毛异丽金龟 *Anomala hirsutoides*（福建，武夷山）

4 挂墩异丽金龟 *Anomala kuatuna*（广西）

5 圆脊异丽金龟 *Anomala laevisulcata*（福建，武夷山）

6 素腹异丽金龟 *Anomala millestriga asticta*（福建，武夷山）

7 哑斑异丽金龟 *Anomala opaconigra*（福建，武夷山）

8 红脚异丽金龟 *Anomala rubripes rubripes*（海南）

9~10 黑足异丽金龟 *Anomala rufopartita*（福建，武夷山）

11 皱唇异丽金龟 *Anomala rugiclypea*（福建，武夷山）

12 蓝盾异丽金龟 *Anomala semicastanea*（福建，武夷山）

图版XI

1 弱脊异丽金龟 *Anomala sulcipennis*（福建，武夷山）

2 三带异丽金龟 *Anomala trivirgata*（福建，武夷山）

3 大绿异丽金龟 *Anomala virens*（福建，武夷山）

4 脊纹异丽金龟 *Anomala viridicostata*（福建，武夷山）

5 毛额异丽金龟 *Anomala vitalisi*（福建，武夷山）

6 蓝边矛丽金龟 *Callistethus plagiicollis plagiicollis*（四川）

7 拱背彩丽金龟 *Mimela confucius confucius*（福建，武夷山）

8 亮绿彩丽金龟 *Mimela dehaani*（福建，武夷山）

9 弯股彩丽金龟 *Mimela excisipes*（福建，武夷山）

10 闽绿彩丽金龟 *Mimela fukiensis*（安徽）

11 棕腹彩丽金龟 *Mimela fusciventris*（福建，武夷山）

12 浙草绿彩丽金龟 *Mimela passerinii tienmusana*（福建，武夷山）

图版XII

1 浅草彩丽金龟 *Mimela seminigra*（海南）

2 绢背彩丽金龟 *Mimela sericicollis*（福建，武夷山）

3 墨绿彩丽金龟 *Mimela splendens*（福建，武夷山）

4 眼斑彩丽金龟 *Mimela sulcatula*（福建，武夷山）

5 小褐齿丽金龟 *Parastasia ferrieri*（福建，武夷山）

6 闽褐弧丽金龟 *Popillia fukiensis*（福建，武夷山）

7 蒙边弧丽金龟 *Popillia mongolica*（福建，武夷山）

8 棉花弧丽金龟 *Popillia mutans*（福建，武夷山）

9 曲带弧丽金龟 *Popillia pustulata*（湖南）

10 中华弧丽金龟 *Popillia quadriguttata*（福建，武夷山）

11 转刺弧丽金龟 *Popillia semiaenea*（福建，武夷山）

12 近方弧丽金龟 *Popillia subquadrata*（湖南）

13 短带斑丽金龟 *Spilopopillia sexmaculata*（老挝）

图版XIII

1 双叉犀金龟指名亚种 *Trypoxylus dichotoma dichotoma*（福建，武夷山）

2 蒙瘤犀金龟 *Trichogomphus mongol*（福建，武夷山）

3 挂脊鳃金龟 *Miridiba kuatunensis*

4 华脊鳃金龟 *Miridiba sinensis*

5 挂墩齿爪鳃金龟 *Holotrichia*（*Holotrichia*）*kwatungensis*

6~7 华南大黑鳃金龟 *Holotrichia*（*Holotrichia*）*sauteri*

8 蓝灰齿爪鳃金龟 *Holotrichia*（*Holotrichia*）*ungulate*

图版XIV

1~2 阔足码绢金龟 *Maladera*（*Aserica*）*cruralis*（江西）

3~4 棕色码绢金龟 *Maladera*（*Cephaloserica*）*fusca*（广西）

5~7 祖先码绢金龟 *Maladera atavana*（广西）

8~9 刺猬码绢金龟 *Maladera senta*（云南）

10~11 明亮绢金龟 *Serica nitens*（福建，武夷山）